Univ.-Prof. Mag. Dr. Hans Humenberger (Hrsg.)

Mag. Johannes Hasibeder
DI Mag. Dr. Michael Himmelsbach, MA
Mag. Johanna Schüller-Reichl

HR Mag. Dr. Dieter Litschauer
OStR Mag. Herbert Groß
LSI Mag. Vera Aue

Die interaktiven Übungen auf www.oebv.at wurden erstellt von:
Dipl.-Päd. Thomas Schroffenegger, BEd MAS MSc

Das ist
Mathematik 2

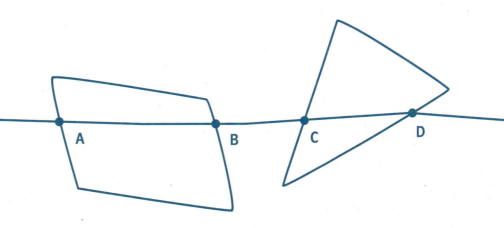

Lösungen sind in jeder Buchhandlung
und auf www.oebv.at erhältlich.

www.oebv.at

Inhaltsverzeichnis

Willkommen zu Das ist Mathematik	6
Symbole und Zeichen	8
Mathematik macht Spaß	9
Wiederholung	11

Zahlen und Maße

A Teilbarkeit — 18
- 1 Teiler und Vielfache — 20
  - 1.1 Teiler und Teilermenge — 20
  - 1.2 Größter gemeinsamer Teiler — 22
  - 1.3 Kleinstes gemeinsames Vielfaches — 25
- 2 Teilbarkeitsregeln — 27
  - 2.1 Teilbarkeitsregeln für das Teilen durch bestimmte Zahlen — 27
  - 2.2 Summen- und Produktregel — 30
- 3 Primzahlen — 32
  - 3.1 Eigenschaften von Primzahlen — 32
  - 3.2 Primfaktorenzerlegung — 33
  - 3.3 Zusammenhang zwischen ggT und kgV — 34
- Üben und Sichern — 36
- Wissensstraße — 38

B Bruchzahlen und Bruchrechnen — 40
- 1 Brüche und Bruchzahlen — 42
  - 1.1 Brüche und ihre Schreibweisen — 42
  - 1.2 Brüche als Divisionen — 44
  - 1.3 Erweitern und Kürzen von Brüchen — 46
  - 1.4 Ordnen von Bruchzahlen — 48
- 2 Brüche in Textaufgaben — 51
  - 2.1 Brüche als Rechenbefehle — 51
  - 2.2 Brüche zur Angabe von Größen- und Zahlenverhältnissen — 53
  - 2.3 Brüche zur Angabe von relativen Anteilen und Häufigkeiten — 55
- 3 Rechnen mit Bruchzahlen — 57
  - 3.1 Addieren und Subtrahieren von Bruchzahlen — 57
  - 3.2 Multiplizieren von Bruchzahlen — 60
  - 3.3 Dividieren von Bruchzahlen — 66
- Üben und Sichern — 70
- Wissensstraße — 74

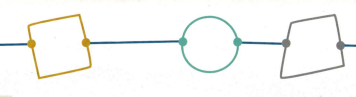

C Prozentrechnung 76
1 Grundbegriffe 78
2 Graphische Darstellungen von Prozentangaben 80
3 Rechnen mit Prozenten 82
   3.1 Berechnen des Prozent-, Promillewertes 82
   3.2 Berechnen des Prozent-, Promillesatzes 87
   3.3 Berechnen des Grundwertes 90
Üben und Sichern 92
Wissensstraße 97

Variable, funktionale Abhängigkeiten

D Gleichungen und Formeln 98
1 Lösen von Gleichungen 100
   1.1 Einfache Gleichungen mit einer Rechenoperation 100
   1.2 Formeln 104
   1.3 Gleichungen mit zwei Rechenoperationen 108
2 Gleichungen aus Texten 111
Üben und Sichern 114
Wissensstraße 115

E Direkte und indirekte Proportionalität 116
1 Direkt proportionale Größen 118
2 Indirekt proportionale Größen 123
3 Geschwindigkeit 127
Üben und Sichern 132
Wissensstraße 136

Statistische Darstellungen und Kenngrößen

F Statistik – verschiedene Darstellungen 138
1 Häufigkeiten 140
2 Mittelwerte 142
3 Darstellen von Daten 144
4 Interpretieren und Manipulieren von Daten in graphischen Darstellungen 149
Üben und Sichern 153
Wissensstraße 158

Inhaltsverzeichnis

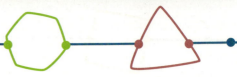

Geometrische Figuren und Körper

G Winkel, Koordinaten und Symmetrie 160
   1 Winkel 162
      1.1 Bezeichnungen und Winkelmaße 162
      1.2 Parallelwinkel 167
   2 Koordinaten 169
   3 Symmetrie 171
      3.1 Symmetrische Figuren und Symmetrieachsen 171
      3.2 Symmetrieeigenschaften 173
      3.3 Streckensymmetrale 176
      3.4 Winkelsymmetrale 178
      3.5 Winkel mit Zirkel und Lineal konstruieren 180
   Üben und Sichern 181
   Wissensstraße 183

H Dreiecke 184
   1 Grundbegriffe und Bezeichnungen 186
   2 Einteilung der Dreiecke 187
   3 Winkel im Dreieck 189
   4 Dreieckskonstruktionen 192
      4.1 Drei Seiten sind gegeben 192
      4.2 Eine Seite und zwei Winkel sind gegeben 195
      4.3 Zwei Seiten und ein Winkel sind gegeben 196
   5 Besondere Eigenschaften des Dreiecks 199
      5.1 Umkreismittelpunkt 199
      5.2 Inkreismittelpunkt 201
      5.3 Schwerpunkt 203
      5.4 Höhenschnittpunkt 204
      5.5 Zusammenfassung: Mittelpunkte im Dreieck 206
   6 Besondere Dreiecke 207
      6.1 Gleichschenkliges Dreieck 207
      6.2 Gleichseitiges Dreieck 209
      6.3 Rechtwinkliges Dreieck 210
      6.4 Satz von Thales 212
   7 Flächeninhalt des rechtwinkligen Dreiecks 214
   Üben und Sichern 216
   Wissensstraße 219

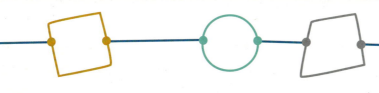

I Vierecke und Vielecke 220
1 Quadrat und Rechteck 222
2 Raute und Parallelogramm 223
    2.1 Raute (Rhombus) 223
    2.2 Allgemeines Parallelogramm 225
3 Drachen (Deltoid) 228
4 Trapez 230
    4.1 Gleichschenkliges Trapez 230
    4.2 Allgemeines Trapez 232
5 Allgemeines Viereck 234
    5.1 Eigenschaften eines allgemeinen Vierecks 234
    5.2 Übersicht über die Vierecke („Haus der Vierecke") 236
6 Vielecke 237
    6.1 Allgemeines über Vielecke 237
    6.2 Regelmäßige Vielecke 239
Üben und Sichern 242
Wissensstraße 244

J Prisma 246
1 Eigenschaften und besondere Formen 248
2 Netz und Oberfläche 250
3 Rauminhalt (Volumen) 252
4 Schrägriss regelmäßiger Prismen 256
Üben und Sichern 258
Wissensstraße 259

Technologie   260

Tabellenkalkulation mit Excel 261
Tabellenkalkulation mit GeoGebra 265
Geometrie mit GeoGebra 268

Anhang
Lösungen zu den Wissensstraßen 280
Typische Aufgaben zum Kompetenzmodell Mathematik 284
Register 286
Bildnachweis 288

Willkommen zu *Das ist Mathematik*

Liebe Schülerin/lieber Schüler,

wir möchten dich herzlich in der zweiten Klasse begrüßen. Das Buch *Das ist Mathematik* wird dich wieder im Mathematikunterricht begleiten. Wir möchten dir zeigen, dass Mathematik mehr als Rechnen ist.

Mathematik ist...

... eine Sprache.
Deswegen werden dir so genannte **Sprachbausteine** bei der Übersetzung von Mathematik in die Alltagssprache und umgekehrt helfen. Insbesondere helfen dir die Sprachbausteine, wenn du Sachverhalte interpretieren und begründen sollst.

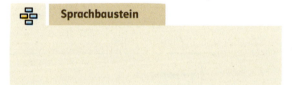

... wichtig für die geschichtliche Entwicklung der Menschheit.
Deswegen wirst du einen Teil davon mit Hilfe der **geschichtlichen Einstiegsseiten** am Anfang jedes Abschnitts kennenlernen. Hier findest du auch nette Rätsel und interessante Aufgaben zu den Bildern. Die **Lösungen** dazu findest du mit dem Code 87z3nz unter **www.oebv.at** im Lehrwerk-Online 🌐 von Das ist Mathematik.

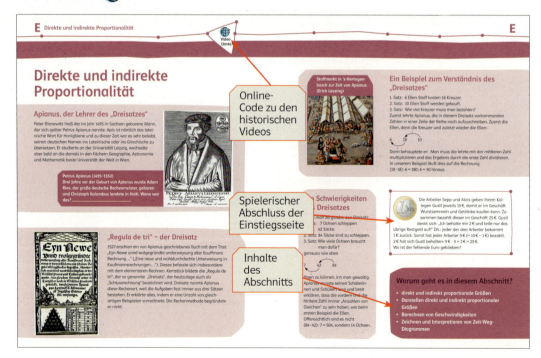

... Entdecken, Probieren und Knobeln.
Deswegen wirst du viele interessante Denksportaufgaben und ein paar harte Nüsse im Buch entdecken. **Denksportaufgaben** sind mit 🦉 gekennzeichnet und **herausfordernde Aufgaben** mit ⊞.

... ein Werkzeug im Alltag.
Deswegen findest du interessante Aufgabenstellungen in diesem Buch, die sich aus **Informationstexten** ergeben. Da oft im Alltag nicht ganz **eindeutig** ist, welche Information man eigentlich zum Lösen eines Problems braucht, musst du dir den **Text** und die **Fragestellung genau durchlesen**. Aufgaben, die diese Problematik aufgreifen, sind mit 👓 gekennzeichnet.

... strukturiertes Denken.
Deswegen ist auch dieses Buch ganz klar aufgebaut. Am Anfang jedes Kapitels erwartet dich ein kurzer **Einstieg**, bei dem du auch selbst **aktiv** werden kannst. Dann wird das grundlegende Wissen dieses Kapitels vermittelt und in einem **Merkkasten** zusammengefasst.

Thema des Merkkastens

Beispiel

Beispiele unterstützen dich beim Anwenden des Wissens und beim Lösen der Aufgaben.

Damit du alle Inhalte eines gesamten Abschnitts nochmals wiederholst, findest du am Ende die Aufgabensammlung **Üben und Sichern**. Die anschließende **Wissensstraße** fasst die **Lernziele** zusammen und bietet Aufgaben, um diese zu erreichen und zu überprüfen.

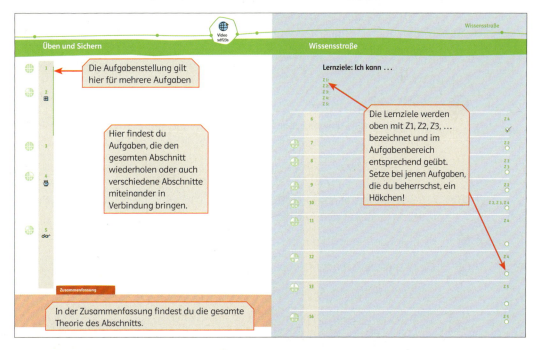

Wir wünschen dir viel Freude an der Mathematik und mit unserem Buch!

Mathematische Zeichen

Symbole und Zeichen

$\mathbb{N} = \{0, 1, 2, 3, \ldots\}$ — Menge der natürlichen Zahlen
$\mathbb{N}_u = \{1, 3, 5, \ldots\}$ — Menge der ungeraden natürlichen Zahlen
$\mathbb{N}_g = \{0, 2, 4, 6, \ldots\}$ — Menge der geraden natürlichen Zahlen
$\mathbb{P} = \{2, 3, 5, 7, 11, \ldots\}$ — Menge der Primzahlen
$\{\}$ oder $\emptyset$ — leere Menge

$A \cap B$ — Durchschnittsmenge („Durchschnitt") von A und B

$=$	ist gleich	$\perp$	rechtwinklig zu, normal auf
$\neq$	ist nicht gleich, ungleich	$\parallel$	parallel
$<$	kleiner als	$\nparallel$	nicht parallel
$\leq$	kleiner gleich, höchstens gleich	∟	rechter Winkel
$>$	größer als	AB	Strecke AB
$\geq$	größer gleich, mindestens gleich	$\overline{AB}$	Länge der Strecke AB
$\approx$	angenähert gleich, rund, etwa	∢ ab	Winkel zwischen a und b
$\triangleq$	entspricht	∢ ABC	Winkel zwischen AB und BC
$\Rightarrow$	daraus folgt	$\mid$	teilt, ist Teiler von…
$\Leftrightarrow$	ist gleichbedeutend mit	$\nmid$	teilt nicht, ist kein Teiler von…
$\in$	ist Element von, gehört zu	%	Prozent
$\notin$	ist kein Element von, gehört nicht zu	‰	Promille

Abkürzungen:

Ü	Überschlagsrechnung	ws	windschief
P	Probe	SSS-Satz	Seiten-Seiten-Seiten-Satz
w. A.	wahre Aussage	WSW-Satz	Winkel-Seiten-Winkel-Satz
f. A.	falsche Aussage	SWS-Satz	Seiten-Winkel-Seiten-Satz
ggT	größter gemeinsamer Teiler	SsW-Satz	Seiten-Seiten-Winkel-Satz
kgV	kleinstes gemeinsames Vielfaches		

Symbole:

Online-Code

Hier gibt es eine Online-Ergänzung. Der Code führt direkt zu den Inhalten. Im Lehrwerk-Online befinden sich Technologieanleitungen, interaktive Übungen und Arbeitsblätter.

| www.oebv.at | ---> | Suchbegriff / ISBN / SBNr / Online-Code | Suchen |

 Lies besonders genau bei dieser Aufgabe! Du lernst dabei zu beachten, welche Angaben zur Lösung einer Aufgabe wichtig sind.

▦ schwierige, herausfordernde Aufgabe

🦉 Denksportaufgabe zum Knobeln

✓ Hake die Aufgaben ab, die du richtig gelöst hast und erreiche damit die Lernziele!

▯ Dieses Symbol gibt die passende Seite im Arbeitsheft an.

Der Kompetenzkreis zeigt an, welche der Handlungsbereiche (**O**perieren; **I**nterpretieren; **D**arstellen, Modellbilden; **A**rgumentieren, Begründen) die Aufgabe betrifft (vgl. S. 285).

Mathematik macht Spaß

AH S. 4

1 Ein Kapitän soll einen Hund, eine Katze und einen Vogel über einen Fluss bringen. Er kann auf jeder Fahrt nur ein Tier mitnehmen. Außerdem darf er an einem Ufer weder Hund und Katze noch Katze und Vogel gemeinsam allein zurücklassen.
Wie oft muss der Kapitän den Fluss überqueren, um alle Tiere gut ans andere Ufer zu bringen? Begründe deine Antwort!

2 Nach einem Fußballturnier mit vier Mannschaften, bei dem jede Mannschaft gegen jede der drei anderen Mannschaften gespielt hat, ergab sich folgender Tabellenstand:

Mannschaft	Torverhältnis	Punkte
A	2:0	7
B	2:1	6
C	4:4	4
D	3:6	0

Wie lauten die Einzelergebnisse der Mannschaften gegeneinander? Löse durch Probieren!

Hinweis Das „Torverhältnis" 2:0 der Mannschaft A heißt, dass die Mannschaft A in den drei Spielen insgesamt zwei Tore geschossen hat und kein Tor erhalten hat.
Ein Sieg bringt einer Mannschaft 3 Punkte, ein Unentschieden 1 Punkt und eine Niederlage 0 Punkte.

3 Ein Bankangestellter hat 100 Münzen in 10 Stapeln zu je 10 Stück vor sich. Von diesen Stapeln besteht einer aus lauter falschen Münzen, die übrigen neun aus echten Münzen.
Jede echte Münze wiegt 5 g, jede falsche Münze wiegt 4 g.
Der Bankangestellte findet den Stapel mit den falschen Münzen, nachdem er eine Balkenwaage benutzt hat. Wie viele Versuche brauchst du, um die falschen Münzen zu finden?

4 Der Schelm Till Eulenspiegel hatte seinem Fürsten so viele Streiche gespielt, dass dieser ihn einsperren ließ. Das Gefängnis bestand aus 64 Zellen, die schachbrettartig angeordnet waren.
Jede Zelle war mit ihren Nachbarzellen durch je eine Tür verbunden, insgesamt waren es 112 Türen.
Eulenspiegel wurde in Zelle Z gefangen gehalten, ein Ausgang aus dem Gefängnis war aber nur in der Zelle A. Der Fürst versprach ihm die Freiheit:
„Wenn es dir gelingt, von deiner Zelle aus so zum Ausgang zu gelangen, dass du jede der anderen Zellen genau einmal betrittst und deine Zelle, nachdem du diese verlassen hast, auch nur einmal wieder betrittst, dann bist du frei!"
Auf welchem Weg konnte Eulenspiegel das Gefängnis verlassen?

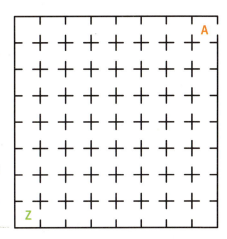

Mathematik macht Spaß

5 Ein Würfel mit 3 cm Kantenlänge wird blau gestrichen und in kleinere Würfel mit der Kantenlänge 1 cm zersägt (→ Zeichnung). Wie viele kleine Würfel haben genau zwei blau gefärbte Flächen?

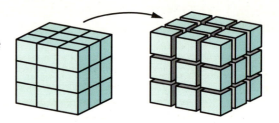

6 Rechnungen in einer „Geheimschrift": Gleiche Zeichen stehen in allen vier Rechnungen für die gleichen Ziffern. Zwei Zeichen sind angegeben: ▫ = 6, ▯ = 7
Für welche Ziffern stehen die restlichen Zeichen?

1)   2)   3)  4)

7 Addieren in einer „Geheimschrift":
Zwei Spaltensummen und eine Zeilensumme sind angegeben. Die jeweiligen Symbole stehen für zweiziffrige Zahlen, wobei dasselbe Symbol für dieselbe Zahl steht. Welche Zahl ist für das Fragezeichen einzusetzen? Probiere!

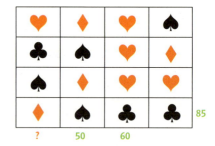

8 Rechts siehst du das **Magische Quadrat** von Albrecht Dürer aus dem Jahr 1514. Die Summe der Zahlen jeder Spalte, Zeile und Diagonale ergibt jeweils 34. Finde vier weitere Vierecke, deren Eckpunkte, wie bei dem grünen Viereck, in Summe 34 ergeben!

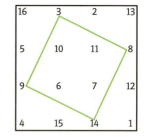

9 Peter behauptet, dass das Produkt 3 · 4 · 5 · 6 · 7 · 8 · 9 · 10 den gleichen Wert hat wie das Produkt 36 · 50 · 21 · 48. Begründe die Behauptung, ohne die beiden Produkte vollständig zu berechnen!

10 Das rechts abgebildete Viereck zeigt den Plan der Wüste Senzaacqua. Die vier Wüstenstämme Asciutto, Beduino, Camello und Dromedario bevölkern jeweils einen gleich großen Streifen Wüste. Bei W befindet sich die einzige Wasserstelle der Wüste. Die Völker des oberen Streifens und des unteren Streifens müssen, um zum Wasser zu gelangen, das Gebiet eines anderen Stammes durchqueren.
Da dies immer wieder zu Streit führt, beschließen die Ältesten jedes Stammes, die Wüste in vier gleich große Teile so zu teilen, dass jeder Stamm Zugang zum Wasser bekommt. Wie könnte eine mögliche Aufteilung aussehen?

Wiederholung

Die Schülerinnen und Schüler der 2C-Klasse erzählen zu Schulbeginn, wo sie ihre Ferien verbracht haben.

11 Berechne und suche die Lösung in der Tabelle unten! So kannst du herausfinden, welches Kind in welcher Stadt war. Ergänze das zugehörige Land in der Tabelle!
1) Lucia: $67 + 352 - 38 + 23 =$
2) Robin: $5 \cdot 48 + (87 - 24) : 3 =$
3) Kyril: $34 \cdot 12 + 16 \cdot 12 =$
4) Leonora: $(43 + 49) \cdot 11 - 456 : 4 =$

Tipp

Denk an **Klapustri** und vorteilhaftes Rechnen!

Lösung	386	404	600	261	632	898
Stadt	Sofia	Dublin	Stockholm	Warschau	Madrid	Rom
Land						

12 In der Tabelle siehst du die Entfernungen der einzelnen Urlaubsziele von Wien.

Stadt	Entfernung in km (Luftlinie)	Entfernung mit dem Auto in km
Rom	765,3 ≈	1133,6 ≈
Madrid	1 809,2 ≈	2 422,9 ≈
Warschau	555,4 ≈	669,5 ≈
Stockholm	1 241,7 ≈	1 702,0 ≈
Dublin	1 682,4 ≈	2 107,1 ≈
Sofia	817,4 ≈	1 119,8 ≈

Tipp

0, 1, 2, 3, 4 → abrunden
5, 6, 7, 8, 9 → aufrunden

a) Runde die Entfernungen auf Hunderter genau!
b) Ordne die Städte nach ihrer Entfernung von Wien! Beginne mit der nächstgelegenen Stadt! Ist die Reihenfolge für die Luftlinie gleich der Reihenfolge für die Autostrecke?
c) Berechne pro Stadt die durchschnittliche Entfernung von Wien! Verwende die gerundeten Angaben!

13 Lucia erzählt: „Unser Abflug nach London war für 13:05 Uhr in Wien geplant und wir sollten um 14:25 Uhr Ortszeit landen. Allerdings hatte der Flug 45 Minuten Verspätung, weil ein Passagier nicht gekommen ist. Zum Glück hatten wir Rückenwind, so konnten wir 12 Minuten einsparen."
a) Berechne die geplante Flugdauer!
b) Um wie viel Uhr ist Lucias Familie tatsächlich gelandet?
Hinweis Beachte die Zeitverschiebung von einer Stunde (nach hinten)!

Wiederholung

14 Von seiner Reise nach Bulgarien hat Paul für seine Freunde verschiedene Souvenirs mitgebracht: eine Kette um 18,90 Leva, ein Spiel um 24,30 Leva und ein Taschenmesser um 19,40 Leva.
Wie viel Euro hat Paul für Geschenke ausgegeben?
(1 Lev = 0,51 Euro, Stand: Juli 2017)

15 Wo war Nathalie auf Urlaub? Ordne die Ergebnisse vom kleinsten zum größten!
Die Buchstaben ergeben in dieser richtigen Reihenfolge den Urlaubsort.

L	0,12 · 300 =	E	0,12 · 100 =	I	1200 · 0,001 =
A	12 · 0,3 =	A	0,012 · 3 =	R	12 : 30 =
L	120 : 0,01 =	M	1,2 : 100 =	Z	1,2 : 0,3 =

Lösungswort: _ _ _ _ _ _ _ _ _

> **Tipp**
> Multiplikation mit 10, 100, 1000, … → Komma rückt 1, 2, 3,… Stellen nach rechts
> Multiplikation mit 0,1, 0,01, 0,001, … → Komma rückt 1, 2, 3,… Stellen nach links
> Division durch 10, 100, 1000, … → Komma rückt 1, 2, 3,… Stellen nach links
> Division durch 0,1, 0,01, 0,001, … → Komma rückt 1, 2, 3,… Stellen nach rechts

16 Setze in die Lücke das fehlende Wort bzw. die fehlende Zahl ein! In der richtigen Reihenfolge ergibt sich von hinten nach vorne gelesen der Name von Stephanies Reisebegleitung!

1) Die _____ der beiden Summanden 65,73 und 892,34 ergibt _____.

2) Wenn man 234,6 durch 3 dividiert ergibt der _____ _____.

3) Das Produkt der beiden _____ 89 und 13,4 ergibt _____.

4) Der _____ beträgt 1 833,6, der Subtrahend beträgt 723,9.
   Die _____ beträgt also _____.

O	Dividend	R	78,2	N	958,07
A	Faktoren	S	Divisor	T	Minuend
I	Quotient	K	1109,7	A	Differenz
L	Multiplikand	A	Summe	H	1192,6

Lösungswort: _ _ _ _ _ _ _ _ _ _ _ _

17 a) Erstelle eine Häufigkeitstabelle, wie lange die Kinder jeweils auf Urlaub waren!
b) Berechne die durchschnittliche Urlaubsdauer!

> **Tipp**
> Durchschnittliche Urlaubsdauer = Summe der Einzelwerte : Anzahl dieser Einzelwerte

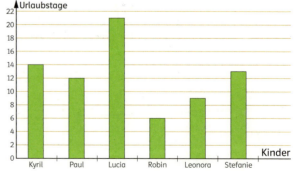

Wiederholung

Nachdem alle Kinder ihre Urlaubsgeschichten erzählt haben, bespricht der Klassenvorstand mit der Klasse die Informationen für das kommende Schuljahr.

18 Die 2C-Klasse hat in diesem Schuljahr 30 Schulstunden pro Woche. $\frac{2}{5}$ der Stunden sind Schularbeitsfächer.
$\frac{1}{10}$ der Stunden verbringt die Klasse im Turnsaal.
$\frac{1}{15}$ aller Stunden hat die Klasse Biologie.
1 Stunde haben sie Physik. 5 Stunden haben sie künstlerische Fächer.

a) Wie viel Wochenstunden hat die Klasse 1) Schularbeitsfächer, 2) Sport und 3) Biologie?
b) Welcher Bruchteil der Gesamtstundenzahl entfällt auf 1) Physik, 2) die künstlerischen Fächer?

19 Ordne die Bruchzahlen der Größe nach! Die Reihenfolge ergibt die Reihung von Nathalies Lieblingsfächern. Beginne mit dem Lieblingsfach (größte Bruchzahl)!

Geographie	$\frac{7}{12}$	Musik	$\frac{2}{3}$	Sport	$\frac{1}{2}$
Werken	$\frac{5}{12}$	Englisch	$\frac{5}{6}$	Mathematik	$\frac{3}{4}$

20 Welches neue Unterrichtsfach wird in der zweiten Klasse unterrichtet? Die richtigen Lösungen zeigen dir die Lösungsbuchstaben. Die Buchstaben der richtigen Lösungen ergeben von unten nach oben das gesuchte Fach!

1)	$\frac{8}{20} + \frac{4}{5} =$	E	$\frac{12}{10}$	G	$\frac{12}{20}$	**Tipp**
2)	$1\frac{3}{7} + \frac{6}{7} =$	T	$2\frac{2}{7}$	E	$\frac{19}{7}$	Bringe auf gleichen Nenner!
3)	$\frac{12}{9} - \frac{3}{6} =$	O	$\frac{9}{3}$	H	$\frac{5}{6}$	
4)	$2\frac{4}{10} - \frac{9}{10} =$	C	$1\frac{1}{2}$	G	$\frac{14}{10}$	
5)	$\frac{12}{100} \cdot 8 =$	R	$\frac{12}{800}$	I	$\frac{24}{25}$	
6)	$2\frac{3}{8} \cdot 6 =$	H	$14\frac{1}{4}$	A	$12\frac{3}{8}$	
7)	$8\frac{3}{4} : 5 =$	P	$1\frac{1}{6}$	C	$1\frac{3}{4}$	
8)	$5\frac{1}{2} : \frac{1}{4} =$	S	22	H	$\frac{7}{4}$	
9)	$\left(\frac{5}{6} + \frac{1}{3}\right) \cdot 3 =$	I	$\frac{11}{6}$	E	$3{,}5$	Schulfach:
10)	$\left(\frac{14}{5} - \frac{1}{10}\right) : 9 =$	G	$0{,}3$	E	3	_ _ _ _ _ _ _ _ _

21 Löse durch Probieren die folgenden Gleichungen, dann erfährst du, worauf sich die 2C-Klasse dieses Schuljahr besonders freut!

1) $34 - x = 19$ 3) $12 \cdot u = 78$ 5) $n - 23{,}5 = 14{,}8$ 7) $32 - 6 \cdot c = 17$
2) $k + 26 = 51$ 4) $19{,}5 + m = 21{,}7$ 6) $24 : z = 48$

R	A	K	S	M	I	S	K	U	L
0,5	2	2,2	2,5	6	6,5	15	25	38,3	53

Lösungswort: _ _ _ _ _ _ _ _ _ _

Wiederholung

22 Im neuen Schuljahr gibt es auch eine neue Sitzordnung. Finde die jeweiligen Sitznachbarn, indem du die gleichen Werte und damit die Namen einander zuordnest!

Lucia 3 km 5 m	
	Paul 450 g
Stephanie 702 mm	
	Robin 3 kg 4 dag
Leonora 23 dm	
	Kyril 23,4 dag

Clara: 3 500 m   Susanne: 3 050   Mia: 3 005 m

Ruben: 4,5 kg   Yannick: 0,45 kg   Tobi: 4,05 kg

Mateo: 7 dm 2 mm   Felix: 0,72 m   Sascha: 7,2 m

Viktor: 340 g   Dominic: 0,00304 t   Nino: 3,4 kg

Valerie: 0,23 m   Kübra: 2,3 cm   Lotta: 2 300 mm

Anouk: 2,34 kg   Anna: 234 g   Hugo: 0,234 t

23 Nach drei Wochen findet die Klassensprecherwahl statt. Es gibt fünf Kandidatinnen und Kandidaten. 24 Kinder dürfen mitstimmen.
Mateo erhält ein Viertel aller Stimmen, Felix ein Sechstel der Stimmen. Anouk erhält um eine Stimme mehr als Felix, aber um zwei Stimmen weniger als Hugo. Kübra erhält die restlichen Stimmen.
1) Vervollständige die Tabelle und das Diagramm!
2) Wer hat die meisten Stimmen erhalten?

Name	Anzahl der Stimmen
Mateo	
Felix	
Anouk	
Hugo	
Kübra	

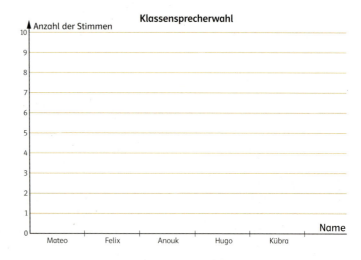

24 In der Klassenkassa sind vom letzten Jahr noch 5,90 Euro übrig geblieben.
Der Ausflug zu Schulbeginn kostet für die Klasse 66 Euro und die große Uhr für die neue Klasse 19,90 Euro.
Wie viel Euro muss jedes der 24 Kinder in die Klassenkassa einzahlen, damit die Ausgaben gedeckt sind und in der Klassenkassa 100 Euro für weitere Ausgaben vorhanden sind?

Wiederholung

Während der Ferien wurde in der Schule einiges erneuert und ausgebessert. Bei einem Rundgang am Ende des ersten Tages begutachtet die Klasse die neuen Einrichtungen in der Schule.

25 Auf dem Schulgelände wurde ein neuer Beachvolleyballplatz errichtet. Das eigentliche Spielfeld ist 8 m mal 16 m groß. Rund um das Spielfeld ist jedoch noch ein 3 m breiter Sicherheitsstreifen.
1) Fertige eine Skizze im Maßstab 1 : 200 an!
2) Berechne den Flächeninhalt des Spielfeldes sowie des gesamten Beachvolleyballplatzes!
3) Das Spielfeld ist mit einem blauen Markierungsband begrenzt. Wie lang muss dieses Band sein?
4) Der Sand soll etwa 45 cm hoch sein. Wie viel Kubikmeter Sand braucht man für den gesamten Platz?
5) Der Sand war in 10 kg-Säcken zu je 6,5 Liter verpackt. Wie viele Säcke mussten geliefert werden, damit ausreichend Sand vorhanden war?

> **Tipp**
>
> **Rechteck**
> $u = (a + b) \cdot 2$
> $A = a \cdot b$
>
> **Quader**
> $O = (a \cdot b) \cdot 2 + (a \cdot c) \cdot 2 + (b \cdot c) \cdot 2$
> $V = a \cdot b \cdot c$
>
> **Quadrat**
> $u = a \cdot 4$
> $A = a \cdot a$
>
> **Würfel**
> $O = a \cdot a \cdot 6$
> $V = a \cdot a \cdot a$
>
> **Tausenderschritte**
> 1000 · 1000
> m^3 · · dm^3 · · cm^3
> · hl · l dl cl ml
> 100 10 10 10
> **Hunderterschritt** **Zehnerschritte**

26 Die Schule hat außerdem neue Fenster bekommen. Die Größe der Fensterfläche sollte etwa ein Fünftel der Grundfläche eines Klassenzimmers betragen. Das Klassenzimmer der 2C-Klasse ist 9,3 m lang und 6,8 m breit.
Wie viel Quadratmeter ist die neue Fensterfläche größer als die vorherige, wenn diese nur rund ein Sechstel der Grundfläche betrug?

27 Im Schulhof steht ein neuer Springbrunnen. Er wurde aus mehreren Steinwürfeln zusammengesetzt. Ein Würfel hat eine Seitenlänge von 30 cm.
1) Aus wie vielen Würfeln besteht der Brunnen, wenn nicht alle Steine in der Abbildung rechts sichtbar sind?
2) Berechne die Gesamtmasse des Brunnens, wenn 1 m^3 ein Masse von 1460 kg hat!
3) Die Würfel des Brunnens sollen von unten nach oben in den Schulfarben gelb, orange und rot gestrichen werden. Wie groß ist die jeweilige Oberfläche, die zu bemalen ist?

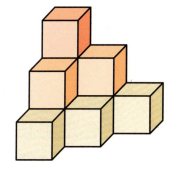

28 Die Klasse hat für dieses Schuljahr ein Aquarium besorgt. Das Aquarium ist 5 dm lang, 4 dm breit und 3,5 dm hoch.
1) Wie viel Liter Wasser sind zur Füllung erforderlich?
2) Wie viel Kilogramm hat diese Wassermenge, wenn 1 Liter Wasser eine Masse von 1 kg hat?

Wiederholung

29 Die elf Mädchen der Klasse haben unterschiedliche Kärtchen mit Rauminhalten bekommen.
Bei einem Gruppenspiel sollen sie sich so in einer Reihe aufstellen, dass die Kärtchen vom kleinsten bis zum größten Wert geordnet sind. Schreibe die Namen in der richtigen Reihenfolge auf!

Lucia: $3\,dm^3$ Leonora: $236\,dm^3$ Anouk: $36\,cm^3$ Kübra: $28\,dm^3$
Stephanie: $1470\,cm^3$ Anna: $563\,cm^3$ Lotta: $3400\,cm^3$ Valerie: $3\,cm^3$
Mia: $10\,cm^3$ Susanne: $134\,dm^3$ Clara: $56000\,cm^3$

30 Auch die Buben der Klasse haben unterschiedliche Kärtchen mit Rauminhalten bekommen.
Die Buben sollen sich bei dem Spiel so in einer Reihe aufstellen, dass die Kärtchen vom größten bis zum kleinsten Wert geordnet sind. Schreibe die Namen in der richtigen Reihenfolge auf!

Mateo: $36\,dm^3$ Felix: $4\,m^3$ Hugo: $50\,cm^3$ Kyril: $4,5\,dm^3$
Paul: $12\,hl$ Robin: $3,6\,hl$ Ruben: $7\,dl$ Viktor: $0,4\,dl$
Yannick: $3400\,mm^3$ Tobi: $7,5\,dm^3$ Sascha: $50\,cl$ Dominic: $4\,ml$
Nino: $940\,ml$

31 Beim Schulbuffet gibt es eine frische, ganze Torte.
Einige Schülerinnen und Schüler kaufen sich ein Stück.

Adrian   Maria   Anna   Michi

1) Schätze die Zentriwinkel und die Länge der Sehnen der vier Tortenstücke!
2) Wie groß ist der Zentriwinkel des verbleibenden Tortenstückes ungefähr?

32 Beschrifte mit den dazupassenden geometrischen Begriffen! Die Buchstaben in der richtigen Reihenfolge ergeben ein Lösungswort!

1 _____

2 _____

3 _____

4 ist eine _____ zu 5

5 _____

6 _____

7 _____

8 ist eine _____ zu 4

9 _____

10 _____

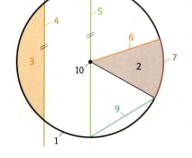

Lösungsworte: _ _ _ _ _   _ _ _ _ _

Kreissegment	T	Kreissektor	U	Normale	A
Radius	S	Parallele	E	Kreissehne	R	Kreislinie	G
Kreisbogen	T	Mittelpunkt	T	Durchmesser	N

Wiederholung

33 Hilf die Kantine neu einzurichten! Zeichne mit Hilfe der Angaben einen möglichen Plan im richtigen Maßstab (1:50)!

1) Entlang der Wand 2 stehen 3 runde Tische mit 1,2 m Durchmesser. Sie berühren die Wand 2 und haben je einen Abstand von einem Meter zueinander.
2) Im Abstand von einem Meter stehen noch einmal drei runde Tische mit demselben Durchmesser.
3) Parallel zum Buffet steht im Abstand von $1\frac{1}{2}$ m ein rechteckiger Tisch mit 2 m Länge und 80 cm Breite, der an Wand 4 anliegt.
4) Im rechten Winkel zu 3) steht ein weiterer Tisch mit 180 cm Länge und 80 cm Breite.
5) Platziere noch drei Blumentöpfe mit einem Durchmesser von 40 cm, die mittig auf Untersetzern mit einem Radius von 22 cm stehen!

A Teilbarkeit

Teilbarkeit

Chemische Elemente – Bausteine der Materie

Alchemie war im Mittelalter und am Beginn der Neuzeit eine höchst geheime und von Kaisern und Königen sehr begehrte „Wissenschaft". Denn die Alchemisten beschäftigten sich mit der Kunst, Stoffe zu verwandeln. Eines ihrer Ziele war, aus unedlen Metallen Gold herzustellen.

Der erste große Kritiker der Alchemie war der irische Naturforscher Robert Boyle (1627–1691). Er hatte erkannt, dass in der Natur elementare Grundstoffe existieren, die nicht chemisch erzeugt werden können. Diese Urstoffe nannte er Elemente. Für ihn war klar, dass die Versuche, aus Blei oder Quecksilber Gold zu machen, zum Scheitern verurteilt waren. Denn Gold ist so ein Grundstoff, ein Element. Andere Stoffe, wie zum Beispiel Wasser, sind keine Elemente, sondern chemische Verbindungen, sie haben andere Urstoffe als „Bestandteile". Wasser besteht zB aus Wasserstoff und Sauerstoff.

Die Alchemisten wollten Gold erzeugen, da Gold sehr wertvoll war. Ein Kilogramm hatte den Wert eines großen Hauses. Hat sich das geändert? Was erhält man heute um ein Kilogramm Gold? Schätze und kreuze an!

A B C

Primzahlen – Bausteine der Mathematik

Eratosthenes von Kyrene (um 284–202) vor Chr.

Was für die Stoffe in der Natur stimmt, gilt auch für die natürlichen Zahlen in der Mathematik. Auch die Zahlen setzen sich aus „Urbausteinen" zusammen. Will man die Entstehung der Zahlen mit Hilfe der Multiplikation erreichen, so lässt man zunächst einmal die Zahlen 0 und 1 weg. Das erste eigentliche „Element" ist die Zahl 2. Aus ihr entstehen der Reihe nach die Zahlen 2, $2 \cdot 2 = 4$, $2 \cdot 2 \cdot 2 = 8$ usw. Auf diese Weise erhält man aber noch lange nicht alle Zahlen. Die kleinste Zahl, die in dieser Liste fehlt, ist 3, dann 5 und 7.

Diese „Elemente" im Zahlenreich nennt man in der Mathematik Primzahlen. Gold oder Silber sind unzerlegbare Elemente, Primzahlen sind unzerlegbare Zahlen. Sie haben nur 1 und sich selbst als Teiler. Und das, was in der Chemie „chemische Verbindungen" heißt, nennt man in der Mathematik „zusammengesetzte Zahlen". Das sind Zahlen, die sich als Produkte von zwei oder mehr Primzahlen schreiben lassen. In der Antike erfand der große Gelehrte Eratosthenes ein Verfahren, wie man Primzahlen aus der großen Anzahl der natürlichen Zahlen „aussieben" kann (siehe Seite 32).

Zusammengesetzte Zahlen

60 zum Beispiel ist eine zusammengesetzte Zahl, denn 60 kann als Produkt von Primzahlen geschrieben werden: 60 = 2·2·3·5. Es ist nicht einfach, große zusammengesetzte Zahlen und große Primzahlen zu unterscheiden. Auch ist es mühsam, die Primzahlen zu finden, aus denen sich eine große zusammengesetzte Zahl bilden lässt. So hat vor 300 Jahren Leonhard Euler zum Beispiel entdeckt, dass sich die riesige Zahl 4 294 967 297 in das Produkt der Primzahlen 641 und 6 700 417 zerlegen lässt. Die erst im Jahr 2017 gefundene, bisher größte Primzahl hat mehr als 23 Millionen Stellen und würde mehr als 12 000 A4-Seiten füllen. So große Zahlen können natürlich nur mehr mit dem Einsatz von Computern gefunden werden.

Wenn man allerdings glaubt, dass die Beschäftigung mit Primzahlen nur eine mathematische Spielerei ist, irrt man. Heute sind Primzahlen ein wichtiges Hilfsmittel zur Verschlüsselung beim Übertragen von Daten im Internet und im Bankwesen.

Nur mit solchen Hilfsmitteln können so große Primzahlen gefunden werden.

Worum geht es in diesem Abschnitt?

- Teilermenge und Vielfachenmenge einer natürlichen Zahl
- größter gemeinsamer Teiler und kleinstes gemeinsames Vielfaches zweier oder mehrerer Zahlen
- Teilbarkeitsregeln
- Summen- und Produktregel zum Erkennen von Teilbarkeiten
- Primzahlen und zusammengesetzte Zahlen

Zufälligerweise stimmt die Anzahl der Primzahlen von 1 bis 100 einschließlich der Zahl 1 mit der Anzahl der Buchstaben in unserem Alphabet überein:

1…A	2…B	3…C	5…D	7…E	11…F	13…G
17…H	19…I	23…J	29…K	31…L	37…M	41…N
43…O	47…P	53…Q	59…R	61…S	67…T	71…U
73…V	79…W	83…X	89…Y	97…Z		

Damit hast du eine Geheimschrift mit Primzahlen in der Hand.
Was heißt: 37 1 67 17 7 37 1 67 19 29?

A1 Teilbarkeit

1 Teiler und Vielfache

interaktive Vorübung
849i3p

AH S. 8

1.1 Teiler und Teilermenge

Hanna besucht ihre Großeltern. Vom Apfelbaum im Garten pflückt sie 24 Äpfel. Hanna möchte die Äpfel schön auf einem Tisch auflegen. Sie kann:

1 Reihe mit 24 Äpfeln auflegen oder 2 Reihen mit ▭ Äpfeln oder

3 Reihen mit ▭ Äpfeln oder ▭ Reihen mit ▭ Äpfeln.

Die Zahlen 1, 2, 3, 4, 6, 8, 12 und 24 heißen **Teiler** der Zahl 24, weil sie diese Zahl ohne Rest teilen. Die Teiler einer Zahl werden in der so genannten **Teilermenge** zusammengefasst.
Diese lässt sich auf zwei Arten darstellen:

als Mengendiagramm

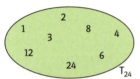

in Mengenschreibweise

$T_{24} = \{1, 2, 3, 4, 6, 8, 12, 24\}$

Teiler

Eine Zahl t ist ein **Teiler der Zahl a**, wenn man **a durch t ohne Rest dividieren** kann.
Wir schreiben **t|a**. Wenn eine Zahl **a nicht durch t teilbar** ist, schreiben wir **t∤a**.
Jede Zahl a ≥ 2 hat mindestens **zwei Teiler**: Die **Zahl 1** ist ein Teiler von a: **1|a** und jede **Zahl a** teilt sich selbst: **a|a**.
1 und die **Zahl a selbst** nennt man **unechte Teiler der Zahl a**. Alle übrigen Teiler heißen **echte Teiler**.

Hinweis In diesem Abschnitt sprechen wir immer nur von natürlichen Zahlen ≠ 0. Diese werden hier als „Zahlen" bezeichnet. Die Zahl Null ist einerseits durch jede andere Zahl „teilbar". Andererseits darf durch Null nicht dividiert werden. Daher wird die Zahl Null „ausgeschlossen".

 34 Schreibe die Teilermenge auf!
a) T_{12} b) T_{35} c) T_{23} d) T_{42} e) T_{96} f) T_{61} g) T_{70} h) T_{100}

 35 Wie viele Teiler hat die gegebene Zahl? Stelle die Teiler in einem Mengendiagramm dar!
a) 12 b) 13 c) 14 d) 15 e) 16 f) 18 g) 21 h) 25

 36 Teilbar oder nicht? Verwende den **Sprachbaustein**, um die Textangaben in mathematische Sprache zu übersetzen!
a) Melanie will 15 Muffins auf drei Kinder aufteilen.
b) Elias will 30 Würfel auf sechs Becher verteilen.
c) Celina will 33 Kirschen in fünf Gläser aufteilen.
d) Marco will 36 Spielkärtchen auf fünf Stapel verteilen.

Sprachbausteine

t | a:
„t teilt a."
„t ist ein Teiler von a."

t ∤ a:
„t teilt a nicht."
„t ist kein Teiler von a."

Teiler und Vielfache — A1

37 Überprüfe durch Dividieren, ob die Zahlen a) 2, 5, b) 6, 9, c) 12, 15 d) 385, 1260 Teiler von 13 860 sind!

38 Setze das richtige Zeichen | bzw. ∤ ein!

a) 4 ☐ 36   c) 3 ☐ 35   e) 12 ☐ 48   g) 21 ☐ 121   i) 25 ☐ 625

b) 8 ☐ 82   d) 7 ☐ 84   f) 25 ☐ 25   h) 16 ☐ 80   j) 16 ☐ 144

39 a) Gib jeweils drei Zahlen an, die **1)** durch 2, **2)** nicht durch 2 teilbar sind!
b) Gib jeweils drei Zahlen an, die **1)** durch 5, **2)** nicht durch 5 teilbar sind!
c) Gib jeweils drei Zahlen an, die **1)** durch 10, **2)** nicht durch 10 teilbar sind!

40 Hannas Großvater möchte in seinem Garten 36 Apfelbäume pflanzen. Diese Apfelbäume sollen in Reihen mit jeweils gleich vielen Bäumen angeordnet werden.
Welche Möglichkeiten hat Hannas Großvater, die Bäume anzuordnen?

41 Emma hat a) 8, b) 12, c) 16, d) 25, e) 50, f) 100, g) 80, h) 120 gleich große würfelförmige Bausteine. Wie viele Möglichkeiten hat Emma, mit diesen Würfeln gleich hohe Türme zu bauen, indem sie einzelne Würfel übereinander stapelt?

42 a) Welche Zahl der oberen Randzeile ist durch welche Zahl der linken Randspalte teilbar? Setze in der Tabelle an den entsprechenden Stellen das Teilbarkeitszeichen | !
(Zeile 1 und 2 der Tabelle sind bereits ausgefüllt).

b) Überlege und begründe!
  1) Warum ist jedes Feld in der Diagonale von links oben nach rechts unten markiert?
  2) Warum ist jedes Feld in der ersten Zeile markiert?

43 **1)** Überprüfe, ob es richtig ist, dass die Zahlen 258 258 und 715 715 durch die Zahlen 7, 11 und 13 teilbar sind!
2) Wähle zwei weitere 6-stellige Zahlen, in denen die ersten drei Ziffern genau so lauten wie die letzten drei, und überprüfe ihre Teilbarkeit durch 7, 11 und 13!
3) Was kannst du aus **1)** und **2)** schließen? Begründe!

Hinweis Multipliziere zuerst 7, 11 und 13 miteinander!

Besondere Zahlen

44 a) Zeige, dass 220 und 284 „befreundete" Zahlen sind!
b) Suche mit Hilfe des Internet nach weiteren „befreundeten" Zahlen! Wie viele vierstellige befreundete Zahlenpaare gibt es?

> **ℹ Besondere Zahlen**
>
> „**Befreundete**" Zahlen: Zwei Zahlen sind „befreundet", wenn die Summe der Teiler der ersten Zahl (ausgenommen der Zahl selbst) die andere Zahl ergibt und umgekehrt!
> „**Vollkommene**" Zahl: Die Summe aller Teiler (ausgenommen die Zahl selbst) einer vollkommenen Zahl ergibt wieder die Zahl selbst.
> Bis heute ist unbekannt, ob es unendlich viele „vollkommene" Zahlen und „befreundete" Zahlenpaare gibt.

45 Zeige, dass die Zahl **1)** 6, **2)** 28, **3)** 496 eine „vollkommene Zahl" ist!

A1 Teilbarkeit

1.2 Größter gemeinsamer Teiler

Thomas möchte ein rechteckiges Blatt Papier (Länge 30 cm und Breite 20 cm) mit einem zweifärbigen, quadratischen Muster überziehen. Er stellt rasch fest, dass es viele Möglichkeiten dafür gibt:

Quadratmuster 1 cm × 1 cm
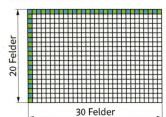

Quadratmuster 2 cm × 2 cm
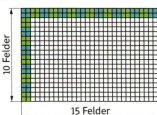

Quadratmuster 5 cm × 5 cm
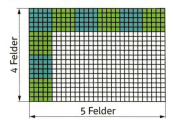

Thomas bemerkt, dass es sich bei den möglichen Quadratlängen nur um gemeinsame Teiler der Rechteckseiten handeln kann. Um dies genauer zu untersuchen, schreibt er die Teilermengen auf:

T_{20} = { }

T_{30} = { }

Die **gemeinsamen Teiler** von 20 und 30 unterstreicht er. Da diese gemeinsamen Teiler in beiden Mengen vorkommen, schreiben wir: $T_{20} \cap T_{30}$ = {1, 2, 5, 10}. Im Bild rechts sind die Teilermengen und die gemeinsamen Teiler in einem Mengendiagramm dargestellt.
Unter den gemeinsamen Teilern zweier oder mehrerer Zahlen gibt es immer einen **größten gemeinsamen Teiler (ggT)**. Von den vier gemeinsamen Teilern ist 10 der größte - wir schreiben also: **ggT(20, 30) = 10**.

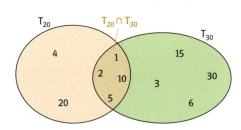

> **Größter gemeinsamer Teiler (ggT)**
>
> Der **größte gemeinsame Teiler** zweier oder mehrerer Zahlen hat folgende **Eigenschaften**:
> 1. Er **teilt jede** dieser Zahlen.
> 2. Unter den **gemeinsamen Teilern** dieser Zahlen ist er **der größte**.

Unter den gemeinsamen Teilern ist **immer** die Zahl **1**. Es gibt Zahlen, die nur 1 als gemeinsamen Teiler haben, zB 9 und 10: T_9 = {1, 3, 9}, T_{10} = {1, 2, 5, 10} ⇒ ggT(9, 10) = 1. Solche Zahlen nennt man **teilerfremd**.

46 Gegeben sind zwei Zahlen:
a) 12 und 16   b) 10 und 20   c) 17 und 19   d) 18 und 24   e) 36 und 48
1) Wie lautet die Teilermenge jeder dieser Zahlen?
2) Wie lautet die Menge der gemeinsamen Teiler?
3) Wie lautet der größte gemeinsame Teiler?
4) Zeichne ein Mengendiagramm zur Ermittlung der Menge der gemeinsamen Teiler!

47 Alexander hat in seinem Garten 54 Äpfel und 36 Birnen gesammelt. Er möchte ausschließlich gleiche Pakete für seine Freunde zusammenstellen. Wie muss er die Pakete zusammenstellen, damit er möglichst viele gleiche Pakete hat? Wie viele Freunde kann er beschenken?

Teiler und Vielfache — A1

48 Bestimme die gemeinsamen Teiler!

> **Beispiel**
>
> $T_{10} \cap T_{15} = ? \Rightarrow T_{10} = \{1, 2, 5, 10\}, T_{15} = \{1, 3, 5, 15\}, T_{10} \cap T_{15} = \{1, 5\}$

a) $T_{35} \cap T_{40}$ b) $T_{30} \cap T_{50}$ c) $T_{25} \cap T_{28}$ d) $T_{12} \cap T_{36}$

49 Wie lautet der größte gemeinsame Teiler? Versuche es zunächst durch Kopfrechnen!

a) 7, 21 c) 5, 13 e) 48, 80 g) 25, 100 i) 60, 100
b) 12, 36 d) 7, 9 f) 32, 33 h) 35, 45 j) 21, 105

50 Wie lautet der größte gemeinsame Teiler der Zahlen 17 und 55? Kreuze an!

○ A 1 ○ B 2 ○ C 3 ○ D 9 ○ E 17

51 Der größte gemeinsame Teiler zweier Zahlen ist 5. Eine der beiden Zahlen ist 25. Wie groß ist die andere Zahl? Gibt es mehrere Möglichkeiten? Begründe!

52 Bestimme den größten gemeinsamen Teiler der gegebenen Zahlen!

a) 16, 36, 52 b) 45, 60, 70 c) 64, 128, 256 d) 9, 11, 14

53 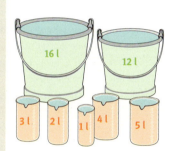 In einem Kübel befinden sich 16 Liter, in einem anderen Kübel 12 Liter Wasser. Das Wasser beider Kübel soll in je gleich große Messgefäße umgefüllt werden, sodass diese voll sind. Es stehen Messgefäße zu 1 Liter, 2 Liter, 3 Liter, 4 Liter und 5 Liter in beliebiger Anzahl zur Verfügung.

1) Welche Gefäße kommen in Frage?
2) Bei welchen Messgefäßen braucht man zum Umfüllen möglichst wenige Gefäße?

54 Kreuze die teilerfremden Zahlenpaare an!

○ A 12, 15 ○ B 12, 14 ○ C 12, 13 ○ D 11, 12 ○ E 10, 12

55 Gegeben sind zwei Zahlen und deren ggT. Gib eine mögliche dritte Zahl an, sodass sich der ggT nicht ändert!

a) 6, 15; ggT = 3 b) 8, 22; ggT = 2 c) 10, 35; ggT = 5

56 Für welche gemeinsame Teilermenge links gibt es eine richtige Darstellung rechts? Verbinde!

A	$T_{18} \cap T_{20} = \{1, 2\}$
B	$T_{16} \cap T_{20} = \{1, 2, 4\}$
C	$T_{22} \cap T_{20} = \{1, 2\}$
D	$T_{30} \cap T_{20} = \{1, 2, 5, 10\}$
E	$T_{28} \cap T_{20} = \{1, 2, 4\}$
F	$T_{24} \cap T_{20} = \{1, 2, 4\}$

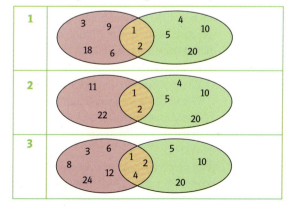

A1 Teilbarkeit

⊞ Euklidischer Algorithmus

Der Euklidische Algorithmus hilft, den ggT von Zahlen zu finden. Algorithmus bedeutet Rechenverfahren. Man sucht zB den ggT von 140 und 325, dabei beginnt man zuerst mit der Division 325 : 140.

Beispiel

ggT (140, 325) = ?

rechnerisches Verfahren

325 : 140 = 2 Rest 45
140 : 45 = 3 Rest 5
45 : 5 = 9 Rest 0

Ist der Rest 0, so hat man den ggT gefunden. Der ggT entspricht dem letzten Divisor bzw. dem letzten Rest ungleich 0.
ggT(140, 325) = 5

graphisches Verfahren

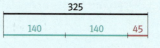
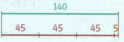

57 Bestimme graphisch den größten gemeinsamen Teiler der beiden angegebenen Zahlen.
a) 140, 325   b) 36, 96   c) 25, 135   d) 340, 430

58 Bestimme rechnerisch den größten gemeinsamen Teiler der beiden angegebenen Zahlen mit Hilfe des Euklidischen Algorithmus!
a) 1200, 1848   b) 135, 999   c) 150, 1001

59 Bestimme 1) graphisch, 2) rechnerisch den ggT der beiden angegebenen Zahlen.
a) 10, 15   b) 36, 80   c) 36, 108   d) 15, 42

60 Bereits in der ersten Klasse ist der Mathematiker **Euklid** im Schulbuch vorgekommen. Finde die passenden Seiten und lies nach! Welche Informationen hast du mittlerweile über ihn?

ℹ Euklid

Euklid von Alexandria war ein Mathematiker aus Griechenland, der im 3. Jh. vor Chr. lebte. Seine Bücher beinhalteten das Wissen der griechischen Mathematik, das er nicht nur sammelte – er bewies auch die allgemeine Gültigkeit vieler Entdeckungen. Daher tritt sein Name häufig in der Mathematik auf und wird dir noch einige Male begegnen.

61 Die Firma Supermüsli erzeugt speziell zusammengestellte Müslimischungen. Aus Behältern mit 7500 g Haferflocken, 1350 g Sonnenblumenkernen und 5500 g Rosinen werden Packungen abgefüllt, die möglichst groß sind. In den Packungen sollen gleich viel von jeder Zutat enthalten sein.
1) Wie viel Gramm von jeder Zutat können in eine solche Packung abgefüllt werden?
2) Wie viele Packungen erhält man und wie viel Gramm bleiben jeweils von den Zutaten übrig?
3) Die Müslifirma möchte 1500-Gramm-Packungen auf den Markt bringen. Ändere die Behältermaße so ab, dass dies erfüllbar wird!

62 Gabi sagt: „Ich habe viele Euromünzen, aber mehr als 100 sind es nicht. Bilde ich daraus Rollen zu je 6 oder zu je 9 oder zu je 10 Münzen, so bleibt mir immer eine Münze übrig."
Wie viele Euromünzen hat Gabi?

Teiler und Vielfache A1

1.3 Kleinstes gemeinsames Vielfaches

Vielfache – Vielfachenmenge

Natalie ist begeisterte Tennisspielerin. Daher muss sie häufig Tennisbälle kaufen. Im Handel gibt es diese in 3er-Packungen.
Wie viele Bälle sind in 1, 2, 3…, n solcher 3er-Packungen?

Anzahl der 3er-Packungen	1	2	3	n
Anzahl der Bälle	1·3			

Das sind Vielfache von 3. Alle Vielfachen bilden die **Vielfachenmenge** von 3: $V_3 = \{3, 6, , , , \ldots\}$.

Du kennst die Zahlen 3, 6, 9, 12, 15, 18, 21, 24, 27, 30 unter dem Namen „Dreierreihe".
Die **Vielfachenmenge** von 3 enthält **unendlich viele Zahlen**.

Gemeinsame Vielfache – kleinstes gemeinsames Vielfaches

Die Vielfachenmengen von 3 bzw. von 4 lauten:
$V_3 = \{3, 6, 9, \mathbf{12}, 15, 18, 21, \mathbf{24}, 27, 30, 33, \mathbf{36}, \ldots\}$ $V_4 = \{4, 8, \mathbf{12}, 16, 20, \mathbf{24}, 28, 32, \mathbf{36}, \ldots\}$

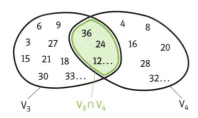

Die **gemeinsamen Vielfachen** bilden den Durchschnitt dieser Vielfachenmengen:
$V_3 \cap V_4 = \{12, 24, 36, \ldots\} = \{1 \cdot 12, 2 \cdot 12, 3 \cdot 12, \ldots\}$
Offenbar ist $V_3 \cap V_4 = V_{12}$.
Unter den gemeinsamen Vielfachen gibt es immer ein **kleinstes gemeinsames Vielfaches (kgV)**.
Wir schreiben: **kgV (3, 4) = 12**

Hinweis   Die Zahl Null wird von der Vielfachenmenge ausgeschlossen, da jedes Vielfache von Null gleich Null ist und somit jede Vielfachenmenge mit Null beginnen würde.

Kleinstes gemeinsames Vielfaches (kgV)

Das **kleinste gemeinsame Vielfache** zweier oder mehrerer Zahlen hat folgende **Eigenschaften**:
1. Es ist **Vielfaches jeder** dieser Zahlen.
2. Unter den **gemeinsamen Vielfachen** dieser Zahlen ist es **das kleinste**.

Zusammenhang zwischen Teilern und Vielfachen

Zum Beispiel: „4 ist Teiler von 28." ist gleichbedeutend mit „28 ist Vielfaches von 4.".
D.h.: „… **ist Teiler von** …" ist die **Umkehrung** der Beziehung „… **ist Vielfaches von** …".

Zusammenhang zwischen Teilern und Vielfachen

Ist eine Zahl **t Teiler der Zahl a**, so ist die Zahl **a Vielfaches der Zahl t**.
t | a bedeutet **a = t · n** mit **n = 1, 2, 3, …** und umgekehrt.

 63 Gib die Vielfachenmenge an, indem du die ersten zehn Vielfachen aufschreibst!
a) 5   **b)** 6   **c)** 9   **d)** 11   **e)** 12   **f)** 20   **g)** 100   **h)** 1000   **i)** 2500

A1 Teilbarkeit

64 Gegeben sind zwei Zahlen. Bestimme die gemeinsamen Vielfachen – gib mindestens drei gemeinsame Vielfache an!
a) 3 und 4 b) 9 und 15 c) 6 und 8 d) 10 und 12 e) 20 und 24

65 Gegeben sind zwei Zahlen:
a) 2 und 3 b) 4 und 6 c) 3 und 5 d) 2 und 6 e) 6 und 9
1) Gib die Vielfachenmengen der Zahlen an!
2) Wie lautet die Menge der gemeinsamen Vielfachen?
3) Wie lautet das kleinste gemeinsame Vielfache?

66 Begründe die Aussage!
a) Es gibt kein „ggV" (größtes gemeinsames Vielfaches).
b) Die Frage nach dem „kgT" (kleinsten gemeinsamen Teiler) ergibt wenig Sinn.

67 Stelle die Vielfachenmengen auf dem Zahlenstrahl dar! Markiere die gemeinsamen Vielfachen und hebe das kleinste gemeinsame Vielfache hervor! Wähle geeignete Einheiten!

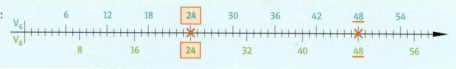

a) V_3 und V_6 b) V_2 und V_5 c) V_{10} und V_{20} d) V_{12} und V_{18} e) V_8 und V_{12}

68 Wie lautet das kgV der gegebenen Zahlen?
a) 4, 10   c) 12, 36   e) 17, 23   g) 4, 6, 9   i) 80, 100, 160
b) 16, 18 d) 15, 60   f) 18, 25   h) 15, 16, 20 j) 96, 144, 240

69 Elli hat leider Tee über ihr Mathematikheft getropft und kann nicht mehr alles erkennen. Gib mögliche Zahlen an, die sich unter dem Fleck verbergen könnten!
a) kgV(●, 7) = 21   b) kgV(4, ●) = 12   c) kgV(●) = 30

70 a) Ermittle das kgV von 1) 6 und 18, 2) 5 und 20, 3) 12 und 24, 4) 15 und 45!
b) Wie lautet das kgV zweier Zahlen, wenn eine dieser Zahlen Teiler der anderen ist? (ZB: kgV(3, 12) = ?)
Gib eine entsprechende Regel an!

71 a) Ermittle das kgV von 1) 6 und 7, 2) 8 und 9, 3) 16 und 21, 4) 24 und 35!
b) Wie lautet der ggT dieser Zahlen?
c) Welche Regel kann aus diesen Beispielen für das kgV vermutet werden?

72 Berechne 1) das Produkt, 2) den ggT, 3) das kgV und 4) das Produkt aus ggT und kgV der gegebenen Zahlen! Vergleiche 1) und 4)!

Beispiel				
4, 6	1) 4·6 = **24**	2) ggT(4, 6) = **2**	3) kgV(4, 6) = **12**	4) 2·12 = **24**
a) 6, 8	b) 12, 16	c) 15, 20	d) 10, 18	e) 9, 18	f) 13, 17

2 Teilbarkeitsregeln

interaktive
Vorübung
ut5w7k

AH S. 9

2.1 Teilbarkeitsregeln für das Teilen durch bestimmte Zahlen

Teilbarkeit durch 2, 5 bzw. 10
In der großen Pause wollen 20 Kinder gemeinsam Ball spielen und teilen sich in Gruppen auf. Jonas dividiert und stellt fest, dass ▭ die echten Teiler von 20 sind und nur diese Mannschaftsgrößen möglich sind. Dies kann man auch ohne zu dividieren feststellen.

Teilbarkeit durch 2, 5 und 10

Eine Zahl ist **durch 2** teilbar, wenn ihre **Einerziffer 0, 2, 4, 6 oder 8** ist – sonst nicht.	Eine Zahl ist **durch 5** teilbar, wenn ihre **Einerziffer 0 oder 5** ist – sonst nicht.	Eine Zahl ist **durch 10** teilbar, wenn ihre **Einerziffer 0** ist – sonst nicht.

Begründungen

Nur die geraden Zahlen sind durch 2 teilbar.	Die Vielfachen von 5 haben an der Einerstelle immer abwechselnd 0 oder 5.	Das Multiplizieren einer Zahl mit 10 entspricht dem Anhängen einer 0.

Teilbarkeit durch 9 bzw. 3
Susanne betrachtet die „Neunerreihe". Ihr fällt auf, dass die Ziffernsumme immer gleich ist (zB von 9 – 18 – 27 usw.) oder sich um ein Vielfaches von 9 ändert (zB von 90 – 99 oder 999 – 1008). Die Ziffernsumme ist also immer ein Vielfaches von 9. Ähnliches gilt für die „Dreierreihe".

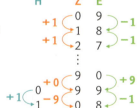

Teilbarkeit durch 3 und 9

Eine Zahl ist **durch 9** teilbar, wenn ihre **Ziffernsumme durch 9 teilbar** ist – sonst nicht.	Eine Zahl ist **durch 3 teilbar**, wenn ihre **Ziffernsumme durch 3 teilbar** ist – sonst nicht.

Teilbarkeit durch 4, 25 bzw. 100
Die Teilbarkeitsregel durch 100 ist leicht zu erraten – die letzten beiden Stellen einer Zahl müssen beide Nullen sein. Da alle Vielfachen von 100 auch durch 4 und 25 teilbar sind, kommt es auch bei diesen beiden nur auf die letzten zwei Stellen an:

Teilbarkeit durch 100, 4 und 25

Eine Zahl ist **durch 100** teilbar, wenn die **letzten beiden Stellen 00** sind – sonst nicht.	Eine Zahl ist durch **4 teilbar**, wenn die **letzten beiden Stellen eine durch 4 teilbare Zahl** bilden – sonst nicht.	Eine Zahl ist **durch 25** teilbar, wenn die **letzten beiden Stellen 00, 25, 50 oder 75** sind – sonst nicht.

A 2 Teilbarkeit

73 Welche Zahlen sind **a)** durch 2, **b)** durch 5, **c)** durch 10 teilbar?
10   30   420   525   10 940   2 010 111

74 a) Begründe, warum 502 durch 2 teilbar, jedoch nicht durch 5 teilbar ist!
b) Begründe, warum 800 sowohl durch 2 als auch durch 5 teilbar ist!

75 Welche der angegebenen Zahlen sind **a)** durch 2, **b)** durch 3, **c)** durch 9 teilbar?
87   144   243   412   546   801   1458   1944   2304   3000   5802   25 242

76 Gib je drei Zahlen an, die durch **1)** 2, **2)** 5, **3)** 10, **4)** 3, **5)** 9, **6)** 4, **7)** 25, **8)** 100 teilbar sind!

77 Begründung für die Teilbarkeit durch 9
In der Abbildung rechts ist die Zahl 2 357 durch Plättchen in einer Stellenwerttafel dargestellt. Verschiebe ein Plättchen von der Tausenderspalte in die Hunderterspalte! Dadurch verkleinert sich der Wert der Zahl um 900 (= 1000 − 100). 900 ist ein Vielfaches von 9.
Der 9er-Rest (der Rest beim Dividieren durch 9) der Zahl bleibt also gleich.

T	H	Z	E
••	••		••
	•	••	••
		•	••
			•

1) Um wie viel reduziert sich der Wert der Zahl, wenn man beide Plättchen aus der Tausender- in die Hunderterspalte verschiebt?
Wie viele Plättchen sind jetzt in der Hunderterspalte?
2) Verschiebe die Plättchen aus der Hunderterspalte in die Zehnerspalte und schließlich alle zusammen in die Einerspalte! Warum verändert sich bei diesen Verschiebungen um eine Spalte nach rechts der Neunerrest nicht? Wie viele Plättchen sind schlussendlich in der Einerspalte? Vergleiche diese Anzahl mit der Ziffernsumme der ursprünglichen Zahl 2 357!

78 Begründe entsprechend der Aufgabe 77 auch die Teilbarkeitsregel für die Division durch 3!

79 Mit Kunststoffrohren von 50 cm Länge soll eine Abflussleitung gebaut werden. Ist dies ohne Teilen eines Rohres möglich, wenn die Leitung **1)** 6 m, **2)** 8,5 m, **3)** 4,20 m, **4)** 10 m lang sein soll?

80 a) Begründe, warum 744 sowohl durch 2 als auch durch 3 teilbar ist!
b) Begründe, warum 828 sowohl durch 2 als auch durch 9 teilbar ist!
c) Begründe, warum 7 128 sowohl durch 3 als auch durch 9 teilbar ist!
d) Begründe, warum 2 073 durch 3, jedoch nicht durch 9 teilbar ist!
e) Begründe, warum 5 415 sowohl durch 3 als auch durch 5 teilbar ist!
f) Begründe, warum 5 412 weder durch 5 noch durch 9 teilbar ist!
g) Überprüfe durch Dividieren, dass die Zahl aus a), b) und e) auch durch das Produkt der beiden Teiler teilbar ist!

81 Welche der folgenden „Teilbarkeitsregeln" ist richtig, welche ist falsch?
Überprüfe die Behauptung an einigen Beispielen! Streiche die falsche Behauptung durch und gib ein passendes Gegenbeispiel an!
1) Wenn eine Zahl durch 3 und durch 6 teilbar ist, ist sie auch durch 12 teilbar.
2) Wenn eine Zahl durch 3 und durch 4 teilbar ist, ist sie auch durch 12 teilbar.
3) Wenn eine Zahl durch 2 und durch 5 teilbar ist, ist sie auch durch 10 teilbar.
4) Wenn eine Zahl durch 3 und 5 teilbar ist, dann ist sie auch durch 15 teilbar.

Teilbarkeitsregeln A2

82 Versuche eine Regel für die Teilbarkeit durch **a)** 6, **b)** 15, **c)** 18 anzugeben! Überprüfe diese Regel an mindestens fünf Beispielen! Vergleiche mit Aufgaben 80 g) und 81!

Hinweis Zerlege den angegebenen Teiler in ein geeignetes Produkt, zB: 6 = 2 · 3. Dabei ist es wichtig, dass die Faktoren keinen gemeinsamen Faktor haben:
18 = 9 · 2 ist zB geeignet, 18 = 6 · 3 ist nicht geeignet, weil 6 = 2 · 3.

83 Eine der folgenden Behauptungen ist richtig, eine ist falsch! Überprüfe zunächst die Behauptungen an einigen Beispielen! Gib für die falsche Behauptung ein Gegenbeispiel an und streiche sie durch!
1) Jede durch 4 teilbare Zahl ist auch durch 2 teilbar.
2) Jede durch 2 teilbare Zahl ist auch durch 4 teilbar.

84 Begründe!
a) Jede durch 10 teilbare Zahl ist auch durch 5 teilbar.
b) Jede durch 100 teilbare Zahl ist auch durch 25 teilbar.
c) Jede durch 12 teilbare Zahl ist auch durch 4 teilbar.

85 Setze eine Ziffer so in das Kästchen ein, dass eine durch 3 teilbare Zahl entsteht!
Gib jeweils alle Möglichkeiten an!

a) 4 **5** 3   b) 52 **1** 4   c) 23 **3** 28   d) **2** 987 312
4 **8** 3   52 **4** 4   23 **6** 28   **5** 987 312
4 **2** 3   52 **7** 4   23 **9** 28   **8** 987 312
                              23 **0** 28

86 Setze in das Kästchen eine Ziffer so ein, dass eine durch 9 teilbare Zahl entsteht!

a) 82 **6** 3   b) 10 **7** 25   c) 765 **0** 81   d) **4** 12 345   e) 98 765 **1**   f) 2 **3** 51 827

87 Ändere in der Zahl 4831 die Ziffer an der Einerstelle so ab, dass die neue Zahl durch **a)** 2, **b)** 3, **c)** 5, **d)** 9 teilbar ist! Gib jeweils alle Möglichkeiten an!

88 Hake das Feld an, wenn die Zahl in der linken Randspalte durch die Zahl in der oberen Randzeile teilbar ist!

		2	3	4	5	6	9	10	12	15	25	100
a)	1860	✓	✓	✓	✓					✓		
b)	5202		✓				✓					
c)	7200	✓		✓								
d)	11115		✓				✓					

89 Welche Zahl zwischen 2000 und 3000 lässt sich durch alle Zahlen von 1 bis 10 teilen?

Tipp Beachte, dass zB im Teiler 8 die Teiler 2 und 4 bereits enthalten sind! Überlege, welche Zahlen von 1 bis 10 als „nötige Teiler" übrig bleiben und bilde ihr Produkt!

A 2 Teilbarkeit

2.2 Summen- und Produktregel

Summen- und Differenzenregel

Sebastian geht zum Handballtraining. Der Trainer teilt die 24 Kinder in Gruppen zu sechst ein. Als sie mit der ersten Übung beginnen möchten, erscheinen Sophia, Hanna, Ali und Jonas. Muss der Trainer jetzt die Gruppeneinteilung neu machen? Sebastian überlegt: Es gibt ▢ Gruppen, also 4|24 und wenn zu jeder Gruppe noch jemand der Neuen geht, dann passt es, weil 4|4.
Hier besteht folgender Zusammenhang: Wenn 4|24 und 4|4 ⇒ 4|(24 + 4). Diese Überlegung gilt auch, wenn vier Kinder das Sporttraining verlassen: 4|24 und 4|4 ⇒ 4|(24 − 4). Sebastian beginnt jetzt zu grübeln. Was wäre gewesen, wenn der Trainer Vierergruppen gebildet hätte? Dann gäbe es 6 Gruppen. Das ist möglich, weil ▢|24.
Die vier Neuen hätten aber nicht auf 6 Gruppen aufgeteilt werden können, weil 6∤4. Es gilt also: 6|24 und 6∤4 ⇒ 6∤(24 + 4).

Produktregel

Lena und zwei Freundinnen essen gerne Pizzastücke der Firma „Schmeckt gut". Eine Packung enthält 6 Stück – somit kann gerecht geteilt werden. Da die drei Mädchen heute einen längeren Fernsehabend machen wollen, besorgt Lena mehrere Packungen. Auch diese lassen sich gerecht aufteilen, denn **jeder Teiler einer Zahl teilt** auch alle **Vielfachen** dieser Zahl.

Summen- und Produktregel	
Teilt eine Zahl **t** zwei Zahlen **a und b, dann teilt t** auch die **Summe/Differenz** der beiden Zahlen **(a ± b).**	aus t|a und t|b folgt t|(a ± b)
Teilt eine Zahl t die Zahl a **und nicht** die Zahl b, dann teilt t **sicher nicht** die Summe/Differenz dieser Zahlen (a ± b).	aus t|a und t∤b folgt t∤(a ± b)
Teilt eine Zahl **t** die Zahl **a, dann teilt t** auch jedes **Vielfache** dieser Zahl **(n·a)** mit n = 1, 2, 3 ….	aus t|a folgt t|(n·a)

⊞ Belegen oder widerlegen?

Wenn eine Zahl t die Zahl a teilt, teilt dann jedes Vielfache von t auch a?
ZB: 2|8 und 4(= 2·2)|8, aber 6(= 2·3)∤8.
Um **nachzuweisen**, dass eine **Behauptung nicht allgemein gültig** ist, genügt ein **Gegenbeispiel**!

Wenn eine Zahl t die Zahl a teilt, teilt dann jeder Teiler von t auch die Zahl a?
ZB: 6|12 → 2|12 und 3|12.
Ein Beispiel reicht **als Beleg** einer Aussage **nicht** aus. Man benötigt **allgemeine Überlegungen**, einen **Beweis**.

90 Setze jeweils das richtige Zeichen | oder ∤ ein! Verwende die Summen- bzw. die Produktregel!

a) 2 | 20
2 | 36
2 | (20 + 36)

b) 5 | 100
5 ∤ 23
5 ∤ (100 + 23)

c) 10 ∤ 25
10 | 200
10 ∤ (200 + 25)

d) 4 | 16
4 ∤ 7
4 ∤ (16·7)

e) 6 | 30
6 | 24
6 | (30·24)

Teilbarkeitsregeln A2

91 Welche Zahl der oberen Zeile ist durch welche Zahl der linken Spalte teilbar?
Setze in der Tabelle die Zeichen | bzw. ∤ ein!

a)

	12	8	12 + 8	12 − 8
1	|	|	|	|
2	|	|	|	|
3	|	∤	∤	∤
4	|	|	|	|
6	|	∤	∤	∤
8	∤	|	∤	∤
12	|	∤	∤	∤

b)

	18	6	18 + 6	18 − 6
1	|	|	|	|
2	|	|	|	|
3	|	|	|	|
6	|	|	|	|
9	|	∤	∤	∤
10	∤	∤	∤	∤
18	|	∤	∤	∤

92 Die Anzahl der Schülerinnen und Schüler der 2. Klassen ist in der Tabelle gegeben. Beim Projekttag werden immer zwei Klassen zusammengelegt. Bei welcher Paarung können Vierergruppen gebildet werden, ohne dass Kinder übrig bleiben? Begründe deine Antwort mit eigenen Worten!

Klasse	2A	2B	2C	2D
Anzahl	24	23	26	20

2A 2D

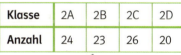

93 In der „Dreizehnerreihe" sind 52 und 65 enthalten, daher sind diese Zahlen durch 13 teilbar. Begründe damit und unter Verwendung der Summen- und Produktregel, warum a) 117, b) 104, c) 130, d) 286 ebenfalls durch 13 teilbar ist!

94 Wenn eine Zahl a eine Zahl n teilt und eine andere Zahl t die Zahl a teilt, dann teilt die Zahl t auch die Zahl n (t < n).
Finde passende Beispiele und begründe die Aussage!

95 Zeige, dass die blaue Aussage richtig ist! Verwende dazu die Summenregel! Bei a) bis c) werden dir zwei Zerlegungen vorgeschlagen. Finde die Zerlegungen bei d) und e) selbst!

a)	b)	c)	d)	e)
18 | 18 036	15 | 1 530	23 | 2 369	11 | 554 422	12 | 122 436
18 000 + 36	1 200 + 330	2 300 + 69		
9 000 + 9 036	1 500 + 30	2 323 + 46		

96 Begründung der Teilbarkeitsregel durch 3

Die Teilbarkeitsregel durch 3 kann ähnlich wie die Teilbarkeitsregel durch 9 begründet werden.
Eine andere Möglichkeit ist geschicktes Zerlegen:
ZB 5 261 = $5 \cdot 1000 + 2 \cdot 100 + 6 \cdot 10 + 1$
= $(5 \cdot 999 + 5 \cdot 1) + (2 \cdot 99 + 2 \cdot 1) + (6 \cdot 9 + 6 \cdot 1) + 1$
Da 9, 99, 999, … durch 3 teilbar sind und auch ihre Vielfachen, muss nur die Teilbarkeit von
5 + 2 + 6 + 1 durch 3 überprüft werden. Das bedeutet allerdings, dass die Ziffernsumme durch 3 teilbar sein muss.
a) Zeige mit Hilfe dieser Zerlegung, dass **1)** 3 | 432, **2)** 3 | 7818, **3)** 3 ∤ 526, **4)** 3 ∤ 4562!
b) Überlege, warum eine solche Begründung für die Teilbarkeit durch 3 bei allen Zahlen gilt!
c) Überlege, warum eine solche Begründung auch für die Teilbarkeit durch 9 funktioniert!

A3 Teilbarkeit

3 Primzahlen

interaktive Vorübung 9cw2fa

AH S. 11

3.1 Eigenschaften von Primzahlen

Zahlen, die nur zwei Teiler besitzen, heißen **Primzahlen**. Diese zwei Teiler sind stets 1 und die Zahl selbst. Eine Primzahl, also zB 11 oder 13, wird daher nur von den unechten Teilern geteilt. Die kleinste Primzahl ist **2**, sie ist gleichzeitig auch die **einzige gerade Primzahl**. Ähnlich wie bei den natürlichen Zahlen gibt es keine größte Primzahl: Es gibt unendlich viele Primzahlen. Da Primzahlen sehr faszinierend sind und in der Mathematik eine wichtige Rolle spielen, bekommt ihre Menge ein eigenes Symbol. Die Menge der Primzahlen ist

$\mathbb{P}$ = {2, 3, 5, ____, 11, 13, ____, ____, 23, …}.

Die Zahl 1 gehört nicht zu den Primzahlen, da sie nur einen Teiler besitzt.

Primzahlen

Natürliche Zahlen, die nur **1 und sich selbst** als **Teiler** (unechte Teiler) haben, heißen **Primzahlen**. Die Zahl 1 wird **nicht** zu den **Primzahlen** gezählt.

---

97 **Das Sieb des Eratosthenes**

Eratosthenes (284–202 v. Chr.) hat ein Verfahren entwickelt, mit dem man Primzahlen zwischen 1 und 102 ermitteln („aussieben") kann.
Schreibe zuerst die Zahlen von 1–102 in sechs Spalten (siehe unten) auf!

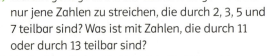

| | | | | | | **Vorgehensweise:** |

1. Streiche zunächst 1, denn 1 ist keine Primzahl!
2. Markiere 2 und streiche alle Vielfachen von 2 (2., 4. und 6. Spalte)!
3. Markiere 3 und streiche die Vielfachen (3. und 6. Spalte)!
4. Markiere 5 und 7 und streiche ihre Vielfachen (diagonal)!

a) Warum genügt es bei der Zahlenmenge 1 bis 102 nur jene Zahlen zu streichen, die durch 2, 3, 5 und 7 teilbar sind? Was ist mit Zahlen, die durch 11 oder durch 13 teilbar sind?
b) Versuche mit dem Zahlensieb die Primzahlen zwischen 100 und 200 zu finden! Genügt es, nur die Vielfachen der Primzahlen < 10 zu streichen?

 Besondere Primzahlen

Primzahlzwillinge
Bei der Liste der Primzahlen fällt auf, dass sich zwei Primzahlen manchmal nur um 2 unterscheiden (zB 5, 7 oder 11, 13), sie werden Primzahlzwillinge genannt. Bisher ist noch nicht bewiesen, ob es unendliche viele Primzahlzwillinge gibt oder nicht.

MIRP-Zahlen
Eine Mirp-Zahl ist eine Primzahl, die rückwärts gelesen eine andere Primzahl ergibt (zB 13 – 31, 17 – 71).

98 Wie viele Primzahlen gibt es zwischen 1 und 50?

99 Warum kann es keine geraden Primzahlen außer 2 geben?

100 Verwende für folgende Aufgaben die **Infobox**!
a) Finde zwei weitere Primzahlzwillinge!
b) Finde eine weitere MIRP-Zahl!

Primzahlen A 3

3.2 Primfaktorenzerlegung

Die Primzahlen sind besondere natürliche Zahlen. Doch was ist mit den anderen natürlichen Zahlen? Diese lassen sich in Produkte von Primzahlen, die so genannten **Primfaktoren**, zerlegen.
Alle Nicht-Primzahlen, außer die Zahlen 0 und 1, heißen **zusammengesetzte Zahlen**:

ZB $4 = 2 \cdot 2$; $6 = 2 \cdot 3$; $10 = 2 \cdot \boxed{}$; $12 = 2 \cdot 2 \cdot \boxed{}$; $14 = \boxed{} \cdot 7$

Die **Primfaktorenzerlegung** jeder Zahl ist, bis auf die Reihenfolge der Faktoren, **eindeutig**.

Hinweis 1 wird nicht zu den Primzahlen gezählt, sonst könnte man zB neben $72 = 1 \cdot 2 \cdot 2 \cdot 2 \cdot 3 \cdot 3$ auch $72 = 1 \cdot 1 \cdot 1 \cdot 2 \cdot 2 \cdot 2 \cdot 3 \cdot 3$ usw. schreiben. Die Eindeutigkeit der Primfaktorenzerlegung wäre nicht mehr gegeben.

Zusammengesetzte Zahlen

Zahlen, die neben den unechten Teilern auch **echte Teiler** haben, heißen **zusammengesetzte Zahlen**. Diese können in **Produkte** von **Primzahlen** zerlegt werden. Diese eindeutige Zerlegung heißt **Primfaktorenzerlegung**.
Die Zahlen **0 und 1 sind weder Primzahlen noch zusammengesetzte Zahlen**.

Primzahlen können **nicht** in ein Produkt kleinerer Zahlen zerlegt werden.
Größere Zahlen können oft mit dem „Ein mal Eins" in ihre Primfaktoren zerlegt werden:
ZB: $72 = 8 \cdot 9 = 2 \cdot 4 \cdot 3 \cdot 3 = 2 \cdot 2 \cdot 2 \cdot 3 \cdot 3$
oder $72 = 2 \cdot 36 = 2 \cdot 6 \cdot 6 = 2 \cdot 2 \cdot 3 \cdot 2 \cdot 3 = 2 \cdot 2 \cdot 2 \cdot 3 \cdot 3$

Hinweis Da manche Primfaktoren mehrmals vorkommen, kann man die so genannte Potenzschreibweise verwenden. Dabei wird zB $3 \cdot 3$ als 3^2 geschrieben, da 3 als Faktor 2-mal vorkommt. So ergibt sich für zB $72 = 2^3 \cdot 3^2$.

Primfaktoren und Teiler

Die Teiler einer Zahl ergeben sich aus den Primfaktoren, wenn man die Primfaktoren einzeln verwendet und alle möglichen (Teil-)Kombinationen bildet: zB $72 = 2 \cdot 2 \cdot 2 \cdot 3 \cdot 3$ führt zu den Teilern:

2, 3, $\underbrace{2 \cdot 2}_{=4}$, $\underbrace{2 \cdot 3}_{=6}$, $\underbrace{3 \cdot 3}_{=9}$, $\underbrace{2 \cdot 2 \cdot 2}_{=8}$,

101 Zerlege in Primfaktoren!
a) 12   c) 50   e) 72   g) 225   i) 420   k) 625   m) 1080   o) 6048
b) 48   d) 64   f) 96   h) 250   j) 500   l) 720   n) 1152   p) 6720

Hinweis Beginne zuerst durch „kleine" Primzahlen wie 2, 3, 5 usw. zu dividieren.

102 Welche zusammengesetzten Zahlen von 1 bis 100 haben in der Primfaktorenzerlegung nur die Primfaktoren a) 2, b) 3, c) 5, d) 2 und 3, e) 2 und 5?

103 Von einer Zahl ist die Primfaktorenzerlegung bekannt.
Gib mindestens vier echte Teiler dieser Zahl an, ohne den Wert des Produkts zu berechnen!

Beispiel
$2 \cdot 2 \cdot 3$
Lösung: $2 | (2 \cdot 2 \cdot 3)$ $3 | (2 \cdot 2 \cdot 3)$ $(2 \cdot 2) = 4 | (2 \cdot 2 \cdot 3)$ $(2 \cdot 3) = 6 | (2 \cdot 2 \cdot 3)$

a) $2 \cdot 2 \cdot 3 \cdot 5$ b) $2 \cdot 3 \cdot 3 \cdot 5$ c) $2 \cdot 2 \cdot 5 \cdot 7$ d) $2 \cdot 2 \cdot 2 \cdot 2 \cdot 3$ e) $2 \cdot 2 \cdot 3 \cdot 3 \cdot 3 \cdot 3$

Arbeitsblatt yu4q94

A3 Teilbarkeit

3.3 Zusammenhang zwischen ggT und kgV

Bei den Hausaufgaben meint Alex: „Wenn alle anderen Zahlen außer den Primzahlen zusammengesetzt sind, müssen wir bei den Aufgaben zum ggT ja nur die Primzahlen beachten." Julia ergänzt, dass das auch der Teilbarkeitsregel von 6 entspricht.

Größter gemeinsamer Teiler mit Primfaktorenzerlegung

Es bietet sich folgender Weg zum **Auffinden der Primfaktoren** an.

72	2
36	2
18	2
9	3
3	3
1	

1. Dividiere durch die kleinste in der Zahl enthaltene Primzahl (hier: 2)!
2. Schreibe den Quotienten unter die ursprüngliche Zahl (hier: 36)!
3. Dividiere diesen Quotienten wieder durch die kleinste in ihm enthaltene Primzahl (hier: 2)!
4. Führe das Verfahren so lange fort, bis sich der Quotient 1 ergibt!

→ 72 = 2·2·2·3·3 ist die **Primfaktorenzerlegung** von 72.

60	2
30	2
15	3
5	5
1	

Für die Zahl 60 ergibt sich die Primfaktorenzerlegung 60 = 2·2·3·5.
Der **größte gemeinsame Teiler** zweier (oder mehrerer) Zahlen ist das **Produkt aller gemeinsamen Primfaktoren**. Kommt ein Primfaktor mehrfach vor, wird er nur so oft genommen wie in jener Zerlegung, in der er **am seltensten vorkommt**. Daher gilt:
ggT (60, 72) = 2·2·3 = 12.

Kleinstes gemeinsames Vielfaches mit Primfaktorenzerlegung

Aus der Primfaktorenzerlegung kann man auch sehr rasch das **kleinste gemeinsame Vielfache** finden. In der Primfaktorenzerlegung hakt man bei einer Zahl (zB bei der kleineren) die gemeinsamen Primfaktoren ab (zB 2·2·3). Das **kgV** zweier Zahlen ist dann das **Produkt aller übrigen Primfaktoren**, denn die gemeinsamen dürfen für das kleinste gemeinsame Vielfache nicht doppelt genommen werden. Daher:

60	2 ✓	72	2
30	2 ✓	36	2
15	3 ✓	18	2
5	⑤	9	3
1		3	3
		1	

kgV (60, 72) = 2·2·2·3·3·5 = 72·5 = 360.
(= 60: 2·2·3·5; = 72: 2·2·2·3·3)

Zusammenhang zwischen ggT und kgV

Falls zwei Zahlen teilerfremd sind, ist der größte gemeinsame Teiler gleich 1 und das kleinste gemeinsame Vielfache das Produkt der beiden Zahlen. Da wir stets alle Primfaktoren der beiden Zahlen entweder für den ggT oder das kgV verwendet haben, gilt für zwei beliebige Zahlen a und b immer:
a·b = ggT(a, b)·kgV(a, b), zB 60·72 = 4320 = ggT(60, 72)·kgV(60, 72) = 12·360 = 4320

Anwendungen von ggT und kgV

ggT: Aufteilung in gleich große „Pakete", die möglichst groß sein sollen (vgl. Aufgabe 108) oder Aufteilung einer Rechteckfläche in quadratische Unterteilungen.
Beim Kürzen von Brüchen: zB $\frac{18}{24} = \frac{3}{4}$ (gekürzt durch den ggT (18, 24) = 6),

kgV: Bei Textaufgaben, bei denen sich eine Ausgangssituation wiederholt (vgl. Aufgabe 109).
Beim Bruchrechnen: kgV gibt den kleinsten gemeinsamen Nenner an.

Primzahlen A3

104 Ermittle den größten gemeinsamen Teiler und das kleinste gemeinsame Vielfache der gegebenen Zahlen durch Primfaktorenzerlegung!
- **a)** 60, 70
- **b)** 96, 108
- **c)** 63, 105
- **d)** 210, 252
- **e)** 36, 48, 60
- **f)** 35, 45, 75
- **g)** 28, 36, 40, 48
- **h)** 12, 15, 18, 30

105 Kreuze diejenigen Angaben an, bei denen der ggT richtig bestimmt wurde! Stelle die anderen richtig!
- ○ **A** $a = 2 \cdot 2 \cdot 5$, $b = 2 \cdot 2 \cdot 3 \Rightarrow ggT = 2 \cdot 3$
- ○ **B** $a = 2 \cdot 2$, $b = 2 \cdot 2 \cdot 2 \cdot 3 \Rightarrow ggT = 2 \cdot 2$
- ○ **C** $a = 3 \cdot 3 \cdot 5 \cdot 7$, $b = 3 \cdot 5 \cdot 5 \Rightarrow ggT = 3 \cdot 5$
- ○ **D** $a = 3 \cdot 3 \cdot 5$, $b = 2 \cdot 3 \cdot 5 \Rightarrow ggT = 1$

106 Bestimme das kleinste gemeinsame Vielfache zweier Zahlen mit Hilfe der Beziehung $kgV(a, b) \cdot ggT(a, b) = a \cdot b$!

> **Beispiel**
> **6, 20**
> Es gilt: $ggT(6, 20) = 2 \Rightarrow 6 \cdot 20 = ggT(6, 20) \cdot kgV(6, 20) \Rightarrow kgV(6, 20) = \frac{6 \cdot 20}{ggT(6,20)} = \frac{120}{2} = 60$

- **a)** 4, 6
- **b)** 9, 15
- **c)** 15, 20
- **d)** 50, 75
- **e)** 25, 30

107
1) Gib das kgV und den ggT von a und b an, wenn b ein Vielfaches von a ist!
2) Zeige, dass die Gleichung $kgV(a, b) \cdot ggT(a, b) = a \cdot b$ auch in diesem Spezialfall erfüllt ist!

108 Der Boden eines 4,80 m langen und 3,30 m breiten Zimmers soll mit quadratischen Teppichfliesen ausgelegt werden. Beim Verlegen soll ohne Verschnitt und fugenlos gearbeitet werden.
Die Seitenlänge einer Teppichfliese soll möglichst groß sein.
Wie groß ist die Seitenlänge einer Fliese?

109 Bei einem Fahrrad ist das Pedal mit dem großen Zahnrad (Kettenblatt) verbunden und das Hinterrad mit dem kleinen Zahnrad. Das große Zahnrad hat 52 Zähne, das kleine hat 30 Zähne.
Nach wie vielen Pedalumdrehungen stehen beide Zahnräder wieder in der Ausgangssituation?

110 Suche den größten gemeinsamen Teiler des Zählers und des Nenners aus der Zahlenwolke! Kürze den Bruch anschließend mit dieser Zahl!

- **a)** $\frac{24}{36}$
- **b)** $\frac{15}{25}$
- **c)** $\frac{44}{66}$
- **d)** $\frac{75}{100}$
- **e)** $\frac{63}{81}$

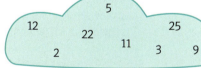

111
a) Gib mindestens 3 gemeinsame Vielfache von 9 und 15 an!
b) Kreuze jene Satzteile so an, dass ein mathematisch richtiger Satz entsteht!
Bei der Addition von $\frac{1}{9} + \frac{1}{15}$ spielt die Zahl 45 eine wichtige Rolle. Sie ist ①, und zeigt bei der Addition der beiden Bruchzahlen ② an.

①	
der ggT von 9 und 15	
das Produkt von 9 und 15	
das kgV von 9 und 15	X

②	
das Ergebnis	
den kleinsten gemeinsamen Nenner	X
die Zahl, durch die man kürzen kann	

Arbeitsblatt Plus
8wm4tr

A Teilbarkeit

Üben und Sichern

112 Kreuze die beiden richtigen Aussagen an!
☒ A 9 | 81   ◯ B 3 | 31   ☒ C 5 | 124   ◯ D 20 | 104   ◯ E 13 | 39

113 Die Ausgangszahl ist 1922.
a) Verändere die Einerstelle so, dass die Zahl nicht durch 2 teilbar ist!
b) Verändere die Zahl so, dass sie durch 5 teilbar ist!
c) Verändere die Zehnerstelle der Zahl so, dass die Zahl durch 3 teilbar ist!

114 Ermittle jeweils **das kleinste gemeinsame Vielfache** und **den größten gemeinsamen Teiler** durch „Kopfrechnen"! Vervollständige die Tabelle! Schreibe das kgV in Rot und den ggT in Blau!

		10	11	12	13	14	15	16	17	18	19	20
a)	4	20 2	44 1	12 4	52 1	28 2	60 1	16 4	68 1	36 2	76 1	20 4
b)	5	10 5	55 1	60 1	65 1	70 1	15 5	80 1	85 1	90 1	95 1	20 5

115 Beachte die **Infobox**! Stelle 20 und 92 jeweils als Summe zweier Primzahlen dar!

> **ℹ Goldbachsche Vermutung**
>
> Nach Christian Goldbach (lebte im 18. Jh.) ist die Vermutung benannt, dass jede gerade Zahl > 2 als Summe zweier Primzahlen darstellbar ist (zB 8 = 3 + 5). Diese Behauptung ist bis heute weder widerlegt noch bewiesen. Dass jede ungerade Zahl > 5 als Summe dreier Primzahlen (zB 15 = 3 + 5 + 7) darstellbar ist, wurde schon bewiesen.

116 In der ersten Klasse haben wir gehört, dass es neben unserem dekadischen Zahlensystem (Grundzahl 10) auch das Binärsystem (Grundzahl 2) gibt. Man kann aus jeder natürlichen Grundzahl > 1 ein Zahlensystem machen.

1) Bestimme die Anzahl der echten Teiler der angegebenen Grundzahlen!

Grundzahl	2	3	5	6	8	10	12	16
Anzahl der echten Teiler								

2) Auch im Binärsystem gibt es Teilbarkeitsregeln. Erinnere dich: ZB die Zahl 1011 im Binärsystem entspricht der dekadischen Zahl 11 (= 1·8 + 0·4 + 1·2 + 1·1)! Die Teilbarkeitsregel für das Teilen durch 2 ist ganz ähnlich jener im dekadischen Zahlensystem. Kannst du dir vorstellen, wie diese lautet?

117 Ein Spielkartenset besteht aus 32 Spielkarten. Von jeder Farbe (Herz, Schelle, Blatt und Eichel) gibt es jeweils 8 Karten mit ähnlichen Symbolen.
1) Wie viele Kinder können mitspielen, wenn die Spielkarten gleichmäßig auf alle Kinder aufgeteilt werden und jedes Kind mindestens zwei Karten bekommt?
2) Welche Angaben hast du für die Aufgabenstellung 1) verwendet?
3) Erfinde eine weitere Aufgabenstellung!

118 Welche Primzahlen sind kleiner als 30? Welche Primzahlen sind größer als 30 und kleiner als 50? Welche zusammengesetzten Zahlen sind kleiner als 40?

119 Welche Eigenschaft müssen drei Zahlen haben, wenn der größte gemeinsame Teiler dieser Zahlen
1) gleich der kleinsten dieser drei Zahlen ist, 2) gleich 1 ist?

Üben und Sichern A

120 Der Biobauer Oberhofer verkauft Erdäpfel in 10-kg-Säcken, in 15-kg-Säcken und in 25-kg-Säcken. Die Gastwirtin Pondorfer entscheidet sich für den Kauf von Erdäpfeln in 10-kg-Säcken. Später stellt die Gastwirtin fest, sie hätte die gleiche Erdäpfelmenge auch ausschließlich in 15-kg-Säcken oder ausschließlich in 25-kg-Säcken kaufen können.
Wie viel Kilogramm Erdäpfel hat die Gastwirtin mindestens gekauft?

121 800 und 80 sind durch 8 teilbar.
Begründe mittels der Regel für Teilbarkeit einer Differenz oder mittels der Produktregel, dass auch **a)** 720, **b)** 640, **c)** 560, **d)** 320 durch 8 teilbar ist!

> **ℹ Schaltjahre**
>
> Die Erde benötigt bei ihrem Weg um die Sonne 365,242 Tage. Daher ist jedes vierte Jahr ein Schaltjahr, also dann, wenn die Jahreszahl durch 4 teilbar ist. Da diese Korrektur ein klein wenig zu groß ist, wird jedes 100. Jahr als Schaltjahr ausgesetzt (Jahreszahl durch 100 teilbar: kein Schaltjahr, zB 1900). Diese Korrektur ist wiederum etwas zu klein und daher wird in Jahren, in denen die Jahreszahl durch 400 teilbar ist, wieder ein zusätzlicher Tag eingeschoben, zB im Jahr 2000.

122 Gib die letzten fünf und die nächsten zehn Schaltjahre an! Verwende die **Infobox**!

123 Welche der Jahre 1600, 1700, 1800, 1900, 2000, 2100, 2200, 2300, 2400 sind Schaltjahre? Begründe!

124 Die Fußball-Europameisterschaft der Männer findet alle vier Jahre statt und wurde bisher immer in **Schaltjahren** veranstaltet.
1) Gib an, in welchem Jahr diese Aussage zum ersten Mal nicht mehr gültig sein wird!
2) Die Fußball-Weltmeisterschaft der Männer findet ebenfalls alle vier Jahre statt, allerdings 2 Jahre später.
Gib an, welche Teilbarkeitsregel die Jahreszahl einer Weltmeisterschaft immer erfüllt!

125 Lisa behauptet, dass die Zahl 4 521 durch 9 teilbar ist. Lisa hat ○ Recht, ⊗ nicht Recht,
weil: 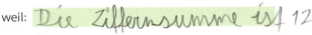 *Die Ziffernsumme ist 12*

126 Die Venus benötigt ca. 225 Tage um die Sonne, die Erde ca. 365 Tage. Angenommen, Sonne, Venus und Erde stehen heute in einer Linie.
Wann sind die Himmelskörper wieder in dieser Position anzutreffen?

Zusammenfassung

AH S. 13

Eine Zahl **t** ist ein **Teiler** einer natürlichen Zahl a, wenn sich **a durch t ohne Rest teilen** lässt. a ist somit gleichzeitig **ein Vielfaches der Zahl t**. t|a ⇔ a = t · n.
Natürliche **Zahlen**, die nur **durch 1 und sich selbst teilbar** sind (nur **unechte Teiler** haben), heißen **Primzahlen**, wobei **1 nicht zu den Primzahlen** gezählt wird. Zahlen, die neben den **unechten Teilern** auch **echte Teiler** haben, heißen **zusammengesetzte Zahlen**. Die zusammengesetzten Zahlen lassen sich eindeutig in ein **Produkt** von **Primfaktoren** zerlegen.

Der **größte gemeinsame Teiler (ggT)** zweier oder mehrerer Zahlen hat folgende **Eigenschaften:**
1. Er ist **Teiler jeder** dieser Zahlen.
2. Unter den **gemeinsamen Teilern** dieser Zahlen ist er der **größte**.

Das **kleinste gemeinsame Vielfache (kgV)** zweier oder mehrerer Zahlen hat folgende **Eigenschaften:**
1. Es ist **Vielfaches jeder** dieser Zahlen.
2. Unter den **gemeinsamen Vielfachen** dieser Zahlen ist es das **kleinste**.

Das **Produkt** zweier Zahlen ist immer gleich **dem Produkt von ggT und kgV** dieser beiden Zahlen.

A Wissensstraße

Wissensstraße

Lernziele: Ich kann ...

Z 1: die Teilermenge und Vielfachenmenge einer Zahl angeben.
Z 2: die gemeinsamen Elemente zweier Mengen angeben, graphisch darstellen und den ggT und das kgV mittels Rechenverfahren angeben.
Z 3: die wichtigsten Teilbarkeitsregeln nennen und anwenden.
Z 4: Summen- und Produktregel anwenden, um die Teilbarkeit großer Zahlen festzustellen.
Z 5: angeben, was eine Primzahl ist, und die wesentlichen Eigenschaften von Primzahlen nennen.
Z 6: eine Zahl in ihre Primfaktoren zerlegen.
Z 7: den ggT und das kgV zur Lösung von Textaufgaben verwenden.

127 Wie lautet die Summe aller Teiler von 48? — Z 1

128
1) Bestimme die Teilermengen von 50 und 68!
2) Bilde $T_{50} \cap T_{68}$ und stelle die Teiler in einem Mengendiagramm dar!
3) Bestimme den größten gemeinsamen Teiler!
— Z 1, Z 2

129 Ordne durch Verbindungslinien richtig zu! — Z 2

kgV (3, 6, 9)   **20**   18   kgV (5, 10, 20)
ggT (3, 6, 9)   **2**   1   ggT (5, 10, 20)
kgV (2, 3, 4)   **8**   12   kgV (2, 4, 8)
ggT (2, 3, 4)   **3**   5   ggT (2, 4, 8)

130 Kreuze die richtigen Aussagen an! — Z 3
A 4|46   C 6∤46   E 7∤63   G 99|99   I 7|91
B 5|70   D 11∤55 F 5|105 H 11∤111 J 7|93

131 Begründe, warum **a)** 8310 durch 2, 3, und 5 teilbar ist, **b)** 800 durch 25 und 100 teilbar ist, **c)** 7422 durch 2 und 3, aber nicht durch 5 und 9 teilbar ist! — Z 3

132 Gegeben ist die Zahl 3x981y. Setze für x und y Ziffern so ein, dass die Zahl **a)** durch 2, **b)** durch 3, **c)** durch 5 teilbar ist! — Z 3

133 Eine der folgenden Behauptungen ist richtig, eine ist falsch. Überprüfe zunächst die Behauptungen an einigen Beispielen! Gib für die falsche Behauptung ein Gegenbeispiel an! Begründe die richtige Behauptung!
A Jede durch 6 teilbare Zahl ist auch durch 3 teilbar.
B Jede durch 3 teilbare Zahl ist auch durch 6 teilbar.
— Z 4

134 Begründe, warum 4599 durch 9 teilbar ist mit **a)** der Teilbarkeitsregel, **b)** der Summenregel, **c)** der Produktregel! — Z 4

Wissensstraße A

135 Setze die Inhalte der Kästchen richtig in die Lücken ein! — Z 4

A	4|20 und 4| 400 ⇒ 4|420
B	13|65 ⇒ 13|
C	15 20 und 15|30 ⇒ 15|(20 + 30)
D	|30 und 6|90 ⇒ 6|120

650	kgV
120	∤
|	30
ggT	6

136 Welche Zahlen zwischen 50 und 70 sind 1) Primzahlen, 2) zusammengesetzte Zahlen? Begründe! — Z 5

137 Kreuze an, welche Zahlen richtig in ihre Primfaktoren zerlegt wurden! Stelle die übrigen Zerlegungen richtig! — Z 6

- A 16 = 2·2·4
- B 24 = 2·3·4
- C 21 = 3·7
- D 18 = 2·3·3
- E 36 = 2·3·6
- F 56 = 2·2·14
- G 20 = 2·10
- H 50 = 2·5·5
- I 45 = 3·3·5
- J 91 = 7·13

138 — Z 6, Z 7
1) Zerlege die Zahlen 70 und 120 jeweils in ihre Primfaktoren!
2) Bestimme die Teilermenge von 70 aus den Primfaktoren!
3) Ermittle den ggT und das kgV von 70 und 120!
4) Gib eine weitere Zahl so an, dass der ggT von 70, 120 und deiner Zahl gleich dem von 70 und 120 bleibt!

139 Die Konditorei „Schaumkrone" bietet eine Pralinenmischung aus Schokokugeln, Zimtstangen und Marmeladesternen an. Die Schokokugeln werden in Packungen zu 150 Stück, die Zimtstangen zu 120 Stück und die Marmeladesterne zu 75 Stück geliefert. Die Konditorei möchte möglichst große Pralinenmischungen anbieten. Welche größte Packungsgröße kann angeboten werden, wenn in jeder Packung die gleiche Anzahl von Schokokugeln, Zimtstangen und Marmeladesternen enthalten sein soll? — Z 7

140 Vom Bahnhof einer Stadt fährt ab 5:30 Uhr alle acht Minuten ein Autobus der Linie A und alle zwölf Minuten ein Autobus der Linie B ab. Wann fahren die Busse zwischen 5:30 Uhr und 12 Uhr gleichzeitig vom Bahnhof ab? — Z 7

141 Sieben Freunde kommen oft in Peters Kaffeehaus. Der Erste kommt täglich, der Zweite jeden zweiten Tag, der Dritte jeden dritten Tag, usw. „Sollte ich euch wieder einmal alle zusammen hier sehen", sagt Peter, „dann lade ich euch auf meine Kosten zum Essen ein!" Wann wird das sein? — Z 7

142 Zwei Baumreihen werden einander gegenüber gepflanzt. Beide Baumreihen sind 180 m lang. Bei der ersten Reihe werden die Bäume in Abständen von 15 m gepflanzt, in der zweiten Reihe in Abständen von 18 m. Die ersten Bäume beider Reihen stehen einander unmittelbar gegenüber. — Z 7
1) Nach wie viel Metern stehen zwei Bäume einander wieder gegenüber?
2) Der wievielte Baum in der Reihe ist das jeweils?

Bruchzahlen und Bruchrechnen

Pythagoras von Samos

Die Dreieckszahlen

Kleine Zahlen stellten sich die Pythagoreer in Form von Mustern vor. Die Zahl Zehn zum Beispiel entsteht, wenn man der Reihe nach einen, zwei, drei und vier Punkte untereinander zeichnet, denn $1 + 2 + 3 + 4 = 10$.
In der Figur siehst du das schöne Muster von Zehn als Dreieckszahl. Sie galt den Pythagoreern als heilig. Ihr geometrisches Muster, die so genannte Tetraktys, war eines der Zeichen der Pythagoreer.

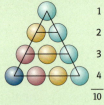

Pythagoras und die Pythagoreer

Viele Legenden ranken sich um das Leben des Pythagoras. Man sagt, er sei auf der griechischen Insel Samos um 570 v. Chr. geboren. Er lernte bei Thales von Milet Mathematik und Astronomie. Sein Wissen nutzte er als Basis für einen Geheimbund, die „Pythagoreer". Um 500 v. Chr. soll er in Metapont in Süditalien gestorben sein.
Pythagoras als einen Mathematiker im heutigen Sinn zu bezeichnen, ist sicher falsch. Wir haben ihn uns als religiösen Lehrer und mystischen Meister vorzustellen, dessen Wort bei seinen Jüngerinnen und Jüngern unumstritten galt: „ER hat es gesagt!" Leider ist fast nichts von dem, was er gesagt hat, überliefert, nur der mystische Satz: „Alles ist Zahl."

Hast du schon einmal Billard gespielt? Hier werden die Kugeln zu Beginn eines Spiels auch in einem Dreieck platziert. Aus wie vielen Kugeln besteht das Spiel? Welche Zahl wird hier somit als Dreieckszahl dargestellt?

B

Die Musik der Zahlen

Pythagoras vermutete, die Welt der Musik sei in der Zahl Zehn verborgen. Wenn man eine gespannte Saite, etwa auf einer Geige, zupft oder sie mit einem Bogen streicht, ertönt ein Ton. Dieser Ton ist der Grundton.

Die Länge der ganzen Saite entspricht der Eins, der obersten Dreieckszahl. Verkürzt man die Saite auf die Hälfte, ertönt die Oktave des Grundtones. Die verkürzte Saitenlänge verhält sich zur ganzen wie 1:2. Dieses Verhältnis entspricht dem von der ersten zur zweiten Zeile der Dreieckszahl.

Verkürzt man die Saite auf zwei Drittel, also im Verhältnis 2:3, ertönt die Quint des Grundtones. Dieses Verhältnis ist dasselbe wie das von der zweiten zur dritten Zeile der Dreieckszahl. Wenn man Streichinstrumente zB Geige spielt, verkürzt man die Saite, indem man diese mit dem Finger niederdrückt. Die unglaubliche Kunst der Musikerinnen und Musiker besteht darin, dass sie beim Spielen wie von selbst diese Verhältnisse „in der Hand haben". Die wesentliche Erkenntnis des Pythagoras war, dass es für den Wohlklang immer nur auf die Zahlenverhältnisse ankommt, und diese werden durch Bruchzahlen ausgedrückt.

Schon Johann Wolfgang von Goethe (1749–1832) sagte:
„Und merk' dir ein für allemal den wichtigsten von allen Sprüchen: Es liegt dir kein Geheimnis in der Zahl, allein ein großes in den Brüchen".

Worum geht es in diesem Abschnitt?

- Brüche als Teile eines Ganzen und als angezeigte Division
- Dezimalschreibweise von Bruchzahlen
- Bruchzahlen auf dem Zahlenstrahl
- Erweitern und Kürzen von Brüchen
- Vergleichen von Bruchzahlen
- Brüche zur Angabe von Größen- und Zahlenverhältnissen sowie von relativen Anteilen und Häufigkeiten
- Addieren und Subtrahieren von Bruchzahlen
- Multiplizieren und Dividieren von Bruchzahlen

B1 Bruchzahlen und Bruchrechnen

1 Brüche und Bruchzahlen

interaktive Vorübung
e74fm6

AH S. 14

1.1 Brüche und ihre Schreibweisen

Opa Gustav schneidet für seine Enkel einen Apfel auf. Den ganzen Apfel teilt er dabei in 2 halbe Äpfel, die Hälften teilt er wiederum und erhält ▢ Viertel. Leoni, die jüngste Enkelin, möchte die Stücke von ihrem Opa noch kleiner geschnitten haben, daher teilt Opa Gustav den Apfel in ▢ Achtel. Leoni greift bei den Apfelspalten zu. Sie isst gleich drei Stücke. Sie hat daher ▢ Achtel eines ganzen Apfels (= 1 Ganzes) gegessen.

| 1 Ganzes | $\frac{1}{8}$ | $\frac{1}{4}$ | $\frac{1}{8}$ |

Bezeichnungen bei Brüchen

Bruch: $\frac{3}{8}$ ← Zähler / Bruchstrich / Nenner

Der Bruch $\frac{3}{8}$ gibt zB an, dass das **Ganze** in 8 Teile (**Nenner**) geteilt werden soll und 3 solche Stücke (**Zähler**) gemeint sind.

Häufig **veranschaulichen** wir ein **Ganzes** bzw. **Bruchteile** davon durch Kreise, Strecken, Rechtecke, usw. Dabei sind gleiche **Bruchteile** jeweils **gleich groß**.

Das Ganze (der Kreis) ist $\frac{3}{3}$ = **1 Ganzes**.
Der gekennzeichnete Teil ist $\frac{2}{3}$.

Die Strecke AB stellt das Ganze dar: $\frac{5}{5}$ = **1 Ganzes**
$\overline{PQ}$ ist ein Fünftel von $\overline{AB}$: $\frac{1}{5}$ < 1 Ganzes
$\overline{RS}$ ist um ein Fünftel länger als $\overline{AB}$: $\frac{6}{5}$ > 1 Ganzes

Brüche, bei denen der **Zähler kleiner** als der **Nenner** ist, stellen Bruchteile dar, die **kleiner als 1** (ein Ganzes) sind, zB $\frac{3}{4}, \frac{4}{7}$.

Brüche, bei denen der **Zähler gleich** dem **Nenner** ist, stellen **genau 1** (ein Ganzes) dar, zB $\frac{2}{2}, \frac{11}{11}$.

Brüche, bei denen der **Zähler größer** als der **Nenner** ist, stellen **mehr als 1** (ein Ganzes) dar, zB $\frac{9}{8}, \frac{12}{4}, \frac{6}{2}, \frac{15}{2}$. Viele dieser Brüche können auch in **gemischter Schreibweise** geschrieben werden: zB $\frac{9}{8} = 1\frac{1}{8}$; $\frac{15}{2} = 7\frac{1}{2}$ oder umgekehrt $3\frac{1}{4} = \frac{12}{4} + \frac{1}{4} = \frac{13}{4}$.

Brüche und Bruchzahlen — B1

143 Welcher Bruchteil eines Ganzen ist jeweils färbig dargestellt?
a) $\frac{3}{6}$ b) $\frac{3}{8}$ c) $\frac{8}{15}$ d) $\frac{9}{15}$

144 Kennzeichne in der Figur den angegebenen Bruchteil färbig!
a) $\frac{2}{3}$ b) $\frac{3}{4}$ c) $\frac{5}{12}$ d) $\frac{5}{6}$ e) $\frac{2}{3}$

145 Die Strecke a hat eine Länge von 5 cm. Zeichne die Strecke a und stelle darunter den angegebenen Bruchteil durch eine weitere Strecke dar! Bestimme deren Länge durch Abmessen!
a) $\frac{1}{2}$ von a   b) $\frac{1}{10}$ von a   c) $\frac{3}{5}$ von a   d) $1\frac{1}{10}$ von a   e) $1\frac{1}{2}$ von a

146 Familie Berger hat ein Grundstück. $\frac{1}{3}$ der Fläche nimmt das Wohnhaus, $\frac{1}{6}$ der Fläche nehmen die Gemüsebeete und $\frac{1}{4}$ der Fläche die Obstbäume ein. Der Rest des Besitzes ist Wiese. In nebenstehender Figur ist das Grundstück in Form einer Kreisfläche dargestellt.
1) Veranschauliche darin durch Anmalen mit verschiedenen Farben die Teile des Grundstücks!
2) Welchen Bruchteil des Grundstücks nimmt die Wiese ein?

147 Wie viel Kilogramm sind angegeben? (1 t = 1000 kg; 1 kg = $\frac{1}{1000}$ t)
a) $\frac{1}{2}$ t 500 kg   b) $\frac{1}{4}$ t 250   c) $\frac{1}{8}$ t 125   d) $\frac{27}{100}$ t 270   e) $\frac{7}{10}$ t 700   f) $1\frac{3}{8}$ t 1375   g) $3\frac{5}{8}$ t 3625

148 Wie viel Zentimeter sind angegeben? (1 m = 100 cm; 1 cm = $\frac{1}{100}$ m)
a) $\frac{1}{2}$ m 50 cm   b) $\frac{1}{4}$ m 25 cm   c) $\frac{1}{5}$ m 20 cm   d) $\frac{7}{10}$ m 70 cm   e) $1\frac{1}{2}$ m 150 cm   f) $2\frac{3}{10}$ m 230 cm

149 Schreibe in gemischter Schreibweise!
a) $\frac{5}{3}$ $1\frac{2}{3}$ b) $\frac{7}{4}$ $1\frac{3}{4}$ c) $\frac{13}{4}$ $3\frac{1}{4}$ d) $\frac{25}{6}$ $4\frac{1}{6}$ e) $\frac{51}{8}$ $6\frac{3}{8}$ f) $\frac{47}{10}$ $4\frac{7}{10}$ g) $\frac{113}{100}$ $1\frac{13}{100}$ h) $\frac{111}{50}$ $2\frac{11}{50}$ i) $\frac{83}{20}$ $4\frac{3}{20}$

150 Schreibe als Bruch!
a) $1\frac{3}{5}$ $\frac{8}{5}$ b) $5\frac{1}{2}$ c) $2\frac{1}{6}$ $\frac{13}{6}$ d) $3\frac{2}{3}$ $\frac{11}{3}$ e) $8\frac{6}{7}$ f) $12\frac{4}{5}$ $\frac{64}{5}$ g) $10\frac{1}{10}$ $\frac{101}{10}$ h) $14\frac{3}{4}$ $\frac{59}{4}$ i) $18\frac{1}{2}$ $\frac{37}{2}$

151 In der untenstehenden Figur ist die Bodennutzung Österreichs (2015, Quelle: Statistik Austria) in einem 100 mm langen Rechteck veranschaulicht. Welche Bruchteile der Gesamtfläche nehmen die einzelnen Bodennutzungsarten ein? Miss die Breiten der einzelnen (Teil-)Rechtecken!

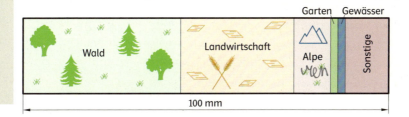

1.2 Brüche als Divisionen

Julia und Thomas bestellen mit ihrem Vater Pizza. Jede Pizza ist in vier gleich große Teile geschnitten. Julia isst von einer Pizza drei Stücke. Thomas nimmt sich von drei Pizzen jeweils ein Viertel. Beide haben gleich viel gegessen.

$\frac{3}{4}$ bedeutet also nicht nur „3 von $\frac{1}{4}$-Pizzastücken", sondern auch: „Teile 3 (Pizzen) durch 4!"

Dies ergibt die Dezimalzahl 3 : 4 = 0,⬚

> **Der Bruch als Division**
>
> Ein Bruch zeigt eine Division an (**Zähler : Nenner**), $\frac{a}{b} = a : b$ ($b \neq 0$)
> der **Bruchstrich** ersetzt das **Divisionszeichen**.
> Eine **Bruchzahl** kann entweder als **Dezimalzahl** oder als **Bruch** geschrieben werden.

Umrechnen von Brüchen in endliche und periodische Dezimalzahlen

Bei der Division $\frac{2}{5}$ = 2 : 5 = 0,4 tritt 0 Rest auf und somit hat das Ergebnis **endlich viele Stellen**.

Der Bruch $\frac{2}{5}$ ergibt eine **endliche Dezimalzahl**. Bei Brüchen mit den Nennern 10, 100, 1 000, … kannst du das Ergebnis direkt ablesen: $\frac{7}{10}$ = 0,7; $\frac{18}{100}$ = ⬚.

Die folgenden Divisionen führen aber zu keinem Ende. Im Quotienten treten **unendlich viele Stellen** auf, deren Ziffern sich in einer bestimmten Weise wiederholen.

$\frac{2}{3}$ = 2,0 : 3 = 0,666…
   20
     20
       2…

$\frac{4}{11}$ = 4,0 : 11 = 0,3636…
   70
     40
       70
         4…

Bei $\frac{2}{3}$ ergibt sich **immer der gleiche Rest** 2.

Im Quotienten wiederholt sich daher die Ziffer 6.
Wir vereinbaren die **Schreibweise**:
0,6666… = 0,$\overline{6}$; somit ist $\frac{2}{3}$ = **0,$\overline{6}$**
Lies: „Null Komma **Periode sechs**"

Bei $\frac{4}{11}$ ergeben sich **abwechselnd die**

Reste 7 und 4. Im Quotienten wiederholen sich die Ziffern 3 und 6.
Wir vereinbaren die **Schreibweise**:
0,3636… = 0,$\overline{36}$; somit ist $\frac{4}{11}$ = **0,$\overline{36}$**
Lies: „Null Komma **Periode drei sechs**"

Die sich **wiederholende Ziffergruppe** heißt **Periode**. Dezimalzahlen wie 0,$\overline{6}$ und 0,$\overline{36}$ nennt man daher **periodische Dezimalzahlen**. Die Anzahl der Ziffern, die sich wiederholen, heißt **Periodenlänge**.

Hinweis Schreibweisen wie 0,$\dot{6}$ bzw. 0,$\dot{3}\dot{6}$ sind ebenfalls üblich.

Bei der Division von zB $\frac{7}{12}$ ergibt sich eine etwas andere periodische Dezimalzahl.
Wir schreiben: $\frac{7}{12}$ = 0,58$\overline{3}$. Die Ziffern 5 und 8 heißen **Vorperiode** und wiederholen sich nicht! Solche Dezimalzahlen heißen **gemischt periodische Dezimalzahlen**.

Dezimalzahlen in Bruchschreibweise darstellen

zB 0,$\overset{h}{\overbrace{37}}$ = 37 **Hundertstel** = $\frac{37}{100}$ oder 0,$\overset{z}{\overbrace{2}}$ = 2 **Zehntel** = $\frac{2}{10}$

Hinweis Achte auf den Stellenwert der letzten Ziffer!

Brüche und Bruchzahlen B1

Insbesondere können auch **natürliche** Zahlen als Brüche geschrieben werden: $3 = \frac{3}{1}$; $15 = \frac{15}{1}$.

Periodische Dezimalzahlen können ebenfalls als **Brüche** geschrieben werden. Schreibe die Periode in den Zähler und schreibe in den Nenner so oft die Ziffer 9, wie die Periode Ziffern hat!

ZB: **1)** $0,\overline{4} = \frac{4}{9}$, denn $\frac{4}{9} = 4 : 9 = 0,444\ldots$ **2)** $0,\overline{13} = \frac{13}{99}$, denn $\frac{13}{99} = 13 : 99 = 0,1313\ldots$

Hinweis Gemischt periodische Dezimalzahlen als Brüche zu schreiben, lernst du in der 3. Klasse.

> **Bruchzahlen; endliche und periodische Dezimalzahlen**
>
> **Bruchzahlen** können **in Form von Brüchen oder als Dezimalzahlen** geschrieben werden (**Bruchschreibweise – Dezimalschreibweise**).
> In der Dezimalschreibweise treten entweder **endliche Dezimalzahlen** (Dezimalzahlen mit endlich vielen Stellen) oder **periodische Dezimalzahlen** auf.

152 Gib die Brüche in Dezimalschreibweise an! Präge dir die Zahlen in a) bis f) gut ein, denn sie kommen sehr häufig vor!

a) $\frac{1}{2} =$ c) $\frac{3}{4} =$ e) $\frac{1}{10} =$ g) $\frac{2}{5} =$ i) $\frac{3}{5} =$
b) $\frac{1}{4} =$ d) $\frac{1}{5} =$ f) $\frac{1}{8} =$ h) $\frac{2}{10} =$ j) $\frac{3}{10} =$

$\frac{2}{3}$ oder $0,\overline{6}$?

Da ein Bruch rasch in eine Dezimalzahl umgeschrieben werden kann und umgekehrt, stellt sich die Frage, welche Form man verwendet. Besonders **beim Rechnen** erweist sich die **Bruchdarstellung** als genauer und einfacher. Mit periodischen Zahlen kann man nur schwer rechnen, außer man rundet. Als Ergebnis erhält man nur einen Näherungswert.

153 Schreibe die Brüche als Dezimalzahlen!

a) **1)** $\frac{7}{10}$ **2)** $\frac{7}{100}$ **3)** $\frac{7}{1000}$ c) **1)** $\frac{3}{4}$ **2)** $1\frac{3}{8}$ **3)** $2\frac{3}{5}$
b) **1)** $\frac{20}{10}$ **2)** $\frac{20}{100}$ **3)** $\frac{20}{1000}$ d) **1)** $\frac{13}{5}$ **2)** $10\frac{2}{3}$ **3)** $\frac{102}{3}$

154 Schreibe die Dezimalzahlen als Brüche!

a) **1)** 0,3 **2)** 1,03 **3)** 1,003   c) **1)** 2,4 **2)** 2,04 **3)** 2,40
b) **1)** 0,5 **2)** 0,75 **3)** 0,075   d) **1)** 5,5 **2)** 5,05 **3)** 5,055

155 Schreibe die Brüche in Form von Dezimalzahlen. Gib an, ob es sich um endliche oder periodische Dezimalzahlen handelt!

a) $\frac{3}{6}, \frac{3}{7}, \frac{3}{8}$ b) $\frac{9}{10}, \frac{9}{11}, \frac{9}{12}$ c) $\frac{1}{4}, \frac{1}{5}, \frac{1}{6}$ d) $\frac{5}{8}, \frac{5}{9}, \frac{5}{10}$ e) $\frac{2}{12}, \frac{3}{12}, \frac{4}{12}$

156 Schreibe die Brüche in Form von Dezimalzahlen!

a) $\frac{7}{9}, \frac{17}{99}, \frac{71}{99}$ b) $\frac{2}{9}, \frac{2}{99}, \frac{20}{99}$ c) $\frac{4}{9}, \frac{4}{99}, \frac{40}{99}$

157 Schreibe in Bruchform!

a) **1)** 0,5 **2)** $0,\overline{5}$ **3)** 0,50 **4)** $0,\overline{50}$ c) **1)** $1,\overline{2}$ **2)** $1,\overline{02}$ **3)** $1,\overline{20}$ **4)** 1,20
b) **1)** $0,\overline{4}$ **2)** 0,4 **3)** $0,\overline{04}$ **4)** 0,40   d) **1)** 3,15 **2)** $3,\overline{15}$ **3)** 3,51 **4)** $3,\overline{51}$

158 Gib für die gegebene Bruchzahl einen Näherungswert (Runde auf 2 Dez.) an!

a) $\frac{1}{3}$ b) $\frac{7}{6}$ c) $0,\overline{6}$ d) $\frac{14}{15}$ e) $\frac{22}{21}$ f) $\frac{10}{12}$ g) $\frac{7}{18}$

159
1) Schreibe die Brüche $\frac{1}{11}$ und $\frac{1}{7}$ als Dezimalzahl! Wie lange ist jeweils die Periode?
2) Betrachte die Reste bei der Division 1 : 7. Welche Zahlen kommen als Rest in Frage? Erkennst du einen Zusammenhang zur Periodenlänge?
3) Bei $\frac{1}{17}$ bzw. $\frac{1}{29}$ treten wieder sehr lange Perioden auf.
Bei welcher Art von Nennern kann man häufig lange Perioden erwarten?

1.3 Erweitern und Kürzen von Brüchen

Anna und Stefan besuchen nach einer langen Wanderung mit ihren Eltern ein Gasthaus. Stefan hat großen Durst und bestellt gleich einen halben Liter Orangensaft. Anna bestellt zuerst einen viertel Liter und später nochmals einen viertel Liter.

Wer hat mehr getrunken?

Die Brüche $\frac{1}{2}, \frac{2}{4}, \frac{4}{8}, \frac{8}{16}$ haben alle den gleichen Wert **0,5**. Sie stellen **dieselbe Bruchzahl** dar.

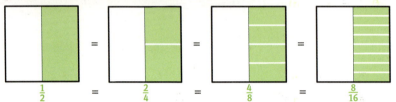

Der Bruch zeigt eine Division an. Multipliziert man den Zähler (Dividend) und den Nenner (Divisor) mit der gleichen Zahl, so bleibt der Quotient (Wert des Bruches) unverändert. zB:

$\frac{1}{2} = \frac{1 \cdot 2}{2 \cdot 2} = \frac{2}{4}$ bzw. $\frac{1}{2} = \frac{1 \cdot 4}{2 \cdot 4} = \frac{4}{8}$ bzw. $\frac{1}{2} = \frac{1 \cdot 8}{2 \cdot 8} = \frac{8}{16}$

Erweitern von Brüchen

Multipliziert man **Zähler und Nenner** eines Bruches mit **derselben Zahl** (≠ 0), so ändert sich die **Bruchzahl (Wert des Bruches) nicht.** $\frac{a}{b} = \frac{a \cdot n}{b \cdot n}$ (b, n ≠ 0)

Die Umkehrung des Erweiterns von Brüchen heißt **Kürzen**:

Kürzen von Brüchen

Dividiert man **Zähler und Nenner** eines Bruches **durch dieselbe Zahl** (≠ 0) ohne Rest, so ändert sich die **Bruchzahl (Wert des Bruches) nicht.** $\frac{a}{b} = \frac{a:n}{b:n}$ (b, n ≠ 0; n|a, n|b)

Schrittweises Kürzen

Zum Beispiel: $\frac{18}{24} = \frac{6}{8} = \frac{3}{4}$; hier wurde zuerst durch 3 gekürzt: $\frac{18:3}{24:3} = \frac{6}{8}$, dann durch 2: $\frac{6:2}{8:2} = \frac{3}{4}$

$\frac{3}{4}$ kann nicht weiter gekürzt werden, weil 3 und 4 keinen gemeinsamen Teiler haben.

Somit ist $\frac{3}{4}$ die **einfachste Bruchschreibweise** für die Bruchzahl, deren Bruchschreibweise zB auch $\frac{18}{24}$ oder $\frac{6}{8}$ ist.

Hinweis Die **Dezimalschreibweise** einer Bruchzahl ist **eindeutig** (zB 0,4), aber es gibt **unendlich viele Bruchschreibweisen** für diese Zahl $\left(zB \frac{4}{10}, \frac{2}{5}, \frac{40}{100}, \ldots\right)$.

Brüche und Bruchzahlen — B1

160 Erweitere den Bruch mit den angegebenen Zahlen!
a) $\frac{1}{2}$ 1) mit 3 2) mit 5 3) mit 10 4) mit 12 5) mit 20 6) mit 50
b) $\frac{2}{3}$ 1) mit 5 2) mit 12 3) mit 10 4) mit 30 5) mit 100 6) mit 320

161 Erweitere so, dass die beiden gegebenen Brüche 1) den gleichen Zähler, 2) den gleichen Nenner, 3) einen möglichst kleinen gleichen Nenner besitzen!

Beispiel
$\frac{3}{4}, \frac{5}{6}$ 1) $\frac{15}{20}, \frac{15}{18}$ 2) $\frac{18}{24}, \frac{20}{24}$ 3) $\frac{9}{12}, \frac{10}{12}$

a) $\frac{1}{2}, \frac{2}{3}$ b) $\frac{9}{8}, \frac{5}{4}$ c) $\frac{10}{6}, \frac{15}{4}$ d) $\frac{14}{9}, \frac{21}{2}$
e) $\frac{20}{6}, \frac{25}{8}$ f) $\frac{7}{12}, \frac{5}{16}$ g) $\frac{4}{15}, \frac{5}{21}$

Tipp
Kürze nur dann, wenn im Zähler und im Nenner Produkte (oder einzelne Zahlen) stehen! Das Kürzen in einer Summe bzw. Differenz führt fast immer zu Fehlern.
ZB $\frac{24-8}{4+6} = \frac{2}{1} = 1$ ist falsch gerechnet, denn richtig ist: $\frac{24-8}{4+6} = \frac{16}{10} = \frac{8}{5} = 1{,}6$

162 Kürze den gegebenen Bruch! Bringe ihn in die einfachste Bruchschreibweise!
a) $\frac{2}{4}$ b) $\frac{6}{12}$ c) $\frac{12}{8}$ d) $\frac{15}{10}$
e) $\frac{3}{21}$ f) $\frac{12}{27}$ g) $\frac{28-7}{4 \cdot 7}$ h) $\frac{3 \cdot 10}{10+10}$

163 Ergänze den fehlenden Zähler bzw. Nenner!
a) $\frac{10}{6} = \frac{5}{3}$ c) $\frac{16}{20} = \frac{4}{5}$ e) $\frac{8}{10} = \frac{4}{5}$ g) $\frac{16}{12} = \frac{4}{3}$
b) $\frac{12}{3} = \frac{4}{1}$ d) $\frac{9}{18} = \frac{1}{2}$ f) $\frac{27}{36} = \frac{3}{4}$ h) $\frac{21}{35} = \frac{3}{5}$

164 Unter den folgenden sechs Brüchen haben fünf den gleichen Wert. Ein Bruch gehört nicht dazu. Welcher ist das? Markiere ihn und begründe deine Wahl!
a) $\frac{18}{12}, \frac{6}{4}, \frac{24}{16}, \frac{8}{6}, \frac{12}{8}, \frac{30}{20}$
b) $\frac{4}{5}, \frac{24}{30}, \frac{16}{20}, \frac{36}{45}, \frac{10}{12}, \frac{20}{25}$
c) $\frac{24}{32}, \frac{15}{20}, \frac{18}{24}, \frac{6}{8}, \frac{28}{36}, \frac{21}{28}$

165 Zerlege in Primfaktoren und kürze!

Beispiel
$\frac{50}{60} = \frac{2 \cdot 5 \cdot 5}{2 \cdot 2 \cdot 3 \cdot 5} = \frac{5}{2 \cdot 3} = \frac{5}{6}$

Es werden Zähler und Nenner in Primfaktoren zerlegt. Dann wird durch 2 bzw. durch 5 gekürzt und so der Bruch vereinfacht. Man streicht die gemeinsamen Faktoren durch und schreibt schräg darüber bzw. darunter die gekürzten Werte.

a) $\frac{12}{18}$ c) $\frac{24}{27}$ e) $\frac{45}{60}$ g) $\frac{72}{80}$ i) $\frac{45}{144}$ k) $\frac{90}{165}$ m) $\frac{160}{128}$
b) $\frac{48}{12}$ d) $\frac{18}{27}$ f) $\frac{100}{40}$ h) $\frac{54}{90}$ j) $\frac{132}{44}$ l) $\frac{96}{120}$ n) $\frac{225}{150}$

166 Kürze so weit wie möglich!
a) $\frac{6 \cdot 14 \cdot 5}{10 \cdot 7}$ b) $\frac{8 \cdot 15}{12 \cdot 9}$ c) $\frac{14 \cdot 6}{8 \cdot 9 \cdot 2}$ d) $\frac{14 \cdot 15}{6 \cdot 35}$ e) $\frac{15 \cdot 4 \cdot 7}{20 \cdot 21 \cdot 25}$ f) $\frac{5 \cdot 21 \cdot 12}{3 \cdot 15 \cdot 7}$

167 1) Bestimme den ggT von a) 18 und 36, b) 45 und 60!
2) Kürze a) $\frac{18}{36}$, b) $\frac{45}{60}$ durch den ggT von Zähler und Nenner! Was fällt dir auf?

1.4 Ordnen von Bruchzahlen

Tim, Lara, Jonas und Hanna müssen in Englisch 40 Vokabel lernen. Tim meint: „Ich kann schon $\frac{3}{5}$ der Vokabel!" Lara antwortet: „Bei mir ist es die Hälfte, die andere Hälfte lerne ich morgen." – Jonas sagt, dass er schon $\frac{3}{4}$ der Vokabel kann und Hanna hat $\frac{2}{5}$ bereits gelernt. Daher kann _Jonas_ schon die meisten Vokabeln. Lara kann etwas weniger, _Tim_ noch etwas weniger und _Hanna_ hat bisher noch die wenigsten Vokabeln gelernt.

Die Größe von Bruchzahlen kann man auf verschiedene Arten vergleichen:

kleiner/größer als ein Ganzes: Brüche, bei denen der **Zähler kleiner als der Nenner** ist, sind kleiner als 1 Ganzes. Achte beim Ordnen von Brüchen, bei denen der Zähler größer als der Nenner ist, darauf, wie viele Ganze enthalten sind!	Ordne die Brüche: $\frac{9}{5}, \frac{7}{8}, \frac{13}{4}$! $\frac{7}{8} < \frac{9}{5} = 1\frac{4}{5} < \frac{13}{4} = 3\frac{1}{4}$
gleiche Nenner: Bei Brüchen mit **gleichem Nenner** ist die Bruchzahl mit dem **kleinsten Zähler** auch **am kleinsten**.	Ordne die Brüche: $\frac{5}{8}, \frac{6}{8}, \frac{7}{8}$! $\frac{5}{8} < \frac{6}{8} < \frac{7}{8}$
gleiche Zähler: Bei Brüchen mit **gleichem Zähler** ist die Bruchzahl mit dem **kleinsten Nenner am größten**. Je größer der Nenner, desto kleiner sind die Teile des Ganzen.	Ordne die Brüche: $\frac{5}{8}, \frac{5}{12}, \frac{5}{6}$! $\frac{5}{12} < \frac{5}{8} < \frac{5}{6}$

Manchmal funktionieren diese drei Möglichkeiten nicht.
Man kann aber Brüche auf jeden Fall ordnen, wenn man sie auf einen **gemeinsamen Nenner bringt** oder sie durch **Division in Dezimalzahlen umrechnet**.

zB: Die Bruchzahlen $\frac{3}{4}; \frac{5}{8}; \frac{5}{6}$ ordnet man,

entweder durch Erweitern
$\frac{3}{4} = \frac{18}{24}; \frac{5}{8} = \frac{15}{24}; \frac{5}{6} = \frac{20}{24}$

oder durch Umrechnen in Dezimalzahlen.
$\frac{3}{4} = 0{,}75; \frac{5}{8} = 0{,}625; \frac{5}{6} = 0{,}8\overline{3}$

Es gilt daher: $\frac{5}{8} < \frac{3}{4} < \frac{5}{6}$

Bruchzahlen lassen sich auch am Zahlenstrahl ablesen bzw. einzeichnen. Beim **Ablesen** von Bruchzahlen muss man darauf achten, in wie viele Teile eine Einheitsstrecke geteilt wurde:

Die Einheitsstrecke wurde in 5 Teile unterteilt.

Beim **Einzeichnen** auf einem Zahlenstrahl unterteilt man die Einheitsstrecke in so viele Teile, wie der Nenner der Bruchzahl anzeigt: $\frac{5}{8}$ und $\frac{7}{8}$:

Einheitsstrecke in 8 Teile unterteilen

Bruchzahlen einzeichnen

Somit kann man Bruchzahlen auch ordnen, wenn man sie am Zahlenstrahl einzeichnet.

Brüche und Bruchzahlen — B1

Zwischen zwei **Bruchzahlen** gibt es immer **unendlich viele** weitere **Bruchzahlen**. ZB zwischen $\frac{5}{8}$ und $\frac{7}{8}$ liegen:
$\frac{5}{8} = \frac{10}{16} < \frac{6}{8} = \frac{12}{16} < \frac{14}{16} = \frac{7}{8}$ bzw. $\frac{5}{8} = \frac{20}{32} < \frac{21}{32} < \ldots < \frac{27}{32} < \frac{28}{32} = \frac{7}{8}$

Ordnen von Bruchzahlen

Bruchzahlen lassen sich durch **Vergleichen** oder als Dezimalzahlen **ordnen**.
Jede **Bruchzahl** entspricht einem **Punkt** auf dem **Zahlenstrahl**.
Zwischen zwei verschiedenen **Bruchzahlen** liegen **unendlich viele weitere** Bruchzahlen.

168 Setze das Zeichen „<", „=", „>" ein! Begründe deine Wahl!

a) $\frac{5}{8}$ < $\frac{7}{6}$ c) $1\frac{2}{13}$ > $\frac{15}{16}$ e) $\frac{5}{8}$ > $\frac{4}{10}$ g) $\frac{5}{12}$ < $\frac{7}{15}$ i) $2\frac{3}{4}$ < $3\frac{1}{8}$

b) $1{,}1$ > $\frac{5}{6}$ d) $\frac{21}{22}$ < $\frac{22}{21}$ f) $\frac{4}{7}$ < $\frac{5}{6}$ h) $\frac{9}{20}$ < $\frac{13}{24}$ j) $2\frac{3}{5}$ < $2\frac{2}{3}$ ✓

169 Kreuze den Buchstaben an, bei dem die Bruchzahlen richtig geordnet wurden!

○ A $\frac{1}{2} < 0{,}75 < \frac{5}{6} < \frac{5}{8}$ ○ B $\frac{4}{5} < \frac{13}{15} < \frac{5}{6} < \frac{14}{15}$ ⊗ C $\frac{15}{12} < 1\frac{1}{6} < \frac{10}{9} < 1{,}8$ ○ D $\frac{5}{8} < 1{,}2 < \frac{14}{5} < \frac{20}{6}$

170 1) Wie lautet der kleinste gemeinsame Nenner der drei Brüche?
2) Bringe die Brüche auf ihren kleinsten gemeinsamen Nenner und ordne die Bruchzahlen!

a) $\frac{3}{4}; \frac{7}{12}; \frac{5}{6}$ b) $\frac{5}{8}; \frac{2}{3}; \frac{3}{4}$ c) $\frac{1}{6}; \frac{3}{10}; \frac{2}{15}$ d) $\frac{3}{5}; \frac{4}{7}; \frac{39}{70}$

171 Was ist die kleinste natürliche Zahl, die größer als alle gegebenen Bruchzahlen ist? Verbinde!

$\frac{7}{5}; \frac{5}{2}; \frac{8}{3}; \frac{9}{7}$	1	A	10
$\frac{17}{5}; \frac{19}{4}; \frac{21}{6}; \frac{13}{3}$	2	B	16
$\frac{25}{3}; \frac{35}{4}; \frac{45}{5}; \frac{55}{6}$	3	C	3
$\frac{47}{3}; \frac{57}{4}; \frac{63}{5}; \frac{71}{6}$	4	D	5

172 Welche Bruchzahlen sind auf dem Zahlenstrahl durch Kreuze markiert?
Schreibe sie **1)** als Bruch, **2)** als Dezimalzahl auf!

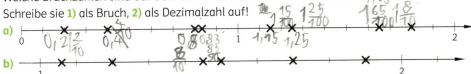

173 Zeichne einen geeigneten Zahlenstrahl und markiere die folgenden Bruchzahlen durch Kreuze!

a) $\frac{3}{8}; \frac{1}{2}; \frac{10}{8}; \frac{3}{4}; 1\frac{1}{2}; 1\frac{1}{4}$ c) $\frac{2}{3}; \frac{7}{12}; \frac{5}{6}; \frac{1}{2}; \frac{3}{5}; \frac{5}{12}$ e) $3\frac{3}{10}; \frac{25}{8}; 3{,}25; 3\frac{3}{4}; \frac{7}{2}; 3\frac{2}{5}$

b) $0{,}7; \frac{18}{100}; \frac{3}{10}; 0{,}25; \frac{2}{5}; \frac{1}{4}$ d) $2{,}5; \frac{7}{3}; \frac{9}{4}; 2\frac{5}{6}; 2\frac{1}{10}; 2{,}75$ f) $3{,}6; \frac{10}{3}; 4\frac{1}{3}; 3\frac{4}{9}; 3{,}5; \frac{22}{6}$

174 Gib sechs Bruchzahlen an, die zwischen den gegebenen Bruchzahlen liegen!

a) $\frac{5}{7}, \frac{9}{7}$ b) $\frac{3}{5}, \frac{7}{10}$ c) $\frac{3}{4}, \frac{4}{5}$ d) $\frac{2}{9}, \frac{3}{7}$ e) $1\frac{4}{5}, 1\frac{6}{7}$ f) $2\frac{2}{3}, 2\frac{3}{4}$

B1 Bruchzahlen und Bruchrechnen

175 Kreuze diejenigen Bruchzahlen an, die zwischen $\frac{5}{8}$ und $\frac{7}{8}$ liegen!

☒ A $\frac{3}{4}$ ○ B $\frac{6}{16}$ ☒ C $\frac{12}{16}$ ○ D $\frac{41}{64}$ ○ E $\frac{16}{32}$

176 Gib drei Bruchzahlen an, die zwischen den angegebenen Bruchzahlen liegen!

a) $\frac{2}{5}, \frac{3}{5}$ b) $\frac{1}{50}, \frac{2}{50}$ c) $\frac{3}{25}, \frac{4}{25}$

Tipp: Gib die Bruchzahlen als Dezimalzahlen an!

Mediante

$\frac{2}{3} + \frac{3}{4} = \frac{2+3}{3+4} = \frac{5}{7}$ ist **sicher falsch addiert**, denn $\frac{2}{3} + \frac{3}{4}$ ist sicher größer als 1. Hier wurden die Zähler addiert und die Nenner addiert. Wenn du auf diese Art **falsch addierst**, erhältst du die so genannte **Mediante**. Diese hat eine besondere Eigenschaft: Sie liegt immer zwischen den beiden Ausgangsbruchzahlen. So kannst du schnell Bruchzahlen finden, die zwischen zwei gegebenen Bruchzahlen liegen. Zur Begründung dieses Zusammenhangs stellen wir uns zwei Gruppen von Personen vor, die Pizza bestellen.

Die Gruppe A hat 3 Personen und bestellt 2 Pizzen, die Gruppe B hat 4 Personen und bestellt 3 Pizzen. Jeder der Gruppe A bekommt also $\frac{2}{3}$ einer Pizza, jeder der Gruppe B erhält $\frac{3}{4}$ einer Pizza. Nun treffen einander beide Gruppen und teilen die 5 Pizzen auf 7 Personen auf. Jeder bekommt also $\frac{2+3}{3+4} = \frac{5}{7}$ Pizza. Dies ist die Mediante der beiden Bruchteile. Sie muss sicher zwischen dem Bruchteil der Gruppe A und dem Bruchteil der Gruppe B liegen, denn die Personen der Gruppe A bekommen etwas weniger Pizza und die Personen von B etwas mehr.

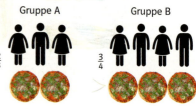

177
1) Bestimme die Mediante der beiden angegebenen Bruchzahlen!
2) Überprüfe durch Erweitern auf gemeinsamen Nenner, ob die Mediante tatsächlich zwischen den beiden Bruchzahlen liegt!

a) $\frac{1}{3}$ und $\frac{2}{3}$ b) $\frac{3}{5}$ und $\frac{4}{5}$ c) $\frac{4}{7}$ und $\frac{6}{7}$ d) $\frac{1}{2}$ und $\frac{3}{4}$

178
1) Bestimme die Mediante der beiden angegebenen Bruchzahlen!
2) Zeichne die Bruchzahlen und die Mediante am Zahlenstrahl ein! Gib an, in welchen Fällen die Mediante genau in der Mitte der beiden Bruchzahlen liegt!

a) $\frac{1}{4}$ und $\frac{1}{2}$ b) $\frac{3}{10}$ und $\frac{7}{10}$ c) $\frac{1}{3}$ und $\frac{1}{6}$ d) $\frac{1}{5}$ und $\frac{2}{5}$

179 Schreibe fünf Bruchzahlen auf, die zwischen $\frac{2}{3}$ und $\frac{3}{4}$ liegen! Verwende dabei immer das Prinzip der Mediante!

180 In folgender Abbildung siehst du alle gekürzten Brüche zwischen 0 und 1, bei denen der Nenner kleiner gleich 4 ist.

1) Susa behauptet: „In dieser Abbildung ist jede Bruchzahl die Mediante aus ihren Nachbarn." Überprüfe diese Behauptung bei allen vorkommenden Bruchzahlen!
2) Zeichne in diese Abbildung die Bruchzahlen $\frac{1}{5}, \frac{2}{5}, \frac{3}{5}, \frac{4}{5}$ ein. Gilt Susas Behauptung noch immer?

B 2 Brüche in Textaufgaben

2 Brüche in Textaufgaben

interaktive
Vorübung
54jp3k

AH S. 17

2.1 Brüche als Rechenbefehle

Die 2B-Klasse hat Wandertag. 24 Schüler und Schülerinnen gehen mit. Bei einer Rast kaufen $\frac{3}{4}$ der Kinder Eis. Das sind ▭ Kinder.
Die Rechnung „$\frac{3}{4}$ von einem Ganzen" kann auf zwei Arten ausgeführt werden:

1. Möglichkeit: **2. Möglichkeit**

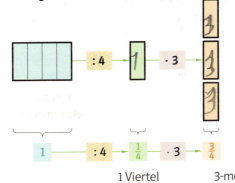

Das Ganze   1 Viertel des Ganzen   3-mal 1 Viertel des Ganzen   Das Ganze   Das 3-fache des Ganzen   1 Viertel vom 3-fachen des Ganzen

In diesem Fall wird der **Bruch als Teil eines Ganzen** aufgefasst.
Also: $\frac{3}{4}$ = **3 Viertel des Ganzen**

In diesem Fall wird der **Bruch als Teil von mehreren Ganzen** aufgefasst.
Also: $\frac{3}{4}$ = **1 Viertel von 3 Ganzen**

Bei obigem Beispiel besteht „das Ganze" aus 24 Schülerinnen und Schülern. Auf Grund dieser Überlegungen hat man zwei Möglichkeiten, um $\frac{3}{4}$ **von 24** zu berechnen:
- Teile 24 in 4 Teile und verdreifache diesen Teil: **24** : **4** = 6; 6 · **3** = 18
- Verdreifache 24 und nimm davon ein Viertel: **24** · **3** = 72; 72 : **4** = 18

Die beiden Rechenanweisungen :4 und ·3 können in ihrer Reihenfolge vertauscht werden.

181 Setze die fehlenden Zahlen bzw. Rechenbefehle ein!

a)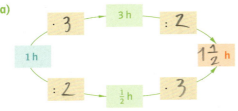

b)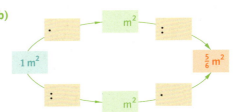

B 2 Bruchzahlen und Bruchrechnen

182 Berechne im Kopf!
a) $\frac{1}{3}$ von 27 m *9 m*
b) $\frac{3}{10}$ von 30 cm² *9 cm²*
c) $1\frac{2}{7}$ von 7 kg *9 kg*
d) $\frac{7}{10}$ von 50 min *35*
e) $\frac{3}{5}$ von 10 m³ *6 m³*
f) $\frac{3}{4}$ von 24 km *18 km*
g) $\frac{7}{12}$ von 360° *210°*
h) $\frac{7}{3}$ von 90° *210°*

183
1) Stelle die Rechnung mit Hilfe von Strecken dar!
2) Berechne die Größe und vergleiche mit 1)!
a) $\frac{5}{6}$ von 18 mm
b) $\frac{2}{3}$ von 48 mm
c) $\frac{10}{8}$ von 8 mm

> **Tipp**
> Da du dir aussuchen kannst, ob du mit der Division oder Multiplikation beginnst, achte auf die Zahlen! Oft ist ein Weg einfacher auszuführen als der andere.

184 In einer Klasse sind 24 Schülerinnen und Schüler. Davon sind a) $\frac{3}{8}$ Mädchen, b) $\frac{5}{6}$ Mädchen.
Wie viele Mädchen bzw. Buben gehen in die Klasse?

185 Familie Erbler hat ein monatliches Nettoeinkommen von 1840 €. Von diesem Betrag benötigt die Familie $\frac{5}{8}$ für Wohnungskosten und Nahrungsmittel und $\frac{1}{10}$ verwendet die Familie für gemeinsame Aktivitäten.
Wie viel Euro sind das jeweils?

186 In die 2A-Klasse gehen 24 Kinder, 14 davon sind Mädchen. Sie machen im Sportunterricht einen 3000 m Lauf. Die zwölf Jahre alte Carina ist schon $\frac{4}{5}$ der Strecke gelaufen.
1) Wie viel Meter muss Carina noch bis zum Ziel laufen?
2) Welche Angaben hast du für die Aufgabenstellung 1) verwendet?
3) Erfinde eine weitere Aufgabenstellung!

187 Bei einer Mathematik-Schularbeit hatten von den 24 Schülerinnen und Schülern $\frac{1}{4}$ ein Sehr gut, $\frac{1}{6}$ ein Gut, $\frac{1}{3}$ ein Befriedigend. Es gab kein Nicht genügend.
1) Erstelle einen Notenspiegel der Klasse!
2) Welcher Bruchteil der Klasse hatte ein Genügend?

188 Oma Elfi hat einen Lottogewinn von 240 € gemacht. Sie teilt den Gewinn auf ihre Enkelkinder auf: Emma erhält $\frac{2}{5}$; Jonathan $\frac{3}{10}$ und Lena den Rest.
Gib an, wie viel Euro die Enkelkinder jeweils erhalten!

189 Der Wassergehalt bei Pilzen beträgt $\frac{9}{10}$ der Gesamtmasse.
(1 Liter Wasser ist 1 kg Wasser) Wie viel Liter Wasser sind in der gegebenen Menge von Pilzen enthalten?
a) 10 kg Pilze
b) 20 kg Pilze
c) 5 kg Pilze
d) 12 kg Pilze

190 Wie viel Kilogramm Pilze enthalten die gegebene Wassermenge (→ Aufgabe 189)
a) 9 Liter Wasser
b) 27 Liter Wasser
c) 1,8 Liter Wasser
d) 9,9 Liter Wasser

191 Berechne!
a) 15 m sind $\frac{1}{2}$ von wie viel Meter?
b) 3 h sind $\frac{1}{3}$ von wie viel Stunden?
c) 18 km sind $\frac{3}{4}$ von wie viel Kilometer?
d) 12 m² sind $\frac{2}{5}$ von wie viel Quadratmeter?

2.2 Brüche zur Angabe von Größen- und Zahlenverhältnissen

Sally erzielt im Turnunterricht beim Weitspringen eine Weite von 321 cm. Ihre beste Freundin Tini springt 243 cm. Die beiden wollen ihre Weiten vergleichen: Tini meint: „Du bist um ▢ cm weiter als ich gesprungen." Tini hat den Unterschied der erzielten Weiten bestimmt. Sally verwendet für ihren Vergleich Zahlenverhältnisse:

$$\frac{321}{243} \approx \frac{320}{240} = \frac{▢}{24} = 4:3.$$

Sie sagt: „Ich bin ca. $\frac{4}{3} = 1\frac{▢}{▢}$-mal so weit wie du gesprungen."

Sally hat die Ergebnisse als **Verhältnis (als Quotient)** ausgedrückt. Dabei hat sie die **exakten Weiten gerundet**, um das Verhältnis mit **einfachen Zahlen** (durch **Kürzen**) angeben zu können. Diese Vorgehensweise ist gerechtfertigt, denn das exakte Ergebnis $\left(\frac{321}{243} \approx 1{,}32\right)$ liegt nur geringfügig neben dem gerundeten.

Ein bekanntes Größenverhältnis aus der 1. Klasse ist der **Maßstab**. Dabei werden **Längen** auf einem **Plan** mit **Längen** in **Wirklichkeit** verglichen. Ein Maßstab 1:10 000 bedeutet, dass 1 cm im Plan 10 000 cm = 100 m in Wirklichkeit entspricht.

Größen- und Zahlenverhältnisse

Zwei Größen können mit Hilfe von **Verhältnissen** verglichen werden. Dabei versucht man, das **Verhältnis** durch **möglichst kleine Zahlen** anzugeben.

 192 Gib das Verhältnis der gegebenen Längen mit möglichst kleinen Zahlen an! Formuliere einen Satz – verwende dazu den **Sprachbaustein**!
a) 8 m, 4 m   c) 8 m, 12 m   e) 20 m, 24 m
b) 20 m, 50 m   d) 100 m, 70 m   f) 25 m, 35 m

Sprachbausteine

Tim ist 12, sein Vater ist 36. Also ist das Altersverhältnis von Tim zu seinem Vater 12 : 36 = 1 : 3. Das Alter des Vaters verglichen mit Tims Alter ist aber 36 : 12 = 3 : 1 (oder: dreimal so alt). Die sprachliche Reihenfolge bestimmt also, welche Zahl im Zähler bzw. im Nenner steht.

 193 Wie lang ist die längere Seite des Rechtecks, wenn die kürzere Seite 30 cm lang ist?
Die längere Seite verhält sich zur kürzeren wie
a) 2 : 1,   b) 3 : 1,   c) 3 : 2,   d) 5 : 3.

 194 Die am meisten verbreiteten Modelleisenbahnen werden im Maßstab 1 : 87 gebaut. Wie lang ist das Modell einer E-Lok a) von 20 m Länge, b) von 24 m Länge?

 195 Ein LKW-Zug ist 24 m lang. Ein Modell dieses LKW-Zuges ist a) 48 cm, b) 12 cm, c) 96 cm lang. Wie verhält sich die Länge des wirklichen LKW-Zuges zur Länge seines Modells?

Tipp
Achte auf die Einheiten! Rechne zuerst Meter in Zentimeter um!

 196 Marliese ist 14 Jahre alt. Sie hat 47 kg und ist 1,51 m groß. Ihr Vater ist 42 Jahre alt. Er hat 78 kg und ist 1,81 m groß. Gib das ungefähre Verhältnis a) des Alters, b) des Körpergewichtes (eigentlich der Körpermasse), c) der Körpergröße von Vater und Tochter an!

B 2 Bruchzahlen und Bruchrechnen

197 Ein Auto ist **a)** 3,60 m lang, **b)** 4,20 m lang. Die Länge des Spielzeugautomodells der gleichen Type verhält sich zur Länge des echten Autos wie 1 : 24.
Wie lang ist das Modell?

198 Um wie viel Kilometer ist die Luftlinie in Wirklichkeit kürzer als die Länge der Straße?

		Länge der Straße	Länge der Luftlinie in der Karte	Maßstab der Karte
a)	Lienz – Spittal/Drau	70 km	28,5 cm	1 : 200 000
b)	Mürzzuschlag – Wiener Neustadt	59 km	20,0 cm	1 : 250 000
c)	Mittersill – Zell/Ziller	58 km	5,8 cm	1 : 800 000

199
a) Das Modell eines Sportflugzeuges hat eine Spannweite von 54 cm. Die natürliche Größe des Sportflugzeuges verhält sich zu der des Modells wie 20 : 1.
Wie groß ist die Spannweite in Wirklichkeit?
b) Die Spannweite eines Flugzeugmodells beträgt 1,92 m.
Das Längenverhältnis des Modells zum Original beträgt 2 : 15.
Wie groß ist die Spannweite in Wirklichkeit?

200 Der Parthenon auf der Akropolis von Athen ist eines der ausgewogensten Bauwerke des Altertums.
Die Seitenlängen des Parthenon verhalten sich wie 4 : 9 (Breite : Länge).
Die Breite beträgt 30,8 m.
Wie lang ist dieses Bauwerk?

201 Der Innenraum der romanischen Abteikirche von Seckau (Steiermark) weist ganz bestimmte Längenverhältnisse auf.
Die Breite des Mittelschiffes der Kirche beträgt 7,90 m. Sie verhält sich
zur Höhe des Mittelschiffes wie 1 : 2,
zur Höhe der Säulen (Pfeiler) ungefähr 3 : 2,
zur Höhe des Mittelschiff-Fensters wie 3 : 1.
1) Welche Höhe hat das Mittelschiff?
2) Rund welche Höhe haben die Säulen?
3) Wie hoch ist das Mittelschiff-Fenster?

202 Das Schuljahr hat (rund) 180 Schultage. Seit Schulbeginn sind **a)** 50 Schultage, **b)** 84 Schultage, **c)** 90 Schultage, **d)** 120 Schultage vergangen.
1) Welcher Bruchteil des Schuljahres ist bereits vergangen?
2) Welcher Bruchteil des Schuljahres steht noch bevor?
3) Wie verhält sich der vergangene Zeitraum des Schuljahres zum bevorstehenden?

203 In der folgenden Tabelle sind die Längen einiger österreichischer Flüsse angegeben. Gib jeweils das ungefähre Verhältnis der Längen der angegebenen Flüsse zur Länge der Enns an!

Fluss	Enns	Drau	Inn	Lech	Kamp	Mur
Länge	254 km	749 km	510 km	250 km	153 km	444 km

B 2 Brüche in Textaufgaben

2.3 Brüche zur Angabe von relativen Anteilen und Häufigkeiten

David und Ceren haben je eine 100-Gramm-Tafel Schokolade erhalten. Davids Schokoladentafel hat 3 × 4 Stücke und Cerens Tafel hat 4 × 4 Stücke. Beide können der Schokolade nicht widerstehen: David isst 8 Stücke von seiner Tafel und Ceren 10 von ihrer. David meint: „Ich habe weniger Schokolade gegessen, weil 8 Stücke weniger sind als 10!" – Ceren entgegnet: „Aber meine Tafel war in kleinere Stücke unterteilt."
In diesem Fall ist der so genannte **relative Anteil** entscheidend.
David hat **8** von **12** Stück gegessen; der relative Anteil beträgt $\frac{8}{12} = \frac{2}{3} = 0,\overline{6}$.

Ceren hat **10** von **16** Stück gegessen – hier beträgt der relative Anteil $\frac{8}{12} = \frac{10}{16} = 0,625$.
Daher hat **David** mehr gegessen.

Ceren hat 62,5 Hundertstel von der Tafel mit 100 g verspeist. Statt 62,5 Hundertstel kann man auch 62,5 Prozent (62,5 %) sagen.
Die ganze Tafel, also die **Gesamtanzahl**, hat als relativen Anteil den **Wert 1** (Ganzes).

> **Relativer Anteil**
>
> Der **relative Anteil** ist das **Verhältnis** (die Division) einer **bestimmten Teilanzahl zur Gesamtanzahl**.
> **Relative Anteile** kann man als **Brüche** $\left(\text{zB } \frac{10}{16} = \frac{5}{8}\right)$, als **Dezimalzahlen** (zB 0,625) oder in **Prozent** (zB 62,5 %) angeben.

Andreas würfelt 100-mal und hält die Ergebnisse in einer Tabelle fest. Er berechnet zuerst die Summe der absoluten Häufigkeiten und anschließend damit die relativen Häufigkeiten:

Augenzahl	1	2	3	4	5	6	Summe
absolute Häufigkeit	14	20	16	24	12	14	**100**
relative Häufigkeit	14 : 100 = 0,14	0,2	0,16	**0,24**	**0,12**	**0,14**	**1**

Die Anzahl zB der gewürfelten Einser heißt **absolute Häufigkeit** und ist jeweils in nebenstehendem Streckendiagramm dargestellt. Diese Augenzahlen sind pro 100 Würfe aufgetreten, also zB der Einser „im Verhältnis 14 von 100" $= \frac{14}{100} = 0,14$.

Diese Zahl heißt **relative Häufigkeit**. Der Einser ist also mit einer relativen Häufigkeit von 0,14 geworfen worden. Ergänze die relativen Häufigkeiten in obiger Tabelle!

Die **Summe aller relativen Häufigkeiten** ist (bis auf Rundungsfehler) immer **gleich 1**. Drückt man die relativen Häufigkeiten in Prozent aus (zB der Sechser mit 14 %), spricht man von **prozentuellen Häufigkeiten**. Die **Summe** der prozentuellen Häufigkeiten ergibt (bis auf Rundungsfehler) immer **100 %**.

B 2 Bruchzahlen und Bruchrechnen

204 In die 2C-Klasse mit 25 Kindern gehen 13 Mädchen. In der 2D-Klasse mit insgesamt 22 Kindern gibt es 11 Mädchen. In welcher Klasse gibt es relativ gesehen mehr Mädchen?

205 Die vier zweiten Klassen fahren auf Skikurs. Am Beginn des Skikurses werden die Schülerinnen und Schüler in Anfänger bzw. Fortgeschrittene eingeteilt.

Klasse	2A	2B	2C	2D
Gesamtzahl	25	24	20	24
Anfängerinnen und Anfänger	15	10	8	18

Gib die relativen Anteile jeweils **1)** als Bruch, **2)** als Dezimalzahl und **3)** in Prozent an!
a) Wie groß ist der relative Anteil der Anfänger und der Fortgeschrittenen in jeder Klasse?
b) Wie groß ist der relative Anteil der Anfänger und der Fortgeschrittenen aller zweiten Klassen zusammen?

206 Im Altstoffsammelzentrum sind in einer Kiste 2 000 Batterien. 100 Batterien werden zufällig herausgenommen und getestet. 5 Batterien dieser Auswahl funktionieren noch.
Rund wie viele funktionierende Batterien sind voraussichtlich noch in der ganzen Kiste?

207 Von einem Bauernhof mit 50 Kühen und 240 Hühnern werden pro Tag 200 Eier an einen Supermarkt geliefert.
Dieser verkauft die Eier um 30 c pro Stück.
Zur Kontrolle werden pro Lieferung 50 Eier zufällig ausgewählt und getestet – dabei werden zwei schlechte Eier festgestellt.
1) Rund wie viele schlechte Eier sind voraussichtlich in einer Lieferung? Gib als relativen Anteil an!
2) Welche Angaben hast du für die Aufgabenstellung **1)** verwendet?
3) Erfinde eine weitere Aufgabenstellung!

208 Bei einem Einkaufszentrum gibt es zwei Parkplätze, der große bietet 800 Autos Platz, der kleine 500 Autos. Der große Parkplatz ist zu 70 % ausgelastet, der kleinere zu 40 %.
1) Auf welchem Parkplatz gibt es mehr freie Plätze?
2) Auf welchem Parkplatz wird man eher einen Parkplatz finden? Begründe!

209 In der linken Spalte sind verschiedene Angaben aufgeschrieben, in der rechten Spalte steht die entsprechende Anzahl.
Verbinde die zusammengehörigen Aufgaben und Antworten!

5 % einer Lieferung von 800 Werkstücken sind defekt.	A
8 % von 400 kg Äpfel waren verdorben.	B
20 % von 120 Ehepaaren sind kinderlos.	C

1	32
2	40
3	24

210 Wirf eine Münze 50-mal und notiere, wie oft „Kopf" bzw. „Zahl" kommt!
1) Stelle die absoluten Häufigkeiten der erzielten Ergebnisse in einem Streckendiagramm dar!
2) Gib die relativen/prozentuellen Häufigkeiten der einzelnen Ergebnisse („Kopf" bzw. „Zahl") an!

3 Rechnen mit Bruchzahlen

3.1 Addieren und Subtrahieren von Bruchzahlen

interaktive
Vorübung
c59kq9

AH S. 19

Gleichnamige Brüche

Tom hat zum Frühstück $\frac{3}{8}$ Liter Milch getrunken. Am Nachmittag bereitet er sich eine Bananenmilch mit $\frac{1}{8}$ Liter Milch zu. Wie viel Liter Milch hat Tom an diesem Tag getrunken? Er überlegt: $\frac{3}{8}$ Liter + $\frac{1}{8}$ Liter = $\frac{}{8}$ Liter Milch.

In der Packung mit 1 Liter = $\frac{8}{8}$ Liter verbleiben also noch $\frac{8}{8}$ Liter − $\frac{}{}$ Liter = $\frac{}{}$ Liter.

Addieren und Subtrahieren bei gleichnamigen Brüchen

Man **addiert die Zähler** der Brüche und lässt den gemeinsamen **Nenner unverändert**.

$\frac{a}{n} + \frac{b}{n} = \frac{a+b}{n}$ ($n \neq 0$)

Man **subtrahiert die Zähler** der Brüche und lässt den gemeinsamen **Nenner unverändert**.

$\frac{a}{n} - \frac{b}{n} = \frac{a-b}{n}$ ($n \neq 0$, $a \geq b$)

Ungleichnamige Brüche

Am nächsten Morgen öffnet Tom eine neue Packung Milch. Zum Frühstück verwendet er $\frac{1}{3}$ Liter für einen Kakao und $\frac{1}{4}$ Liter nimmt er noch in die Schule mit. Damit Tom angeben kann, wie viel Liter Milch er an diesem Tag trinkt, überlegt er: $\frac{1}{3}$ Liter + $\frac{1}{4}$ Liter = $\frac{4}{12}$ Liter + $\frac{3}{12}$ Liter = $\frac{}{}$ Liter.

In der Packung sind also noch 1 Liter − $\frac{7}{12}$ Liter = $\frac{12}{12}$ Liter − $\frac{7}{12}$ Liter = $\frac{}{}$ Liter Milch.

Addieren und Subtrahieren bei ungleichnamigen Brüchen

Um bei **ungleichnamigen Brüchen** zu addieren bzw. zu subtrahieren, **rechnet** man sie **durch Erweitern** in gleichnamige Brüche um und addiert bzw. subtrahiert dann die Zähler.

Hinweis Als **gemeinsamer Nenner** wird am besten **das kgV der Nenner** verwendet.

Veranschaulichung des Addierens bzw. Subtrahierens von Bruchzahlen

Die Addition bzw. Subtraktion lässt sich wiederum mit Hilfe von Strecken bzw. Flächen darstellen.

als Strecken am Zahlenstrahl:

als Flächen:

Hinweis Addiert man zwei Bruchzahlen falsch, indem man sie nicht auf denselben Nenner bringt, sondern einfach Zähler und Nenner addiert, so erhält man die Mediante (vgl. S. 50). Diese liefert immer eine Bruchzahl, die zwischen den beiden Summanden liegt, zB: $\frac{2}{3} < \frac{4}{5} \Rightarrow \frac{2}{3} < \frac{2+4}{3+5} < \frac{4}{5} < \frac{2}{3} + \frac{4}{5}$

B 3 Bruchzahlen und Bruchrechnen

211 Rechne 1) in Bruchschreibweise, 2) in Dezimalschreibweise!

a) $\frac{3}{10}$ m + $\frac{7}{10}$ m = 1 m
b) $\frac{1}{2}$ kg + $\frac{3}{2}$ kg = 1 kg
c) $3\frac{7}{10} + 2\frac{5}{10} = 6\frac{2}{10}$
d) $2\frac{1}{8} + 3\frac{7}{8} = 6$

e) $\frac{3}{4}$ h + $\frac{2}{4}$ h = $1\frac{1}{4}$
f) $\frac{5}{2}$ m² + $\frac{4}{2}$ m² = $4\frac{1}{2}$
g) $4\frac{3}{4} + 1\frac{3}{4} = 6\frac{2}{4}$
h) $3\frac{7}{10} + 1\frac{3}{10} = 5$

i) $\frac{2}{4}$ t + $\frac{1}{4}$ t = $\frac{3}{4}$
j) $\frac{2}{5}$ m + $\frac{2}{5}$ m = $\frac{4}{5}$
k) $4\frac{1}{4} - 2\frac{3}{4} = 1\frac{2}{4}$
l) $9\frac{1}{2} - 7 = 2\frac{1}{2}$

m) $\frac{7}{8}$ l + $\frac{3}{8}$ l = $\frac{2}{8}$
n) $\frac{3}{8}$ kg + $\frac{5}{8}$ kg = 1
o) $4\frac{1}{8} - 2\frac{5}{8} = 1\frac{4}{8}$
p) $5\frac{3}{8} - 3\frac{7}{8} = 1\frac{4}{8}$ ✓

212 Veranschauliche die Rechnung durch Addieren bzw. Subtrahieren von Strecken! Wähle eine geeignete Einheitsstrecke!

a) $1\frac{2}{3} + \frac{2}{3} =$
b) $3\frac{2}{5} + 1\frac{3}{5} =$
c) $2\frac{3}{10} + 1\frac{9}{10} =$
d) $1\frac{1}{8} + 2\frac{5}{8} =$
e) $2\frac{4}{6} - \frac{5}{6} =$
f) $1\frac{5}{7} - \frac{3}{7} =$
g) $3\frac{1}{4} - 1\frac{3}{4} =$
h) $3\frac{2}{3} - 1\frac{1}{3} =$

213 Ergänze die fehlenden Zahlen! Welche Zahl wird immer addiert/subtrahiert?

a) $1\frac{1}{5}, 2\frac{2}{5}, 3\frac{3}{5}, 4\frac{4}{5}, 6, 7\frac{1}{5}, 8\frac{2}{5}, 9\frac{3}{5}, 10\frac{4}{5}, 12$
b) $\frac{2}{3}, 1\frac{1}{3}, 2, 2\frac{2}{3}, 3\frac{1}{3}, 4, 4\frac{2}{3}, 5, 5\frac{1}{3}, 6\frac{1}{3}, 7\frac{1}{3}, 8$
c) $5\frac{5}{9}, 5, 4\frac{4}{9}, 3\frac{8}{9}, 3\frac{2}{9}, 2\frac{6}{9}, 2, 1\frac{4}{9}, 1\frac{5}{9}, 0$

214 Lisas Klasse unternimmt einen Wandertag. In die Klasse gehen 24 Kinder, davon haben 8 einen Rucksack. Die Hin- und Rückfahrt dauert je eine $\frac{3}{4}$ h. Die Wanderzeit für die 10 km lange Strecke beträgt $3\frac{3}{4}$ h, für Spiele und Rast sind $2\frac{1}{4}$ h vorgesehen.
1) Wie lange dauert der Wandertag insgesamt?
2) Welche Angaben hast du für die Aufgabenstellung in 1) verwendet?
3) Erfinde eine weitere Aufgabenstellung!

215
1) Stelle die Rechnung zeichnerisch durch Bemalen der Teilflächen dar!
2) Überprüfe das Ergebnis durch Rechnen!

a) $\frac{3}{8} + \frac{1}{4}$
b) $\frac{4}{5} - \frac{1}{2}$
c) $\frac{1}{6} + \frac{2}{3}$
d) $\frac{5}{6} - \frac{3}{4}$

216 Berechne!

a) $\frac{1}{2}$ km + $\frac{3}{4}$ km =
b) $\frac{2}{5}$ m + $\frac{7}{10}$ m =
c) $\frac{3}{8}$ m² + $\frac{3}{10}$ m² =
d) $\frac{1}{6}$ m³ + $\frac{3}{8}$ m³ =
e) $\frac{11}{12} - \frac{5}{6} =$
f) $\frac{1}{2} - \frac{3}{10} =$
g) $\frac{3}{4} - \frac{2}{5} = \frac{7}{20}$
h) $\frac{5}{6} - \frac{2}{5} = \frac{13}{30}$
i) $\frac{5}{6} - \frac{3}{8} = \frac{11}{24}$
j) $\frac{7}{10} - \frac{4}{15} = \frac{13}{30}$

217 Betrachte folgenden Zahlenstrahl!
Durch $\frac{1}{2}$ ist eine Symmetrieachse gezeichnet. Spiegelt man $\frac{1}{4}$ an dieser Geraden, so erhält man $\frac{3}{4}$. Welche Bruchzahl erhält man, wenn man $\frac{3}{8}$ an $\frac{3}{4}$ spiegelt? Berechne und begründe deine Vorgehensweise! Zeichne anschließend die Spiegelung und die Zahl selbst im Zahlenstrahl ein!

Rechnen mit Bruchzahlen — B 3

218 Beachte die Klammerregel!

a) $\left(\frac{4}{15}+\frac{7}{15}\right)-\left(\frac{8}{15}-\frac{2}{15}\right)=\frac{5}{15}$

b) $\left(6-2\frac{1}{4}\right)-\left(4\frac{3}{4}-\frac{7}{4}\right)=$

c) $4\frac{3}{8}-\left(2\frac{1}{8}+1\frac{3}{8}-\frac{7}{8}\right)=2$

219 Ordne den Rechnungen das korrekte Ergebnis zu!
Schreibe dazu den passenden Buchstaben in die Lücke!

$4\frac{2}{3}+1\frac{5}{6}$	A	AC	$3\frac{1}{24}$		$9\frac{7}{8}-5\frac{1}{4}$	E	E	$4\frac{11}{30}$
$3\frac{3}{4}-1\frac{1}{2}$	B	F	$3\frac{8}{9}$		$6\frac{5}{9}-2\frac{2}{3}$	F	H	$3\frac{1}{10}$
$\frac{7}{8}+2\frac{1}{6}$	C	B	$2\frac{1}{4}$		$10\frac{3}{4}-6\frac{5}{8}$	G	A	$6\frac{1}{2}$
$7\frac{1}{5}-2\frac{5}{6}$	D	G	$4\frac{1}{8}$		$\frac{3}{5}+2\frac{1}{2}$	H	D	$4\frac{5}{8}$

220 Richtig oder falsch? Kreuze die richtigen Aussagen an!
Begründe, ohne zu addieren oder zu subtrahieren!

○ A $\frac{4}{5}+\frac{1}{3}>\frac{3}{5}+\frac{1}{3}$ ○ C $\frac{4}{5}-\frac{1}{3}>\frac{4}{5}-\frac{2}{3}$ ○ E $\frac{4}{5}-\frac{1}{3}>\frac{4}{5}-\frac{1}{2}$

○ B $\frac{4}{5}+\frac{1}{3}>\frac{4}{5}+\frac{1}{4}$ ○ D $\frac{4}{5}-\frac{1}{3}>\frac{3}{5}-\frac{1}{3}$ ○ F $\frac{3}{5}-\frac{1}{3}>\frac{3}{5}-\frac{1}{3}$

221 a) Vervollständige das „Zauberquadrat"!
Die Summe in jeder Spalte, jeder Zeile und jeder Diagonale muss gleich sein.

$\frac{1}{8}$	$1\frac{7}{8}$	$1\frac{3}{4}$	$\frac{1}{2}$
	$\frac{3}{4}$		$1\frac{1}{8}$
1		$1\frac{3}{8}$	
		$\frac{1}{4}$	

b) Berechne die fehlenden Zahlen!

$\frac{1}{3}$	+		=	
+		+		+
	+	$\frac{1}{6}$	=	
=		=		=
$\frac{7}{12}$	+		=	$2\frac{1}{4}$

222 Bei einer Tombola bringen $\frac{1}{25}$ aller Lose Hauptgewinne und $\frac{4}{15}$ aller Lose einfache Gewinne. Alle anderen Lose sind Nieten.

1) Welcher relative Anteil entfällt insgesamt auf Gewinnlose?
2) Wie groß ist der relative Anteil der Nieten an der Gesamtheit der Lose?
3) Insgesamt gibt es 750 Lose. Berechne die Anzahl der Hauptgewinne, der einfachen Gewinne und der Nieten!

223 Das Material eines Dauermagneten besteht zur Hälfte aus Eisen, zu $\frac{2}{5}$ aus Kobalt, zu $\frac{1}{40}$ aus Chrom und zu $\frac{7}{100}$ aus Wolfram. Der Rest ist Kohlenstoff.

1) Wie groß ist der Metallanteil?
2) Wie groß ist der Anteil magnetischer Elemente?
3) Wie viel Gramm Kohlenstoff enthält ein $\frac{3}{4}$ kg schwerer Dauermagnet?

Hinweis Eisen und Kobalt sind magnetische Metalle, Chrom und Wolfram nichtmagnetische Metalle und Kohlenstoff ist ein Nichtmetall.

224 Zeige, dass die Rechnung stimmt!

a) $12\frac{1}{2}-\left(10\frac{1}{6}-4\frac{5}{12}\right)=6\frac{3}{4}$

b) $\left(1\frac{1}{2}-\frac{3}{5}\right)-\frac{3}{10}=\frac{3}{5}$

c) $\left(3\frac{1}{2}+2\frac{2}{3}\right)-\left(4\frac{5}{6}-1\frac{2}{3}\right)=3$

B 3 Bruchzahlen und Bruchrechnen

3.2 Multiplizieren von Bruchzahlen

Multiplizieren einer Bruchzahl mit einer natürlichen Zahl

Celina benötigt für den Werkunterricht fünf Holzleisten. Jede Holzleiste soll $\frac{3}{4}$ m lang sein. Sie überlegt, welche Länge sie im Baumarkt kaufen muss, damit sie fünf Stück dieser Länge erhält:

$\frac{3}{4}$ m · 5 = $\frac{3}{4}$ m + ― m + ― m + ― m + $\frac{3}{4}$ m = $\frac{3 \cdot 5}{4}$ m

= ― m = 3 ― m.

Das Multiplizieren einer Bruchzahl mit einer natürlichen Zahl ist das wiederholte Addieren des gleichen Summanden. Dies lässt sich abkürzen durch:

> **Multiplizieren einer Bruchzahl mit einer natürlichen Zahl**
>
> Der **Zähler** des Bruches wird **mit der natürlichen Zahl multipliziert.** $\quad \frac{a}{b} \cdot n = \frac{a \cdot n}{b} \quad (b \neq 0)$
> Der **Nenner bleibt unverändert.**

In Kapitel 2.1 haben wir festgestellt, dass „$\frac{3}{4}$ von 5" ebenfalls $\frac{15}{4}$ ergibt. Daher kann man $\frac{3}{4}$ · A auch sehen als „**Nimm $\frac{3}{4}$ von A**". Bald werden wir sehen, dass dies sogar gilt, wenn A eine Bruchzahl ist.

225 Welches Ergebnis hat den größten Wert? Was fällt dir auf? Kannst du eine Regel angeben?

1) $\frac{7}{10} \cdot 2 =$ 3) $\frac{7}{30} \cdot 6 =$ 5) $\frac{7}{50} \cdot 10 =$ 7) $\frac{7}{100} \cdot 20 =$

2) $\frac{7}{20} \cdot 4 =$ 4) $\frac{7}{40} \cdot 8 =$ 6) $\frac{7}{60} \cdot 12 =$ 8) $\frac{7}{80} \cdot 16 =$

> **Tipp**
>
> Durch geschicktes Kürzen kannst du dir in vielen Fällen das Rechnen erleichtern. ZB $\frac{5 \cdot \cancel{6}^{1}}{\cancel{12}_{2}} = \frac{5 \cdot 1}{2} = \frac{5}{2} = 2\frac{1}{2}$
> oder noch kürzer $\frac{5}{\cancel{12}_{2}} \cdot \cancel{6}^{1} = \frac{5}{2} = 2\frac{1}{2}$

226 Deute das Multiplizieren einer Bruchzahl mit einer natürlichen Zahl als wiederholtes Addieren gleicher Summanden!
1) Wie lautet das Ergebnis?
2) Veranschauliche die Multiplikation auf dem Zahlenstrahl!

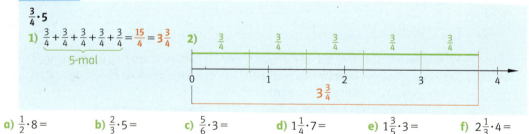

a) $\frac{1}{2} \cdot 8 =$ b) $\frac{2}{3} \cdot 5 =$ c) $\frac{5}{6} \cdot 3 =$ d) $1\frac{1}{4} \cdot 7 =$ e) $1\frac{3}{5} \cdot 3 =$ f) $2\frac{1}{3} \cdot 4 =$

227 Führe die Multiplikation durch! Kürze, wenn möglich, vor dem Multiplizieren!

a) $\frac{1}{2} \cdot 6 =$ c) $\frac{4}{7} \cdot 7 =$ e) $\frac{5}{2} \cdot 8 =$ g) $2\frac{3}{4} \cdot 4 =$ i) $1\frac{3}{8} \cdot 24 =$ k) $5\frac{4}{9} \cdot 3$

b) $\frac{3}{4} \cdot 8 =$ d) $\frac{9}{11} \cdot 11 =$ f) $\frac{7}{6} \cdot 12 =$ h) $3\frac{1}{5} \cdot 5 =$ j) $3\frac{5}{6} \cdot 12 =$ l) $2\frac{1}{6} \cdot 9 =$

Hinweis Rechne eine gemischte Zahl vor dem Multiplizieren in einen Bruch um!

Rechnen mit Bruchzahlen B3

228
1) Multipliziere die Bruchzahl mit 3!
2) Erweitere den Bruch mit 3!
3) Erkläre den Unterschied zwischen dem Multiplizieren einer Bruchzahl mit einer natürlichen Zahl und dem Erweitern eines Bruches mit eigenen Worten!

a) $\frac{2}{5}$ b) $\frac{4}{7}$ c) $\frac{5}{6}$ d) $\frac{4}{9}$ e) $\frac{8}{9}$ f) $\frac{10}{9}$ g) $\frac{4}{15}$ h) $\frac{5}{18}$ i) $\frac{7}{24}$

229 Ordne die Ergebnisse der rechten Spalte den entsprechenden Rechnungen der linken Spalte zu! Verbinde dazu die Zahlen mit den Buchstaben!

$\left(\frac{2}{3}-\frac{1}{4}\right)\cdot 6=$	A		1	$11\frac{1}{2}$
$\left(5\frac{5}{6}+\frac{1}{3}\right)\cdot 3=$	B		2	5
$\left(\frac{1}{6}+\frac{3}{4}\right)\cdot 8=$	C		3	$18\frac{1}{2}$
$\left(1\frac{1}{3}+2\frac{1}{2}\right)\cdot 3=$	D		4	$2\frac{1}{2}$
$\left(\frac{3}{5}+\frac{1}{2}\right)\cdot 5-\left(\frac{7}{8}-\frac{3}{4}\right)\cdot 4=$	E		5	$7\frac{1}{3}$

230 Mit welcher natürlichen Zahl muss man $\frac{3}{5}$ multiplizieren, damit das Ergebnis **1)** gleich 6, **2)** größer als 6, **3)** kleiner als 6 ist?

231 Auf ihrem Schulweg geht Irene jeden Tag $\frac{1}{4}$h zu Fuß und fährt dann $\frac{1}{2}$h mit dem Schulbus. Wie lange dauert ihr Schulweg **a)** an einem Tag, **b)** in einer Woche mit 5 Schultagen?

232 Berechne den Umfang eines Rechtecks mit den folgenden Seitenlängen!

a) $a = \frac{2}{5}$ m, $b = \frac{4}{5}$ m   b) $a = \frac{2}{3}$ m, $b = \frac{3}{4}$ m   c) $a = 12\frac{1}{8}$ m, $b = \frac{14}{8}$ m

233 Ein Supermarkt erhält eine Lieferung von 120 Flaschen Mineralwasser zu je $1\frac{1}{2}$ Liter, 80 Flaschen zu je 1 Liter und 50 Flaschen zu je $\frac{1}{2}$ Liter Mineralwasser. Im Laufe des Tages werden 73 Flaschen zu je $1\frac{1}{2}$ Liter, 46 Flaschen zu je 1 Liter und 35 Flaschen zu je $\frac{1}{2}$ Liter Mineralwasser verkauft.
1) Wie viel Liter Mineralwasser werden geliefert?
2) Wie viel Liter Mineralwasser werden verkauft?
3) Wie groß ist der Unterschied?

234 Rudi fährt mit dem Fahrrad von Bregenz nach Schruns in Vorarlberg (Entfernung: 71 km). Sein Rad hat 21 Gänge. Der Höhenunterschied zwischen Bregenz und Schruns beträgt 273 m. Rudi legt in einer Stunde durchschnittlich $23\frac{1}{2}$ km zurück.
1) Berechne, wie viel Kilometer er **a)** nach 1 h, **b)** nach 2 h, **c)** nach 3 h noch von Schruns entfernt ist!
2) Welche Angaben hast du für die Aufgabenstellung in **1)** verwendet?
3) Erfinde eine weitere Aufgabenstellung!

235 Für eine Hose braucht man $1\frac{3}{4}$ m Stoff.
1) Wie viel Meter Stoff benötigt man für 16 Hosen?
2) Wie teuer ist der Stoff für diese 16 Hosen, wenn 1 m Stoff $8\frac{9}{10}$ € kostet?

B 3 Bruchzahlen und Bruchrechnen

Multiplizieren zweier Bruchzahlen

Jack und sein Vater gehen zu einem Eishockeyspiel. Bei dieser Sportart ist die Spielzeit von einer Stunde (= ▭ Minuten) in Drittel unterteilt. Nachdem $\frac{3}{4}$ des ersten Drittels vergangen sind, fällt ein Tor. Jack überlegt, wie viel Minuten $\frac{3}{4}$ von $\frac{1}{3}$ der Spielzeit sind.

$\frac{1}{3}$ von 60 Minuten sind in der linken Graphik eingezeichnet, das sind ▭ Minuten. Von dieser Zeit sind $\frac{3}{4}$ vergangen, das sind ▭ Minuten (siehe rechte Graphik). Das Drittel wurde nochmals in vier Teile unterteilt – ein solcher Teil entspricht also $\frac{1}{12}$ h.

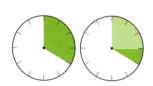

Also entsprechen $\frac{3}{4}$ von $\frac{1}{3}$ h somit $\frac{3}{12}$ h = $\frac{▭}{4}$ h, und das sind ▭ Minuten.

Zu Hause überlegt Jack, wie viel $\frac{3}{5}$ von $\frac{2}{3}$ ist. Dazu unterteilt er ein Quadrat zunächst in 3 Teile und markiert $\frac{2}{3}$ davon in oranger Farbe. Schließlich unterteilt er dieses Quadrat nochmals in 5 Spalten und färbt $\frac{3}{5}$ der orangen Fläche grün.

Er stellt fest, dass 1 Bruchteil der gesamten Fläche $\frac{1}{15}$ entspricht.
Dabei ist der Nenner 15 das **Produkt der Nenner** 5 und 3. Von den 15 Bruchteilen sind ▭ grün gefärbt, das entspricht dem **Produkt der Zähler** 3 und ▭.
$\frac{3}{5}$ von $\frac{2}{3}$ muss also den Wert $\frac{6}{15}$ haben.
Da die Flächenformel des Rechtecks A = a · b auch für Bruchzahlen a und b gilt, ist daher $\frac{3}{5}$ von $\frac{2}{3}$ gleichbedeutend mit $\frac{3}{5} \cdot \frac{2}{3}$.

Multiplizieren von Bruchzahlen

Zwei Bruchzahlen werden **multipliziert**, indem man das **Produkt** der beiden **Zähler** durch das **Produkt** der beiden **Nenner** dividiert, kurz: „Zähler mal Zähler dividiert durch Nenner mal Nenner"

$$\frac{a}{b} \cdot \frac{c}{d} = \frac{a \cdot c}{b \cdot d} \quad (b, d \neq 0)$$

Das **Vertauschungsgesetz der Multiplikation** gilt auch für Bruchzahlen, weil $\frac{3}{5} \cdot \frac{2}{3} = \frac{3 \cdot 2}{5 \cdot 3} = \frac{2 \cdot 3}{3 \cdot 5} = \frac{2}{3} \cdot \frac{3}{5}$ (Kommutativgesetz der natürlichen Zahlen).
Bei der Unterteilung des Quadrats hätte Jack auch zuerst $\frac{3}{5}$ färben können und erst dann $\frac{2}{3}$.
So wäre er zu einer **gleich großen Teilfläche** gekommen ($\frac{6}{15}$). Daraus folgt, dass „$\frac{3}{5}$ von $\frac{2}{3}$" das Gleiche wie „$\frac{2}{3}$ von $\frac{3}{5}$" ist.

236 Führe die Multiplikation durch! Kürze, wenn möglich, vor dem Multiplizieren!

a) $\frac{1}{5} \cdot \frac{1}{3} =$ c) $\frac{3}{5} \cdot \frac{4}{7} =$ e) $\frac{5}{3} \cdot \frac{2}{5} =$ g) $\frac{7}{8} \cdot \frac{3}{7} =$

b) $\frac{3}{4} \cdot \frac{2}{5} =$ d) $\frac{2}{3} \cdot \frac{9}{4} =$ f) $\frac{3}{4} \cdot \frac{8}{15} =$ h) $\frac{5}{6} \cdot \frac{3}{10} =$

> **Tipp**
> Durch geschicktes Kürzen kannst du dir in vielen Fällen das Rechnen erleichtern. Bei der Multiplikation darf auch „über Kreuz" gekürzt werden!
> ZB $\frac{5}{\underset{1}{2}} \cdot \frac{\overset{1}{2}}{3} = \frac{5}{3} = 1\frac{2}{3}$ oder $\frac{\overset{1}{5}}{\underset{3}{9}} \cdot \frac{\overset{1}{3}}{\underset{2}{10}} = \frac{1}{6}$

Rechnen mit Bruchzahlen — B 3

237 Rechne und veranschauliche in einem geeignet gewählten Rechteck!

Beispiel

$\frac{3}{5} \cdot \frac{3}{4} = \frac{9}{20}$ Veranschaulichung:

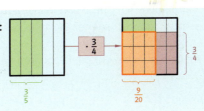

a) $\frac{1}{6} \cdot \frac{1}{2} =$ b) $\frac{2}{3} \cdot \frac{1}{4} =$ c) $\frac{3}{4} \cdot \frac{4}{5} =$ d) $\frac{5}{8} \cdot \frac{1}{2} =$ e) $\frac{2}{3} \cdot \frac{2}{5} =$ f) $\frac{3}{7} \cdot \frac{1}{3} =$

238 Ermittle das Produkt!

Beispiel

$2\frac{1}{2} \cdot 3\frac{7}{15} = \frac{5}{2} \cdot \frac{52}{15} = \frac{26}{3} = 8\frac{2}{3}$

a) $2\frac{1}{3} \cdot \frac{1}{5} =$ b) $4\frac{2}{9} \cdot 1\frac{1}{3} =$ c) $10\frac{1}{11} \cdot 11\frac{1}{10} =$ d) $1\frac{1}{6} \cdot 4\frac{3}{7} \cdot \frac{6}{13} =$

239
a) $\frac{5}{8} \cdot 1\frac{3}{10} =$ c) $3\frac{3}{4} \cdot \frac{2}{5} =$ e) $3\frac{3}{8} \cdot 1\frac{1}{9} =$
b) $\frac{7}{10} \cdot 2\frac{1}{3} =$ d) $7\frac{1}{2} \cdot \frac{4}{5} =$ f) $5\frac{1}{3} \cdot 4\frac{1}{8} =$

Tipp

Bei Bruchzahlen in **gemischter Schreibweise** musst du bei der Multiplikation besonders **aufpassen**:

$3\frac{2}{5} \cdot 2\frac{1}{2} \neq 6\frac{2}{10}$ weil
$3\frac{2}{5} \cdot 2\frac{1}{2} = \frac{17}{5} \cdot \frac{5}{2} = \frac{17}{2} = 8\frac{1}{2}$

Vermeide die gemischte Schreibweise!

240 Berechne!
a) $\frac{1}{8}$ von $\frac{1}{2}$ km   d) $\frac{3}{4}$ von $\frac{1}{2}$ hl   g) $\frac{5}{4}$ von $\frac{2}{5}$ t
b) $\frac{1}{2}$ von $\frac{4}{5}$ m   e) $\frac{4}{5}$ von $\frac{7}{8}$ kg   h) $\frac{9}{8}$ von $\frac{2}{3}$ h
c) $\frac{2}{3}$ von $\frac{3}{4}$ dm   f) $\frac{2}{3}$ von $\frac{3}{10}$ dag   i) $\frac{3}{8}$ von $\frac{4}{5}$ Liter

241
1) Welches Ergebnis ist größer: $\frac{3}{4}$ von $\frac{7}{8}$ oder $\frac{7}{8}$ von $\frac{3}{4}$?
2) Welches Ergebnis ist größer: $\frac{3}{4}$ von $\frac{7}{8}$ oder $\frac{3}{8}$ von $\frac{7}{4}$?
3) Begründe allgemein die Beziehung zwischen „$\frac{c}{d}$ von $\frac{a}{b}$" und „$\frac{a}{d}$ von $\frac{c}{b}$"!

242 Kreuze die richtigen Aussagen an! Begründe mit eigenen Worten, ohne zu multiplizieren!

○ A $\frac{4}{5} \cdot \frac{1}{3} > \frac{3}{5} \cdot \frac{1}{3}$ ○ C $\frac{4}{5} \cdot \frac{1}{3} > \frac{4}{5} \cdot \frac{1}{4}$ ○ E $\frac{4}{5} \cdot \frac{1}{3} > \frac{5}{5} \cdot \frac{1}{3}$

○ B $\frac{4}{5} \cdot \frac{1}{3} > \frac{4}{5} \cdot \frac{1}{2}$ ○ D $\frac{4}{5} \cdot \frac{1}{3} > \frac{3}{6} \cdot \frac{1}{3}$ ○ F $\frac{4}{5} \cdot \frac{1}{3} > \frac{4}{5} \cdot \frac{2}{3}$

243 Gegeben sind drei Multiplikationen: **A** $\frac{3}{4} \cdot \frac{2}{5}$ **B** $\frac{1}{2} \cdot \frac{3}{5}$ **C** $\frac{1}{4} \cdot \frac{4}{5}$

Zu diesen Produkten passen mehrere Ausdrücke aus der Tabelle.
Schreibe neben jeden Ausdruck den entsprechenden Buchstaben!

$\frac{1}{2}$ von $\frac{3}{5}$	$\frac{3}{20} \cdot 2$	$\frac{3}{4}$ von $\frac{2}{5}$	$\frac{3}{2} \cdot \frac{1}{5}$
$\frac{1}{20} \cdot 4$	$\frac{3}{10}$	$\frac{4}{20}$	$\frac{6}{20}$
$\frac{1}{10} \cdot 3$	$\frac{1}{5}$	$\frac{1}{4}$ von $\frac{4}{5}$	$\frac{2}{4} \cdot \frac{3}{5}$

B 3 Bruchzahlen und Bruchrechnen

244 Wie ändert sich das Produkt $\frac{u}{v} \cdot \frac{x}{y}$,
1) wenn man u verdoppelt,
2) wenn man x verdoppelt,
3) wenn man y verdoppelt,
4) wenn man v verdoppelt,
5) wenn man u und x verdoppelt,
6) wenn man x und y verdoppelt?

Begründe deine Antworten mit eigenen Worten!

245 Berechne die Ergebnisse! Achte auf die Rechenregeln!

a) 1) $2\frac{3}{4} - 1\frac{2}{5} \cdot \left(1\frac{2}{3} - 1\frac{1}{9}\right) =$
   2) $\left(2\frac{3}{4} - 1\frac{2}{5}\right) \cdot 1\frac{2}{3} - 1\frac{1}{9} =$
   3) $\left(2\frac{3}{4} - 1\frac{2}{5}\right) \cdot \left(1\frac{2}{3} - 1\frac{1}{9}\right) =$

b) 1) $3\frac{1}{3} - 1\frac{1}{5} \cdot \left(1\frac{3}{8} + \frac{1}{2}\right) =$
   2) $\left(3\frac{1}{3} - 1\frac{1}{5}\right) \cdot \left(1\frac{3}{8} + \frac{1}{2}\right) =$
   3) $\left(3\frac{1}{3} - 1\frac{1}{5}\right) \cdot 1\frac{3}{8} + \frac{1}{2} =$

c) 1) $2\frac{1}{3} + 3\frac{1}{2} \cdot \left(1\frac{1}{7} - \frac{1}{2}\right) =$
   2) $\left(2\frac{1}{3} + 3\frac{1}{2}\right) \cdot \left(1\frac{1}{7} - \frac{1}{2}\right) =$
   3) $\left(2\frac{1}{3} + 3\frac{1}{2}\right) \cdot 1\frac{1}{7} - \frac{1}{2} =$

246 Gegeben ist die Bruchzahl $\frac{3}{4}$. Mit welcher Zahl kannst du multiplizieren, um eine Zahl zu erhalten, die
1) größer als $\frac{3}{4}$, 2) kleiner als $\frac{3}{4}$ ist? Nenne jeweils zumindest drei verschiedene Zahlen!

247 Milan fährt mit der Seilbahn auf die Mariazeller Bürgeralpe. Nach 4 min sind bereits $\frac{2}{3}$ der Fahrtzeit vorbei. Wie lange ist die gesamte Fahrzeit?

248 Im Ausverkauf kostet eine Jeans nur $\frac{4}{9}$ des alten Preises. Bisher kostete sie 54,90 €.
Wie viel Euro kostet die Jeans jetzt?

249 Für ein Paar Wanderschuhe wird ein Preisnachlass von 36 € gewährt. Das ist $\frac{1}{3}$ des früheren Verkaufspreises.
1) Wie viel Euro haben die Wanderschuhe früher gekostet?
2) Wie viel Euro kosten die Wanderschuhe jetzt?

250 In der 2C-Klasse haben $\frac{3}{5}$ der Kinder ein Haustier. Von diesen Kindern, die ein Haustier besitzen, haben $\frac{2}{3}$ eine Katze.
1) Berechne den relativen Anteil der Kinder, die eine Katze als Haustier haben!
2) Wie viele Kinder haben a) ein Haustier,
b) eine Katze, wenn 25 Kinder in die 2C-Klasse gehen?

251 Rund $\frac{7}{10}$ der Erdoberfläche sind mit Wasser bedeckt. Davon entfallen rund die Hälfte auf den Pazifischen Ozean, drei Zehntel auf den Atlantischen Ozean und ein Fünftel auf den Indischen Ozean. Ungefähr welchen Bruchteil der Erdoberfläche nehmen die drei Meere jeweils ein?

252 Herr Adam bekommt bei einer Lotterie 140 € ausbezahlt. Das ist a) das $\frac{2}{3}$-fache, b) das $2\frac{4}{5}$-fache, c) das $3\frac{1}{3}$-fache seines Einsatzes. Wie viel Euro hat er eingezahlt?

Rechnen mit Bruchzahlen B 3

253 a) Mit welcher Bruchzahl musst du multiplizieren, um 1 zu erhalten?
   Gegeben ist die Bruchzahl **1)** $\frac{1}{2}$, **2)** $\frac{3}{4}$, **3)** $\frac{5}{6}$, **4)** $2\frac{1}{3}$.

b) Kannst du ein allgemeines Gesetz für **a)** angeben?

254 Eine Ware kostete 600 €. Nach einer Preissenkung zahlte man um $\frac{1}{5}$ weniger. Eine weitere Preissenkung ermäßigte den zweiten Kaufpreis um $\frac{1}{6}$ seines Wertes.
Wie viel Euro kostete die Ware **1)** nach der ersten **2)** nach der zweiten Preissenkung?
3) Welchem Bruchteil des ursprünglichen Preises entspricht dies?

255 Anna ist bei einer Theatergruppe. Mit den anderen 23 Mitgliedern dieser Gruppe diskutiert sie, in welches Restaurant sie nach der Premiere des neuen Stückes essen gehen.
Das neue Stück „Der rasende Mathematiker" hat am 20. Oktober um 19:00 Uhr Premiere und dauert 95 Minuten. $\frac{1}{3}$ der Theatergruppe hat italienisches Essen am liebsten und $\frac{3}{4}$ davon haben Pizza als Lieblingsspeise.

1) Gib den Bruchteil der Theatergruppe an, der Pizza als Lieblingsessen hat!
2) Welche Angaben hast du für die Beantwortung von **1)** nicht verwendet?
3) Erfinde eine weitere Aufgabenstellung!

256 Jonas übt für die Mathematikschularbeit. Dabei rechnet er: $3\frac{1}{4} \cdot 2\frac{3}{5} = 6\frac{3}{20}$.
1) Welchen Fehler hat Jonas bei dieser Aufgabe gemacht?
2) Berechne das richtige Ergebnis!

257 Eishockeyspiele werden in 3 Drittel zu je 20 Minuten ausgetragen.
Bei einem Spiel wird nach $\frac{3}{4}$ des 2. Drittels ein weiteres Tor erzielt.
1) In der wievielten Spielminute fällt das Tor?
2) Jonathan rechnet, um **1)** zu lösen, $\frac{3}{4}$ von $\frac{2}{3}$ aus. Begründe, warum diese Rechnung falsch ist!

258 Multipliziere eine von dir gewählte Bruchzahl **1)** mit 5, **2)** mit 1, **3)** mit $\frac{2}{3}$!
Ist das Ergebnis kleiner, größer oder gleich groß, wie die von dir gewählte Bruchzahl?

259 Kreuze in der linken und rechten Spalte jeweils die richtige Aussage an, sodass ein mathematisch sinnvoller Satz entsteht!
Das Produkt zweier Bruchzahlen, die ① sind, ist ② .

①	
gleich	
beide größer als 1	
beide Stammbrüche sind	

②	
wieder ein Stammbruch	
nie größer als 0	
immer größer als 2	

Hinweis Ein Stammbruch hat im Zähler immer 1 stehen.

B 3 Bruchzahlen und Bruchrechnen

3.3 Dividieren von Bruchzahlen

Division einer Bruchzahl durch eine natürliche Zahl

Tobias möchte vier Kuchen backen. Dazu muss er die Teigmasse von $\frac{8}{9}$ kg auf 4 gleiche Kuchenformen aufteilen.

Er überlegt: $\frac{8}{9}$ kg : 4 = $\frac{2}{\Box}$ kg.

Was wäre gewesen, wenn er nicht $\frac{8}{9}$ kg Teig gehabt hätte, sondern zB $\frac{7}{9}$ kg? Kann man diese Menge auch auf vier Formen aufteilen?

Tobias erweitert den Bruch mit der Zahl 4, denn dann ist der Zähler sicher durch 4 teilbar:

$\frac{7}{9} : 4 = \frac{\Box}{36} : 4 = \frac{\Box}{36}$ kg.

Division einer Bruchzahl durch eine natürliche Zahl

Eine **Bruchzahl** wird durch eine **natürliche Zahl dividiert**, indem man den **Zähler** durch diese Zahl **dividiert** und den **Nenner unverändert** lässt. Ist der Zähler kein Vielfaches der natürlichen Zahl, **erweitert** man den **Bruch** vor dem Dividieren.
Die **Division einer Bruchzahl durch** eine **natürliche Zahl** kann als **Teilen** aufgefasst werden.

$\frac{a}{b} : c = \frac{a:c}{b}$ mit $c \mid a$

$\frac{a}{b} : c = \frac{a \cdot c}{b \cdot c} : c = \frac{a}{b \cdot c}$ mit $c \nmid a$

(b, c ≠ 0)

260 Führe die Division durch! Kürze, wenn möglich, vor dem Dividieren! Führe auch die Probe durch!

a) $\frac{3}{8}$ kg : 3 =   c) $\frac{4}{5}$ t : 2 =   e) $\frac{5}{8}$ l : 4 =   g) $\frac{4}{5}$ l : 8 =   i) $\frac{8}{5}$ g : 6 =

b) $\frac{8}{10}$ m : 4 =   d) $\frac{7}{4}$ kg : 7 =   f) $\frac{7}{6}$ h : 5 =   h) $\frac{3}{2}$ t : 2 =   j) $\frac{9}{8}$ ha : 6 =

261 Rechne und veranschauliche die Division in einem geeignet gewählten Quadrat!

Beispiel

$\frac{1}{3} : 5 = \frac{1 \cdot 5}{3 \cdot 5} : 5 = \frac{1}{3 \cdot 5} = \frac{1}{15}$ Veranschaulichung:

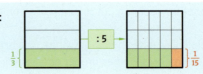

a) $\frac{1}{2} : 3 =$ b) $\frac{1}{3} : 4 =$ c) $\frac{1}{5} : 2 =$ d) $\frac{1}{4} : 5 =$ e) $\frac{1}{6} : 3 =$ f) $\frac{1}{5} : 3 =$

262 Ordne die Ergebnisse richtig zu, indem du die Ziffer zum entsprechenden Buchstaben schreibst!

$1\frac{3}{4} : 7 =$	$9\frac{1}{2} : 5 =$	$1\frac{5}{7} : 8 =$	$1\frac{4}{5} : 6 =$	$3\frac{3}{7} : 18 =$	$2\frac{2}{3} : 12 =$
A	B	C	D	E	F

1 __ $\frac{19}{10}$	2 __ $\frac{4}{21}$	3 __ $\frac{2}{9}$	4 __ $\frac{3}{10}$	5 __ $\frac{1}{4}$	6 __ $\frac{3}{14}$

263 $\frac{7}{2} : 4 = \frac{7}{8}$

Wie wurde hier gerechnet? Wie dividiert man eine Bruchzahl durch eine natürliche Zahl? Schreibe eine Regel **1)** in eigenen Worten, **2)** mit den Variablen u, v, und w auf!

Rechnen mit Bruchzahlen B 3

Division einer natürlichen Zahl durch eine Bruchzahl

Eric hat zusammen mit seinen Freunden frischen Hollundersaft zubereitet. Insgesamt haben sie 6 Liter Saft erhalten. Diesen möchten sie nun in $\frac{3}{8}$ Liter Flaschen abfüllen. Um auszurechnen, wie viele Flaschen sie brauchen, messen sie, wie oft $\frac{3}{8}$ Liter in 6 Liter enthalten sind:

6 Liter : $\frac{3}{8}$ Liter = $\frac{48}{8}$ Liter : $\frac{3}{8}$ Liter = 16, weil 48 : 3 = 16.

Sie erhalten also 16 Flaschen. Bei $\frac{48}{8} : \frac{3}{8}$ = 16 spielen **Achtel** dieselbe Rolle wie zB **cm** bei 48 **cm** : 3 **cm** = 16. Man misst, wie oft **3 Achtel in 48 Achtel** enthalten sind.

> **Division einer natürlichen Zahl durch eine Bruchzahl**
>
> Eine **natürliche Zahl** wird durch eine **Bruchzahl dividiert**, indem die **natürliche Zahl** mit dem **Nenner der Bruchzahl erweitert** wird. Anschließend werden nur **die Zähler dividiert**.
> Die Division durch eine Bruchzahl ist als **Messen** aufzufassen.
> $a : \frac{b}{c} = \frac{a \cdot c}{c} : \frac{b}{c} = (a \cdot c) : b = \frac{a \cdot c}{b}$ (b, c ≠ 0)

264 Ein Bienenzüchter füllt die gegebene Honigmenge in Gläser zu $\frac{3}{4}$ kg ab.
Wie viele Gläser kann er füllen?
a) 12 kg **b)** 30 kg **c)** 60 kg **d)** 6 kg **e)** 18 kg **f)** 90 kg **g)** 36 kg

265 Aus einem 30-Liter Fass wird Apfelsaft abgezapft.
Wie viele Gläser mit dem gegebenen Inhalt können gefüllt werden?
a) $\frac{1}{2}$ Liter **b)** $\frac{1}{3}$ Liter **c)** $\frac{3}{10}$ Liter **d)** $\frac{1}{4}$ Liter **e)** $\frac{1}{8}$ Liter

266 Berechne und veranschauliche durch Strecken!

Beispiel
$3 : \frac{1}{2} = \frac{3 \cdot 2}{2} : \frac{1}{2} = 6 : 1 = 6$ **Veranschaulichung:**
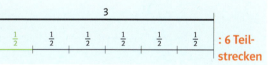
: 6 Teilstrecken

a) $1 : \frac{1}{2} =$ **b)** $1 : \frac{1}{3} =$ **c)** $2 : \frac{1}{4} =$ **d)** $2 : \frac{1}{8} =$ **e)** $4 : \frac{2}{3} =$

267 Führe die Division durch! Vergiss nicht auf die Probe!
a) $3 : \frac{1}{2} =$ **c)** $7 : \frac{1}{4} =$ **e)** $9 : \frac{1}{5} =$ **g)** $5 : 7\frac{1}{2} =$
b) $4 : \frac{1}{8} =$ **d)** $2 : \frac{1}{4} =$ **f)** $5 : \frac{5}{6} =$ **h)** $4 : 1\frac{1}{2} =$

268 Womit muss man die gegebene Zahl multiplizieren, um 1 zu erhalten?
a) $\frac{1}{3}$ **b)** $\frac{2}{5}$ **c)** $\frac{1}{a}$ **d)** $\frac{a}{b}$ **e)** 100   **f)** $2 \cdot x$ **g)** $\frac{2}{5 \cdot r}$

269 Der Schall legt in der Sekunde etwa $\frac{1}{3}$ km zurück. Beim Bau einer 2 451 m langen Trasse einer Straße wird mit 5,3 kg TNT gesprengt.
1) Wann hört der Beobachter den Knall, wenn er **a)** 2 km, **b)** 3 km, **c)** 10 km entfernt ist?
2) Welche Angaben hast du für die Aufgabenstellung in **1)** verwendet?
3) Finde eine weitere Aufgabenstellung!

B 3 Bruchzahlen und Bruchrechnen

Division von Bruchzahlen

Lisa legt Dominosteine der Länge nach auf einen Tisch. Der Tisch hat eine Länge von $\frac{4}{5}$ m, ein Dominostein ist $\frac{1}{20}$ m lang. Lisa überlegt: „Wenn ich $\frac{4}{5} : \frac{1}{20}$ rechne, dann weiß ich, wie viele Dominosteine ich in einer Reihe auflegen kann." Beim Dividieren einer natürlichen Zahl haben wir gesehen, dass gleiche Nenner hilfreich sind, denn dann müssen wir nur die Zähler dividieren und der Nenner fällt weg:

$\frac{4}{5} : \frac{1}{20} = \frac{16}{20} : \frac{1}{20} = \boxed{}$. Lisa kann also $\boxed{}$ Steine auflegen.

Was ist mit Divisionen, bei denen der Divisor kein Stammbruch ist, zB $\frac{4}{5} : \frac{3}{8}$? Wir haben schon gesehen, dass gleiche Nenner, wie beim Addieren/Subtrahieren hilfreich sind:

$\frac{4}{5} : \frac{3}{8} = \frac{4 \cdot 8}{40} : \frac{5 \cdot 3}{40} = (4 \cdot 8) : (5 \cdot 3) = \frac{4 \cdot 8}{5 \cdot 3} = \frac{4}{5} \cdot \frac{8}{3} = \frac{32}{15}$.

Zusammenfassend sieht man, dass die **erste Bruchzahl mit dem Kehrwert (Reziprokwert) der zweiten Bruchzahl** $\left(\frac{3}{8} \Rightarrow \frac{8}{3}\right)$ **multipliziert** wurde. Diese Vorgehensweise gilt auch allgemein!

Division von Bruchzahlen

Zwei **Bruchzahlen werden dividiert**, indem man die **erste** Bruchzahl mit dem **Kehrwert** der **zweiten multipliziert**.

$$\frac{a}{b} : \frac{c}{d} = \frac{a}{b} \cdot \frac{d}{c} \quad (b, d, c \neq 0)$$

270
1) Wie lautet der Kehrwert der Bruchzahl?
2) Multipliziere diesen Kehrwert mit der gegebenen Bruchzahl! Was fällt dir auf?

a) $\frac{2}{7}$ c) $\frac{1}{12}$ e) 73   g) $\frac{2}{a}$ i) $\frac{a}{5}$

b) $\frac{1}{8}$ d) 10   f) $2\frac{1}{5}$ h) $\frac{u}{v}$ j) $3 \cdot a$

271 Führe die Division durch und mache anschließend die Probe!

a) $\frac{3}{5} : \frac{2}{7} =$ c) $\frac{4}{3} : \frac{3}{5} =$ e) $4\frac{3}{8} : 1\frac{1}{4} =$ g) $9\frac{1}{3} : 5\frac{5}{6} =$

b) $\frac{5}{8} : \frac{9}{10} =$ d) $\frac{2}{5} : \frac{4}{9} =$ f) $4\frac{1}{2} : 1\frac{2}{7} =$ h) $\frac{3}{4} : 1\frac{11}{16} =$

Tipp: Vermeide auch beim Dividieren die gemischte Schreibweise. Rechne zuerst immer in reine Bruchschreibweise um!

272 Führe die Division durch, indem du vorher kürzt! Vergiss nicht auf die Probe!

Beispiel

$2\frac{2}{3} : 1\frac{7}{9} = \frac{8}{3} : \frac{16}{9} = \frac{\cancel{8}^1}{\cancel{3}_1} \cdot \frac{\cancel{9}^3}{\cancel{16}_2} = \frac{3}{2} = 1\frac{1}{2}$ **Probe:** $1\frac{1}{2} \cdot 1\frac{7}{9} = \frac{\cancel{3}}{\cancel{2}_1} \cdot \frac{\cancel{16}^8}{\cancel{9}_3} = \frac{8}{3} = 2\frac{2}{3}$

a) $\frac{8}{9} : \frac{4}{5} =$ c) $5\frac{3}{5} : \frac{1}{4} =$ e) $5 : 7\frac{1}{2} =$ g) $2\frac{1}{7} : \frac{3}{4} =$ i) $5\frac{1}{7} : \frac{9}{14} =$

b) $\frac{6}{7} : \frac{3}{7} =$ d) $4 : 1\frac{1}{2} =$ f) $5\frac{3}{5} : 1\frac{1}{3} =$ h) $5\frac{3}{11} : 2\frac{4}{11} =$ j) $5\frac{5}{6} : 1\frac{3}{4} =$

273 Richtig oder falsch? Begründe mit eigenen Worten, ohne die Division auszuführen!

a) $\frac{4}{5} : \frac{1}{3} > \frac{3}{5} : \frac{1}{3}$ b) $\frac{4}{5} : \frac{1}{3} > \frac{5}{5} : \frac{1}{3}$ c) $\frac{4}{5} : \frac{1}{3} > \frac{4}{5} : \frac{1}{2}$ d) $\frac{4}{5} : \frac{1}{3} > \frac{4}{5} : 2$

Arbeitsblatt 469u3r

Rechnen mit Bruchzahlen — B 3

274 Dividiere jeweils die Bruchzahlen in der linken Spalte durch jene in der obersten Zeile!

a)
	$:\frac{1}{2}$	$:\frac{3}{4}$	$:\frac{2}{5}$
$\frac{1}{2}$	1	$\frac{2}{3}$	$\frac{5}{4}=1\frac{1}{4}$
$\frac{2}{3}$	$\frac{4}{3}=1\frac{1}{3}$	$\frac{8}{9}$	$\frac{5}{3}=1\frac{2}{3}$
4	8	$\frac{16}{3}=5\frac{1}{3}$	10

b)
	$:\frac{3}{4}$	$:\frac{1}{2}$	$:\frac{5}{6}$
$\frac{3}{4}$	1	$1\frac{1}{2}$	$\frac{9}{10}$
$\frac{1}{2}$	$\frac{2}{3}$	1	$\frac{3}{5}$
$\frac{5}{6}$	$1\frac{1}{9}$	$1\frac{2}{3}$	1

275 Von einem Chor spielen $\frac{2}{3}$ der Mitglieder ein Instrument. Davon spielen wiederum $\frac{4}{11}$ ein Streichinstrument. Gib an, wie viele Personen im Chor ein Streichinstrument spielen, wenn 33 Personen den Chor bilden!

276 Ein Rechteck hat einen Flächeninhalt von $2\frac{3}{4}$ m². Eine Seite ist $1\frac{2}{3}$ m lang.
1) Gib an, was die Rechnung $2\frac{3}{4}:1\frac{2}{3}$ bedeuten könnte!
2) Ermittle das Ergebnis der Rechnung!

277 Samira macht mit ihrer Schulklasse einen Wandertag (Länge: $14\frac{2}{5}$ km).
Die Hälfte der 22 Kinder in der Klasse hat Obst mit – im Durchschnitt $\frac{2}{5}$ kg. Die Wanderung dauert $3\frac{3}{4}$ h, wobei die Schulklasse 3 Rehe sieht.
1) Berechne die durchschnittliche Geschwindigkeit der Klasse in Kilometer pro Stunde!
2) Welche Angaben hast du für Aufgabe 1) verwendet?
3) Erfinde eine weitere Aufgabenstellung!

Verbindung der vier Grundrechnungsarten
Berechne!

278 a) $\frac{1}{3}\cdot\frac{5}{8}+\frac{1}{8}$ b) $\frac{4}{7}-\frac{5}{81}\cdot\frac{1}{9}$ c) $\frac{2}{3}:\left(\frac{2}{3}\cdot\frac{1}{5}\right)-\frac{1}{5}$

> **Tipp**
> Erinnere dich an **Klapustri**!

279 a) $5\frac{3}{8}-4\frac{5}{6}+1\frac{2}{3}\cdot\left(2\frac{1}{4}-1\frac{3}{8}\right)=$ b) $\left(4\frac{2}{3}-1\frac{3}{4}\right)\cdot 1\frac{3}{7}-2\frac{1}{2}:\frac{3}{5}=$

280 Wie lauten die Ergebnisse? Vergleiche 1) und 2)!

a) 1) $1\frac{1}{3}+\frac{1}{2}:\frac{3}{4}-\frac{3}{8}=$ b) 1) $\left(1\frac{1}{3}+\frac{1}{2}\right):\frac{3}{4}-\frac{3}{8}=$ c) 1) $\left(2\frac{1}{3}+1\frac{1}{2}\right):1\frac{3}{4}+\frac{1}{3}=$

2) $1\frac{1}{3}+\frac{1}{2}:\left(\frac{3}{4}-\frac{3}{8}\right)=$ 2) $\left(1\frac{1}{3}+\frac{1}{2}\right):\left(\frac{3}{4}-\frac{3}{8}\right)=$ 2) $\left(2\frac{1}{3}+1\frac{1}{2}\right):\left(1\frac{3}{4}+\frac{1}{3}\right)=$

281 Verbinde durch Linien die Rechnung mit dem entsprechendem Ergebnis!

$1\frac{1}{3}+\frac{1}{2}:\frac{3}{4}-\frac{3}{8}=$	$1\frac{1}{3}+\frac{1}{2}:\left(\frac{3}{4}-\frac{3}{8}\right)=$	$\left(2\frac{1}{3}+1\frac{1}{2}\right):1\frac{3}{4}+\frac{1}{3}=$	$\left(2\frac{1}{3}+1\frac{1}{2}\right):\left(1\frac{3}{4}+\frac{1}{3}\right)=$
A	B	C	D
1	2	3	4
$1\frac{21}{25}$	$1\frac{5}{8}$	$2\frac{11}{21}$	$2\frac{2}{3}$

B–3 D–1 C–3 A–2

B Bruchzahlen und Bruchrechnen

Üben und Sichern

282 Kennzeichne im nebenstehenden Kreis den Bruchteil $\frac{2}{3}$!

283 Wie ändert sich der Wert eines Bruches (die Bruchzahl), wenn man
1) den Zähler des Bruches halbiert,
2) den Nenner des Bruches drittelt,
3) den Zähler und den Nenner des Bruches verdoppelt,
4) den Zähler und den Nenner des Bruches drittelt?

284 Gegeben sind vier Bruchpaare **A** $\frac{3}{4}$ und $\frac{5}{6}$ **B** $\frac{3}{5}$ und $\frac{2}{3}$ **C** $\frac{2}{5}$ und $\frac{1}{7}$ **D** $\frac{1}{6}$ und $\frac{5}{8}$
1) Gib für jedes Bruchpaar drei gemeinsame Nenner an!
2) Bestimme den kleinsten gemeinsamen Nenner und erweitere die beiden Brüche auf diesen!
3) Bei welchen Paaren ist der kleinste gemeinsame Nenner gleich dem Produkt der beiden Nenner? Bestimme den ggT dieser Nenner!

285 Welche Bruchzahl liegt genau in der Mitte zwischen $\frac{2}{3}$ und $\frac{3}{4}$?

286 Vier Kinder bekommen jeweils eine 100-Gramm-Tafel Schokolade geschenkt.
Thomas hat $\frac{3}{5}$ der Schokolade schon gegessen, Elif hat $\frac{4}{7}$ gegessen, Sven hat schon 54 g verspeist und Jessica hat $\frac{4}{5}$ ihrer Tafel gegessen.
Ordne die Kinder entsprechend ihrem Schokoladekonsum! Beginne mit dem Kind, das am meisten Schokolade gegessen hat!

287 Teilt man eine Torte in 12 gleiche Teile, so ist ein Stück 150 g schwer.
Wenn man sie in 10 gleiche Teile teilt, wie viel Gramm wiegt dann ein Stück?

288 Berechne: a) $\frac{2}{7}$ von 42 kg, b) $\frac{12}{5}$ von 30 m, c) $\frac{5}{6}$ von 12 cm, d) $\frac{2}{3}$ von 108 €

289 Karin besitzt ein Glücksrad mit den Feldern 1 bis 10.
Die Gewinnzahlen sind 2, 6 und 10. Ihr Glücksrad ist daneben abgebildet.
Matthias baut ein Glücksrad mit 40 Feldern.
Seine Gewinnzahlen sind 2, 6, 12, 16, 22, 26, 32 und 36.
a) An welchem Glücksrad würdest du lieber spielen? Begründe!
b) Irmgard will ein Glücksrad mit 60 Feldern bauen, das die gleichen Gewinnchancen wie das von Karin besitzt. Wie viele Gewinnzahlen muss Irmgard wählen?

290 Emil hat eine Packung mit 35 Weihnachtskeksen bekommen. Von den Keksen sind $\frac{3}{5}$ mit Schokolade, der Rest ohne. Von den Schokoladekeksen sind $\frac{1}{3}$ mit Marmelade gefüllt.
a) Berechne, wie viele Kekse der Packung ohne Schokolade sind!
b) Berechne, wie viele Kekse der Packung mit Schokolade und Marmelade sind!
c) Bestimme den Bruchteil der Kekspackung, der mit Schokolade und Marmelade zubereitet ist!
d) Von der Packung sind 14 Kekse mit Marzipan. Gib an, welchem Bruchteil (relativer Anteil) dies entspricht!

291 Welche der folgenden Bruchzahlen liegt am nächsten zu $\frac{1}{2}$? Kreuze an!
○ **A** $\frac{25}{79}$ ○ **B** $\frac{27}{59}$ ○ **C** $\frac{29}{57}$ ○ **D** $\frac{52}{79}$ ○ **E** $\frac{57}{92}$

Üben und Sichern B

292 Eine Schule wird von insgesamt 400 Schülerinnen und Schüler besucht. $\frac{3}{4}$ von ihnen betreiben regelmäßig Sport. Von diesen fahren $\frac{2}{3}$ Schi.
1) Welcher Bruchteil der Schülerinnen und Schüler der Schule fährt Schi?
2) Wie viele Schülerinnen und Schüler der Schule fahren Schi?

293 Alex hat ein 1 m langes und ein 2 m langes Seil. Er zerschneidet beide Seile so, dass alle Stücke gleich lang sind. Kreuze an, welche der folgenden Stückzahlen er dadurch nicht erhalten kann!
○ A 6 ○ B 8 ○ C 9 ○ D 12 ○ E 15

294 Im österreichischen Parlament sind für bestimmte Beschlüsse $\frac{2}{3}$-Mehrheiten erforderlich. Dh. damit ein bestimmtes Gesetz beschlossen werden kann, müssen mindestens $\frac{2}{3}$ der Abgeordneten für dieses stimmen. Kreuze an!

		richtig	falsch
A	Dorothea meint: „Wenn jeder zweite Abgeordnete zustimmt, dann wird das Gesetz beschlossen."	○	○
B	Sebastian sagt: „Das Gesetz wird angenommen, wenn nur $\frac{1}{4}$ der Parlamentarier dagegen sind."	○	○
C	Michael äußert sich: „Das Gesetz wird abgelehnt, wenn 33% der Abgeordneten mit nein stimmen."	○	○
D	Melanie sagt: „Das Gesetz wird ohne Stimmenthaltungen angenommen, wenn sich die Anzahl der Parlamentarier, die für das Gesetz stimmen, zu der, die dagegen stimmen, mindestens wie 2 : 1 verhält."	○	○
E	Benny meint: „Das Gesetz wird angenommen, wenn von den 183 Parlamentariern mindestens 122 dafür stimmen."	○	○

295 Schreibe in der gegebenen Einheit!
a) $\frac{3}{5}$ m = _____ cm
b) $\frac{1}{8}$ kg = _____ g
c) $\frac{5}{4}$ cm² = _____ mm²
d) $1\frac{3}{4}$ h = _____ min

296 Eric behauptet: „Zwischen $\frac{2}{5}$ und $\frac{4}{5}$ gibt es genau eine Bruchzahl, nämlich $\frac{2+4}{5+5} = \frac{6}{10} = \frac{3}{5}$." Warum stimmt die Aussage von Eric nicht? Stelle sie richtig!

297 Stelle in der nebenstehenden Figur $\frac{5}{6} - \frac{1}{4}$ durch Bemalen der Teilflächen dar! Überprüfe das Ergebnis durch Rechnen!

298 Für Weihnachtskekse werden folgende Mengenangaben gemacht:
$\frac{1}{4}$ kg Butter, $\frac{1}{4}$ kg Mehl, $\frac{1}{3}$ kg Zucker, 2 mal $\frac{1}{8}$ kg Orangenfruchtfleisch (im Teig und als Dekoration)
Bestimme die Masse aller Zutaten zusammen!

299 In Annas Schule fahren 48 Lehrerinnen und Lehrer mit dem Rad zur Schule. Das ist ein relativer Anteil von 0,6 aller Lehrkräfte. Nur 15 % der Lehrerinnen und Lehrer fahren mit dem Auto zur Schule. Wie viele Lehrerinnen und Lehrer fahren mit dem Auto zur Schule?

300 Schreibe den fehlenden Zähler bzw. Nenner auf!
a) $\frac{7}{10} = \frac{70}{100}$
b) $\frac{3}{4} = \frac{75}{100}$
c) $\frac{11}{15} = \frac{55}{75}$
d) $\frac{4}{5} = \frac{60}{75}$
e) $\frac{2}{3} = \frac{50}{75}$
f) $\frac{2}{5} = \frac{18}{45}$

B Bruchzahlen und Bruchrechnen

301 Der Biohof „Sonnenglück" stellt Johannisbeersaft her und füllt diesen in $5\frac{1}{2}$ Liter Kanister ab.
1) Gib an, was die Rechnung $5\frac{1}{2} - \frac{3}{4} - \frac{1}{8} - 1\frac{1}{2}$ bedeuten könnte!
2) Berechne das Ergebnis!

302
1) Dividiere die unten angeführte Bruchzahl durch 5!
2) Kürze den Bruch durch 5!
3) Erkläre mit eigenen Worten den Unterschied zwischen dem Dividieren einer Bruchzahl durch eine natürliche Zahl und dem Kürzen eines Bruches!

a) $\frac{5}{10}$ b) $\frac{20}{25}$ c) $\frac{25}{15}$ d) $\frac{10}{10}$ e) $\frac{15}{50}$ f) $\frac{30}{10}$

303 Durch welche natürliche Zahl muss man $\frac{3}{2}$ dividieren, damit das Ergebnis 1) gleich $\frac{1}{2}$, 2) größer als $\frac{1}{2}$ ist?

304 Rechne und veranschauliche die Division $\frac{2}{3} : 4$ in einem 6 cm langen und 4 cm breiten Rechteck!

305 Ein Quadrat hat einen Umfang $\frac{28}{5}$ cm.
1) Ermittle die Seitenlänge des Quadrats!
2) Berechne seinen Flächeninhalt!

306 Der Flächeninhalt eines Rechtecks beträgt $A = 12\frac{8}{9}$ dm² und die längere Seite des Rechtecks misst $a = 5\frac{1}{3}$ dm.
1) Berechne die Länge der kürzeren Seite!
2) Ermittle den Umfang des Rechtecks!

307
1) Begründe mit eigenen Worten anhand nebenstehender Figur, warum $\frac{2}{5} \cdot \frac{3}{4} = \frac{6}{20}$ ist!
2) Was „bedeutet" dabei $\cdot \frac{3}{4}$?
3) Wie ist das allgemein bei $\frac{a}{b} \cdot \frac{c}{d}$?

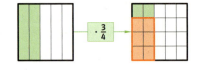

308 Wie ändert sich der Quotient $\frac{a}{b} : \frac{c}{d}$,
1) wenn man b halbiert, 2) wenn man c halbiert, 3) wenn man d halbiert?
Begründe mit eigenen Worten!

309 Richtig oder falsch? Stelle die falschen Rechnungen richtig!
Erkläre bei den falschen Rechnungen, welche Fehler gemacht wurden!

a) 1) $2\frac{1}{2} \cdot 2{,}5 = 6\frac{1}{4}$
   2) $\frac{1}{2} \cdot \frac{1}{3} = \frac{2}{5}$
   3) $\frac{1}{2} : \frac{1}{3} = \frac{1}{6}$
   4) $\frac{1}{3} - \frac{1}{4} = \frac{1}{12}$
   5) $\left(2 + 2\frac{1}{2}\right) \cdot 2 = 9$

b) 1) $\frac{3}{4} \cdot \frac{4}{5} = 0{,}6$
   2) $\frac{2}{3} \cdot \frac{3}{4} \cdot \frac{4}{5} = 1$
   3) $\frac{2}{3} \cdot \frac{3}{4} \cdot \frac{4}{2} = 1$
   4) $\frac{5}{6} - \frac{1}{2} = \frac{4}{4}$
   5) $\left(2 - 1\frac{2}{4}\right) \cdot 4 = 1$

c) 1) $\frac{8 \cdot 7}{14 \cdot 2} = \frac{4 \cdot 1}{2 \cdot 1} = 2$
   2) $\frac{8 \cdot 7}{14 - 2} = \frac{4 \cdot 1}{2 - 1} = 4$
   3) $\frac{8 \cdot 7}{14 + 2} = \frac{4 \cdot 1}{2 + 1} = \frac{4}{3}$
   4) $\frac{14}{15} : \frac{2}{3} = \frac{7}{5}$
   5) $\left(2\frac{1}{2} - 2\right) \cdot 2 = 2$

310 Wie lautet das Ergebnis? $3\frac{1}{3} \cdot \frac{3}{5} + 4\frac{4}{15} : 1\frac{3}{5} =$

311 Ein Raumschiff fliegt mit einer mittleren Geschwindigkeit von rund $11\frac{1}{4}$ km/s von der Erde zum Mond. Die Entfernung Erde – Mond beträgt rund 384 000 km.
1) Gib an, was mit der Rechnung $384\,000 : 11\frac{1}{4}$ berechnet wird!
2) Ermittle das Ergebnis!

Üben und Sichern B

 312 Vervollständige!
Der Kehrwert von $\frac{5}{6}$ lautet _____. Den Kehrwert muss man bei der _____ bilden und das Rechenzeichen ändert sich in ein _____.
Eine Bruchzahl multipliziert mit ihrem Kehrwert ergibt _____.

 313 Berechne das Ergebnis!
a) $\left(2\frac{2}{3} \cdot 1\frac{3}{5} - \frac{4}{5} \cdot 1\frac{1}{3}\right) : 3\frac{1}{5} =$
b) $2\frac{2}{3} \cdot 1\frac{3}{5} - \frac{4}{5} \cdot 1\frac{1}{3} : 3\frac{1}{5} =$
c) $4\frac{5}{6} - 2\frac{3}{4} - 1\frac{1}{2} : 2\frac{1}{7} + \frac{3}{4} =$
d) $\left(4\frac{5}{6} - 2\frac{3}{4} - 1\frac{1}{2}\right) \cdot 2\frac{1}{7} + \frac{3}{4} =$

 314
1) Drücke die Teilfiguren 1, 2, 3, 4, 5 und 6 durch Bruchteile des ganzen Rechtecks aus!
2) Welche Teilfiguren ergeben zusammen $\frac{1}{2}$, welche $\frac{1}{3}$? Gib jeweils zwei Möglichkeiten an!

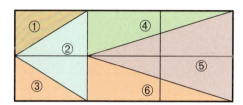

Zusammenfassung

AH S. 21

Bruchzahlen können in Form von **Brüchen (Bruchschreibweise)** oder in Form von **Dezimalzahlen (Dezimalschreibweise)** dargestellt werden. Die **Dezimalzahlen** sind dabei entweder **endlich** oder **periodisch**.
Multipliziert man **Zähler** und **Nenner** eines Bruches **mit derselben Zahl** ($\neq 0$), so **ändert sich der Wert des Bruches** (die Bruchzahl) **nicht**. Dies nennt man **Erweitern**.
Dividiert man **Zähler** und **Nenner** eines Bruches **durch dieselbe Zahl** ($\neq 0$), so **ändert sich der Wert des Bruches** ebenfalls **nicht**. Dies heißt **Kürzen**.
Bruchzahlen lassen sich am **Zahlenstrahl markieren** und ihrer **Größe nach ordnen**. Zwischen zwei **Bruchzahlen** liegen **unendlich viele weitere Bruchzahlen**.
Verhältnisse und **relative Häufigkeiten** bzw. **relative Anteile** lassen sich gut durch **Brüche** ausdrücken.

Rechnen mit Bruchzahlen
Beim **Addieren** und **Subtrahieren** müssen die Brüche zuerst durch Erweitern auf **gleichen Nenner** gebracht werden. Dann werden die Zähler addiert bzw. subtrahiert.
$\frac{a}{n} \pm \frac{b}{n} = \frac{a \pm b}{n}$ ($n \neq 0$)

Man **multipliziert** eine **Bruchzahl** mit einer **natürlichen Zahl**, indem man nur den **Zähler** mit der **natürlichen Zahl** multipliziert.
$\frac{a}{b} \cdot n = \frac{a \cdot n}{b}$ ($b \neq 0$)

Man **multipliziert** zwei **Bruchzahlen** miteinander, indem man **Zähler mal Zähler durch Nenner mal Nenner** dividiert.
Vor dem Multiplizieren kann oft **gekürzt** werden.
$\frac{a}{b} \cdot \frac{c}{d} = \frac{a \cdot c}{b \cdot d}$ ($b, d \neq 0$)

Bei der **Division einer Bruchzahl** durch eine natürliche Zahl gibt es zwei Fälle:
a durch n teilbar: $\frac{a}{b} : n = \frac{a : n}{b}$ a nicht durch n teilbar: $\frac{a}{b} : n = \frac{a}{b \cdot n}$ ($b, n \neq 0$)

Zwei **Bruchzahlen** werden **dividiert**, indem man die **erste Bruchzahl mit dem Kehrwert der zweiten Bruchzahl multipliziert**.
Der **Kehrwert** (Reziprokwert) von $\frac{c}{d}$ ist $\frac{d}{c}$.
$\frac{a}{b} : \frac{c}{d} = \frac{a \cdot d}{b \cdot c}$ ($b, c, d \neq 0$)

Wissensstraße

Lernziele: Ich kann …

- **Z 1:** Brüche aus einer graphischen Darstellung ablesen bzw. graphisch darstellen.
- **Z 2:** Brüche in Dezimalzahlen umrechnen und umgekehrt.
- **Z 3:** Brüche erweitern und kürzen.
- **Z 4:** Bruchzahlen miteinander vergleichen, ordnen und am Zahlenstrahl darstellen.
- **Z 5:** Textaufgaben (Brüche in „von"-Beziehungen, relative Häufigkeiten, Brüche als Größenverhältnisse) lösen.
- **Z 6:** Bruchzahlen addieren und subtrahieren.
- **Z 7:** Bruchzahlen multiplizieren und das Produkt interpretieren.
- **Z 8:** Divisionen mit Bruchzahlen durchführen.

315 Der nebenstehende Kreis ist in verschieden gefärbte Sektoren geteilt.
1) Welchen Bruchteil nimmt der blau gefärbte Sektor ein?
2) In welcher Farbe ist $\frac{1}{4}$ des Kreises gefärbt?
3) Welcher Teil des Kreises ist nicht gefärbt? — Z 1

316 a) Wie viel Meter sind 1) $\frac{1}{2}$ km, 2) $\frac{3}{4}$ km, 3) $\frac{7}{10}$ km?
b) Drücke 1) 0,28 kg, 2) 0,80 kg, 3) 1,4 kg als Bruchteile eines Kilogramms aus! — Z 2

317 Gib die Brüche in Dezimalschreibweise an! 1) $\frac{9}{10}$ 2) $1\frac{1}{4}$ 3) $\frac{1}{20}$ — Z 2

318 Ergänze die fehlenden Zähler bzw. Nenner! Mit welcher Zahl wurde gekürzt bzw. erweitert?
a) $\frac{12}{15} = \frac{4}{5}$ b) $\frac{24}{30} = \frac{4}{5}$ c) $\frac{28}{36} = \frac{7}{9}$ d) $\frac{9}{8} = \frac{54}{48}$ e) $\frac{14}{6} = 2\frac{1}{3}$ f) $3\frac{2}{3} = \frac{33}{9}$ — Z 3

319 Setze das richtige Zeichen „>", „=", „<" ein und begründe deine Antwort!
1) $\frac{3}{8}$ > $\frac{4}{12}$ 2) $\frac{14}{15}$ < $\frac{15}{14}$ 3) $0,6$ > $\frac{3}{5}$ — Z 4

320 Zeichne einen geeigneten Zahlenstrahl und markiere auf diesem die Bruchzahlen
a) $\frac{3}{8}, \frac{7}{8}, \frac{1}{4}$, b) $\frac{2}{3}, \frac{5}{6}, \frac{5}{12}, \frac{1}{4}$! Ordne anschließend diese Bruchzahlen! Beginne mit der kleinsten! — Z 4

321 In einer Klasse sind 24 Schülerinnen und Schüler.
a) Davon sind $\frac{3}{8}$ Mädchen. Wie viele Mädchen bzw. Buben hat die Klasse?
b) Davon sind 6 Buben. Welchen Bruchteil nehmen die Buben bzw. die Mädchen ein? — Z 5

322 Wie viele sind das?
a) An $\frac{3}{4}$ von 48 Ferientagen schien die Sonne. b) $\frac{7}{12}$ der 3 600 Wahlberechtigten gingen zur Wahl. c) Bei 250 Würfen erschien nur $\frac{1}{5}$ mal ein Sechser. — Z 5

Wissensstraße B

323 Das Kinderzimmer einer Wohnung hat eine Fläche von 15 m² und das Wohnzimmer eine Fläche von 45 m². Wie verhalten sich die Flächeninhalte der beiden Zimmer zueinander? Drücke das Verhältnis mit möglichst einfachen Zahlen aus! — Z 5

324
1) Stelle in nebenstehender Figur die Rechnung $\frac{1}{4} + \frac{2}{3}$ durch Bemalen der Teilflächen dar!
2) Überprüfe das Ergebnis durch Rechnen! — Z 6

325 Duraluminium ist eine Legierung aus Aluminium, $\frac{1}{8}$ Kupfer und $\frac{1}{32}$ Zink. — Z 6, Z 5
1) Welchen Bruchteil nimmt das Aluminium ein?
2) Ein Platte aus Duraluminium wiegt 2 kg 24 dag. Wie schwer ist jeweils der Anteil des Aluminiums, des Kupfers und des Zinks in dieser Platte?

326 Welches Ergebnis hat den größten Wert? Schätze zuerst und überprüfe durch eine Rechnung! Gib eine Regel mit eigenen Worten an! — Z 7, Z 8
a) 1) $\frac{7}{8} \cdot 2 =$ 2) $\frac{7}{8} \cdot 4 =$ 3) $\frac{7}{8} \cdot 6 =$ 4) $\frac{7}{8} \cdot 8 =$
b) 1) $\frac{7}{8} : 2 =$ 2) $\frac{7}{8} : 4 =$ 3) $\frac{7}{8} : 6 =$ 4) $\frac{7}{8} : 8 =$

327 Berechne das Ergebnis und drücke dies sowohl als Bruch als auch als Dezimalzahl aus! — Z 2, Z 7, Z 8
a) $\frac{3}{4}$ von $\frac{1}{2}$ kg   b) $\frac{3}{8}$ von $\frac{8}{6}$ Liter   c) $\frac{3}{4}$ Liter : $\frac{1}{8} =$ d) $2\frac{4}{5}$ m² : $\frac{14}{30}$ m²

328 Gegeben ist der Bruch $\frac{16}{24}$. — Z 3, Z 8
1) Dividiere die Bruchzahl durch 8!   2) Kürze den Bruch durch 8!

329 Die Oberfläche der Erde ist rund 510 Mio. km² groß. — Z 5, Z 7
Rund $\frac{3}{10}$ davon sind Festland und fast $\frac{1}{5}$ des Festlandes ist kultivierter Boden.
1) Rund welcher Bruchteil der Gesamtfläche der Erde ist mit Wasser bedeckt?
2) Rund welcher Bruchteil der Erde ist kultivierter Erdboden?
3) Rund wie viel Quadratkilometer der Erde sind Festland?
4) Rund wie viel Quadratkilometer der Erde sind kultivierter Erdboden?

330 Wie muss der fehlende Nenner lauten, damit die Rechnung stimmt? — Z 6, Z 7, Z 8
$3\frac{1}{3} \cdot \frac{3}{5} : \frac{8}{3} = \frac{3}{\boxed{}}$

331 Kreuze die zwei richtigen Behauptungen an ohne zu rechnen! Begründe, warum zwei Ungleichungen falsch sind! — Z 4

		Begründung
A	$\frac{2}{3} + \frac{1}{2} < \frac{2}{3} + \frac{1}{4}$	
B	$\frac{2}{3} - \frac{1}{2} < \frac{2}{3} - \frac{1}{4}$	
C	$\frac{2}{3} \cdot \frac{1}{2} < \frac{2}{3} \cdot \frac{1}{4}$	
D	$\frac{2}{3} : \frac{1}{2} < \frac{2}{3} : \frac{1}{4}$	

C Prozentrechnung

Prozentrechnung

Der Zehent

Im alten Testament ist das Treffen von Abraham mit dem König und Priester Melchisedek beschrieben: „Er [Melchisedek] segnete Abraham… Daraufhin gab ihm Abraham den Zehnten von allem."

Aus dieser Begebenheit entstand die Übereinkunft, dass alle diejenigen, die Güter besitzen und Einkünfte erhalten, einen Teil davon abzuliefern haben. In biblischer Zeit wurde ein Zehent, also ein Zehntel der Güter und Einkünfte, von den Tempeldienern eingehoben. Bis ins hohe Mittelalter war es üblich, der Geistlichkeit und dem Grundherrn einen „Zehent" zu entrichten, also einen Teil seiner Einkünfte als Steuer zu zahlen. Diese Steuerlast war es, die schließlich im 16. und 17. Jahrhundert die zahlreichen Bauernaufstände auslöste.

Verduner Altar, Stift Klosterneuburg „Melchisedek trifft Abraham", 1181 von Nikolaus von Verdun gefertigt

Prozent

Das Wort „Prozent" entstammt der süddeutschen Kaufmannssprache des 15. Jahrhunderts. Die ursprünglich italienische Form „per cento" hat sich in der österreichischen Umgangssprache teilweise bewahrt: Manche sagen ja heute noch „Perzent" statt „Prozent". Es waren italienische Handelsleute und Geldverleiher, die statt der komplizierten Brüche eine einfachere Methode bevorzugten, um Teile eines Ganzen zu beschreiben. Man dachte sich das Ganze in hundert gleiche Teile zerlegt und nannte einen dieser Teile „ein Prozent". Das Zeichen „%" entstand wahrscheinlich aus der Schreibung für „cento": Der obere nicht geschlossene Kreis erinnert an das „c" der Silbe „cen". Der Querstrich steht für das „t" und der untere Kreis steht für das abschließende „o" von cento.

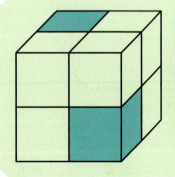

Gib jeweils den minimalen und den maximalen Anteil der blauen Würfel an dem gesamten geometrischen Körper in Prozent an!

C

Schwierigkeiten mit Prozenten

Das Wort „Prozent" wird zwar oft verwendet, aber leider nicht immer verstanden. Dass ein „Zehent", also ein Zehntel, genau zehn Prozent beträgt, ist in gewisser Weise „glatter Zufall".

5 Prozent sind keineswegs ein Fünftel des Wertes, sondern der zwanzigste Teil. Mit solchen Problemen hat so mancher zu kämpfen. So kann es schon vorkommen, dass ein Zeitungsredakteur aus der Agenturmeldung „Sechs Prozent aller Theaterkarten sind Freikarten!" flugs die Schlagzeile macht: „Jede sechste Karte eine Freikarte!"
Da kann doch etwas nicht stimmen: Wenn hundert Prozent aller Theaterkarten Freikarten sind, dann wäre nach dieser Logik nur jede hundertste Karte eine Freikarte!? Allerdings wird eine Tageszeitung unter großem Zeitdruck geschrieben, da können leicht Fehler passieren. Solche großen Drucker (wie im Bild) machen anschließend den schnellen Druck der Zeitung möglich.

Worum geht es in diesem Abschnitt?

- Begriffe wie Grundwert, Prozentwert und Prozentsatz
- Angabe von Bruchzahlen in Bruchform, als Dezimalzahlen und in Prozenten
- Darstellen und Ablesen von Prozentangaben in einem Prozentstreifen und einem Prozentkreis
- Berechnen von Prozentwerten, Prozentsätzen und Grundwerten

C1 Prozentrechnung

1 Grundbegriffe

interaktive Vorübung
7by8a4

AH S. 23

Ella entdeckt beim Abverkauf in einem Bekleidungsgeschäft ein T-Shirt. Ihre Mutter meint dazu: „Sehr gut. Es ist um 50 Prozent reduziert." Ella ist sich nicht sicher, was dies bedeutet, und fragt nach. Die Mutter erklärt: „Ein Prozent ist ein Hundertstel. 50 Prozent entspricht daher der Hälfte. Das T-Shirt hat vorher 18 € gekostet, jetzt kostet es nur mehr halb so viel, also ☐ €.

Ella stellt die Bedeutung von einem Prozent in mathematischer Schreibweise dar:
$$1\% \mathrel{\widehat{=}} \frac{1}{100} = 0{,}01.$$

Sie erkennt, dass man **Prozente** sowohl in **Bruchschreibweise** als auch als **Dezimalzahl** darstellen kann. Ella fertigt eine Tabelle an, um sie ihrer Mathematiklehrerin zur Kontrolle zu zeigen.

Prozentangabe		Bruch	Dezimalzahl	
1 Prozent	1 %	$\frac{1}{100}$	0,01	1 Hundertstel
5 Prozent	5 %	$\frac{5}{100} = \frac{1}{20}$	0,05	5 Hundertstel = 1 Zwanzigstel
10 Prozent	10 %	$\frac{10}{100} = \frac{1}{10}$		10 Hundertstel = 1 Zehntel
20 Prozent	20 %	$\frac{20}{100} = \frac{1}{5}$	0,20	20 Hundertstel = 1 Fünftel
25 Prozent	25 %	$\frac{25}{100} = \frac{1}{4}$		25 Hundertstel = 1 Viertel
50 Prozent	50 %	$\frac{50}{100} = \frac{1}{2}$		50 Hundertstel = 1 Halbes
75 Prozent	75 %	$\frac{75}{100} = \frac{3}{4}$		75 Hundertstel = 3 Viertel
100 Prozent		$\frac{100}{100} = 1$	1,00	100 Hundertstel = 1 Ganzes
200 Prozent	200 %	$\frac{200}{100} = 2$	2,00	200 Hundertstel = 2 Ganze (das Doppelte)

Prozent

Ein Prozent entspricht dem **hundertsten Teil** eines **Ganzen**. Es kann sowohl in Bruch- als auch in Dezimalschreibweise dargestellt werden. $1\% \mathrel{\widehat{=}} \frac{1}{100} = 0{,}01$ (1 Hundertstel)
Hundert Prozent sind **ein Ganzes**. $100\% \mathrel{\widehat{=}} 1$
Drei Begriffe sind für die Prozentrechnung besonders wichtig:
der **Grundwert G**, der **Prozentwert W** und der **Prozentsatz p %**.

Hinweis Häufig wird der Prozentwert W auch als **Prozentanteil A** bezeichnet.
Der **Grundwert G** entspricht dem **Ganzen** oder **100 %** und der **Prozentwert W** entspricht **p % vom Grundwert**.

Beispiel

Von den 28 Kindern der 2 B-Klasse mögen 14 Mathematik gern, das sind 50 %.
    Grundwert G   Prozentwert W   Prozentsatz p %

Grundbegriffe C1

332 Schreibe die Prozentangabe in Bruch- bzw. in Dezimalschreibweise!

	a)	b)	c)	d)	e)	f)	g)
Prozentangabe	1%	5%	10%	20%	25%	50%	75%
Bruch	$\frac{1}{100}$	$\frac{5}{100}=\frac{1}{20}$	$\frac{10}{100}$	$\frac{20}{100}$	$\frac{25}{100}$	$\frac{50}{100}$	$\frac{75}{100}$
Dezimalzahl	0,01	0,05	0,1	0,2	0,25	0,5	0,75

Hinweis Es ist wichtig, sich diese Prozentangaben in Bruch- und Dezimalschreibweise zu merken!

333 Schreibe die Dezimalzahl als Bruch bzw. als Prozentangabe!

	Beispiel	a)	b)	c)	d)	e)
Dezimalzahl	0,5	0,04	0,40	0,25	1,23	2,05
Bruch	$\frac{5}{10}=\frac{1}{2}$	$\frac{0,4}{10}$	$\frac{4}{10}$	$\frac{2,5}{10}$	$\frac{12,3}{10}$	$\frac{20,5}{10}$
Prozentangabe	$\frac{5}{10}=\frac{50}{100}=50\%$	4%	40%	25%	12,3%	205%

334 Schreibe den Bruch als Dezimalzahl bzw. als Prozentangabe!

	Beispiel	a)	b)	c)	d)
Bruch	$\frac{7}{25}$	$\frac{3}{10}$	$\frac{13}{20}$	$\frac{3}{4}$	$\frac{5}{2}$
Dezimalzahl	$\frac{7}{25}=\frac{28}{100}=0,28$				
Prozentangabe	$\frac{28}{100}=28\%$				

335 Vervollständige die „Umrechnungstabelle"!

	Beispiel	a)	b)	c)	d)	e)	f)	g)
Prozentangabe	1%		$12\frac{1}{2}\%$				120%	
Bruch	$\frac{1}{100}$	$\frac{1}{4}$			$\frac{1}{5}$			$1\frac{1}{2}$
Dezimalzahl	0,01			0,15		0,7		

336 Gib den Grundwert G, den Prozentwert W und den Prozentsatz p% an!

	G	W	p%
a) 5% von 100 € sind 5 €.			
b) 1% von 250 € sind 2,50 €.			
c) 250 € sind 50% von 500 €.			
d) 150 € sind 300% von 50 €.			

C2 Prozentrechnung

2 Graphische Darstellungen von Prozentangaben

interaktive Vorübung w2w7yj

AH S. 24

1) Hunderterfeld

Das Hunderterfeld ist ein Feld mit 100 (10 × 10) Kästchen.
Das **gesamte Feld** stellt **100 %** dar.
Ein Kästchen entspricht daher **1 %** (1 % ≙ 1 Kästchen).
Du kannst den Prozentsatz an den eingefärbten Kästchen abzählen.

Im Hunderterfeld rechts sind ⬚ Kästchen eingefärbt,

das entspricht ⬚ % des Grundwertes.

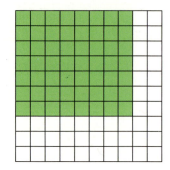

2) Prozentstreifen

Der Prozentstreifen wird durch einen Balken dargestellt. **Der gesamte Balken entspricht 100 %.** Um die anderen Prozentwerte einfach darstellen zu können, wählt man als Balkenlänge **100 mm**. (100 % ≙ 100 mm). **1 mm** auf dem Balken entspricht dann **1 %**. 50 mm entsprechen 50 % usw.

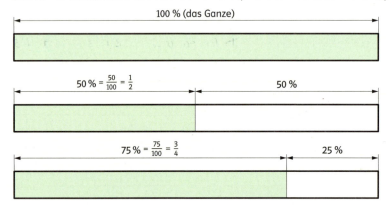

3) Prozentkreis

Prozentsatz	Zentriwinkel des zugehörigen Kreissektors	Prozentkreis
1 %	3,6°	1 %
10 %	36°	10 %
25 %	90°	25 %
50 %	180°	50 %
100 %	360°	100 %

Beim Prozentkreis wird **das Ganze** als eine **volle Kreisfläche** dargestellt, dh. **100 %** entsprechen **360°**. Ein kleinerer Prozentsatz wird als Kreissektor markiert. Dafür muss der **Zentriwinkel** entsprechend dem dazugehörigen **Prozentsatz** berechnet werden.

$100\% \triangleq 360°$; $1\% = \frac{100\%}{100} \triangleq \frac{360°}{100} = 3,6°$.

1 % wird also durch einen Kreissektor mit einem Zentriwinkel von **3,6°** dargestellt.

Graphische Darstellungen von Prozentangaben — C2

337 Schreibe die gekennzeichnete Fläche als Teil der Gesamtfläche
1) als Bruch, 2) als Dezimalzahl, 3) als Prozentangabe!

a)   b)   c)   d)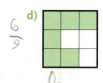

$\frac{1}{5}$ 0,15 $\frac{2}{8}$ 0, $\frac{3}{6}$ 0, $\frac{6}{9}$ 0,

338 Stelle die beiden Prozentsätze in einem gemeinsamen Prozentstreifen (100 mm lang) dar!
1) Kennzeichne ihre Summe! 2) Wie viel Prozent fehlen noch auf das Ganze?
a) 20% und 15%   b) 55% und 45%   c) 25% und 12,5%   d) $62\frac{1}{2}$% und $31\frac{1}{4}$%

339 Stelle die beiden Prozentsätze in einem gemeinsamen Prozentkreis als Sektoren dar!
1) Kennzeichne ihre Summe! 2) Wie viel Prozent fehlen noch auf das Ganze?
a) 25% und 50%   b) 25% und 75%   c) 10% und 20%   d) 25% und $12\frac{1}{2}$%

340 Schätze, welcher Prozentsatz dargestellt ist! Begründe deine Schätzung!

Beispiel

 Antwort: Der dargestellte Prozentsatz ist größer als ein Viertel (25%), aber kleiner als ein Drittel (rund 33%) der Kreisfläche, also **rund 30%**.

a)   b)   c)   d)   e)

341 Schätze, wie viel Prozent ungefähr dargestellt sind! Begründe deine Schätzung!

a) 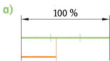   b)    c)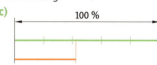

342 Finde die richtigen Paare! Verbinde mit Linien!

$\frac{7}{10}$	A	
(Kreis)	B	
0,66	C	
(Rechteck)	D	
1,43	E	
(Kreis)	F	

1	66%
2	45%
3	80%
4	143%
5	33,3%
6	70%

C3 Prozentrechnung

3 Rechnen mit Prozenten

interaktive Vorübung
357t4a

AH S. 25

3.1 Berechnen des Prozent-, Promillewertes

Kamil möchte sich in seinem Lieblingseisgeschäft einen großen Eisbecher um 5,10 Euro kaufen. Allerdings hat er nur 4 Euro eingesteckt. Er bekommt vor dem Geschäft noch einen 30% Gutschein geschenkt. Schnell rechnet er nach, wie viel Euro er mit dem Gutschein sparen kann. Hat er dann genug Geld für den großen Eisbecher?
Kamil schätzt: 30% sind etwas weniger als ein Drittel.

Er rechnet: 5,10 : 3 = _____ .

Er würde mit dem Gutschein also rund _____ Euro sparen.

Nun will Kamil es genau wissen und überlegt: 30% ist gleichbedeutend mit $\frac{30}{100}$ bzw. $\frac{3}{10}$.

$\frac{3}{10}$ von 5,10 = ($\frac{1}{10}$ von 5,10) · 3 = _____ · 3 = _____

Durch den Gutschein kann Kamil _____ € sparen, somit hat er **genug/nicht genug** Geld für den Eisbecher.

Es gibt jedoch auch noch andere Arten, einen **Prozentwert** auszurechnen.

1. Art:
Der Prozentwert und der Prozentsatz stehen im direkten Verhältnis zueinander. Wir können die Lösung mit einer Tabelle bzw. einer Schlussrechnung finden. Schreibe dazu die Angaben aus dem Text in die erste Zeile der Tabelle:

Prozent	Preis in €
100	5,10
1	0,051
30	1,53

:100, ·30 (links und rechts)

100% entspricht dem **Grundwert**, also **5,10** Euro.
1% entspricht dem hundertsten Teil des Grundwertes, also 0,051 Euro.
30% entsprechen dann dem 30-fachen von 0,051.

2. Art:
Wir überlegen: **30% = $\frac{30}{100}$ = 0,30**

30% von 5,10 Euro = $\frac{30}{100}$ von 5,10 Euro = 5,10 Euro · $\frac{30}{100}$ = 5,10 Euro · 0,30 = 1,53 Euro

Allgemein gilt: **p% von G = $\frac{p}{100}$ von G = G · $\frac{p}{100}$ = W**

Berechnen des Prozentwertes W

1. Art: mit Hilfe der **Schlussrechnung**
Berechne den hundertsten Teil des **Grundwertes G** und multipliziere das Ergebnis mit **p** vom angegebenen **Prozentsatz p%**!

2. Art: mit Hilfe der **Formel**
$W = p\%$ von $G = \frac{p}{100}$ von $G = G · \frac{p}{100}$ $W = G · \frac{p}{100}$

Kurzsprechweise: Prozentwert = Grundwert mal p Hundertstel

Rechnen mit Prozenten C3

Berechnen des Promillewertes

Das Wort „Promille" kennst du vom Thema „Alkohol am Steuer". In Österreich gilt seit 1998 die Promille-Grenze von 0,5 ‰ beim Autofahren. Sie ist erreicht, wenn sich in 1000 g Blut 0,5 g Alkohol befinden. Wenn man den Probeführerschein besitzt, gilt die 0,1 Promille-Grenze.

Auch für Radfahrerinnen und Radfahrer gibt es eine Promille-Grenze. Diese liegt bei 0,8 ‰. Sie ist daher erreicht, wenn sich in 1000 g Blut _____ g Alkohol befinden.

Der **Grundwert** (das Ganze) entspricht **1000 Promille**.

Berechnen des Promillewertes W

1 Promille (1 ‰) = $\frac{1}{1000}$ = 0,001 (1 Tausendstel)

1. Art: mit Hilfe der **Schlussrechnung**
Berechne den tausendsten Teil des Grundwertes G und multipliziere das Ergebnis mit p vom angegebenen Promillesatz p ‰!

2. Art: mit Hilfe der **Formel**
W = p ‰ von G = $\frac{p}{1000}$ von G = G · $\frac{p}{1000}$ W = G · $\frac{p}{1000}$

Kurzsprechweise: Promillewert = Grundwert mal p Tausendstel
$\frac{p}{1000}$ wird oft als Dezimalzahl geschrieben.

Bemerkung: mille (lat.) ... tausend

Beispiel

Ein Mineralwasser enthält 0,5 ‰ Kalium.
Wie viel Milligramm Kalium nimmt man zu sich, wenn man 2 Liter ≙ 2 kg Mineralwasser dieser Sorte trinkt?

1. Art: 1 000 ‰ .... 2 kg = 2 000 g
1 ‰ .... 2 g
0,5 ‰ ...... 1 g
Man nimmt 1 g Kalium zu sich.

2. Art: W = G · $\frac{p}{1000}$
W = 2 kg · $\frac{0,5}{1000}$
W = 2 kg · 0,0005 = 0,001 kg = 1 g

 343 Berechne den Prozentwert (den Promillewert) durch „Kopfrechnen"!

a)
Grundwert	20 %	30 %	70 %
100 €	20	30 70	
250 €	50	75	
1500 €	30	150	
3 200 €	640		

b)
Grundwert	50 %	25 %	75 %
8 €			
7,2 m			
58,8 m²			
½ kg			

c)
Grundwert	1 ‰	0,5 ‰	10 ‰
60 kg			
75 kg			
90 kg			
102 kg			

d)
Grundwert	0,5 ‰	5 ‰	50 ‰
16 000 €			
1 m			
2,5 t			
30 hl			

Arbeitsblatt us37fr

C3 Prozentrechnung

344 Berechne 5% des gegebenen Wertes, indem du **1)** die Schlussrechnung, **2)** die Formel verwendest!
a) 100 € c) 105 € e) 50 kg g) 80 dag i) 250 kg
b) 300 € d) 248 € f) 5 kg   h) 10 dag j) 30 t

345 Löse durch „Kopfrechnen"!

> **Beispiel**
>
> **200 % von 325 €**
> $\cdot 2\ \begin{pmatrix}100\%\ \ldots\ 325\ €\\200\%\ \ldots\ 650\ €\end{pmatrix}\cdot 2$

a) 400 % von 120 €   c) 1000 % von 2 kg   e) 500 % von 240 m
b) 150 % von 1000 €   d) 110 % von 5 kg   f) 120 % von 800 m

346 Kreuze den jeweils richtigen Prozentwert an!
a) 5 % von 1300 € :   ○ A 6500 €   ○ B 6,50 €   ○ C 65 €   ○ D 650 €
b) 25 % von 1,2 km: ○ A 300 km   ○ B 300 m   ○ C 48 m   ○ D 30 m
c) 60 % von $\frac{1}{2}$ t: ○ A 0,3 t   ○ B 300 t   ○ C 30 t   ○ D 30 kg
d) 150 % von 900 m: ○ A 6 m   ○ B 135 km   ○ C 1,35 km ○ D 135 m

> **Beispiel**
>
> Eine Hose für 60 € wird im Schlussverkauf um 30 % verbilligt angeboten.
> Um wie viel Euro ist die Hose billiger?
> Wie viel Euro kostet die Hose jetzt?
>
> **1. Möglichkeit:** 30 % von 60 €, also 60 · 0,30 = **18 €**.
> Die Hose ist um **18 €** billiger und kostet jetzt **42 €**.
> **2. Möglichkeit:** Der neue Preis beträgt 70 % des alten Preises: 70 % = 0,7.
> Wir erhalten den neuen Preis auch, indem wir gleich rechnen: 60 € · 0,7 = **42 €**
> Also ist die Hose um **18 €** billiger geworden.

347 Berechne den neuen Preis der Ware beim Räumungsverkauf!

	a)	b)	c)	d)	e)
alter Preis	450 €	675 €	1080 €	548 €	2 408 €
Preisnachlass	10 %	20 %	7,5 %	12 %	12,5 %

348 Ein Pullover kostet a) 30 €, b) 27 €, c) 35 €, d) 95 €, e) 112 €, ⊞ f) x €.
Frau Müller erhält einen Rabatt (Preisnachlass) von 10 %. Wie viel Euro bezahlt sie?

349 Frau Klien will ein neues Auto kaufen. Für dasselbe Modell hat sie drei unterschiedliche Angebote erhalten. Suche das günstigste Angebot heraus!
1) Angebot: 15 910 € ohne Abzug,
2) Angebot: 16 100 €; bei Zahlung innerhalb einer Woche 2 % Skonto,
3) Angebot: 16 230 €; bei sofortiger Barzahlung 4 % Rabatt.
Hinweis Skonto ist ein Preisnachlass (in %) bei fristgerechter Zahlung.

Rechnen mit Prozenten C3

Beispiel

Der alte Preis eines Skaterhelms betrug 60 €.
Der Preis wird um 5 % erhöht.
Wie viel Euro beträgt die Preiserhöhung?
Wie viel Euro kostet der Helm jetzt?

1. Möglichkeit: 5 % von 60 €,
also $60 \cdot 0{,}05 =$ **3 €**.
Die Preiserhöhung beträgt **3 €**,
der Helm kostet jetzt **63 €**.

2. Möglichkeit: Der neue Preis beträgt 105 % des alten: $105\% = \frac{105}{100} = 1{,}05$
Den neuen Preis erhalten wir daher, indem wir rechnen: $60\,€ \cdot 1{,}05 =$ **63 €**
Der Skaterhelm kostet nach der Preiserhöhung **63 €**, er ist also um **3 €** teurer geworden.

350 Ermittle den neuen Preis!

	a)	b)	c)	d)	e)
alter Preis	235 €	147 €	19,80 €	116 €	6 804 €
Erhöhung	15 %	25 %	8 %	18 %	12,5 %

351 Bei einem Ausverkauf wegen einer Geschäftsauflösung gibt es auf alle Waren einen Rabatt (Preisnachlass) von 15 %. Gegen Ende des Ausverkaufs wird der ursprüngliche Preisnachlass **1)** verdoppelt, **2)** am letzten Tag sogar verdreifacht.
a) Wie hoch ist der jeweilige Preisnachlass in Prozent?
b) Eine Ware kostete 150 €. Was kostet sie am letzten Tag?

1) Lies dir die Textaufgabe gut durch und kreuze die dazu passende Rechnung an!
2) Formuliere zu den anderen Rechnungen eine jeweils passende Textaufgabe!

352 Ein Autohaus gewährt einen Barzahlungsrabatt von 8 %.
Wie viel Euro muss man bezahlen, wenn der ursprüngliche Preis 13 490 € lautet?
  ○ A $13\,490 \cdot 1{,}08 = 14\,569{,}20$ ○ B $13\,490 \cdot 0{,}8 = 10\,792$ ☒ C $13\,490 \cdot 0{,}92 = 12\,410{,}80$

353 Von den 110 Kindern der 2. Klassen waren am Faschingsdienstag 10 % krank.
Wie viele Kinder konnten am Faschingsfest teilnehmen?
  ☒ A $110 \cdot \frac{9}{10} = 99$ ○ B $110 \cdot 1{,}1 = 121$ ○ C $110 \cdot 0{,}1 = 11$

354 Gregor hat vergessen, eine Rechnung von 99 Euro pünktlich einzuzahlen. Nun muss er zusätzlich 4 % Mahnspesen begleichen. Wie viel Euro bezahlt Gregor?
  ○ A $99 \cdot 1{,}4 = 138{,}60$ ○ B $99 \cdot 0{,}04 = 3{,}96;\ 99 + 3{,}96 = 102{,}96$ ○ C $99 \cdot 0{,}96 = 95{,}04$

355 Schreibe eine passende Textaufgabe zur folgenden Rechnung!

Beispiel

$90 \cdot 1{,}2 = 108$
Max will neue Kopfhörer kaufen. Mit 20 % MWSt. beträgt der Preis 108 €.

a) $105 \cdot 0{,}97 = 101{,}85$ b) $75 \cdot 0{,}25 = 18{,}75;\ 75 + 18{,}75 = 93{,}75$ c) $50 \cdot 1{,}03 = 51{,}5;\ 51{,}5 - 50 = 1{,}5$

C3 Prozentrechnung

Beispiel

Der Preis eines Fernsehapparates beträgt exkl. **MWSt.** 790 €.
Berechne den Preis des Fernsehapparates inkl. MWSt.!

Gegeben: G = 790 €, p % = 120 %
Gesucht: W für 120 %
Schätzung: 790 € + 80 € · 2 = 950 €.

1. Art:

Prozent	Preis in €
100	790
10	79
120	79 · 12 = **948**

:10 :10
·12 ·12

2. Art: $120\% = \frac{120}{100} = 1{,}20$; 790 € · 1,2 = **948 €**

Antwort: Der Fernsehapparat kostet inkl. MWSt. **948 €**.

ℹ Mehrwertsteuer

Bei jedem Kauf („**Umsatz**") muss die Käuferin/der Käufer **Mehrwertsteuer (Umsatzsteuer)** bezahlen, die vom Verkäufer an den Staat (Finanzamt) abzuliefern hat. Derzeit beträgt die Mehrwertsteuer (MWSt.) für die meisten Waren und Dienstleistungen **20 %** vom so genannten **Verkaufspreis netto (Preis exklusive MWSt.)**. In manchen Fällen beträgt sie 10 % bzw. 13 %.
exklusive (exkl.) MWSt. … ohne MWSt.
inklusive (inkl.) MWSt. … einschließlich MWSt.

356 Der Preis einer Ware ist exkl. **MWSt.** angegeben. Berechne 1) die MWSt., 2) den Preis inkl. MWSt.!
a) Kaffeemaschine 250 €
b) Auto 18 700 €
c) Autoreparatur 197 €
d) Lexikon 33 € (10 % MWSt.)
e) Schrank 335 €
f) Swimmingpool 1 790 €

357 Kilian liest in einem Prospekt: „Nur heute: 20 % Mehrwertsteuer sparen!"
Ein MP3-Player ist mit 50 Euro statt 60 Euro angeschrieben. „Aber es dürften doch nur 48 Euro sein", denkt Kilian. Wo liegt sein Denkfehler?

Beispiel

Bei einer Befragung von 2 000 Personen gaben 70 % an, dass sie im letzten Jahr auf Urlaub waren. 20 % von ihnen verbrachten diesen Urlaub in Österreich.

1) Wie viele Personen waren im letzten Jahr auf Urlaub? Wie viele davon in Österreich?
2) Wie viel Prozent der Befragten verbrachten den Urlaub in Österreich?

1) **1. Art:**
100 % sind 2 000 P, also 10 % = 200 P
⇒ 70 % sind 200 · 7 = **1 400 P**
1 400 ist der neue Grundwert.
100 % sind 1 400 P, also 10 % = 140 P
⇒ 20 % sind 140 · 2 = **280 P**

2. Art:
2 000 · 0,7 = **1 400 P**

1 400 · 0,2 = **280 P**

1 400 Personen waren auf Urlaub. **280** Personen verbrachten ihren Urlaub in Österreich.

2) Wir müssen berechnen, wie viel 20 % von 70 % sind: 0,7 · 0,2 = **0,14**
14 % der Befragten verbrachten ihren Urlaub in Österreich.
Bemerkung: Man kann ebenso berechnen, wie viel Prozent 280 Personen von 2 000 Personen sind.

358 Ein PC kostet ursprünglich 1 650 €. Da es sich um ein Auslaufmodell handelt, wird der Preis zuerst um 15 % und dann noch einmal um 10 % reduziert.
1) Berechne den Preis nach jeder Preissenkung!
2) Wie viel Prozent des ursprünglichen Preises beträgt der Preis nach der zweiten Preissenkung?
3) Tom meint zu 2): „Das ist doch ganz einfach: 15 + 10 = 25. Der Preis vermindert sich also um 25 %." Was sagst du zu Toms Vorschlag? Begründe deine Ansicht!

3.2 Berechnen des Prozent-, Promillesatzes

Kim und Pauline waren gemeinsam in der Volksschule. Jetzt besuchen sie verschiedene Gymnasien. Pauline erzählt Kim: „Von den 26 Schülerinnen und Schülern in meiner Klasse sind 13 Mädchen." Kim antwortet: „Das sind ja genau ▭ Prozent! Bei mir in der Klasse sind ebenfalls 13 Mädchen. Wir sind aber insgesamt 28." Pauline meint: „50 % von 28 wären ▭. Daher sind in deiner Klasse, relativ gesehen, ▭ Mädchen als in meiner Klasse."

Es ist immer sinnvoll, den Prozentsatz zu schätzen. Es gibt auch drei Möglichkeiten ihn zu berechnen.

1. Art: Man berechnet, wie viel Prozent einer Schülerin entspricht und multipliziert dann mit der Anzahl der Schülerinnen.

Anzahl	Prozent
28	100
13	x
28	100
1	100 : 28 ≈ 3,57
13	$\frac{{}^{25}100 \cdot 13}{28_7} = \frac{25 \cdot 13}{7} \approx 46{,}43$

: 28 ↓ · 13   : 28 ↑ · 13

2. Art: Man berechnet, wie viel Schülerinnen einem Prozent entsprechen.

Anzahl	Prozent
28	100
13	x
28	100
28 : 100 = 0,28	1

: 100 ↓   : 100 ↑

Nun muss man sich nur noch überlegen, wie oft 0,28 in 13 enthalten ist. Man muss also dividieren:
13 : 0,28 ≈ 46,43

3. Art: Man berechnet den Prozentsatz p % als Quotient von Prozentwert W und Grundwert G und multipliziert diesen mit 100 (siehe relativer Anteil, S. 55). $p = \frac{13}{28} \cdot 100 \approx 46{,}43$.

Die Formel lautet: $p = \frac{W}{G} \cdot 100$

Berechnen des Prozentsatzes

1. Art: mit Hilfe der **Schlussrechnung** in einer Tabelle
2. Art: Berechnung, wie oft **1 % des Grundwertes** im Prozentwert enthalten ist
3. Art: mit Hilfe der **Formel** $p = \frac{W}{G} \cdot 100$

Hinweis Der Promillesatz kann ebenso auf drei Arten berechnet werden.
Die zugehörige Formel lautet: $p = \frac{W}{G} \cdot 1000$

359 Rechne „im Kopf"!

a) 1) 50 € sind ▭ % von 100 €
2) 50 € sind ▭ % von 200 €
3) 50 € sind ▭ % von 250 €

b) 1) 250 m sind ▭ % von 1 km
2) 250 m sind ▭ % von 500 m
3) 250 m sind ▭ % von 125 m

360 Rechne „im Kopf" und gib den gesuchten Prozentsatz an!
a) 4 € von 20 €   c) 60 € von 80 €   e) 50 g von 200 g   g) 75 von 500 Schülern
b) 1 € von 25 €   d) 300 kg von 500 kg   f) 9 € von 300 €   h) 39 cm von 130 cm

C3 Prozentrechnung

361 Schätze zunächst den Prozentsatz, bevor du ihn auf eine Dezimale genau berechnest!
a) 112 von 680 Kindern
b) 27 ha von 75 ha
c) 38 von 200 Autofahrerinnen
d) 9 von 280 Seiten eines Buches
e) 980 von 1010 Personen
f) 720 von 2 098 Stimmen

362 Die Klassenvorstände der zweiten Klassen haben eine statistische Erhebung durchgeführt:

Klasse	Anzahl Buben	Anzahl Mädchen	Anzahl der Buben mit mehr als drei Krankheitstagen	Anzahl der Mädchen mit mehr als drei Krankheitstagen
2A	13	11	3	2
2B	12	12	4	3
2C	10	15	2	5
2D	11	12	1	2

Sind Buben oder Mädchen häufiger krank?
a) Schätze zuerst und berechne dann die genauen Prozentsätze
  1) für die einzelnen Klassen!
  2) für alle zweiten Klassen zusammen!
b) Vergleiche die verschiedenen statistischen Werte der zweiten Klassen mit Hilfe des **Sprachbausteins**!

Sprachbaustein
- Die Anzahl der … ist höher/niedriger als …
- Verglichen mit der _-Klasse sind …
- Im Vergleich zur _-Klasse sind …
- Im Gegensatz zur _-Klasse ist die Anzahl …
- In der _-Klasse gibt es relativ gesehen mehr/weniger …
- Prozentuell gibt es …

363 Im Vorjahr hat die Firma A 360 Autos verkauft, die Firma B 270 Autos. Jede der zwei Autofirmen hat heuer um 60 Autos mehr verkauft als im Vorjahr.
Drücke die Steigerung der beiden Verkaufszahlen in Prozenten und in Bruchteilen aus!

Beispiel

Ein Pullover kostete 45 €. Im Ausverkauf wird er um 35 € angeboten.
Um wie viel Prozent wurde er billiger? Schätze zuerst!
Gegeben: G = 45 €, W = 10 € (Verbilligung)
Gesucht: p%
Schätzung: 10 € sind etwas weniger als 1 Viertel von 45 €, also etwas weniger als 25%.
1. Möglichkeit: Wir berechnen den Quotienten von Verbilligung und altem Preis (relativer Anteil): 10 : 45 = 0,222… ≈ **22%**
2. Möglichkeit: Wir berechnen den Quotienten von neuem Preis und altem Preis (relativer Anteil): 35 : 45 = 0,777… ≈ 0,78 = 78% → **100% − 78% = 22%**
Antwort: Der Pullover wurde um rund **22%** billiger.

364 Frau Konrad verdient im Monat 1650 Euro. Ab Juni bekommt sie eine Gehaltserhöhung von 5%. Daraufhin erhöht sie auch das Taschengeld ihres Sohnes Benedict von 24 Euro auf 30 Euro.
Um wie viel Prozent wurde das Taschengeld von Benedict erhöht?
1) Kreuze an, mit welchen beiden Gleichungen der Prozentsatz der Erhöhung des Taschengeldes richtig berechnet werden kann!
 ○ A $p = \frac{30}{24} \cdot 100$
 ○ B $p = (100 : 24) \cdot 30$
 ○ C $p = \frac{1650}{24}$
 ○ D $p = \frac{24}{30} \cdot 100$
 ○ E $p = 24 \cdot 30$
2) Welche Angaben wurden nicht verwendet? Gib eine weitere Aufgabenstellung an!

Rechnen mit Prozenten C3

365 Das Einkommen eines Angestellten wurde erhöht. Berechne die Erhöhung in Prozent!
a) von 1727 € auf 1778 €
b) von 1511 € auf 1578 €

366 Durch den Bau des **Suezkanals** in den Jahren 1859–1869 wurde eine starke Verkürzung des Seeweges von Europa nach Südostasien erreicht. Berechne die Verkürzung des Seeweges in Prozent! Runde auf eine Dezimale!

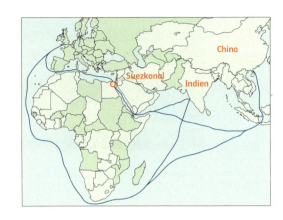

	Seeweg	Weg um Südafrika	Weg durch den Suezkanal
a)	London – Hongkong	13 350 sm	9 670 sm
b)	Hamburg – Mumbay	11 220 sm	6 420 sm

Hinweis sm steht für Seemeile. (1 sm = 1,852 km)

367 Einer Firma werden 1120 kg Obst geliefert. Davon war eine bestimmte Menge Obst verdorben. Schätze und berechne, wie viel Promille von der gelieferten Menge Obst verdorben war!

Beispiel

28 kg verdorben
Gegeben: G = 1120 kg, W = 28 kg   **Gesucht:** p ‰
Schätzung: 1120 kg … 1000 ‰ → 1 kg ist etwas weniger als 1 ‰, daher sind 28 kg etwas weniger als 28 ‰.

1. Art:

Anzahl	Promille
1120	1000
28	x
1120	1000
1	1000 : 1120
28	$(1000:1120) \cdot 28 = \frac{\overset{25}{\cancel{1000}} \cdot 28}{\underset{28}{\cancel{1120}}} = \frac{25 \cdot \cancel{28}^{1}}{\cancel{28}_{1}} = 25$

: 1120 , · 28   : 1120 , · 28

2. Art: Wir überlegen zuerst: 1 ‰ = $\frac{1}{1000}$ ⇒ 1120 : 1000 = 1,12
1,12 kg Obst entspricht 1 ‰.
Um herauszufinden, wie viel Promille 28 kg sind, fragen wir: „Wie oft ist 1,12 in 28 enthalten?"
28 : 1,12 = 2800 : 112 = **25**
3. Art: Wir berechnen den Quotienten von Prozentwert W und Grundwert G (relativer Anteil):
28 : 1120 = 0,025 = **25 ‰**
Antwort: 25 ‰ des gelieferten Obstes waren verdorben.

a) 35 kg   b) 72 kg   c) 8 kg   d) 217 kg   e) 3 kg

368 Schätze zuerst, bevor du die Rechnung durchführst!
a) Wie viel Promille sind 12 von 500?
b) Wie viel Promille sind 9 von 990?
c) Wie viel Promille sind 5 m von 1,2 km?
d) Wie viel Promille sind 12 € von 1300 €?

C3 Prozentrechnung

3.3 Berechnen des Grundwertes

Sophie hatte im vergangenen Basketballmatch eine hervorragende Trefferquote von 20%. Dabei erzielte sie sechs Körbe. Sie fragt sich, wie viele Körbe sie geschafft hätte, wenn sie bei jedem Korbwurf getroffen hätte.
Sophie überlegt:

Sechs Körbe sind 20% der Korbwürfe. Der Prozentwert und der Prozentsatz sind zueinander direkt proportional.

$$\cdot 5 \begin{pmatrix} 20\% \ldots 6 \text{ Körbe} \\ 100\% \ldots \boxed{} \text{ Körbe} \end{pmatrix} \cdot 5$$

Sophie hätte also ▢ Körbe erzielen können.

Sophie hat für ihre Berechnung die Schlussrechnung verwendet, aber es gibt noch weitere Arten, um die Anzahl der möglichen Körbe zu berechnen.

Wir überlegen: **6 Körbe** sind **20%** $\left(=\frac{20}{100} \text{ oder } 0{,}2\right)$ von einem unbekannten **Grundwert**.
Als Gleichung geschrieben:
$$6 = G \cdot 0{,}2 \Rightarrow G = 6 : 0{,}2 \Rightarrow G = 60 : 2 \Rightarrow G = \boxed{}$$

Wenn man die Gleichung in eine allgemein gültige Formel übersetzt, ergibt sich:
$$G = \frac{W \cdot 100}{p}$$

Berechnen des Grundwertes

1. Art: mit Hilfe der **Schlussrechnung**
Berechne **1% des Grundwertes** und **multipliziere** das Ergebnis **mit 100**!

2. Art: mit Hilfe der **Formel** $\quad G = \frac{W \cdot 100}{p}$

Hinweis Bei der Promillerechnung kannst du auch mittels Schlussrechnung arbeiten, oder du berechnest zuerst 1‰ des Grundwertes und multiplizierst das Ergebnis mit 1000.
Die Formel lautet: $G = \frac{W \cdot 1000}{p}$

369 Berechne den Grundwert G mit Hilfe der Schlussrechnung!
a) 10% von G sind 128 €
b) 25% von G sind 18 kg
c) 75% von G sind 120 dag
d) 120% von G sind 600 €
e) 133% von G sind 1220 €
f) 110% von G sind 827 €

370 Berechne den Grundwert G, indem du eine Gleichung aufstellst und sie löst!
a) 42 € sind 6% von G
b) 10 g sind 8% von G
c) 14 kg sind 7% von G
d) 1,5 m sind 22% von G
e) 12 m sind 5% von G
f) 1,3 km sind 116% von G

371 Berechne den Grundwert G, indem du in die Formel $G = \frac{W \cdot 100}{p}$ einsetzt!
a) 12 m sind 3% von G
b) 2 g sind 4% von G
c) 24 m sind 6% von G
d) 11 h sind 25% von G
e) 50 kg sind 25% von G
f) 2 € sind 40% von G

Rechnen mit Prozenten C3

372 Berechne den Grundwert G!
a) 30‰ von G sind 60.
b) 40‰ von G sind 100.
c) 30‰ von G sind 180.
d) 20‰ von G sind 174.
e) 27‰ von G sind 54.
f) 8‰ von G sind 25.

373
a) Christophers Handy zeigt noch einen Ladestand von 30%. Er telefoniert mit seinem besten Freund wegen der bevorstehenden Mathematikschularbeit 57 Minuten lang. Dann ist der Akku leer. Wie lange hätte Christopher mit einem vollen Akku telefonieren können?
b) Melanies Handy zeigt noch einen Ladestand von 12%. Sie surft auf dem Heimweg 18 Minuten im Internet. Als sie aussteigt, sind es nur mehr 4%.
  1) Wie lange kann Melanie noch im Internet surfen, bevor der Akku völlig entleert ist?
  2) Wie lange kann sie bei einem vollgeladenen Akku im Internet surfen?

374 Eine Ware kostet inkl. 20% MWSt. a) 128,70 €, b) 104,70 €, c) 74,40 €.
Wie hoch ist der Preis exkl. MWSt.?

375 Ein Laptop kostet inkl. 20% MWSt. 490 Euro. Kreuze die beiden richtigen Aussagen an!
⊠ A Der Grundwert beträgt 490 € minus 98 €.
○ B Der Grundwert beträgt 490 €.
○ C Der Grundwert entspricht 80% vom Endpreis
⊠ D Der Grundwert beträgt 408,33 €.
⊠ E Der Grundwert entspricht rund 83,33% vom Endpreis.

376 Eine Gemeinde erhält von der Landesregierung für den Bau einer Brücke einen Betrag von 92 400 €, das sind 48% der Baukosten. Berechne die gesamten Baukosten!

377 Eine Gemeinde hat in einem Jahr 75 000 m ihres Straßennetzes erneuert. Das sind 125% der Straßenlänge, die die Gemeinde im Jahr zuvor erneuert hat.
Wie viel Meter Straße sind im Jahr zuvor erneuert worden?

378 Hier ist ein Teil von einer Fläche abgebildet. Übertrage ins Heft zB mit 1 Kästchen ≙ 1 cm!
Ergänze die Figur auf 100% (ein Ganzes)!

Beispiel
Die Fläche der Figur entspricht 20%. Auf 100% ergänzt ergibt sich:

20% → 100%

a) 20%   b) 50%   c) 40%   d) 25%

Hinweis Es gibt nicht nur eine richtige Lösung. Wo du die Figuren ergänzt, ist deine Entscheidung.

C Prozentrechnung

Üben und Sichern

379 Eine Ware kostet ohne MWSt. 230 €. Beim Kauf muss man 20% MWSt. dazurechnen. Durch einen Preisnachlass wird der Kaufpreis (inkl. MWSt.) um 20% gesenkt.
a) Wie viel Euro kostet die Ware nach dem Preisnachlass?
b) Erkläre, warum der endgültige Preis nicht 230 € beträgt!

380 Eine Blumenhändlerin beschließt: „Jeden Winter setze ich die Preise um 25% hinauf und im Frühjahr um 20% herab." Ihr Mann zweifelt: „Ob da die Kunden auf Dauer mitmachen, wenn du von Jahr zu Jahr teurer wirst?" Hat ihr Mann Recht? Begründe deine Antwort!

381 In der 2E-Klasse sind 25 Schülerinnen und Schüler. Fynn erhält bei der Klassensprecherwahl 16 Stimmen, das sind rund 80% aller gültigen Stimmen. Wie viele Kinder haben ungültig gewählt?

382 1) Vergrößere 200 um 10% und vermindere die neue Zahl um den gleichen Prozentsatz!
2) Erkläre, warum die erhaltene Zahl kleiner als die ursprüngliche Zahl ist!

383 Matthias berichtet seinen Eltern vom Leichtathletikwettbewerb mit Klassen eines anderen Gymnasiums: „Es nahmen 159 Schülerinnen und Schüler von unserer Schule und 195 des anderen Gymnasiums teil. Wir haben insgesamt leider nur 72 Medaillenplätze belegt, das andere Gymnasium dagegen 78." Ist das „Leider" berechtigt? Begründe deine Ansicht!

Steigung von Straßen und Gleisen

10% Steigung bzw. Gefälle bedeutet, dass auf einer waagrechten Entfernung von 100 m ein Höhenunterschied von 10 m überwunden wird: 10% von 100 m entspricht 10 m.

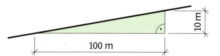

Steigungsdreieck für 10% Steigung (nicht maßstabsgetreu)

Wenn die waagrechte Entfernung zB nur 54 m beträgt, macht der Höhenunterschied bei 10% Steigung 5,4 m aus.
Bemerkung: Bei **Eisenbahnlinien** wird die **Steigung in Promille** angegeben. Im Bahnhofsgelände darf die Steigung nicht mehr als 2,4 ‰ betragen, auf freier Strecke soll sie 25 ‰ nicht übersteigen. Der ICE schafft bis zu 40 ‰.

384 Die waagrechte Entfernung zwischen zwei Punkten eines Weges beträgt 500 m.
1) Wie groß ist der Höhenunterschied dieser Punkte in Meter, wenn die Steigung mit
a) 10%, b) 12%, c) 25%, d) 35%, e) 80%, f) 100% gegeben ist?
2) Zeichne ein Steigungsdreieck im Maßstab 1:10 000 (→ Figur oben)!

385 Berechne den Höhenunterschied zweier Stellen eines Eisenbahngleises in Meter, wenn ihre waagrechte Entfernung und die Steigung gegeben sind!
a) 360 m; 2 ‰   b) 450 m; 2,2 ‰   c) 1500 m; 12 ‰   d) 5200 m; 25 ‰

Üben und Sichern C

386 In der Tabelle unten ist zu einigen Stationen der Semmeringbahn die waagrechte Entfernung von Wien und die Seehöhe angegeben.

a) Berechne in Promille (auf zwei Dezimalen genau) die mittlere Steigung bzw. das mittlere Gefälle der Eisenbahnlinie zwischen je zwei aufeinander folgenden Stationen!

Station	Entfernung von Wien	Absolute Höhe
Gloggnitz (G)	77 km	428 m
Küb	87 km	494 m
Klamm (K)	94 km	699 m
Breitenstein (B)	99 km	791 m
Semmering (S)	105 km	894 m
Spital a. S. (Sp./S)	112 km	789 m
Mürzzuschlag (M)	118 km	679 m

Semmeringbahn

Der **Semmering** ist der Pass zwischen dem Wiener Becken und dem steirischen Mürztal. Die **Semmeringbahn** wurde in den Jahren 1848–1854 nach Plänen von **Karl Ritter von Ghega** erbaut und war die **erste Gebirgsbahn der Welt**. Auf zahlreichen Viadukten und in Tunnels überwindet die zweispurige Bahn rund 500 Höhenmeter. Dieses beeindruckende Bild war auch auf dem 20-Schilling-Schein zu sehen. Daher heißt dieser Ausblick auch heute noch **20-Schilling-Blick**.

b) In der untenstehenden Abbildung sind bereits zwei Stationen eingezeichnet. Markiere die Lage der restlichen Stationen durch Punkte und vervollständige das Diagramm!
Stelle mit Hilfe der Zeichnung fest, zwischen welchen genannten Stationen die Semmeringbahn die größte bzw. die kleinste mittlere Steigung hat!

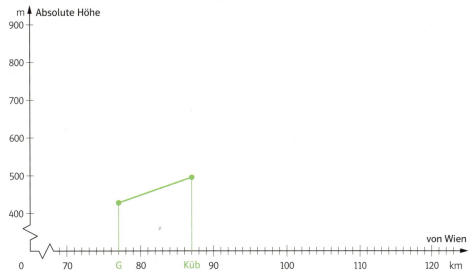

Bemerkung: Die „Ziehharmonika" auf den Koordinatenachsen zeigt eine Verkürzung an, um für die Darstellung unwesentliche Längen wegzulassen.

387 Der Preis einer Ware fiel zunächst um 4 %, stieg dann um 3 % und betrug zuletzt 494,40 €. Berechne, wie teuer die Ware
1) nach der Verbilligung und vor der Verteuerung, 2) vor der Verbilligung war!

C Prozentrechnung

388 Österreich hat rund 8,7 Mio. Einwohnerinnen und Einwohner (Stand 2016).
Gib den jeweiligen relativen Anteil an der Einwohnerzahl Österreichs **1)** als gekürzten Bruch,
2) in Prozent an!
   a) Rund 1,4 Mio. Österreicherinnen und Österreicher leben in Oberösterreich.
   b) Rund 288 000 Personen leben im Burgenland.
   c) Rund 1,8 Millionen leben in Wien.

389 Rund $\frac{3}{20}$ der Österreicherinnen und Österreicher sind jünger als 15 Jahre. (Verwende die Angabe aus Aufgabe 388!)
   1) Rund wie viel Prozent der Bevölkerung sind das?
   2) Rund wie viele Österreicherinnen und Österreicher sind jünger als 15 Jahre?
   3) Zeichne zu **2)** einen passenden Prozentkreis!

390 Im Jahr 2016 hatte Österreich rund 8,7 Millionen Einwohnerinnen und Einwohner. Es wird angenommen, dass die Bevölkerung bis zum Jahr 2050 auf rund 10,5 Millionen anwachsen wird. (Quelle: Statistik Austria).
   1) Um rund wie viel Prozent wird die Anzahl der Einwohnerinnen und Einwohner Österreichs von 2016 bis 2050 voraussichtlich ansteigen?
   2) Im Jahr 2050 werden rund 34 % der Bevölkerung Österreichs älter als 60 Jahre sein. Wie viele Personen sind das?
   3) Wien hatte 2016 rund 1,8 Mio. Einwohnerinnen und Einwohner. Entspricht der voraussichtliche Bevölkerungszuwachs bis 2050 auf 2,2 Mio. Einwohner/innen dem von Gesamtösterreich? Schätze zuerst und berechne dann den Prozentsatz!
   4) Von den etwa 2,2 Mio. Einwohnerinnen und Einwohnern Wiens im Jahr 2050 werden ca. 560 000 älter als 60 Jahre sein. Wie viel Prozent sind das?

391 Sebastian erhält 15 € Taschengeld im Monat, seine jüngere Schwester Anja nur 12 €.
Anja sagt: „Ich bekomme 20 % weniger Taschengeld als du."
Sebastian stellt fest: „Da wundere ich mich aber, denn ich bekomme doch 25 % mehr als du."
Wer hat Recht? Kannst du den Widerspruch erklären?

Prozentangaben zum Nachdenken
Sind Prozentangaben immer sinnvoll und aussagekräftig?
Vergleiche die Prozentangaben in den gegebenen Aussagen!

392 Das Volksbegehren gegen TTIP/Ceta (Jänner 2017) haben 8,88 % der Wahlberechtigten unterstützt.
In Geralds Familie (Mutter, Vater, Gerald und seine Schwester) waren es hingegen 75 %.

393 Der Preis einer bestimmten Automarke erhöhte sich im Vorjahr um 7 %.
Der Preis einer Schachtel Zündhölzer schnellte hingegen um 70 % in die Höhe.

394 Innerhalb von vier Jahren ging die Zahl der tödlich verunglückten Radfahrer um 45 % zurück.
Ein PC wurde um 45 % billiger.

Üben und Sichern C

395 Trage in die Tabelle ein, bei welchem Wert es sich um den Grundwert G, den Prozentwert W bzw. den Prozentsatz p% handelt! Berechne den fehlenden Wert!

	G	W	p%
1) Carlotta bekommt 15% Rabatt auf ihren Einkauf von 72 Euro.			
2) Ein Pullover kostet statt 49 Euro nur mehr 39,20 Euro.			
3) Durch die 20% Mehrwertsteuer wird die DVD um 2,80 Euro teurer.			
4) Von 24 Kindern einer Klasse sind 6 Mädchen.			
5) Ein Fünftel der 25 Kinder der 2D-Klasse fahren mit dem Rad zur Schule.			
6) Von den 15 Ferientagen war es an 5 Tagen sonnig.			

396 Berechne das durchschnittliche Gefälle der Donau zwischen je zwei aufeinander folgenden Schiffsstationen und zwischen Budapest und der Mündung in Promille! Beachte den Tipp und überprüfe deine Ergebnisse mit den Kärtchen unten!

Schiffsstation	Entfernung von der Quelle	Seehöhe des Wasserspiegels
Regensburg	427 km	328 m
Passau	580 km	289 m
Linz	671 km	251 m
Wien	877 km	157 m
Budapest	1160 km	94 m
Mündung	2848 km	0 m

Tipp

Wenn die Seehöhe auf einer waagrechten Entfernung von 1 km um 1 m abnimmt, so beträgt das Gefälle 1‰.
ZB: Regensburg – Passau …
39 m : 153 000 m = 0,00025 … ≈ 0,25‰

0,25‰   0,22‰   0,42‰   0,46‰   0,06‰

397 Schätze den Promillesatz und ordne zu!

	p‰
4 von 3 200	
110 von 1 110	
80 von 40 000	
12 von 2 424	

≈ 2‰
≈ 5‰
≈ 10‰
≈ 16‰
≈ 1,25‰
≈ 99‰

398 An einer Schule besitzen 50% der Schülerinnen und Schüler je ein Fahrrad. Von jenen, die ein Fahrrad haben, besitzen 30% auch ein Skateboard.
Welcher Prozentsatz der Jugendlichen hat sowohl ein Fahrrad, als auch ein Skateboard?

C Prozentrechnung

399 Stelle die angegebenen Prozentangaben in **1)** einem Hunderterfeld, **2)** einem Prozentstreifen, **3)** einem Prozentkreis dar!

a) 20 % b) 25 % c) 45 % d) 60 % e) 80 % f) 90 %

400 Welche Aussagen passen zusammen? Verwende den **Sprachbaustein** und trage links die Zahl **1** oder **2** ein!

	A	Ich habe 10 % Rabatt auf den Einkauf erhalten.	
	B	Das Handy war nur noch ein Zehntel wert, daher habe ich nur so viel bezahlt.	
	C	Weil ich gleich die gesamte Summe gezahlt habe, wurden 10 % vom Preis abgezogen.	
	D	Eigentlich hat die Jacke 100 € gekostet, aber im Ausverkauf war sie 50 % billiger. Da sie einen Fleck gehabt hat, habe ich noch 80 % Rabatt zusätzlich bekommen.	

1	Ich habe 90 % des ursprünglichen Preises bezahlt.
2	Ich habe 10 % des ursprünglichen Preises bezahlt.

Sprachbaustein

Statt „Der Preis wurde **um** 30 % reduziert/gesenkt" kann man auch sagen: „Der Preis wurde **auf** 70 % (des alten Preises) reduziert/gesenkt."

401 In der Beschreibung von Karlas Handy steht, dass bei vollem Akku eine Gesprächsdauer von 29 Stunden und eine Standby-Zeit von 247 Stunden möglich sind. Karla ist mit dem Zug unterwegs und ihr Handy zeigt einen Ladestand von 30 % an.

a) Zeichne den aktuellen Ladestand in die Abbildung rechts oben ein!
b) Berechne, wie lange Karla laut den Angaben aus der Beschreibung noch telefonieren könnte bzw. wie lange das Handy noch funktionieren würde!
c) Während ihrer 90-minütigen Zugfahrt spielt Karla mit ihrem Handy. Am Ende ist der Akku leer. Wie lange könnte Karla bei vollem Akku spielen?
d) Karla vergisst ihr vollgeladenes Handy bei ihrer Oma. Als ihre Oma das Handy wiederbringt, zeigt das Ladesymbol nur mehr den rechts abgebildeten Wert.
Wie lange war das Handy ungefähr ca. bei ihrer Oma?

402 Welche Geschichte könnte zu der Angabe passen? Schreibe eine auf und fülle dann die Lücke!

Beispiel

278 € ——— ·0,92 ——→ ▢

Text: Jakob will sich ein Fahrrad um 278 € kaufen. Er bekommt 8 % Rabatt.
Wie viel Euro muss Jakob bezahlen? 278 € · 0,92 = **255,76 €**
Antwort: Jakob muss **255,76 €** bezahlen.

a) 498 € ——— ·1,15 ——→ ▢   b) 90 € ——— ▢ ——→ 72 €   c) 25 m² ——— ▢ ——→ 40 m²

Zusammenfassung

1 Prozent (1 %) = $\frac{1}{100}$ = 0,01   1 Promille (1 ‰) = $\frac{1}{1000}$ = 0,001

$W = G \cdot \frac{p}{100}$ $W = G \cdot \frac{p}{1000}$

W … Prozentwert   G … Grundwert   p % bzw. p ‰ … Prozentsatz bzw. Promillesatz

AH S. 27

Wissensstraße

Lernziele: Ich kann …

Z 1: die Begriffe Grundwert G, Prozentwert W und Prozentsatz p % richtig verwenden.
Z 2: Prozentangaben in Bruch- und Dezimalschreibweise angeben.
Z 3: Prozentangaben als Hunderterfeld, als Prozentstreifen oder als Prozentkreis darstellen bzw. aus graphischen Darstellungen die Prozentangaben ablesen.
Z 4: Prozentwert, Prozentsatz und Grundwert berechnen.

403 Kreuze an, welche beiden Werte angegeben sind: der Grundwert G, der Prozentwert W oder der Prozentsatz p %! — Z 1

	G	W	p%
1) Ein Paar Schuhe kostet statt 69 Euro nur mehr 59 Euro.	X	X	
2) Durch die 20 % Mehrwertsteuer wird der Pullover um 6 Euro teurer.		X	X
3) Von 24 Kindern einer Klasse sind 8 Mädchen.	X	X	
4) Von den 15 Urlaubstagen hat es an 3 Tagen geregnet.	X	X	

404 Fülle die „Umrechnungstabelle" aus! — Z 2

Prozentangabe	11 %	45%	74%	315 %	375%	112%
Bruchschreibweise	$\frac{11}{100}$	$\frac{9}{20}$	$\frac{37}{50}$	$\frac{63}{20}$	$\frac{3}{8}$	$\frac{28}{25}$
Dezimalzahl	0,11	0,45	0,74	3,15	3,75	1,12

405 Schätze die ungefähren Prozentangaben der Graphik und gib den Wert in Dezimal- sowie in Bruchschreibweise an! — Z 2, Z 3

a) b)

406 Stelle die angegebenen Prozentangaben in **1)** einem Hunderterfeld, **2)** einem Prozentstreifen, **3)** einem Prozentkreis dar! — Z 3
a) 10 % b) 33 % c) 75 % d) 92 %

407 Auf einer 250-Gramm-Tafel Schokolade steht, dass die Schokolade 32 % Kakaobestandteile enthält. Wie viel Gramm Kakaobestandteile sind in der Schokoladentafel? — Z 4

408 Verena klebt statt einer 68-Cent-Marke auf einen Brief eine **a)** 50-Cent-Marke, **b)** 1-Euro-Marke. Um wie viel Prozent hat sie zu wenig bzw. zu viel bezahlt? Schätze zuerst! — Z 4

409 Bei der Bundespräsidentenwahl 2016 gaben fast 4 372 000 Personen ihre Stimme ab. Das entspricht einer Wahlbeteiligung von ca. 68,50 %. Wie viele Personen waren wahlberechtigt? — Z 4

Gleichungen und Formeln

„In der Kürze liegt die Würze!"

Seit langer Zeit haben Autorinnen und Autoren von Schriftstücken versucht, sich die Arbeit leichter zu machen. Sie verwendeten Abkürzungen, oft die Anfangsbuchstaben eines Wortes. Heute ist das so üblich geworden, dass man es kaum noch bemerkt: EU für „Europäische Union", USA für „United States of America", UNO für „United Nations Organization". Dass solche Abkürzungen schon in der Antike in Gebrauch waren, erkennen wir zum Beispiel an der Abkürzung S.P.Q.R. für das lateinische „Senatus Populusque Romanus" („Senat und römisches Volk"). Es war das Hoheitszeichen des antiken Rom und findet sich heute noch im Wappen der Stadt.

Was zeigt das Wappen von Rom?

Kurzschreibweisen, auch in der Mathematik

Abkürzungen hielten auch in der Mathematik Einzug, um lange Texte für Rechenaufgaben kurz in einer „Symbolsprache" zusammenzufassen. Um anzuzeigen, dass zwei Zahlen A und B addiert werden, schrieben Gelehrte des Mittelalters „A et B", weil „et" das lateinische Wort für „und" ist. Die uns heute geläufigen Zeichen „+" für plus und „–" für minus stammen von Johannes Widmann, der vor 1500 in Leipzig lebte. Vom englischen Mathematiker William Oughtred (1574–1660) stammen die Zeichen „×" und „:" für die Multiplikation und Division. Der deutsche Universalgelehrte Gottfried Wilhelm Leibniz (1646–1716) ersetzte das Zeichen „×" für mal durch das Zeichen „·". Die ersten Abkürzungen für Zahlen durch Buchstaben findet man im Werk „Liber abbaci" des italienischen Rechenmeisters Leonardo da Pisa (1170–1250), der sich Fibonacci nannte. Leonardo da Pisa schrieb zB $a + b = b + a$, um auszudrücken, dass es bei der Addition zweier Zahlen nicht auf die Reihenfolge ankommt.

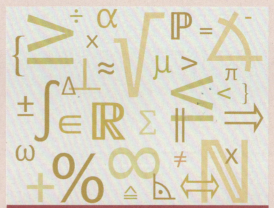

In der Mathematik gibt es viele Kurzschreibweisen und Symbole. Welche kennst du schon? Markiere diese!

D

Die Unbekannte x

François Viète (1540–1603, Bild links), der sich Franciscus Vieta nannte, übernahm die Symbolik des Leonardo da Pisa. Für Zahlen, von denen er von vornherein wusste, wie groß sie sind, verwendete er die ersten Buchstaben des Alphabets, also a, b, c,…, für noch unbekannte Zahlen verwendete er die letzten Buchstaben, vorzugsweise x, y, z. Eine typische mathematische Fragestellung war: „Wenn man zu einer unbekannten Zahl 32 addiert, erhält man 120. Wie lautet die Unbekannte?" Vieta fasste den Sachverhalt in Form einer Gleichung kurz zusammen:
$x + 32 = 120$. Aus dieser Gleichung kann die Unbekannte x durch eine Umkehroperation gewonnen werden:
$x = 120 - 32 \Rightarrow x = 88$
Vieta behauptete darüber hinaus, dass dieses Lösungsverfahren immer so funktioniert, auch wenn statt 32 und 120 irgendwelche Zahlen a und b stehen. Aus der Formel $x + a = b$ ergibt sich:
$x = b - a$. Somit können beliebig viele Gleichungen mit einer einzigen Formel aufgeschrieben werden.

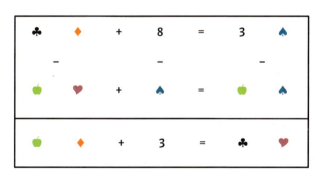

Die Zeichen sind Platzhalter für Ziffern.
Gleiche Zeichen entsprechen gleichen Ziffern.
Kannst du die Symbole entschlüsseln?

Worum geht es in diesem Abschnitt?

- Lösen von Gleichungen durch Umkehroperationen
- Aufstellen und Umformen von Gleichungen und Formeln
- Textaufgaben

D1 Gleichungen und Formeln

1 Lösen von Gleichungen

interaktive Vorübung
tf835w

AH S. 28

1.1 Einfache Gleichungen mit einer Rechenoperation

Tobias sagt zu Emma: „Ich denke mir eine Zahl und du sollst sie erraten! Wenn ich zu meiner Zahl 37 addiere, ist das Ergebnis 72. An welche Zahl x habe ich gedacht?"

Emma denkt nach: „Ich muss rückgängig machen, was du getan hast. Du hast ▓▓▓ addiert, also muss ich ▓▓▓ vom Ergebnis 72 abziehen.

72 − ▓▓▓ = ▓▓▓. Sie sagt: „Die Zahl ist ▓▓▓!"
Die Gleichung zu dieser Aufgabe ist $x + 37 = 72$.

Wir wissen schon aus der 1. Klasse:
Das **Lösen einer Gleichung** bedeutet, den zunächst unbekannten Wert für die **Variable** (hier x) zu finden, sodass die Gleichung stimmt. Deswegen spricht man hier auch von der „**Unbekannten**" x. Wenn wir in die Gleichung oben für x die Zahl 35 einsetzen, führt dies zu einer **wahren Aussage**: $35 + 37 = 72$.

Aus der ersten Klasse wissen wir: Mit **Variablen** lassen sich

Rechengesetze beschreiben zB:
$a + b = b + a$

Formeln aufstellen zB:
$u = 2 \cdot (a + b)$

Gleichungen aufschreiben zB:
$x + 37 = 72$

Beim Lösen einer Gleichung ist unser Ziel, den Wert für die Unbekannte zu finden. Wir müssen die **Rechenoperation**, mit der die Unbekannte verknüpft ist, **rückgängig machen**. Dies nennt man **Umkehrung** der Rechenoperation.

Gleichungen der Form $x + a = b$ bzw. $x - a = b$

Bei den Grundrechnungsarten haben wir festgestellt, dass **Addition** und **Subtraktion entgegengesetzte Rechenoperationen** sind. Die Subtraktion ist die Umkehrung der Addition – die Addition ist die Umkehrung der Subtraktion.

Du kannst so den gesuchten Wert der Unbekannten finden.

zB $\quad x + 37 = 72$ ist gleichbedeutend mit $x = 72 - 37$
$\quad\;\; z - 3,5 = 2,8$ ist gleichbedeutend mit $z = 2,8 + 3,5$

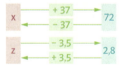

Gleichungen lassen sich gut mittels **Strecken veranschaulichen**. Dabei sind aus der Darstellung die Gleichung und die zugehörige Umkehrung zu erkennen, zB:

$x + 37 = 72$

oder auch: $\quad x = 72 - 37$

$z - 3,5 = 2,8$

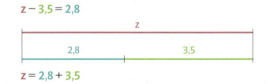

$z = 2,8 + 3,5$

Hinweis Es kommt nicht auf die exakte Länge der einzelnen Teilstrecken an, sondern auf die Beziehung zwischen den gegebenen Zahlen und der Variablen. Daher reicht eine Skizze.

Lösen von Gleichungen D1

Gleichungen wie x + 37 = 72 und z − 3,5 = 2,8 sind von der **Form** x + a = b bzw. x − a = b, wobei x in diesem Fall für die Unbekannte steht und a und b für irgendwelche Zahlen.
Statt x werden oft auch andere Buchstaben verwendet wie y, z, n, ….

Gleichungen der Form x · a = b bzw. x : a = b   ($\frac{x}{a} = b$; a ≠ 0)

Auch Gleichungen mit einer Punktrechnung, also **Gleichungen der Form** x · a = b bzw. x : a = b, können wir durch **Umkehrung der Rechenoperation** lösen. Du kannst also den gesuchten Wert der Unbekannten finden, indem du eine **Multiplikation durch** eine **Division**, eine **Division durch** eine **Multiplikation rückgängig** machst.

zB   z · 6 = 54 ist gleichbedeutend mit z = 54 : 6
     v : 3 = 13 ist gleichbedeutend mit v = 13 · 3

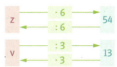

Dies lässt sich auch graphisch veranschaulichen.

z · 6 = 54   v : 3 = 13   Statt v : 3 können wir im Beispiel auch $\frac{v}{3}$ oder $\frac{1}{3} \cdot v$ schreiben.
                                  Allgemein können wir Gleichungen der Form x : a = b auch
                                  als $\frac{x}{a} = b$ schreiben.

z = 54 : 6   v = 13 · 3

Gleichungen der Form a − x = b bzw. a : x = b (x ≠ 0)

Gleichungen, bei denen die **Unbekannte** als **Subtrahend** oder **Divisor** auftritt, sind etwas kniffliger. In der 1. Klasse haben wir bei der Probe festgestellt, dass **Subtrahend** und **Differenz** bzw. **Divisor** und **Quotient** jeweils vertauscht werden können:

zB   15 − x = 8 ist gleichbedeutend mit 15 − 8 = x   (da 15 − 7 = 8 und 15 − 8 = 7 ist)
     12 : x = 3 ist gleichbedeutend mit 12 : 3 = x   (da 12 : 4 = 3 und 12 : 3 = 4 ist)

Hinweis Ab nun schreiben wir an Stelle von „ist gleichbedeutend mit" das Symbol ⇔.

Zusammenfassend gilt:

Umkehroperationen

| x + a = b ⇔ x = b − a | x · a = b ⇔ x = b : a   (a ≠ 0) | a − x = b ⇔ a − b = x |
| x − a = b ⇔ x = b + a | x : a = b ⇔ x = b · a   (a ≠ 0) | a : x = b ⇔ a : b = x   (x, b ≠ 0) |

Hinweis Gleichungen der Form 47 + s = 88 oder 9 · t = 108 können mit Hilfe des Kommutativgesetzes auf obige Form (s + 47 = 88 bzw. t · 9 = 108) gebracht werden.

1) Veranschauliche die Gleichung!
2) Löse die Gleichung durch Umkehrung der Rechenoperation!
3) Führe die Probe durch!

410 a) z + 7 = 11   c) e − 2,7 = 6,5   e) r − 127 = 748
        b) s + 5,5 = 7,8   d) x + 37 = 189   f) v − 159 = 219

411 a) z · 2 = 9   c) 6 · t = 2,4   e) s · 5 = 4,5
        b) v : 2 = 4   d) x : 3 = 5   f) a : 6 = 42

D1 Gleichungen und Formeln

412 1) Löse die Gleichungen durch Umkehrung der Rechenoperation und führe die Probe durch!
2) Finde jeweils einen passenden Text zur gegebenen Gleichung!
- a) $x + 17 = 30$
- b) $y - 34 = 52$
- c) $s - 106 = 18$
- d) $t + 22 = 87$
- e) $m - 35 = 73$
- f) $b + 17 = 95$
- g) $a - 9 = 43$
- h) $r + 33 = 56$

413
- a) $a \cdot 8 = 72$
- b) $b : 6 = 4$
- c) $y \cdot 10 = 140$
- d) $z : 3 = 7$
- e) $\frac{x}{2} = 8$
- f) $c \cdot 3 = 99$
- g) $\frac{t}{7} = 4$
- h) $d \cdot 5 = 60$

414 Löse die Gleichungen durch Umkehrung der Rechenoperation und verbinde sie mit der richtigen Lösung!

1	$u - 1{,}2 = 4{,}9$
2	$30{,}5 : w = 5$
3	$z \cdot 3 = 11{,}1$
4	$v : 2{,}2 = 3{,}5$

A	8,1
B	5,1
C	1,3
D	6,1
E	3,7
F	7,7

Löse die Gleichung und führe die Probe durch!

415
- a) $u + 2{,}3 = 2{,}3$
- b) $v - 2{,}3 = 2{,}3$
- c) $5 + w = 10\frac{1}{2}$
- d) $3{,}5 + x = 6{,}1$
- e) $y - 3{,}5 = 0$
- f) $z - 5 = \frac{3}{2}$
- g) $a - 4{,}2 = 6$
- h) $b + 2\frac{1}{2} = 7{,}8$

416
- a) $x : 3 = 4$
- b) $z : 4 = 2{,}5$
- c) $2 \cdot y = 8$
- d) $\frac{s}{4} = 3$
- e) $\frac{3}{2} = 3 \cdot x$
- f) $0{,}75 = 0{,}25 \cdot y$
- g) $\frac{1}{2} \cdot a : 2$
- h) $2 \cdot r = 3$

417 **Beispiel**

$2 \cdot a + 2 \cdot a = 12$
Vereinfachung: $2 \cdot a + 2 \cdot a = 4 \cdot a$ also $4 \cdot a = 12 \Leftrightarrow a = 12 : 4$ also **a = 3**
Probe für $a = 3$:   Linke Seite: $2 \cdot 3 + 2 \cdot 3 = 6 + 6 = $ **12**   Rechte Seite: **12**

- a) $x + x = 6$
- b) $y + 2 \cdot y = 6$
- c) $3 \cdot z - z = 8$
- d) $2 \cdot u + 3 \cdot u = 5$
- e) $v + 3 \cdot v = 7{,}6$
- f) $4 \cdot w - w = 5{,}7$
- g) $8 = 5 \cdot x - x$
- h) $9 = 5 \cdot a + 4 \cdot a$

418 Gib zwei Gleichungen der Form $x + a = b$ an, die die gegebene Lösung haben!
- a) $x = 4$
- b) $x = 7$
- c) $x = 1{,}5$
- d) $x = \frac{2}{3}$
- e) $x = 2\frac{1}{3}$

419 Gib zwei Gleichungen der Form $y - a = b$ an, die die gegebene Lösung haben!
- a) $y = 5$
- b) $y = 12$
- c) $y = 2{,}3$
- d) $y = \frac{4}{5}$
- e) $y = 3\frac{3}{4}$

420 Gib zwei Gleichungen 1) der Form $z \cdot a = b$ 2) der Form $z : a = b$ an, die die gegebene Lösung haben!
- a) $z = 3$
- b) $z = 11$
- c) $z = 3{,}4$
- d) $z = \frac{3}{4}$
- e) $z = 1\frac{1}{4}$

421 Gib zwei Gleichungen 1) der Form $a - v = b$ 2) der Form $a : v = b$ an, die die gegebene Lösung haben!
- a) $v = 6$
- b) $v = 9$
- c) $v = 4{,}6$
- d) $v = \frac{3}{8}$

Lösen von Gleichungen D1

422 In der gegebenen Figur ist ein Zusammenhang zwischen Zahlen und Variablen dargestellt.
1) Gib für den Zusammenhang eine Gleichung an!
2) Drücke jede Variable durch die anderen Variablen und Zahlen aus!

Beispiel

1) $y + z = 4$ 2) $y = 4 - z$; $z = 4 - y$

a)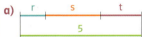

c)

b)

d)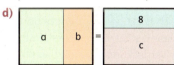

423 In der gegebenen Figur ist ein Zusammenhang zwischen Variablen veranschaulicht.
1) Welche Beziehung zwischen den Variablen kannst du erkennen?
2) Drücke jede Variable durch die andere Variable aus!

a)   b) 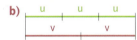   c)

424 Lena will für ihre Freundin Susa Gleichungen erfinden, deren Lösungen jeweils natürliche Zahlen sein sollen.
Kreuze jene Gleichungen an, bei denen sie sich geirrt hat!
⊠ **A** $a \cdot 4 = 38$ ○ **B** $b : 6 = 9$ ○ **C** $c + 6{,}9 = 18{,}9$ ⊠ **D** $d - \frac{7}{4} = \frac{7}{4}$ ○ **E** $0{,}5 \cdot e = 9$

425 Susa möchte für Lena Gleichungen erfinden, deren Lösungen keine natürliche Zahlen sind.
Kreuze jene Gleichung an, bei denen sie sich geirrt hat!
○ **A** $f + 5{,}8 = 23{,}8$ ○ **B** $g - 7{,}5 = 9{,}5$ ⊠ **C** $h \cdot 9 = 12$ ○ **D** $i : 4 = 13$ ⊠ **E** $1{,}6 \cdot j = 2{,}4$

426 Im linken Kästchen findest du vier Gleichungen. Im rechten stehen umgeformte Gleichungen.
Verbinde passende Gleichungen!

A	$2 - a = b$
B	$a \cdot 2 = b$
C	$\frac{a}{2} = b$
D	$\frac{2}{a} = b$

1	$a = b + 2$
2	$a = 2 \cdot b$
3	$a = \frac{2}{b}$
4	$2 = a - b$
5	$a = \frac{b}{2}$
6	$2 - b = a$

427 1) Drücke in der folgenden Beziehung jede Variable durch die anderen aus!
2) Finde drei Zahlen r, s und t bzw. vier Zahlen r, s, t und u, für die die Formel gilt!
a) $r + s = t$ b) $r - s = t$ c) $r \cdot s = t$ d) $r + s = t + u$ e) $\frac{r}{s} = t$

1.2 Formeln

In der ersten Klasse haben wir Variablen dazu benutzt, um **Rechengesetze aufzustellen** und zu **überprüfen**.

Ebenso haben wir schon **Formeln** kennen gelernt, zB Umfang eines Quadrats (u = ▬▬▬▬),
Umfang eines Rechtecks (u = ▬▬▬▬),
Flächeninhalt eines Rechtecks (A = ▬▬▬▬)

Formeln mit Strichrechnungen

Der Zusammenhang zwischen **Brutto, Netto und Tara** ist durch Addition bzw. Subtraktion gegeben: Die **Bruttomasse B** setzt sich aus der **Nettomasse N** und der Masse der Verpackung **(Tara) T** zusammen: $B = N + T$.

Aus dieser Gleichung können wir jetzt durch **Umkehroperationen** die anderen beiden Variablen ausdrücken: $N = B - T$ und $T = B - N$.

Einen sehr ähnlichen Zusammenhang gibt es bei Telefonrechnungen: Die **Kosten K** setzen sich aus einer **Grundgebühr G** und einer **variablen Gebühr V** zusammen:

$$K = G + V \Leftrightarrow G = K - V \Leftrightarrow V = K - G$$

Bei Taxifahrten ist es ähnlich: Die **Kosten** setzen sich aus der **Grundgebühr (Standgebühr)** und einer kilometerabhängigen, variablen **Fahrgebühr** zusammen.

Formeln mit Punktrechnungen

Im Abschnitt E und im Physikunterricht wird die Formel für die Geschwindigkeit $v = \frac{s}{t}$ behandelt.

Sehr häufig kennt man aber die Geschwindigkeit und möchte die Strecke bzw. die Fahrzeit berechnen. Auch dies ist mit Hilfe der Umkehroperationen möglich:

$$v = \frac{s}{t} \Leftrightarrow s = v \cdot t \Leftrightarrow t = \frac{s}{v}$$

Dieselbe Art von Formel tritt in sehr vielen Zusammenhängen auf:

- $A = a \cdot b$ (Flächeninhalt eines Rechtecks)
- $V = G \cdot h$ (Volumenformel eines Quaders)
- $\varrho = \frac{m}{V}$ (Dichte = Masse durch Volumen, ϱ ist ein griechischer Buchstabe)
- $F = m \cdot a$ (Kraft = Masse mal Beschleunigung)
- $p = \frac{F}{A}$ (Druck = Kraft pro (durch) Fläche)

428 Die Handyrechnung von Frau Bauer beträgt 58,50 € in diesem Monat. Diese Rechnung setzt sich aus der Grundgebühr und 21,70 € für Apps zusammen. Wie hoch ist die monatliche Grundgebühr? Stelle eine Gleichung auf!

429 Ein LKW hat 0,6 t Sand geladen und wiegt mit dieser Ladung 3,9 t.
Wie schwer ist der LKW ohne Ladung? Stelle zuerst eine Gleichung auf!

Lösen von Gleichungen D1

430 Berechne die Bruttomasse! Fülle dazu die Tabelle aus!

Tara \ Nettomasse	1) 8,2 kg	2) 10½ kg	3) n kg
Beispiel 3 kg	11,2 kg	13½ kg	n kg + 3 kg = **(n + 3) kg**
a) 5 kg			
b) 1,8 kg			
c) t kg			

431 Eine Taxifahrt kostet 12,10 €. Die Standgebühr beträgt 3,10 €.
1) Berechne den kilometerabhängigen Fahrpreis!
2) Welche Gebühr fällt pro gefahrenem Kilometer an, wenn die Fahrt 6 km lang ist?

432
1) Drücke den Zusammenhang zwischen den angegebenen Größen in Worten aus!
2) Schreibe die Formel mit selbst gewählten Variablen auf!
3) Setze in die Formel für zwei Variablen selbst gewählte Zahlen ein!
   Berechne den Wert für die dritte Variable!
4) Drücke jede Variable aus **2)** durch die beiden anderen aus!

a) Daten eines LKW: Gesamtmasse, Eigenmasse, Nutzlast
b) Hotelrechnung: Übernachtung, Verpflegung, Gesamtpreis
c) Lohnzettel: Bruttoeinkommen, Nettoeinkommen, Abzüge

433 Die Wohnung A hat x Zimmer, die Wohnung B hat y Zimmer.
Es besteht folgender Zusammenhang: **a)** x = y, **b)** x = y + 1, **c)** y = x + 1, **d)** x = y − 2
1) Drücke mit eigenen Worten aus, was die Formel bedeutet!
2) Setze in die Formel für eine der Variablen eine selbst gewählte Zahl ein!
   Berechne dann den Wert für die zweite Variable!

434 In einem Klassenraum befinden sich b Buben und m Mädchen.
a) Es sind gleich viele Buben wie Mädchen im Klassenraum.
   Drücke diesen Zusammenhang mit Hilfe der Variablen b und m aus!
b) Es ist um ein Mädchen weniger im Raum als Buben.
   1) Drücke diesen Zusammenhang mit Hilfe der Variablen b und m aus!
   2) Überprüfe die Richtigkeit der aufgestellten Beziehung mit selbst gewählten Zahlen!

435 Jonas fährt in London zum ersten Mal mit einem Taxi. Der nette Taxifahrer John erklärt ihm, dass die Fahrt mit den berühmten schwarzen Taxis vom Flughafen Heathrow bis ins Zentrum (ca. 32 km) ca. 80 Pfund kostet. Von dieser Fahrt ist abzuraten, weil man mit dem Taxi kaum schneller ist als mit öffentlichen Verkehrsmitteln, die ca. 50 Minuten brauchen. Die Fahrt mit der U-Bahn kostet sogar unter 5 Pfund.
1) Ermittle den Preis pro gefahrenem Kilometer mit dem Taxi in Pfund, wenn die Standgebühr 8 Pfund ausmacht!
2) Welche Angaben hast du für die Aufgabenstellung **1)** nicht verwendet?

D1 Gleichungen und Formeln

436 Die Erde ist in verschiedene Zeitzonen eingeteilt. Österreich liegt zum Beispiel in der Mitteleuropäischen Zeitzone (MEZ) und Großbritannien in der Zone der Greenwich Meantime (GMT). In der MEZ sind die Uhren gegenüber der GMT um eine Stunde vorgestellt.
1) Gib eine Formel an, mit der man aus der Uhrzeit t (nach MEZ) die Uhrzeit z (nach GMT) berechnen kann!
2) Berechne, indem du die Uhrzeit in die Formel einsetzt!
   a) Wie spät ist es in Österreich, wenn es in Großbritannien 13:00 Uhr ist?
   b) Wie spät ist es in Großbritannien, wenn es in Österreich 9:00 Uhr ist?

437  Der Wasserspiegel der Nordsee liegt um ca. 1 Meter höher als der Wasserspiegel des Mittelmeeres. In Österreich sind sämtliche Höhenangaben auf das Mittelmeer bezogen.
a) Gib eine Formel an, die den Zusammenhang zwischen der Seehöhe bezogen auf das Mittelmeer (m) und der Seehöhe bezogen auf die Nordsee (n) wiedergibt!
b) Welche Seehöhe hätte 1) Wien 171 m, 2) der Dachstein 2996 m, 3) der Großglockner 3798 m, wenn die Höhenangaben auf die Nordsee bezogen wären?

438 Janas Vater fährt mit einer Durchschnittsgeschwindigkeit von v = 80 km/h auf der Autobahn.
1) Berechne die zurückgelegte Strecke nach a) 1 h, b) 3 h, c) 0,5 h, d) 2 h 15 min!
2) Wie lange braucht er für a) 80 km, b) 100 km, c) 20 km, d) 237 km?

Tipp

Folgende Figur kann dir als einfache Merkhilfe für v, s und t dienen:

Halte die Variable zu, die du berechnen willst, und lies die Umformung der Gleichung ab!

439 Anna möchte folgende Textaufgabe lösen: „Eine Läuferin legt durchschnittlich 200 m pro Minute zurück. Wie lange benötigt sie für eine 5 km lange Strecke?"
Anna rechnet: $t = \frac{s}{v} = \frac{5}{200} = 0{,}025\,h$.
Stimmst du Annas Rechnung zu? Begründe!

440 Berechne den zurückgelegten Weg! Fülle dazu die Tabelle aus!

Fahrdauer \ Geschwindigkeit	1) 50 km/h	2) 80 km/h	3) 100 km/h	4) v km/h
Beispiel 3 h	150 km	240 km	300 km	v · 3 = (v · 3) km
a) 5 h				
b) 10 h				
c) t h				

441 Auf Seite 104 wurde bei der Geschwindigkeit jede Variable durch die anderen ausgedrückt. Führe dies bei den folgenden Zusammenhängen ebenfalls durch!
a) $A = a \cdot b$
b) $V = G \cdot h$
c) $m = \varrho \cdot V$
d) $a = \frac{F}{m}$
e) $p = \frac{F}{A}$
f) $F = k \cdot x$

Lösen von Gleichungen D1

442 Eine Klasse hat m Mädchen und b Buben.
Es besteht folgender Zusammenhang: **a)** $m = 3 \cdot b$, **b)** $2 \cdot m = b$, **c)** $m = \frac{b}{2}$
1) Drücke diesen Zusammenhang mit eigenen Worten aus!
2) Setze für eine der Variablen eine selbst gewählte Zahl ein!
Berechne dann den Wert für die zweite Variable!
Hinweis Da es sich bei m und b jeweils um eine Anzahl von Mädchen bzw. Buben handelt, kommen für m und b nur natürliche Zahlen in Frage. So ist es zB nicht möglich, dass in Aufgabe **c)** b = 17 ist, denn dann wäre m = 8,5.

443
1) Drücke den Zusammenhang zwischen den angegebenen Größen in Worten aus!
2) Schreibe die gefundene Beziehung mit selbstgewählten Variablen auf!
3) Drücke jede Variable durch die beiden anderen aus!
   a) Kosten einer Ware: Gesamtpreis, Kilogrammpreis, Warenmenge (in Kilogramm)
   b) Kosten beim Tanken: Benzinkosten, Literpreis, Benzinmenge (in Liter)

444 In einer Schule gibt es L Lehrkräfte und S Schülerinnen und Schüler.
Es gibt zehnmal so viele Schülerinnen und Schüler wie Lehrkräfte an dieser Schule.
1) Wie viele Lehrkräfte hat die Schule, wenn sie 500 Schülerinnen und Schüler hat?
2) Drücke den angegebenen Zusammenhang mit Hilfe der Variablen L und S aus!
3) Überprüfe die Richtigkeit von **2)** anhand einer Schule mit 36 Lehrkräften und 360 Schülerinnen und Schülern!

445 Ein Landwirt erntet w Tonnen Weizen und r Tonnen Roggen.
Es sind um 15 Tonnen mehr Weizen als Roggen.
1) Drücke diesen Zusammenhang durch eine Formel mit den Variablen w und r aus!
2) Setze in **1)** für die Variable w eine selbst gewählte Zahl ein! Berechne dann den Wert der Variablen r!
3) Setze in **1)** für die Variable r eine selbst gewählte Zahl ein! Berechne dann den Wert der Variablen w!

Gerste, Roggen und Weizen

446 Die Entfernung Lambach (OÖ) – Salzburg beträgt 81 km.
Die Entfernung Lambach – Salzburg ist das $1\frac{1}{2}$-fache der Entfernung Lambach – Straßwalchen (Land Salzburg).
Wie weit ist Straßwalchen von Lambach entfernt?
Stelle eine Gleichung auf und löse sie!

447 Setze in der Formel für zwei Variablen selbst gewählte Größen ein!
Berechne dann den Wert für die dritte Variable!
a) $A = a \cdot b$ (Flächenformel für das Rechteck)
b) $V = G \cdot h$ (Volumsformel für den Prismen)
c) $m = \varrho \cdot V$ (Masse = Dichte mal Volumen)
Bemerkung: ϱ (griech. „rho") Zeichen für Dichte

448 Lisa findet in einem alten Buch die Einheit Réaumur und recherchiert im Internet, dass dies eine frühere Temperaturskala in Frankreich war. Dabei entdeckt sie auch die Formel $K = Ré \cdot 1{,}25 + 273{,}15$, wobei K für Kelvin und Ré für Grad Réaumur steht. Lisa hätte allerdings gerne eine Formel, mit der sie Grad Réaumur in Grad Celsius C umrechnen kann. Sie weiß, dass man von Grad Celsius immer 273,15 abziehen muss, um Kelvin zu erhalten. Findest du die Formel, die sich Lisa wünscht?

D1 Gleichungen und Formeln

1.3 Gleichungen mit zwei Rechenoperationen

Petra denkt sich ein Rätsel für Maximilian aus: „Ich denke mir eine Zahl y. Wenn ich sie mit 4 multipliziere und anschließend 11 addiere, ist das Ergebnis 31. Wie heißt meine Zahl?"

Maximilian denkt nach, dann meint er: „In der Früh ziehe ich mir zuerst die Socken und dann meine Schuhe an. Am Abend muss ich mir zuerst die Schuhe ausziehen, weil ich sie zuletzt angezogen habe. So muss das auch bei deinem Rätsel sein: Ich muss zuerst 11 _____ und dann durch 4 _____ ! Du hast an die Zahl _____ gedacht!"

Hat Maximilian mit seiner etwas eigenwilligen Überlegung Recht?
Wir können zu Petras Rätsel eine Gleichung für die gesuchte Zahl y aufstellen:
$y \cdot 4 + 11 = 31$.

In unserem Beispiel ist die Unbekannte y **nicht nur in eine Rechenoperation verstrickt**, sondern es werden **auf y zwei Rechenoperationen angewandt**: zuerst eine Multiplikation, dann eine Addition. Die Variable y ist in der Rechnung „tiefer vergraben". Um den Wert für y zu finden (um die Gleichung zu lösen), müssen wir jetzt nicht nur eine Rechenoperation rückgängig machen, sondern zwei. Die Reihenfolge ist dabei umgekehrt zur KLAPUSTRI-Regel:

a) zuerst **Umkehrung** der **Strichrechnung**
b) dann **Umkehrung** der **Punktrechnung**

Petras Rätsel kann man gut mit Rechenbefehlen darstellen:

```
        · 4           + 11
y  →  [      ]  →  [      ]  31
        : 4           − 11
```

Vom Ergebnis ausgehend müssen wir **schrittweise** die **Operationen rückgängig machen** und gelangen so zur gesuchten Zahl.
Ist die Punktrechnung eine Division und/oder die Strichrechnung eine Subtraktion, kannst du die Gleichung genauso durch Rückgängigmachen der Rechenoperationen lösen.

 449
1) Veranschauliche die Gleichung!
2) Löse die Gleichung!
3) Führe die Probe durch!

Beispiel
$y \cdot 4 + 11 = 31$

1) Balkendiagramm mit y y y y 11 = 31

2) $y \cdot 4 + 11 = 31$
$y \cdot 4 = 31 - 11$
$y \cdot 4 = 20$
$y = 5$

3) Probe für y = 5:
Linke Seite: $5 \cdot 4 + 11 = 31$
Rechte Seite: 31

a) $a \cdot 3 + 7 = 19$ b) $13 + 2 \cdot b = 25$ c) $5 \cdot z - 2 = 8$ d) $c \cdot 4 - 1 = 7$

Hinweis Für Addition und Multiplikation gilt das Vertauschungsgesetz, daher ist $11 + 4 \cdot y = 31$ gleichbedeutend mit $y \cdot 4 + 11 = 31$. Wir können also solche Gleichungen durch Anwenden des Vertauschungsgesetzes umstellen und dann wie oben behandeln. Für die Subtraktion und Division gilt das Vertauschungsgesetz nicht!

Lösen von Gleichungen D1

450
1) Löse die Gleichung durch Umkehrung der Rechenoperationen!
2) Führe die Probe durch!
3) Gib einen zur Gleichung passenden Text an!

Beispiel

$x : 3 + 12 = 37$

1) $x : 3 + 12 = 37$
$x : 3 = 37 - 12$
$x : 3 = 25$
$x = 75$

2) Probe für $x = 75$: Linke Seite: $75 : 3 + 12 = $ **37**
Rechte Seite: **37**

3) **Wenn man eine unbekannte Zahl durch 3 dividiert und dann 12 addiert, erhält man 37.**

a) $4 \cdot b + 15 = 47$ c) $3 \cdot d - 8 = 28$ e) $a : 2 - 9 = 33$ g) $n : 3 - 2 = 4$
b) $s : 5 - 1 = 3$ d) $7 \cdot x + 5 = 26$ f) $\frac{m}{2} + 10 = 16$ h) $5 \cdot r + 21 = 41$

451 Löse die Gleichung und führe die Probe durch!
a) $5 \cdot s - 2 = 8$ c) $4 \cdot v - 9 = 9$ e) $\frac{a}{2} + 3 = 5$ g) $3 + 2 \cdot r = 15$
b) $t \cdot 3 + 5 = 14$ d) $w \cdot 2 - 3{,}4 = 4{,}8$ f) $9 + \frac{c}{3} = 10$ h) $2 \cdot z - 3 = 3$

452
a) $5 \cdot x + \frac{3}{4} = \frac{3}{4}$ c) $0{,}5 \cdot q - 1{,}3 = 2{,}7$ e) $\frac{m}{4} - 0{,}3 = \frac{9}{10}$ g) $2 + \frac{3}{4} \cdot z = 2{,}3$
b) $\frac{2}{3} \cdot y + 5 = 7$ d) $0{,}75 \cdot p - \frac{2}{3} = \frac{5}{6}$ f) $n \cdot \frac{3}{5} + \frac{8}{10} = 1{,}1$ h) $1 = \frac{s}{5} - 0{,}5$

453 **Beispiel**

$(2 \cdot z - 5) : 3 = 11$ (Division durch 3 rückgängig machen)
$2 \cdot z - 5 = 33$
$2 \cdot z = 38$
$z = 19$

Probe für $z = 19$:
Linke Seite: $(2 \cdot 19 - 5) : 3 = 33 : 3 = $ **11**
Rechte Seite: **11**

a) $(1 + y) \cdot 4 = 8$ c) $(z - 3) : 5 = 1$ e) $(3 \cdot u - 4) : 2 = 2{,}5$ g) $(8 + 2 \cdot x) \cdot \frac{1}{4} = 2{,}5$
b) $(x - 3) \cdot 2 = 8$ d) $(2 + a) : 4 = 7$ f) $(4 \cdot v + 1) \cdot 4 = 20$ h) $(5 \cdot w - 3) : 3 = 9$

454 In der gegebenen Figur ist ein Zusammenhang zwischen Zahlen und Variablen veranschaulicht.
1) Gib für den Zusammenhang eine Gleichung an!
2) Drücke jede Variable durch die andere Variable und die Zahl aus!

a)
b)
c)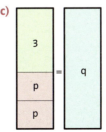
d)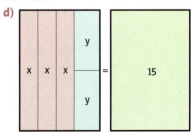

455 Alex möchte die Gleichung $b \cdot 4 - 22 = 86$ lösen.
Kreuze alle Gleichungen an, die bei den Umformungen vorkommen können!

⊗ **A** $b \cdot 4 = 86 + 22$ ○ **B** $b \cdot 4 = 86 - 22$ ○ **C** $b - 22 = \frac{86}{4}$ ○ **D** $b = 108 \cdot 4$ ⊗ **E** $b = \frac{108}{4}$

456 In der 2D-Klasse gibt es 6 Buben mehr als Mädchen, insgesamt sind es 28 Kinder.
Gib für den Zusammenhang eine Gleichung an!
Wie viele Buben bzw. Mädchen gehen in die 2D-Klasse?

Arbeitsblatt Plus bg6g68   Arbeitsblatt p23bk7

D1 Gleichungen und Formeln

457 Berechne die Kosten K für ein Mietauto für die jeweils zurückgelegte Wegstrecke s!
Verwende die Formel $K = G + p \cdot s$, wobei G die Grundkosten sind.

1) Der Kilometerpreis p beträgt 1,45 €.

Grundkosten G \ Wegstrecke s	200 km	150 km	y km
a) 230 €			
b) x €			

2) Die Grundgebühr G beträgt 215 €.

Kilometerpreis p \ Wegstrecke s	200 km	150 km	w km
a) 1,45 €			
b) x €			

458 Die jährliche Stromrechnung setzt sich zusammen aus den Fixkosten (für die Bereitstellung der elektrischen Energie) und dem Arbeitspreis. Dieser entspricht dem Preis pro Kilowattstunde (Abkürzung: kWh) mal Anzahl der verbrauchten Kilowattstunden.
1) Schreibe den Zusammenhang mit selbst gewählten Variablen auf!
2) Wie viel Euro macht die Stromrechnung aus, wenn die Fixkosten 90 € betragen, für 1 kWh ein Preis von 0,159 € berechnet wird und insgesamt 4 820 kWh elektrische Energie verbraucht wurden?
3) Wie viele Kilowattstunden elektrische Energie wurden verbraucht, wenn die Stromrechnung 487,50 € ausmacht (wie in **2)** Fixpreis und Preis pro kWh)?

459 Ein rechteckiges Grundstück hat einen Umfang von 244 m.
Die längere Seite des Grundstücks ist $a = 86$ m lang.
1) Stelle eine Formel für die Berechnung der Seitenlänge b auf!
2) Kreuze die richtige Seitenlänge für die Seite b an!
　○ **A** $b = 12$ m　⊗ **B** $b = 36$ m　○ **C** $b = 31$ m　○ **D** $b = 16$ m　○ **E** $b = 30$ m

460 1) Löse die Gleichung!
2) Führe die Probe durch!

> **Beispiel**
>
> 1) $26 - \underline{3 \cdot x} = 14 \Leftrightarrow 26 - 14 = \underline{3 \cdot x}$　　　1) $48 : a + 3 = 15 \Leftrightarrow 48 : a = 15 - 3$
> 　　　　　A　　　　　　　　　　A　　　　　　　　　　　　　　　　　　　　　　$48 : 12 = a$
> 　　$12 = 3 \cdot x \Leftrightarrow x = 4$　　　　　　　　　　　　　　　　　　　　　　　　　　　$a = 4$
>
> 2) Probe: $26 - 3 \cdot 4 = 26 - 12 = 14$　　　　　　2) $48 : 4 + 3 = 12 + 3 = 15$

a) $35 - 8 \cdot a = 11$　　b) $220 : m + 22 = 44$　　c) $\frac{9}{10} - 3 \cdot s = \frac{3}{10}$　　d) $\frac{3}{t} + \frac{2}{5} = \frac{9}{10}$

461 Zahlenrätsel: „Denk an eine beliebige Zahl x zwischen 1 und 20! Addiere zu dieser Zahl 25 und multipliziere anschließend mit 4! Dividiere die aus den letzten beiden Ziffern gebildete Zahl durch 4!"
1) Probiere das Zahlenrätsel mit drei verschiedenen Zahlen aus! Was fällt dir auf?
2) Schreibe deine Vermutung aus **1)** als Gleichung auf!

2 Gleichungen aus Texten

interaktive Vorübung
e8q687

AH S. 30

Constantin möchte wissen, wie viel Euro Taschengeld sein Freund Theo im Monat bekommt.
Theo antwortet: „Wenn ich zur Hälfte meines Taschengeldes 18 € dazugebe, ergibt das 30 €."
Wie viel Taschengeld bekommt Theo?

Constantin „übersetzt" den Text in die „Sprache der Mathematik". Die unbekannte Zahl bezeichnet er mit t. Wenn er anschließend die Gleichung löst, weiß er, wie viel Euro Theo im Monat bekommt.

Text	Mathematische Sprache	
Die Hälfte des Taschengeldes…	t : ☐ oder $\frac{t}{☐}$	
…18 € dazugeben…	$\frac{t}{☐}$ + ☐	
…ergibt 30 €.	$\frac{t}{☐}$ + ☐ = 30	⇒ Lösung: t = ☐ €

Lösen von Textaufgaben

1. **Lies** den Text **genau** durch! **Markiere Zahlen** und **Signalwörter** (verwende den Sprachbaustein unten)!
2. Bezeichne die **gesuchte Zahl** oder Größe mit einer **Variablen**!
3. Übersetze den Text in die Sprache der Mathematik, indem du eine **Gleichung** aufstellst! Beachte dabei die Bedeutung der Zahlen im Kontext!
4. **Löse** die Gleichung!
5. **Überprüfe** noch einmal **am Text**, ob die Lösung zum Text passt und ob sie stimmt (Probe)!
6. **Verfasse** eine sinnvolle **Antwort**!

462 Übersetze in die „Sprache der Mathematik"! Verwende dazu den **Sprachbaustein**!
a) Eine Zahl x wird verdreifacht: $3 \cdot x$
b) Eine Zahl y wird um 37 vermehrt: $y + 37$
c) Das Doppelte der Zahl z wird um 5,9 verringert: $2 \cdot z - 5{,}9$
d) Das Vierfache der Zahl a wird um 53 vermindert: $a \cdot 4 - 53$
e) Die Hälfte der Zahl b wird um 6,8 vergrößert: $b : 2 + 6{,}8$

463 Schreibe das Zahlenrätsel als Gleichung auf und löse die Gleichung!
a) Ich bin eine Zahl a. Multipliziere mich mit 5! Wenn du vom erhaltenen Produkt 10 subtrahierst, ist das Ergebnis 50. Welche Zahl bin ich?
b) Ich bin eine Zahl b. Dividiere mich durch 3! Wenn du zum entstandenen Quotienten 17 addierst, ergibt sich 32. Welche Zahl bin ich?

Sprachbaustein

Signalwörter
Addition: dazugeben, dazurechnen, vermehren, summieren, hinzuzählen, zusammenzählen, Summe bilden,…
Subtraktion: abziehen, vermindern, subtrahieren, weggeben, wegnehmen, Differenz bilden,…
Multiplikation: verdoppeln, verdreifachen, vervielfachen, Produkt berechnen,…
Division: halbieren, dritteln, vierteln, teilen, messen,…

D 2 Gleichungen und Formeln

464 Die Summe zweier Zahlen ist 4. Ein Summand ist gegeben. Wie groß ist der andere?
a) 2　　b) 1,3　　c) $\frac{5}{6}$　　d) 0,26　　e) $3\frac{2}{5}$　　f) 0　　g) 4

465 Die Differenz zweier Zahlen ist $\frac{3}{5}$. Die kleinere Zahl ist gegeben. Wie groß ist die andere?
a) 2　　b) 3,2　　c) $\frac{5}{6}$　　d) 4,26　　e) $2\frac{3}{4}$　　f) $\frac{3}{5}$　　g) $5\frac{2}{3}$

466 Das Produkt zweier Zahlen ist 60. Ein Faktor ist gegeben. Wie groß ist der zweite Faktor?
a) 20　　b) 24　　c) $2\frac{1}{4}$　　d) 1,5　　e) $\frac{3}{5}$　　f) 0,25　　g) $3\frac{1}{3}$

467 Ein Viertel einer Zahl ist gegeben. Wie groß ist die Zahl? a) 2, b) 0,7, c) $2\frac{1}{2}$

468 a) Das Dreifache, b) das Sechsfache, c) das Fünffache einer Zahl ist um 5,2 größer als 12,8.
Wie groß ist die Zahl?

469 a) Die Hälfte, b) ein Viertel, c) ein Achtel einer Zahl ist um 12 kleiner als 28.
Wie groß ist die Zahl?

470 Iris und Alexander sitzen in der Schule nebeneinander, sie sind gleich alt. Alexanders Bruder Benedikt ist um 4 Jahre älter. Alle drei Kinder sind zusammen 37 Jahre alt.
Wie alt ist Iris?

471 Frau Weigert ist halb so alt wie ihre Mutter und doppelt so alt wie ihre Tochter. Alle drei zusammen sind 133 Jahre alt.
Wie alt ist Frau Weigert?

472 Familie Lenneis hat Zwillinge, Konrad und Corinna. Die Eltern sind gleich alt. Als die Kinder geboren wurden, war Konrads Mutter 30 Jahre alt. Konrad addiert das Alter der Kinder und der Eltern und erhält genau 100.
Wie alt ist Konrad, wie alt ist sein Vater?

473 Alice kauft beim Schulbuffet eine Wurstsemmel um 1,40 € und 3 Käsestangerl.
Insgesamt bezahlt sie 3,50 €. Wie viel Euro kostet ein Käsestangerl?

474 Alice bekommt eine Taschengelderhöhung um $\frac{1}{10}$ ihres bisherigen Taschengeldes. Sie erhält nun 22 €.
Wie viel Euro hat sie vor der Taschengelderhöhung erhalten?

Hinweis Früheres Taschengeld: x; neues Taschengeld: $x + \frac{1}{10}x = \frac{11}{10} \cdot x$.

475 Eine Flasche Milch wird am Ende des Tages um $\frac{7}{10}$ des ursprünglichen Preises verkauft.
Man bezahlt nun 1,40 €. Wie viel Euro kostete die frische Milch in der Früh?

476 Beim Abverkauf wird der Preis eines T-Shirts um $\frac{1}{4}$ des ursprünglichen Preises herabgesetzt. Das T-Shirt kostet nach der Ermäßigung 24 €.
Wie hoch war der ursprüngliche Preis?

477 Sandra arbeitet in den Ferien in einem Versandhaus. Sie soll sieben Pakete mit unterschiedlichen Massen verpacken. Zusammen wiegen die Pakete 35 kg. Jedes dieser Pakete wiegt um 500 g mehr als das nächstleichtere Paket.
Welche Masse hat jedes der sieben Pakete?

Gleichungen aus Texten D 2

478 In einem Geschäft gibt es blaue und grüne Pullover – insgesamt sind es 21 Stück. Es sind halb so viele blaue wie grüne Pullover.
Wie viele blaue bzw. grüne Pullover gibt es?

479 Wie lautet die gesuchte Zahl? Stelle eine Gleichung auf und löse sie!
a) Wenn man zum Fünffachen einer Zahl 18,5 addiert, erhält man 31.
b) Ein Drittel einer Zahl ist um 16 größer als ein Viertel von 36.
c) Wenn man das Dreifache einer Zahl um 28 vermindert, erhält man 23.
d) Die Hälfte einer Zahl ist um 26,4 kleiner als das Doppelte von 22,1.

Abschätzen von Ergebnissen und spezielle Lösungsfälle

480 Welches Angebot ist preisgünstiger? Entscheide möglichst rasch und begründe!
a) Ein Paket mit 40 Stück Biskotten kostet 0,90 €. Eine Schachtel mit 50 Stück kostet 1,10 €.
b) 250 g Toastbrot kosten 1,30 €. Eine 200 g Packung kostet 1,10 €.
c) Eine 100-Gramm-Packung Gummibärchen kostet 1,20 €. Eine Familienpackung mit 400 g kostet 3,80 €.

481 Schätze die Geschwindigkeit des Zuges!
1) Der ÖBB Railjet 533 braucht für die 300 km lange Strecke Leoben – Lienz 3 h 39 min.
2) Der Railjet 660 benötigt für die 335 km lange Strecke Linz – Wörgl 2 h 34 min.

482 Eine Zauberwährung besteht aus drei Münzen, die zusammen 33 g schwer sind. Münze A wiegt halb so viel wie Münze B und Münze C ist um 20 g leichter als B.
1) Berechne die Masse der drei Münzen!
2) Wie müsstest du die Angabe verändern, um ganzzahlige Ergebnisse zu erhalten?

483 Auf einem Bauernhof leben h Hühner und s Schafe. Die Anzahl der Füße der Tiere beträgt a) 10, b) 14, c) 20, d) 23. Wie viele Hühner bzw. Schafe könnten auf dem Bauernhof leben?

> **Beispiel**
> a) Gleichung: s·4 + h·2 = 10
> Mögliche Lösungen findet man durch Probieren:
> zB **s = 0**, **h = 5**

> **i Diophantische Gleichungen**
> Die Aufgaben 483–486 führen zu Gleichungen, bei denen mehr als eine Variable vorkommen. Diese Gleichungen haben oft unendlich viele Lösungen. Allerdings kann man auf Grund des Sachverhalts viele Lösungen ausschließen – die **Lösungen** müssen bei diophantischen Gleichungen **natürliche Zahlen** sein!
> Manche diophantische Gleichungen haben nur eine oder auch gar keine Lösung!

484 Auf einem Bauernhof leben ebenso viele Hühner wie Kaninchen. Zusammen haben sie 228 Füße.
Wie viele Hühner bzw. Kaninchen können auf dem Hof leben?

485 Die Eintrittskarte ins Museum kostet für Kinder 3 € und für Erwachsene 7 €. Gib an, wie viele Erwachsene bzw. Kinder das Museum besucht haben könnten, wenn an der Kassa a) 65 €, b) 85 €, c) 100 € eingenommen wurden!

486 Alex braucht neue Kleidung und geht einkaufen. Im Abverkauf kostet ein T-Shirt 10 €, eine Hose 35 € und ein Pullover 25 €.
1) Wie viele T-Shirts, Hosen und Pullover kann Alex gekauft haben, wenn der Rechnungsbetrag a) 80 €, c) 90 b) 130 € beträgt?
2) Gib drei Rechnungsbeträge zwischen 80 und 100 Euro an, die nicht möglich sein können!

D Gleichungen und Formeln

Üben und Sichern

engl. AB
49fy9r

487 Meltem möchte die Gleichung $4 \cdot c + 28 = 84$ durch Probieren lösen und setzt $c = 10$ ein.
1) Gib die Gleichung an, die Meltem erhält und vereinfache sie!
2) Diese Gleichung ist eine falsche Aussage. Welche Zahlen soll Meltem noch probieren? Begründe deine Wahl!
3) Löse die Gleichung durch Umkehrung!

488 Löse die Gleichung und führe die Probe durch!
a) $x - \frac{1}{2} = \frac{3}{4}$ c) $\frac{3}{4} + v = 2\frac{1}{2}$ e) $5{,}1 = u : 2$ g) $\frac{1}{2} \cdot z = 7$
b) $y + \frac{5}{6} = \frac{4}{3}$ d) $n - 2{,}7 = 3{,}25$ f) $2 \cdot x = \frac{3}{4}$ h) $\frac{u}{4} = \frac{3}{2}$

489
a) $25 - s = 17$ c) $304 - a = 105$ e) $12{,}3 - t = 4{,}4$ g) $6c - c = 12{,}5$
b) $30 : x = 5$ d) $3 : b = 4$ f) $5 : y = 0{,}625$ h) $8m + 2m - 11 = 9$

490 Gegeben ist die Gleichung a) $2 \cdot x + 5 = 13$, b) $22 - 3 \cdot x = 14$.
1) Löse die Gleichung und führe die Probe durch! 2) Stelle die Gleichung graphisch dar!

491 In einer Bonbonpackung sind zwei Sorten von Zuckerln enthalten. Tim stellt fest, dass von der Sorte A um 12 Stück mehr enthalten sind als von der Sorte B. Auf der Packung steht eine Angabe von 250 g.
1) Stelle eine Gleichung auf, die den Zusammenhang zwischen den Stückzahlen von A und B angibt!
2) Welche Angaben hast du für die Aufgabenstellung 1) nicht verwendet?

492 Bei einem Fußballspiel kostet die Eintrittskarte für Erwachsene 12 € und für Kinder 2,50 €.
1) Wie berechnet man die Gesamteinnahmen (G)? Schreibe eine Formel für G an, wenn man die Anzahl der Erwachsenen mit E und die Anzahl der Kinder mit K bezeichnet!
2) Wie groß waren die Einnahmen, wenn 5 200 Erwachsene und 2 400 Kinder das Spiel besuchten?

493 1 Liter Diesel kostet 1,10 €. Wie viel Liter Diesel wurden getankt, wenn an einer Tankstelle a) 34,10 €, b) 26,40 €, c) 50,60 € bezahlt wurden?

494 An einem Reitturnier nehmen alle Mädchen des Reitvereins Wallernhof mit ihren Pferden teil. Die Reiterinnen und ihre Pferde haben zusammen 72 Beine.
Wie viele Mädchen nehmen an dem Turnier teil, wenn jedes sein eigenes Pferd hat?

495 In einem Viereck ist die vierte Seite um 1 cm länger als die dritte. Die dritte Seite ist um 1 cm länger als die zweite, die zweite Seite ist um 1 cm länger als die erste. Der Umfang des Vierecks beträgt 36 cm. Wie lang sind jeweils die Seiten dieses Vierecks?

Zusammenfassung

Wir können **Gleichungen** lösen:
1. durch **sinnvolles Probieren** (1. Klasse),
2. durch **Umkehren der Rechenoperationen**:   Addition ⇔ Subtraktion
                                                Multiplikation ⇔ Division

Wissensstraße

Lernziele: Ich kann ...

Z 1: Gleichungen mit Hilfe der zugehörigen Umkehroperationen lösen.
Z 2: Gleichungen mit zwei Rechenoperationen lösen.
Z 3: Gleichungen graphisch darstellen bzw. Darstellungen interpretieren.
Z 4: Aufgaben in verschiedenen Sachverhalten mit Hilfe von Gleichungen lösen.
Z 5: aus Texten Gleichungen aufstellen.

496 Kreuze die zugehörige Umkehroperation zur Gleichung an! — Z1

a) $x - 103 = 229$

$x = 229 - 103$	A ○
$x = \frac{229}{103}$	B ○
$x = 229 + 103$	C ⊗
$x = 229 \cdot 103$	D ○

b) $y : 18 = 31$

$y = 18 + 31$	A ○
$y = 31 - 18$	B ○
$y = 31 : 18$	C ○
$y = 31 \cdot 18$	D ⊗

✓

497 Löse die Gleichung und führe die Probe durch! — Z2

a) $4 \cdot p + 5 = 33$ c) $\frac{m}{3} + 7 = 16$ e) $4 + \frac{3}{4} \cdot r = 10$

b) $7 \cdot y - 12 = 2$ d) $0{,}8 \cdot p - \frac{3}{2} = 0{,}9$ f) $2{,}75 = \frac{s}{4} - \frac{9}{2}$

○

498 In der Figur ist ein Zusammenhang zwischen Variablen und Zahlen dargestellt. — Z3
Drücke jede Variable durch die anderen Variablen und die Zahl aus!

a) 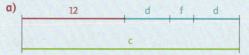   b)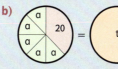

○

499 Welche Gleichung passt jeweils zum angegebenen Text? — Z4
Wähle den richtigen Buchstaben aus und berechne jeweils die Lösung!

E 1 Mit welcher Zahl muss man 12 multiplizieren, um 84 zu erhalten?
B 2 Das Doppelte einer Zahl ist um 12 kleiner als 84.
C 3 Welche Zahl muss man durch 48 dividieren, um 8 zu erhalten?
A 4 Durch welche Zahl muss man 48 dividieren, um 8 zu erhalten?
D 5 Subtrahiert man vom Doppelten einer Zahl 12, so ergibt sich 84.
F 6 Wenn man eine Zahl um 84 vermindert, erhält man 12.

A $48 : a = 8$ B $2 \cdot b + 12 = 84$ C $c : 48 = 8$ D $2 \cdot d - 12 = 84$ E $12 \cdot f = 84$ F $h - 84 = 12$

○

500 Sabine besucht mit ihren Eltern und ihren beiden Geschwistern ein Museum. Die Eintrittskarte für ein Kind kostet 5,50 €. Insgesamt bezahlt die Familie an der Kassa 36,10 €. Stelle eine Gleichung auf, aus der man die Kosten für eine Erwachsenenkarte ermitteln kann und berechne diese! — Z5

○

E Direkte und indirekte Proportionalität

Video i3m4s7

Direkte und indirekte Proportionalität

Apianus, der Lehrer des „Dreisatzes"

Peter Bienewitz hieß der im Jahr 1495 in Sachsen geborene Mann, der sich später Petrus Apianus nannte. Apis ist nämlich das lateinische Wort für Honigbiene und zu dieser Zeit war es sehr beliebt, seinen deutschen Namen ins Lateinische oder ins Griechische zu übersetzen. Er studierte an der Universität Leipzig, wechselte aber bald an die damals in den Fächern Geographie, Astronomie und Mathematik beste Universität der Welt in Wien.

Petrus Apianus (1495–1552)
Drei Jahre vor der Geburt von Apianus wurde Adam Ries, der große deutsche Rechenmeister, geboren und Christoph Kolumbus landete in Haiti. Wann war das? _____

„Regula de tri" – der Dreisatz

1527 erschien ein von Apianus geschriebenes Buch mit dem Titel: „Eyn Newe unnd wolgegründte underweysung aller Kauffmans Rechnung…" („Eine neue und wohldurchdachte Unterweisung in Kaufmannsrechnungen…"). Dieses befasste sich insbesondere mit dem elementaren Rechnen. Kernstück bildete die „Regula de tri", der so genannte „Dreisatz", der heutzutage auch als „Schlussrechnung" bezeichnet wird. Dreisatz nannte Apianus diese Rechenart, weil die Aufgaben fast immer aus drei Sätzen bestehen. Er erklärte alles, indem er eine Unzahl von gleichartigen Beispielen vorrechnete. Die Rechenmethode begründete er nicht.

E

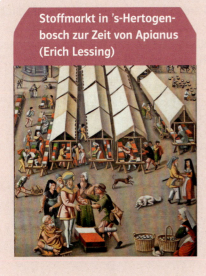

Stoffmarkt in 's-Hertogenbosch zur Zeit von Apianus (Erich Lessing)

Ein Beispiel zum Verständnis des „Dreisatzes"

1. Satz: 6 Ellen Stoff kosten 18 Kreuzer.
2. Satz: 10 Ellen Stoff werden gekauft.
3. Satz: Wie viel Kreuzer muss man bezahlen?

Zuerst lehrte Apianus, die in diesem Dreisatz vorkommenden Zahlen in einer Zeile der Reihe nach aufzuschreiben. Zuerst die Ellen, dann die Kreuzer und zuletzt wieder die Ellen:

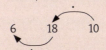

Dann behauptete er: Man muss die letzte mit der mittleren Zahl multiplizieren und das Ergebnis durch die erste Zahl dividieren. In unserem Beispiel läuft dies auf die Rechnung
$(10 \cdot 18) : 6 = 180 : 6 = 30$ hinaus.

Die Schwierigkeiten des Dreisatzes

Wenn man zB glaubt, den Dreisatz
1. Satz: 7 Ochsen schleppen 42 Säcke.
2. Satz: 84 Säcke sind zu schleppen.
3. Satz: Wie viele Ochsen braucht man dafür?

genauso wie oben

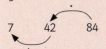

lösen zu können, irrt man gewaltig. Apianus musste seinen Schülerinnen und Schülern lang und breit erklären, dass die vordere und die hintere Zahl immer „Anzahlen von Gleichen" zu sein haben, wie beim ersten Beispiel die Ellen. Offensichtlich sind es nicht $(84 \cdot 42) : 7 = 504$, sondern 14 Ochsen.

Die Arbeiter Sepp und Alois geben ihrem Kollegen Gustl jeweils 10 €, damit er im Geschäft Wurstsemmeln und Getränke kaufen kann. Zusammen bezahlt dieser im Geschäft 25 €. Gustl denkt sich: „Ich behalte mir 2 € und teile nur das übrige Restgeld auf!" Dh.: Jeder der drei Arbeiter bekommt 1 € zurück. Somit hat jeder Arbeiter 9 € (= 10 € − 1 €) bezahlt. 2 € hat sich Gustl behalten: 9 € · 3 + 2 € = 29 €.
Wo ist der fehlende Euro geblieben?

Worum geht es in diesem Abschnitt?

- direkt und indirekt proportionale Größen
- Darstellen direkt und indirekt proportionaler Größen
- Berechnen von Geschwindigkeiten
- Zeichnen und Interpretieren von Zeit-Weg-Diagrammen

E1 Direkte und indirekte Proportionalität

1 Direkt proportionale Größen

interaktive Vorübung
p4b56p

AH S. 34

Hannah kauft nach dem Mittagessen beim Schulbuffet gerne Gummischlangen. Am Montag kauft sie sechs Stück und bezahlt dafür 1,20 €. Am Dienstag kauft Hannah drei Stück, also nur halb so viele wie am Tag zuvor, dafür muss sie auch nur den halben Preis, also _____ € bezahlen.

Am Mittwoch möchte Hannah sieben Gummischlangen kaufen. Dafür berechnet sie zuerst, wie viel Euro eine Gummischlange kostet und multipliziert das Ergebnis dann mit der gesuchten Anzahl:

```
        6 Schlangen … 1,20 €
  :6  ( 1 Schlange  … _____ ) :6
  ·7  ( 7 Schlangen … _____ ) ·7
```

Für sieben Gummischlangen bezahlt Hannah _____ €.

Diese Art Rechnung wird oft **Schlussrechnung** genannt.

Man kann die Rechnung oben auch in **Tabellenform** aufschreiben.
In die **erste Zeile der Tabelle** kommt die **Angabe** aus dem Text. Dabei schreiben wir die **gesuchte Größe** (hier der Preis in Euro) immer auf die **rechte Seite**:

	Stück	Preis in €	
:2	6	1,20	:2
:3	3		:3
·7	1		·7
	7		

Wenn man halb so viele Stücke kauft, muss man nur die Hälfte bezahlen, wenn man die 7-fache Menge kauft, bezahlt man das 7-fache usw.

Die Kosten sind **direkt proportional** zur gekauften Stückzahl.

> **Direkte Proportionalität**
>
> Zwei Größen sind **direkt proportional**, wenn dem **2-fachen (3-fachen, 4-fachen,…)** Wert der einen Größe das **2-fache (3-fache, 4-fache,…)** der anderen Größe entspricht.
> **Der Hälfte (dem Drittel, dem Viertel,…)** der einen Größe **entspricht** dann **die Hälfte (ein Drittel, ein Viertel,…)** der anderen Größe.
> Die beiden Größen stehen im **direkt proportionalen Verhältnis.**

Bemerkung: Die direkte Proportionalität zwischen Warenmenge und Preis ist ein mathematisches Modell. Oft gibt es bei sehr großen Mengen einen Mengenrabatt bzw. ist es nicht möglich, beliebig kleine Mengen zu kaufen.

Direkt proportionale Größen E1

Graphische Darstellung direkt proportionaler Größen

Wenn Hannah die Anzahl von Gummischlangen und den zugehörigen Preis in einem Diagramm darstellt, ergibt sich das folgende **Punktdiagramm**:

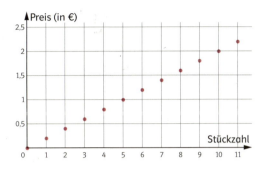

In der Graphik kann man, ohne zu rechnen, zu jeder Stückzahl den passenden Preis ablesen.

Wenn man die Punkte verbindet, erhält man ein **Liniendiagramm**, in dem **alle Punkte** auf einem **Strahl** liegen. Dieser **Strahl** verläuft durch den **Ursprung**.

Hinweis In diesem Beispiel ist es nicht sinnvoll, die Punkte zu verbinden, denn zB 5,4 Stück Gummischlangen kann man nicht kaufen.

Darstellung direkt proportionaler Größen

Direkt proportionale Größen können immer mit einem **Punkt- oder Liniendiagramm** dargestellt werden. Der **Strahl**, der alle Punkte verbindet, verläuft **immer durch den Koordinatenursprung**.

 501 Liegt ein direkt proportionales Verhältnis vor? Begründe mit Hilfe des **Sprachbausteins**!

a)
Strecke in km	Verbrauch in Liter
80	5,75
240	17,25

b)
Menge in kg	Preis in €
2,5	15
0,5	3,5

c)
Menge in kg	Preis in €
1,6	32
1,4	28

d)
Stückzahl	Preis in €
2	4,20
4	8,40

e)
Stückzahl	Preis in €
8	2,48
4	1,24
1	0,25

Sprachbaustein

___ ist (nicht) direkt proportional zu ___, weil…

___ steht (nicht) im direkt proportionalen Verhältnis zu ___, weil…

___ und ___ sind (nicht) direkt proportional zueinander, weil…

___ und ___ stehen (nicht) im direkt proportionalen Verhältnis, weil…

 502 Kreuze die beiden Aufgaben an, die ein direkt proportionales Verhältnis beschreiben, und berechne deren Lösung!

A	Vier Krapfen kosten 4,80 €. Wie viel Euro kosten zwei Krapfen?	
B	Drei Arbeiter graben ein Loch in 12 Stunden. Wie lange braucht ein Arbeiter?	
C	100 g Nudeln brauchen acht Minuten, bis sie fertig gekocht sind. Wie lange brauchen 200 g?	
D	Fünf Personen zahlen im Kino 46 €. Wie viel Euro bezahlt eine Person?	
E	Lia wiegt mit 20 Jahren 65 kg. Wie viel Kilogramm wog sie mit 12 Jahren?	

E1 Direkte und indirekte Proportionalität

Beispiel

3 kg Äpfel kosten 5,25 €. Wie viel Euro kosten dann 5 kg Äpfel?
Wir überlegen:
3 kg Äpfel kosten 5,25 €, dann kostet 1 kg ein Drittel davon, Ü: 6 € : 3 = 2 €; 2 € · 5 = 10 €
also **geteilt durch 3**,
und 5 kg kosten **fünfmal** so viel, also mal 5. $\frac{5{,}25\,€ \cdot 5}{3} = 8{,}75\,€$

Hinweis Vergiss beim Rechnen mit Proportionalitäten nicht auf die **Überschlagsrechnung**!
Sie dient im Vorhinein zum **Abschätzen des Ergebnisses** und stellt im Nachhinein eine **Kontrolle** dar.

503
1) Vervollständige die Preistabelle für Erdäpfel!
2) In der letzten Spalte erhältst du eine Berechnungsformel für beliebig viel Kilogramm Erdäpfel. Erkläre, was diese Formel bedeutet!

Menge	1 kg	5 kg	15 kg	16 kg	40 kg	x kg
Preis	0,64	3,20 €	9,60	10,24	25,60	0,64·x

5:3,

504 Linus möchte für sich und seine fünf Freunde Spaghetti Bolognese kochen. Das angegebene Rezept von seiner Oma zeigt die Mengenangaben für vier Personen.
Welche Mengen muss er für das Essen mit seinen Freunden einkaufen?
Schreibe eine sinnvolle Einkaufsliste für ihn!

Zutaten
900 g Faschiertes
6 Tomaten
2 Zwiebeln
1 Knolle Knoblauch
50 ml Olivenöl
2 TL Oregano
1 Tube Tomatenmark
500 g Spaghetti
100 g Parmesan
etwas Zucker

505 Ein Fußgänger legt in zwei Stunden 8 km zurück.
Wie weit kommt in derselben Zeit 1) ein Läufer, der doppelt so schnell ist, 2) ein Traktor, der dreimal so schnell ist, 3) ein Radfahrer, der viermal so schnell ist?

506 Der Zusammenhang zwischen der Masse einer Ware (in Kilogramm) und ihrem Preis (in Euro) ist in der rechts stehenden Abbildung dargestellt.
1) Gib die Preise für **a)** 2 kg, **b)** 3 kg, **c)** 6 kg an!
2) Verbinde die in der Abbildung eingezeichneten Punkte zu einem Liniendiagramm und lies den Preis für **a)** 2,5 kg, **b)** 3,5 kg, **c)** 5,5 kg ab!
3) Warum beginnt der Preisstrahl im Ursprung des Koordinatensystems? Erkläre!

507 Beim Einkochen von Marmelade braucht man für 1 kg Beeren rund 50 dag Zucker.
1) Zeichne ein geeignetes Punktdiagramm für 1 kg, 2 kg, 3 kg,... Beeren!
2) Zeichne ein Liniendiagramm und entnimm daraus, wie viel Dekagramm Zucker man für die gegebene Beerenmenge braucht!
   a) 2 kg   **b)** 3 kg   **c)** $\frac{1}{2}$ kg   **d)** $\frac{1}{4}$ kg   **e)** $1\frac{1}{2}$ kg   **f)** $5\frac{1}{2}$ kg
3) Entnimm dem Diagramm, für wie viel Kilogramm Beeren die gegebene Zuckermenge reicht!
   a) 60 dag   **b)** 75 dag   **c)** 1 kg   **d)** 1,5 kg   **e)** 1,8 kg   **f)** 2 kg

Direkt proportionale Größen E1

508 Wähle aus, welche Darstellung sinnvoll ist!

	Punktdiagramm	Liniendiagramm
A Personenanzahl und Menge der Zutaten für ein Essen	⊗	○
B Zurückgelegter Weg pro Zeit bei gleicher Geschwindigkeit	○	⊗
C Menge einer Ware und der zugehörige Preis	○	⊗
D Anzahl an Semmeln und der zugehörige Preis	⊗	○
E Quadratseite und zugehöriger Umfang	○	⊗

509 Eine Radfahrerin legt in einer Stunde im Mittel 15 km zurück. Beachte die **Infobox**!
1) Zeichne ein Liniendiagramm!
2) Entnimm diesem Diagramm die zurückgelegten Kilometer
   a) in 3h, **b)** in 5h, **c)** in 0,5h, **d)** in 3,5h!
3) Entnimm aus dem Diagramm, wie lange sie ungefähr
   a) für 60 km, **b)** für 100 km, **c)** für 10 km, **d)** für 25 km braucht!

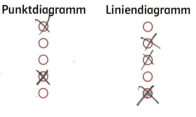

510 Ein Auto legt durchschnittlich 100 km in einer Stunde auf der Autobahn zurück.
1) Zeichne ein Liniendiagramm!
2) Entnimm diesem Diagramm die zurückgelegten Kilometer in **a)** 2h, **b)** 3h, **d)** 30 min!
3) Entnimm aus dem Diagramm die benötigte Zeit für **a)** 400 km, **b)** 150 km, **c)** 25 km!

> **ℹ mittlere Geschwindigkeit**
> Beim Radfahren oder Autofahren ändert sich während der Fahrt ständig die Geschwindigkeit.
> Die Verwendung der „**mittleren Geschwindigkeit**" ermöglicht ein näherungsweises Lösen von Bewegungsaufgaben. Sie ist nur ein **mathematisches Modell**.

511 Der Lieferwagen einer Möbelfirma verbraucht für 100 km Fahrt auf Freilandstraßen im Mittel 12 Liter Treibstoff.
a) Wie viel Liter Treibstoff verbraucht er voraussichtlich für eine Fahrt
   1) von 300 km, **2)** von 400 km, **3)** von 50 km, **4)** von 20 km?
b) Zeichne ein Punktdiagramm für die gegebenen Fahrstrecken!
   1) 100 km   **2)** 200 km   **3)** 300 km
   4) 400 km   **5)** 500 km   **6)** 600 km
Auf der waagrechten Achse soll 1 cm einer Fahrstrecke von 100 km entsprechen.
Auf der senkrechten Achse soll 1 cm einem Treibstoffverbrauch von 10 Liter entsprechen.
c) Wäre in diesem Fall auch ein Liniendiagramm sinnvoll? Begründe!

512 Ein quaderförmiges Aquarium wird mit Wasser gefüllt. Der folgende Graph zeigt den Zusammenhang zwischen dem eingefüllten Wasservolumen und der Höhe des Wasserspiegels.
a) Wie hoch ist der Wasserstand, wenn man
   1) 10 Liter   **2)** 6 Liter   **3)** 0,5 Liter
   4) 2 Liter   ⊞ **5)** x Liter ins Aquarium einfüllt?
b) Wie viel Liter befinden sich im Aquarium, wenn das Wasser
   1) 5 cm   **2)** 10 cm   **3)** 4 cm   **4)** 28 cm
   5) 16 cm   ⊞ **6)** x cm hoch steht?

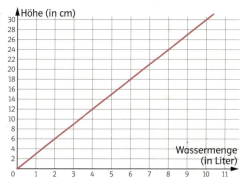

E1 Direkte und indirekte Proportionalität

513
1) Kreuze an, welche Graphik ein direkt proportionales Verhältnis beschreibt! Begründe deine Antwort!
2) Finde zu jedem Diagramm eine passende Geschichte!

○ A   ⊗ B   ⊗ C

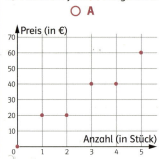
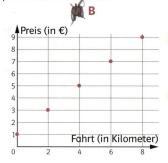
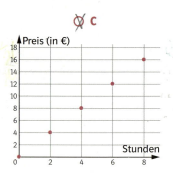

514 Herr Siegl bemerkt beim Waschen, dass ihm das Waschmittel ausgegangen ist. Seine Nachbarin überlässt ihm eine bereits geöffnete Packung „Strahleweiß". Die Packung hatte ursprünglich 3,20 kg Inhalt und kostete 9,60 €. Wie viel Euro muss Herr Siegl bezahlen, wenn er möglichst genau abrechnen möchte?

Beispiel

In der Packung befinden sich noch etwa 1,20 kg „Strahleweiß".

Überschlagsrechnung:

1,20 kg sind etwas mehr als ein Drittel von 3,20 kg.
Herr Siegl hat daher etwas mehr als $\frac{1}{3}$ von 9,60 €, also rund 3,50 € zu bezahlen.

Schlussrechnung in Tabellenform:

Menge in dag	Preis in €
320	9,60
120	x
320	9,60
1	9,60 : 320
120	(9,60 : 320) · 120

:320 ·120   :320 ·120

Hinweis Wir rechnen die Mengenangabe von Kilogramm in Dekagramm um, denn mit natürlichen Zahlen wird das Rechnen leichter. Die Rechnung kann auch in Bruchform angeschrieben werden. Beachte dabei, dass im Zähler und im Nenner von Brüchen auch Dezimalzahlen stehen können!

$$\Rightarrow x = \frac{9{,}60 \cdot 120}{320} = \frac{9{,}60 \cdot 3}{8} = 3{,}60$$

1,20 kg „Strahleweiß" kosten **3,60 €**.

a) Es befinden sich noch 2,4 kg in der Packung.   b) Es befinden sich nur mehr 0,5 kg in der Packung.

515 Frau Lampert kommt mit einer vollen Tankladung von 60 Liter etwa 1050 km weit.
a) Berechne, wie weit sie mit 1) einem halben Tank, 2) 10 Liter, 3) 48 Liter in etwa fahren kann!
b) Zeichne einen passenden Graphen und lies ab, wie viel Liter Benzin Frau Lampert für 1) 150 km, 2) 500 km, 3) 50 km braucht!

516 Du siehst in der Abbildung rechts die Nährwertetabelle für einen Müsliriegel.
1) Berechne, wie viele Müsliriegel du höchstens essen darfst, bevor du den Richtwert für die Tageszufuhr an Zucker überschritten hast!
2) Welche Angaben hast du für 1) verwendet?
3) Überlege dir noch zwei weitere Aufgabenstellungen und löse sie!

Durchschnittliche Nährwerte		
	Pro 100 g	1 Riegel (35 g)
Brennwert	1871 kJ	654 kJ
	446 kcal	156 kcal
Eiweiß	6,0 g	2,1 g
Kohlenhydrate	62 g	21,7 g
davon Zucker	48,9 g	17,1 g
Fett	18,3 g	6,4 g
davon gesättigte Fettsäuren	2,0 g	0,7 g
Ballaststoffe	4,7 g	1,6 g
Natrium	0,02 g	0,01 g

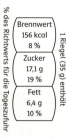

1 Riegel (35 g) enthält
Brennwert 156 kcal 8 %
Zucker 17,1 g 19 %
Fett 6,4 g 10 %
% des Richtwerts für die Tageszufuhr

2 Indirekt proportionale Größen

interaktive
Vorübung
n636ih

AH S. 36

Selina hat 48 € um Weihnachtsgeschenke zu kaufen und möchte jedem ein gleichwertiges Geschenk machen. Wenn sie nur ihren Eltern etwas schenkt, kann sie zwei Geschenke zu je _____ € kaufen.
Wenn sie auch ihre Schwester beschenkt, darf jedes Geschenk nur _____ € kosten.
Sollte auch ein Geschenk für ihre beste Freundin dabei sein, darf sie pro Geschenk nur _____ € ausgeben.

Selinas Rechnungen kann man wie bei direkt proportionalen Größen auch in Tabellenform schreiben. In der **ersten Zeile der Tabelle** steht die **Angabe**. Dabei schreiben wir die **gesuchte Größe** immer auf die **rechte Seite**.

Personenanzahl	Geld pro Person
1	48 €
2	€
3	€
4	€

Für die doppelte Personenzahl hat Selina also nur halb so viel Geld pro Person zur Verfügung, für die dreifache Personenzahl nur ein Drittel des Geldes pro Person usw. Ebenso gilt, je mehr Geld Selina pro Person ausgeben möchte, umso weniger Personen kann sie beschenken. Die Personenzahl und die zur Verfügung stehende Geldmenge pro Person sind also **indirekt proportional** bzw. **stehen im indirekt proportionalen Verhältnis**.

Hinweis Natürlich wird Selina nicht verschiedene Geschenke um den exakt gleichen Preis finden. Die Schlussrechnung ist jedoch ein gutes Modell für Schätzungen.

Indirekt proportionale Größen

Zwei Größen sind **indirekt proportional**, wenn dem **2-fachen (3-fachen, 4-fachen,...) Wert** der einen Größe **die Hälfte (ein Drittel, ein Viertel,...)** der anderen Größe **entspricht**.
Der Hälfte (dem Drittel, dem Viertel...) der einen Größe **entspricht** dann das **2-fache (3-fache, 4-fache,...)** der anderen Größe.
Die beiden Größen stehen **im indirekt (oder umgekehrt) proportionalen Verhältnis**.

Graphische Darstellung

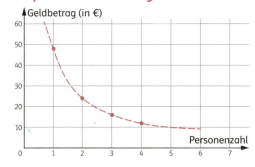

Wenn man den Zusammenhang zweier Größen, zB „Personenzahl" und „Geld pro Person", in ein Diagramm einträgt, entsteht der linke Graph.
In diesem Fall liegen die **Punkte** nicht auf einem Strahl, sondern auf einer **Kurve**.
Die **Kurve schneidet weder die 1. Achse** (Personenzahl) **noch die 2. Achse** (Geldbetrag).
Wie bei direkt proportionalen Größen ist es auch bei indirekt proportionalen Größen **nicht immer sinnvoll, die Punkte zu verbinden**.

Darstellung indirekt proportionaler Größen

Indirekt proportionale Größen können mit einem **Punktdiagramm** dargestellt werden. Die **Kurve**, die alle Punkte verbindet, **schneidet weder die 1. Achse noch die 2. Achse**.

E2 Direkte und indirekte Proportionalität

517 Überprüfe, ob ein indirekt proportionales Verhältnis vorliegt! Begründe deine Antwort!

1)
Anzahl der Personen	Kosten pro Person
5	105 €
15	35 €

2)
1. Größe	2. Größe
2	40
4	30
8	10

3)
1. Größe	2. Größe
3	30
6	15
10	9

518 Kreuze an, bei welchen zwei Aussagen es sich um indirekt proportionale Verhältnisse handelt! Begründe deine Antwort!
- A Vier Arbeiter benötigen 12 Stunden für eine Arbeit, zwei Arbeiter benötigen 24 Stunden.
- B Pascal benötigt für 5 km Fußweg eine Stunde, in zwei Stunden schafft er 10 km.
- C Für drei Tafeln Schokolade bezahlt Ruben 3,90 €, für 4 Tafeln 4,50 €.
- D Karoline teilt ihren Kinogutschein mit ihren Freundinnen. Wenn zwei Freundinnen mitkommen, spart sich jedes Kind vier Euro, wenn drei Freundinnen mitkommen nur drei Euro.
- E Wenn Julian mit seinem besten Freund zur Schule geht, benötigt er 12 Minuten, wenn er alleine geht, schafft er dieselbe Strecke in zehn Minuten.

519 Ein Fußgänger geht mit 4 km/h und legt eine bestimmte Strecke in 3 h 18 min zurück.
1) Wie lange braucht ein Traktor für dieselbe Strecke, wenn er mit 8 km/h unterwegs ist?
2) Wie lange braucht eine Radfahrerin für dieselbe Strecke, wenn sie mit 12 km/h fährt?
3) Wie lang ist die Strecke?

> **Beispiel**
> **Mit 3 Traktoren schafft man es in 10 h, ein Feld zu pflügen.**
> **Wie viel Arbeitsstunden benötigt man dann mit 5 Traktoren?**
> Man kann bei indirekter Proportionalität auch in **Bruchform** rechnen.
> Mit 3 Traktoren braucht man 10 h, dann braucht man mit einem Traktor dreimal so lange, also mal 3, und mit 5 Traktoren braucht man den fünften Teil, also geteilt durch 5: $\frac{10h \cdot 3}{5} = 6h$
> Die fünf Traktoren brauchen **6 h**.

520 Zoran füllt Marmelade ab. Er braucht dafür zwölf Einmachgläser, die er je mit 500 ml Marmelade füllt. Wie viele Gläser würde er brauchen, wenn er pro Glas nur a) 400 ml, b) 300 ml, c) 485 ml Marmelade einfüllt? Berechne in Bruchform (wie im Beispiel oben)!

521 Familie Klein hat so viel gespart, dass sie im Urlaub 20 Tage lang täglich rund 87 € ausgeben kann.
a) Für wie viele Tage würde das angesparte Urlaubsgeld reichen, wenn die Familie im Mittel täglich 116 € ausgibt?
b) Die Familie möchte mit dem angesparten Geld 25 Tage Urlaub machen. Wie viel Euro darf sie im Mittel täglich ausgeben?

522 Welcher Zusammenhang passt zum abgebildeten Diagramm? Kreuze an und ergänze die fehlenden Beschriftungen im Diagramm!
- A Geschwindigkeit von 100 km/h, zurückgelegter Weg nach 1, 2, 3, 4 oder 5 Stunde(n)
- B Eine Nachhilfestunde kostet 20 €, Gesamtpreis für 1, 2, 3, 4 oder 5 Nachhilfestunde(n)
- C Erbe von 30 000 €, Anteil für 1, 2, 3, 4 oder 5 Erbe(n)

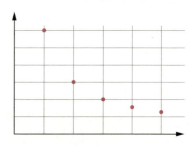

Indirekt proportionale Größen E2

523 Ein rechteckiges Gehege mit den Seitenlängen a und b besitzt den Flächeninhalt A.
1) Wie lang ist die Seite b?
Wie muss man die Länge der Seite b verändern, wenn man die Länge der Seite a
2) verdoppelt, **3)** halbiert, der Flächeninhalt des Geheges aber gleich bleiben soll?

Beispiel

$a = 12\,m$, $A = 72\,m^2$
Zeichnung:

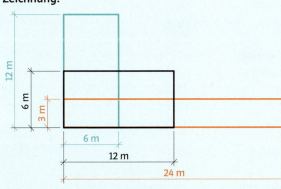

In der Zeichnung sieht man, dass die Seitenlängen des Rechtecks bei gleichbleibendem Flächeninhalt indirekt proportional sind.
Wird die Länge der **Seite a verdoppelt** (**verdreifacht, vervierfacht,...**) muss die Länge der **Seite b halbiert** (**gedrittelt, geviertelt,...**) werden.
Wird die Länge der **Seite a halbiert** (**gedrittelt, geviertelt,...**) muss die Länge der **Seite b verdoppelt** (**verdreifacht, vervierfacht,...**) werden, wenn der Flächeninhalt unverändert bleiben soll.

Schlussrechnung in Tabellenform:

Länge von a	Länge von b
12 m	6 m
24 m	3 m
6 m	12 m

Schlussrechnung mit Formel:
Das Produkt der Maßzahlen von Länge und Breite des Rechtecks muss gleich bleiben, wenn der Flächeninhalt unverändert bleiben soll.

$a \cdot b = 72 \Rightarrow b = \frac{72}{a}$ bzw. $a = \frac{72}{b}$

1) $a = 12\,m \Rightarrow b = \frac{72\,m^2}{12\,m} = 6\,m$

2) $a = 24\,m \Rightarrow b = \frac{72\,m^2}{24\,m} = 3\,m$

3) $a = 6\,m \Rightarrow b = \frac{72\,m^2}{6\,m} = 12\,m$

Hinweis Dass die Seitenlängen a und b bei Rechtecken mit gleich großem Flächeninhalt indirekt proportional sind, wird deutlich, da in der Formel $b = \frac{72}{a}$ die Seitenlänge a im Nenner steht.

a) $a = 8\,m$, $A = 56\,m^2$ **b)** $a = 16\,m$, $A = 400\,m^2$ **c)** $a = 17\,m$, $A = 221\,m^2$

524 24 kg Mehl werden abgepackt. Wie viele Packungen kommen zustande, wenn jede Packung die angegebene Menge enthalten soll?
1) Die Anzahl der Kilogramm (pro Packung) und die Anzahl der Packungen sind indirekt proportional. Erkläre, warum das so ist!
2) Setze in die Tabelle ein!

Inhalt pro Packung	1 kg	2 kg	4 kg	6 kg	$\frac{1}{2}$ kg	$\frac{1}{4}$ kg
Anzahl der Packungen	24	12	6	4	48	96

3) Es gilt: Anzahl a der Kilogramm (pro Packung) mal Anzahl p der Packungen ergibt 24.
Als Formel angeschrieben: $a \cdot p = 24$.
Berechne mit Hilfe dieser Formel die Anzahl der Packungen, wenn jede Packung
a) 8 kg, **b)** 2,40 kg, **c)** 75 dag enthalten soll!

E 2 Direkte und indirekte Proportionalität

525 In der nebenstehenden Abbildung ist der Zusammenhang zwischen dem Inhalt von Paketen (in Kilogramm) und der Anzahl der Pakete in einem Punktdiagramm dargestellt. Die Punkte sind schließlich durch eine Kurve verbunden worden.

a) Lies an der Kurve ab, wie viele Pakete man erhält, wenn pro Paket **1)** 3 kg, **2)** 4,8 kg, **3)** 1,8 kg, **4)** 0,9 kg abgefüllt werden!

b) Lies mit Hilfe der Kurve ab, wie viel Kilogramm pro Paket abgefüllt werden müssen, wenn man die vorhandene Gesamtmenge gleichmäßig
1) auf 36 Pakete, **2)** auf 16 Pakete, **3)** auf 20 Pakete, **4)** auf 48 Pakete aufteilen möchte!

c) Wie groß ist die vorhandene Gesamtmenge?

d) Ist das Verbinden der Punkte sinnvoll?

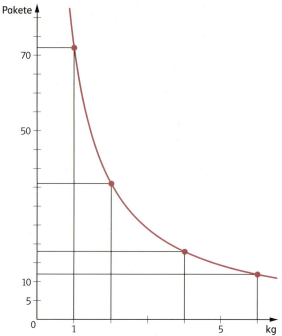

526 Der Vorrat in einer Schihütte reicht für 12 Personen 8 Tage aus.
a) Wie lange kämen **1)** 3 Personen, **2)** 2 Personen, **3)** 16 Personen mit dem gleichen Vorrat aus?
b) Wie viele Personen würden den Vorrat **1)** in 4 Tagen, **2)** in 6 Tagen, **3)** in 12 Tagen aufbrauchen?
c) Lege eine Tabelle an und zeichne ein Punktdiagramm mit geeigneten Einheiten!

Beispiel

Für den Bau einer elektrischen Leitung werden 32 Arbeitskräfte aufgenommen, die in 30 Tagen den Arbeitsauftrag ausführen sollen. Nach 9 Tagen werden 8 Arbeitskräfte von der Baustelle abgezogen.
Wie lange dauert der Arbeitsauftrag insgesamt?
Um wie viel Tage später wird der Arbeitsauftrag beendet?

Überlege:
1. Voraussetzung für das Anwenden der Schlussrechnung ist, dass jede Arbeitskraft zu jeder Zeit gleich schnell arbeitet.
2. Nach 9 Tagen würden die 32 Arbeitskräfte noch 21 Tage brauchen. Wie viel Tage brauchen 24 Arbeitskräfte, um den Auftrag zu vollenden?
3. Die Anzahl der Arbeitskräfte ist indirekt proportional zur Dauer der Auftragserfüllung.

Anzahl der Arbeitskräfte	Anzahl der Tage
32	21
24	x
32	21
8	21·4
24	(21·4):3

$x = \frac{21 \cdot 4}{3} = 28$ Ü: $(20 \cdot 4) : 3 = 80 : 3 \approx 27$
$9 + 28 = \mathbf{37} \Rightarrow 37 - 30 = \mathbf{7}$

Der Arbeitsauftrag wird in **37 Tagen** ausgeführt. Der Arbeitsauftrag wird somit **7 Tage** später beendet.

527 Fünf Lastwagen müssten jeweils achtmal fahren, um einen Schuttberg abzutransportieren. Nach zwei Fahrten jedes LKW wird ein weiterer LKW mit derselben Ladekapazität eingesetzt. Wie viele Fahrten müssen diese sechs LKW jeweils noch unternehmen?

3 Geschwindigkeit

interaktive
Vorübung
7a76xr

AH S. 38

Evas Schulweg ist 450 m lang. Sie braucht dafür durchschnittlich fünf Minuten. Antonius braucht für seinen Schulweg von 1,2 km im Mittel zwölf Minuten. Wer von beiden geht schneller (hat eine größere mittlere Geschwindigkeit)?
Eva schafft in einer Minute _____ m, Antonius hingegen kommt in einer Minute _____ m weit. _____ geht also mit einer größeren mittleren Geschwindigkeit.
Die **Geschwindigkeit** gibt die **Länge jener Wegstrecke** an, die pro **Zeiteinheit** zurückgelegt wird. Meist wird sie in **Meter pro Sekunde (m/s)** oder **Kilometer pro Stunde (km/h)** angegeben.

Hinweis Der schräge Strich „/" in den Geschwindigkeitsangaben (m/s, km/h) soll dich an einen Bruchstrich bzw. an das Divisionszeichen erinnern („Meter durch Sekunden", „Kilometer durch Stunden").

> **Geschwindigkeit**
>
> Die Formel für die Geschwindigkeit lautet: **Geschwindigkeit** = $\frac{\text{Weg}}{\text{Zeit}}$.
> In Kurzschreibweise: $v = \frac{s}{t}$

Bemerkung: v…velocitas (lat.), velocity (engl.)…Geschwindigkeit,
s…spatium (lat.), space (engl.)…Weg, Raum, t…tempus (lat.), time (engl.)…Zeit

Umgerechnet in m/s bzw. km/h ergibt sich für die beiden Kinder:

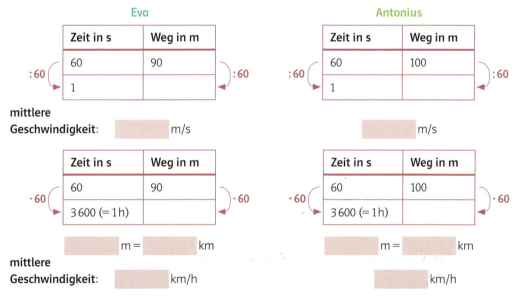

Niemand schafft es, immer mit genau derselben Geschwindigkeit zu gehen oder zu laufen. Daher wird oft die „**mittlere Geschwindigkeit**" als Maß für die Schnelligkeit herangezogen. Dieses **mathematische Modell** gibt die Wirklichkeit (mehr oder weniger) angemessen wieder. Wir schreiben aber nicht jedes Mal „mittlere Geschwindigkeit", sondern meist einfach „Geschwindigkeit".

E3 Direkte und indirekte Proportionalität

Das Zeit-Weg-Diagramm

Zur besseren Veranschaulichung wird der Zusammenhang von Weg und Zeit oft in einem Diagramm dargestellt, dem so genannten „**Zeit-Weg-Diagramm**". Dabei wird die **Zeit** auf der **1. Achse (x-Achse)** aufgetragen, der zurückgelegte **Weg** auf der **2. Achse (y-Achse)**.

Bei **gleichbleibender (= konstanter) Geschwindigkeit** sind der zurückgelegte **Weg** und die dafür benötigte **Zeit direkt proportional** zueinander.

Dieser Zusammenhang wird graphisch mit einem **Strahl** dargestellt. Diese beginnt im Koordinatenursprung. Je **steiler** der Strahl ist, umso **größer** ist die **mittlere Geschwindigkeit**.

Für Eva und Antonius ergibt sich das folgende Diagramm:

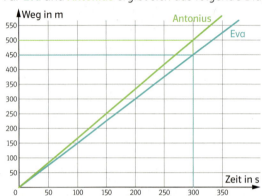

Die Geschwindigkeit entspricht dem in einer Zeiteinheit zurückgelegten Weg.
Suche zB auf der 1. Achse die Marke für 5 min (= 300 s) und lege eine Parallele (blau) zur 2. Achse durch diesen Punkt! Diese Gerade schneidet den Graphen in einem Punkt.
Wie lang braucht Antonius für 500 m? Suche auf der 2. Achse die Marke für 500 m und lege eine Parallele (grün) zur 1. Achse. Aus dem Schnittpunkt kann man die Zeit ablesen.

528 Schätze mit Hilfe des Diagrammes den von **1)** Eva **2)** Antonius zurückgelegten Weg nach **a)** 120 s, **b)** 210 s, **c)** 330 s und rechne nach!

529 Ermittle mit Hilfe des Diagrammes oben, wie lange **1)** Eva, **2)** Antonius für den zurückgelegten Weg brauchen. Rechne nach!
a) 200 m   **b)** 350 m   **c)** 550 m

> **Tipp**
> Rechne die Streckenangaben in km und die Zeitangaben in h um! Verwende die Formel $v = s : t$!

530 Im Diagramm oben kann man ablesen, dass Eva in 5 min einen Weg von 450 m zurücklegt und Antonius in dieser Zeit 500 m. Berechne die Geschwindigkeit von Eva und Antonius mit Hilfe dieser Werte!

531 Im Diagramm rechts ist Selmas Schulweg dargestellt.
1) Schreibe eine passende Geschichte zum Diagramm!
2) Kreuze die richtigen Aussagen an!
○ **A** Selmas Schulweg ist 700 m lang.
○ **B** Selma geht den ganzen Weg mit derselben Geschwindigkeit.
○ **C** Sie erreicht um 7:27 Uhr die Schule
○ **D** Von 7:17 Uhr bis 7:23 Uhr geht sie 450 m weit.
○ **E** Nach der Pause hat Selma eine langsamere mittlere Geschwindigkeit als zuvor.

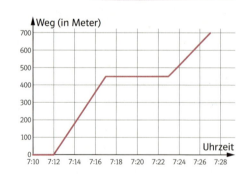

532 Rechne die Geschwindigkeitsangaben von m/s in km/h bzw. von km/h in m/s um! Runde auf eine Dezimalstelle!

km/h	30		18,7		36	
m/s		15		24		1

Geschwindigkeit E 3

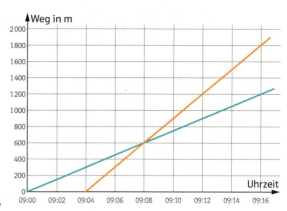

533 Paul verlässt um 9:00 Uhr sein Zuhause und geht in Richtung Stadtzentrum. Vier Minuten später fährt auch sein Bruder Joseph mit dem Fahrrad in dieselbe Richtung los.
a) Mit welchen Geschwindigkeiten (in km/h) sind die Brüder unterwegs?
b) Wann wird Paul von Joseph eingeholt?
c) Um wie viel Uhr erreichen die Brüder das zwei Kilometer entfernte Stadtzentrum?

534 Wie groß ist die mittlere Geschwindigkeit, die auf dem angegebenen Linienflug erreicht wird, **1)** in km/min, **2)** in km/h?

	Von Wien nach	Entfernung	Flugzeit h:min
a)	Rom	777 km	1:35
b)	London	1272 km	2:25
c)	Tokyo	9630 km	11:45

	Von Wien nach	Entfernung	Flugzeit h:min
d)	Graz	150 km	0:40
e)	Teheran	1959 km	4:40
f)	New York	6799 km	9:45

535 Welche Geschwindigkeiten sind jeweils gleich groß? Ordne die Zahl entsprechend zu!
Ergänze die fehlenden zwei Angaben **F**, **G** in m/s! Runde auf eine Dezimalstelle!

A	50 m/s	
B	15 m/s	
C	44 m/s	
D	10,5 m/s	
E	90 m/s	
F		
G		

1	37,8 km/h	
2	158,4 km/h	
3	120 km/h	
4	324 km/h	
5	54 km/h	
6	72 km/h	
7	180 km/h	

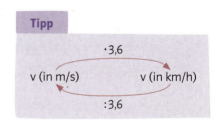

Tipp: v (in m/s) · 3,6 → v (in km/h); v (in km/h) : 3,6 → v (in m/s)

536 Rechne die Höchstgeschwindigkeiten der schnellsten Züge der Erde in m/s um (Stand 2017)! Runde auf eine Dezimalstelle!

	Zug	Geschwindigkeit	
a)	Magler (Japan)	600 km/h	m/s
b)	TGV Atlantique (Frankreich)	515 km/h	m/s
c)	Transrapid (China)	500 km/h	m/s
d)	Harmony Express (China)	480 km/h	m/s
e)	ICE-V (Deutschland)	407 km/h	m/s
f)	Railjet (Österreich)	275 km/h	m/s

Bemerkung: Die angegebenen Geschwindigkeiten sind auf speziellen Teststrecken erreicht worden.

E3 Direkte und indirekte Proportionalität

> **Tipp**
>
> **Vorgangsweise beim Lösen von Textaufgaben zur Schlussrechnung:**
> 1. Liegt ein **direkt** oder **indirekt proportionales** Verhältnis vor?
> 2. **Was** ist zu berechnen? Was muss dafür **zuerst** berechnet werden?
> 3. Führe eine **Schätzung** oder eine **Überschlagsrechnung** durch!
> 4. Führe die **Rechnung** durch!
> 5. **Vergleiche** dein Ergebnis mit deiner Schätzung bzw. Überschlagsrechnung!
> 6. Schreibe die **Antwort** und überlege, ob sie auch sinnvoll ist!

537 Tobias erreicht bei einem 60-Meter-Lauf eine Zeit von 8,8 s. Stefan schafft bei einem 100-Meter-Lauf eine Zeit von 13,9 s. Berechne die Geschwindigkeiten sowohl in m/s als auch in km/h. Wer von beiden ist schneller gelaufen?

538 Eine Boeing 737 steigt mit 7,65 m/s. In wie viel Sekunden erreicht das Flugzeug **a)** 5 000 m, **b)** 10 000 m Flughöhe (über dem Boden)? Runde auf Sekunden!

539 Ein Tennisspieler „serviert" mit rund 200 km/h. Der Ball schlägt nach 20 m Flugbahn auf dem Boden auf. Wie viel Sekunden ist er bis dahin in der Luft?

540 Frau Dostal fährt um 9 Uhr mit einer mittleren Geschwindigkeit von 75 km/h von Innsbruck nach Lienz (189 km von Innsbruck entfernt).
Wie weit ist Frau Dostal um 11:15 Uhr noch von Lienz entfernt?

> **Hinweis** Berechne zuerst, wie viel Kilometer Frau Dostal in einer Minute zurücklegt!

541 Der Lenker eines Autos erkennt ein Hindernis. Bis zum Betätigen der Bremsen („Reaktionszeit") vergehen rund 0,7 s. Das Auto fährt mit **a)** 30 km/h, **b)** 50 km/h, **c)** 80 km/h.
Wie viel Meter fährt das Auto noch mit unverminderter Geschwindigkeit weiter?

> **Hinweis** Rechne die Geschwindigkeit in m/s um! Runde auf ganze Meter!

542 Karl steht am Straßenrand und erblickt in 100 m Entfernung ein heranfahrendes Auto.
Um wie viel Sekunden später fährt das Auto an ihm vorbei, wenn es mit
a) 50 km/h, **b)** 80 km/h fährt? Rechne auf Zehntelsekunden genau!

543 Pascal ist bei seiner Oma in Gratwein (Stmk.) zu Besuch. Seine Schwester Flora befindet sich zu Hause in Graz und macht sich ebenso auf den Weg nach Gratwein.
a) Beantworte die Fragen zum folgenden Zeit-Weg-Diagramm!

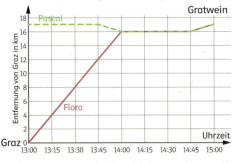

1) Wie weit sind Gratwein und Graz voneinander entfernt?
2) Mit welcher Geschwindigkeit ist Flora zu Beginn unterwegs?
3) Wann treffen die Geschwister einander?
4) Mit welcher Geschwindigkeit sind beide von 14:00 Uhr bis 14:30 Uhr unterwegs?
5) Wie schnell sind sie auf dem letzten Kilometer unterwegs?

b) Finde eine passende Geschichte zu diesem Zeit-Weg-Diagramm!

Geschwindigkeit E3

544 Martin marschiert um 7 Uhr von Mellau (Vbg.) los und geht die 12 km nach Schoppernau (Vbg.) mit einer durchschnittlichen Geschwindigkeit von 6 km/h. Seine Cousine Nora spaziert ihm um 8 Uhr mit einer durchschnittlichen Geschwindigkeit von 4 km/h von Schoppernau entgegen.
1) Zeichne ein passendes Zeit-Weg-Diagramm!
2) Wie weit sind sie um 8:30 Uhr voneinander entfernt?

545 Frau Garger fährt um 8:30 Uhr von Innsbruck ab. Sie hofft, um 11 Uhr im 189 km entfernten Lienz zu sein, wenn sie im Mittel mit 75 km/h fahren kann. Wegen ungünstiger Verkehrsverhältnisse kann sie jedoch nur mit rund 60 km/h fahren.
Um wie viel Uhr wird sie Lienz etwa erreichen?

546 Um 22:35 Uhr fährt ein Regionalexpress in Wien ab und erreicht um 0:11 Uhr den 126 km entfernten Ort Amstetten.
1) Wie groß ist die mittlere Geschwindigkeit des Zuges **a)** in km/min, **b)** in km/h?
2) In Amstetten hat der Zug 1 min Aufenthalt. Dann fährt er mit gleichbleibender Geschwindigkeit weiter. Um wie viel Uhr erreicht der Zug den von Amstetten 40 km entfernten Ort St. Valentin?

547 Ein Regionalzug fährt um 10:43 Uhr von Bad Goisern (Oberösterreich) ab und erreicht um 11:47 Uhr den 55 km entfernten Bahnhof Attnang-Puchheim.
1) Wie groß ist die mittlere Geschwindigkeit des Zuges in km/min?
2) Wann ist der Zug etwa in Bad Aussee abgefahren (Bad Aussee – Bad Goisern: 24 km)?
3) Wann kommt der Zug etwa in Gmunden an (Bad Goisern – Gmunden: 42 km)?

548 Ein Intercity-Zug braucht für die 70 km lange Strecke Salzburg – Attnang-Puchheim 45 min.
a) Wie groß ist die Fahrzeit des Zuges für die 56 km lange Strecke Attnang-Puchheim – Linz?
b) Welche Strecke legt der Zug in 1 h 25 min zurück?

549 Ein Landwirt fährt täglich mit seinem Auto in ein Nachbardorf. Bei einer mittleren Geschwindigkeit von 60 km/h braucht er in der Regel 15 min.
a) Wegen Nebels kann er nur mit rund 45 km/h fahren. Wie lange wird er brauchen?
b) Wie lange wäre er unterwegs, wenn er die Strecke zu Fuß (5 km/h) zurücklegen würde?

550 Eine Autofahrerin ist mit einer mittleren Geschwindigkeit von 80 km/h unterwegs und benötigt für eine bestimmte Strecke 2 h 42 min.
1) Wie lang ist die Strecke?
2) Um wie viel Minuten wäre sie früher am Ziel, wenn sie ihre Durchschnittsgeschwindigkeit um 10 km/h erhöhte?

551 Christoph hat gestern ein Plakat für einen Handytarif gesehen, der mit dem schnellsten mobilen Internet beworben wird. Doch was bedeutet das genau?
Die „Geschwindigkeit des Internets" wird meist mit der „Uploadgeschwindigkeit" und der „Downloadgeschwindigkeit" in Mbit/s angegeben. Die „Uploadgeschwindigkeit" bzw. „Downloadgeschwindigkeit" bezeichnet die Datenmenge (in Mbit), die pro Sekunde hochgeladen bzw. heruntergeladen werden kann. Umso höher diese ist, desto schneller kann man zB Videos auf eine Plattform hochladen bzw. diese streamen. Auf dem Plakat liest Christoph ganz unten: „Download: 400 Mbit/s, Upload: 30 Mbit/s"
1) Wie viel Mbit kann man in diesem Tarif **a)** in einer Minute, **b)** in 3 Minuten herunterladen?
2) Gib eine weitere Aufgabenstellung zu diesem Text an und löse sie!
Bemerkung: M ... Mega/Million

E Direkte und indirekte Proportionalität

Üben und Sichern

552 Verhalten sich die Größen direkt proportional, indirekt proportional oder anders zueinander? Begründe und beantworte, falls möglich, die Frage!

a) Für 35 Fotoabzüge hat Rita 4,20 € bezahlt. Maggy hat 7 Bilder, Julia hat 9 Bilder, Nina und Anja haben je 5 Bilder bestellt. Wie viel Euro schulden die Freundinnen Rita?

b) Ein Rechteck hat einen Flächeninhalt von 25 cm². Seine Seitenlängen werden verdoppelt. Wie groß ist die Fläche des Rechtecks nun?

c) In der Schulbibliothek steht neben 60 Mathematikbüchern ein genauso hoher Stapel von Englischbüchern. Jedes Mathematikbuch ist 1,5 cm dick, jedes Englischbuch 1,2 cm. Wie viele Englischbücher sind es?

553 a) Ein Fluss ist 6 km nach der Quelle 1 m breit. Wie breit ist er nach 240 km?

b) Stefan locht und ordnet 20 Arbeitsblätter in eine Mappe ein. Je Blatt braucht er 30 Sekunden. Wie lange braucht er insgesamt, wenn er vier auf einmal locht und einordnet?

554 Überlege, ob die Größen direkt proportional oder indirekt proportional sind! Setze ein!

a) Mehr Ware (zB Stückzahl) kostet _____ Geld.
Doppelte Stückzahl: _____ Preis.

b) Mehr Hasen verbrauchen _____ Futter.
Dreifache Anzahl: _____ Futtermenge.

c) _____ Arbeitskräfte brauchen weniger Arbeitszeit.
Doppelte Anzahl an Arbeitskräften: _____ Arbeitszeit.

d) Weniger Arbeitsstunden bringen _____ Lohn.
Dreifache Arbeitsstundenzahl: _____ Lohn.

e) Mehr Geschwindigkeit bedeutet _____ Fahrzeit.
Halbe Geschwindigkeit: _____ Fahrzeit.

555 Im Haus von Familie Weiß führt eine Treppe mit 16 Stufen vom Erdgeschoss in den 3,28 m höher gelegenen 1. Stock. Aus welcher Höhe springt Sohn Michael, wenn er von der dritten Stufe abspringt und im Erdgeschoss landet?

556 Für einen Ausflug mit einem Autobus waren 25 Schülerinnen und Schüler und zwei Begleitpersonen angemeldet. Der Fahrpreis pro Person wurde mit 14,40 € errechnet. Wegen Krankheit können drei Schülerinnen und Schüler nicht an der Fahrt teilnehmen.
Um wie viel Euro muss der Fahrpreis pro Person erhöht werden, wenn der Gesamtpreis für den Bus gleich bleibt?

557 Ein Lokomotivführer gibt 700 m vor einem Bahnübergang ein Warnsignal. Wie viel Sekunden später fährt der Zug über den Bahnübergang, wenn er eine Geschwindigkeit von a) 50 km/h, b) 80 km/h hat?

558 Zum Aufstellen von Verkehrszeichen brauchen 4 Arbeitskräfte 48 Stunden.
Nach 12 Arbeitsstunden erkrankt eine Arbeitskraft. Die anderen setzen die Arbeit fort.
Welche Verzögerung tritt durch die Erkrankung der einen Arbeitskraft ein?

Üben und Sichern

559 Herr Huber legte die Strecke Salzburg – Enns (138 km) auf der Autobahn in 92 min zurück.
1) Wie groß war ungefähr die mittlere Geschwindigkeit? Schätze!
2) Wie lang wird Herr Huber bei gleichbleibender mittlerer Geschwindigkeit für die Strecke Salzburg – Wien (ca. 300 km) benötigen? Rechne überschlagsmäßig!
3) Überprüfe deine Schätzungen aus Aufgabe 1) und 2) durch Rechnungen!

560 Frau Greiners Auto braucht für 100 km im Durchschnitt 5 Liter Diesel.
1) Zeichne einen Graphen, aus dem man ablesen kann, wie viel Liter Diesel das Auto für 150 km, 320 km, 670 km und 990 km braucht!
2) Frau Greiners Autotank fasst 45 Liter. Schafft sie die Strecke von 990 km ohne zu tanken?
3) Ein Liter Diesel kostet 1,10 € (Stand: Juli 2017). Zeichne einen weiteren Graphen, aus dem die Spritkosten abgelesen werden können!

561 Ein Rechteck mit den Seiten a und b hat den Flächeninhalt $A = 36\,dm^2$.
Wie muss man die Länge der Seite b verändern, wenn man die Länge der Seite a **1)** verdoppelt, **2)** verdreifacht, **3)** halbiert, **4)** drittelt, und der Flächeninhalt des Rechtecks jeweils gleich bleiben soll? Lege eine Tabelle an und zeichne dann ein geeignetes Punktdiagramm!

562 Corinna liest jeden Sommer viele Bücher. Sie braucht zum Lesen einer Zeile ungefähr fünf Sekunden.
1) Wie lange braucht sie etwa für eine Seite mit rund 50 Zeilen?
2) Wie lange würde sie für ein ganzes Buch mit 250 Seiten benötigen, wenn sie mit dieser Geschwindigkeit ohne Pause durchlesen würde?
3) Sind die berechneten Ergebnisse genau bzw. sinnvoll?

563 Beim Känguru-Wettbewerb sind 30 Fragen in einer Zeit von 75 min zu beantworten. Wenn man nun die Zeit auf 50 min reduzieren würde, die Zeit je Frage jedoch gleich ließe, um wie viel müsste man die Anzahl der Fragen dann verringern?

564 Drei Hühner legen an drei Tagen drei Eier.
Wie viele Eier legt ein Huhn pro Tag?

565 Elisabeth hat zu ihrem Geburtstagsfest 13 Freundinnen eingeladen. Ihre Mutter hilft ihr bei den Vorbereitungen. Nachmittags gibt es Erdbeertorte, abends Würstel mit Erdäpfelsalat.
a) Berechne die Mengen der Zutaten, die für einen Erdäpfelsalat für 14 Personen erforderlich sind!
(→ Rezept rechts)
b) Elisabeth und ihre Mutter brauchen zum Schälen der Erdäpfel zusammen 12 min. Am Abend sagt Elisabeth zu ihrem Bruder: „Wenn du uns geholfen hättest, hätten wir nur 8 min gebraucht!"
Wie hat Elisabeth gerechnet? Was meinst du dazu?
c) Für die Erdbeertorte braucht Elisabeth 1,5 kg Erdbeeren. Die Erdbeeren kauft sie am Markt. Ein Kilogramm kostet dort 4,80 €.
Wie viel Euro bezahlt sie für 1,5 kg Erdbeeren am Markt?

Erdäpfelsalat (4 Personen)

600 g	gekochte Erdäpfel
60 g	feingeschnittene Zwiebeln
250 ml	Suppe
2	Esslöffel Apfelessig
4	Esslöffel Pflanzenöl
	Salz
	Pfeffer
	eventuell etwas Schnittlauch

E Direkte und indirekte Proportionalität

566 Auf der Rückseite von Lebensmittelverpackungen ist immer eine Nährwertetabelle angegeben.

1) Fülle die Tabelle für Joghurt aus!
   Entnimm die Werte aus dem Diagramm!
   100 g Joghurt enthalten:

	g	Kohlenhydrate
	g	Eiweiß
	g	Fett

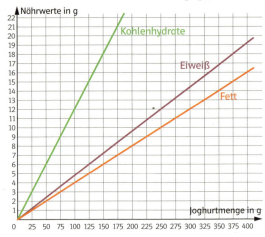

2) Manu isst 125 g, Paulina 75 g und Carmen 250 g von diesem Joghurt.
   Wie viel Gramm der einzelnen Nährwerte haben die Mädchen jeweils aufgenommen?
3) 100 g Joghurt entsprechen einem Energiewert von 402 kJ. Berechne den aufgenommenen Energiewert der einzelnen Mädchen!
   Bemerkung: kJ (= Kilojoule) ist ein Maß für die Energie.

567 In einem Supermarkt gibt es eine große Auswahl an Schokoladesorten.
Berechne den Preis der verschiedenen Sorten pro 100 g und ordne sie von der teuersten zur billigsten Sorte!

Sorte	Chocco	BioTraum	Molki	Praliné	Alpenschoki
Menge	150 g	75 g	250 g	125 g	100 g
Preis	2,40 €	1,98 €	3,90 €	1,95 €	1,75 €
Preis/100 g					

568 Kristijan hat zehn Liter Limonade, drei Tafeln Schokolade mit je 400 g, sechs Schlecker, zwölf Müsliriegel und 360 g Knabbergebäck für seine Geburtstagsfeier eingekauft. Er möchte alles gerecht mit seinen Freunden teilen.
Kreuze die beiden richtigen Aussagen an! Stelle die falschen Aussagen richtig!
- A Wenn er vier Freunde einlädt, bekommt jeder drei Müsliriegel.
- B Wenn acht Personen auf der Feier sind, kann jeder 1,5 Liter Limonade trinken.
- C Bei insgesamt zehn Personen kann jeder 120 g Schokolade essen.
- D Die sechs Schlecker kann er gerecht mit einem Freund, zwei oder fünf Freunden teilen.

569 Martin spart für einen Fußball. „Wenn ich jede Woche 1,50 € spare, kann ich den Fußball in 16 Wochen kaufen", sagt er.
a) Um wie viel Wochen früher kann Martin den Fußball kaufen, wenn er wöchentlich um 0,50 € mehr spart?
b) Wie viel Euro müsste Martin wöchentlich sparen, wenn er den Fußball erst in 20 Wochen kaufen möchte?
c) Martin spart in 6 Wochen jeweils 1,50 €. Dann verdoppelt sein Vater den wöchentlichen Sparbetrag. Nach wie viel Wochen kann Martin jetzt den Fußball kaufen?

570 Fadime braucht für ihren Heimweg 20 min. Heute begleiten sie 2 Freundinnen. Wie lange brauchen sie gemeinsam?

Üben und Sichern E

Ernst Mach

Die **Schallgeschwindigkeit** beträgt 333 m/s. Mit „**Mach 1**" wird die Geschwindigkeit von Flugzeugen bezeichnet, die mit Schallgeschwindigkeit fliegen. „Mach 2" bedeutet doppelte, „Mach 3" dreifache Schallgeschwindigkeit usw. Diese Geschwindigkeiten sind nach **Ernst Mach** (1838–1916), einem österreichischen Physiker, benannt.

571 Verwende den rechts stehenden Informationstext!
a) Rechne die Schallgeschwindigkeit in **1)** km/min, **2)** in km/h um!
b) Die Geschwindigkeit „**Mach 3**" bedeutet, dass in 1 Sekunde rund 1 km zurückgelegt wird. Überprüfe das durch Rechnen!
c) Wie viel Kilometer pro Stunde entspricht die Geschwindigkeit „Mach 5"?

572 Das Echo an einer Felswand kommt
1) nach 2 s, **2)** nach 4 s, **3)** nach 5 s zurück.
Wie weit ist die Felswand in etwa entfernt?

573 Rosalie hat um eine halbe Stunde verschlafen. Nun muss sie sich beeilen, um noch rechtzeitig zur Mathematik-Schularbeit um 8 Uhr in die Schule zu kommen. Normalerweise verlässt Rosalie das Haus um 7:30 Uhr und braucht für den 1,4 km langen Fußweg 20 Minuten.
1) Wie schnell muss Rosalie gehen, wenn sie um 7:45 Uhr das Haus verlässt und pünktlich mit dem Läuten in der Schule sein möchte?
2) Finde eine weitere Aufgabenstellung und beantworte diese!

574 Eine Metallpresse erzeugt in fünf Stunden 240 Werkstücke (zB Motorhauben für Autos). Wie viele Werkstücke werden in der gegebenen Arbeitszeit erzeugt?
a) 8 h
b) $\frac{1}{2}$ h
c) 3 h
d) 6 h 20 min
e) 7 h 15 min
f) 3 h 40 min
g) $1\frac{1}{4}$ h
h) $\frac{3}{4}$ h

575 Wenn eine Ware in 2,5-kg-Pakete verpackt wird, sind für eine gewisse Menge 210 Pakete erforderlich. Wie viele Pakete sind erforderlich, wenn die Ware in 3,5-kg-Pakete verpackt wird?

Zusammenfassung

AH S. 39

Direkte Proportionalität – direkt proportionales Verhältnis:
Zwei Größen sind **direkt proportional**/stehen im **direkt proportionalen Verhältnis**, wenn dem **2-fachen (3-fachen, 4-fachen,…)** Wert der einen Größe das **2-fache (3-fache, 4-fache,…)** der anderen Größe entspricht. Direkt proportionale Größen können mit einem **Punkt- oder Liniendiagramm** dargestellt werden. Der **Strahl**, der alle Punkte verbindet, verläuft immer durch den **Koordinatenursprung**.

Indirekte Proportionalität – indirekt proportionales Verhältnis:
Zwei Größen sind **indirekt proportional**/stehen im **indirekt proportionalen Verhältnis**, wenn dem **2-fachen (3-fachen, 4-fachen,…)** Wert der einen Größe **die Hälfte (ein Drittel, ein Viertel,…)** der anderen Größe entspricht. Indirekt proportionale Größen können mit einem **Punktdiagramm** dargestellt werden. Die **Kurve**, die alle Punkte verbindet, schneidet weder die 1. Achse noch die 2. Achse.

Bei einer **gleichförmigen Bewegung** gilt: Geschwindigkeit = $\frac{\text{Weg}}{\text{Zeit}}$, $v = \frac{s}{t}$

E Wissensstraße

Wissensstraße

Lernziele: Ich kann ...

Z 1: direkt proportionale Größen erkennen und zugehörige Rechnungen durchführen.
Z 2: direkt proportionale Zusammenhänge in einem Diagramm erkennen und darstellen.
Z 3: indirekt proportionale Größen erkennen und zugehörige Rechnungen durchführen.
Z 4: indirekt proportionale Zusammenhänge in einem Diagramm erkennen und darstellen.
Z 5: mit Geschwindigkeiten rechnen.
Z 6: Zeit-Weg-Diagramme zeichnen und interpretieren.

576 Aus 12 kg Ribisel werden 9 Liter Fruchtsaft gepresst. — Z 1
a) Wie viel Liter Saft erhält man aus 28 kg Ribisel?
b) Wie viel Kilogramm Beeren benötigt man für 78 Liter Fruchtsaft?

577 Aus einem Wasserhahn fließen in 5 min 100 Liter Wasser. — Z 1, Z 2
a) Wie viel Liter Wasser fließen aus dem Hahn, wenn er 7 min geöffnet ist?
b) Wie lang muss der Hahn geöffnet sein, wenn ein 40-Liter-Behälter gefüllt wird?
c) Zeichne ein passendes Diagramm!

578 Herrn Wurzers Auto braucht für 100 km im Durchschnitt 6,5 Liter Benzin. — Z 2
Zeichne einen Graphen, aus dem man ablesen kann, wie viel Liter Benzin das Auto für 200 km, 360 km, 450 km und 530 km braucht!
Begründe, ob man die Punkte zu einem Liniendiagramm verbinden darf!

579 Gib an, ob die Linie ein direktes, indirektes oder weder direktes noch indirektes Verhältnis der Größen x und y zeigt! — Z 2, Z 4

A
B
C
D
E

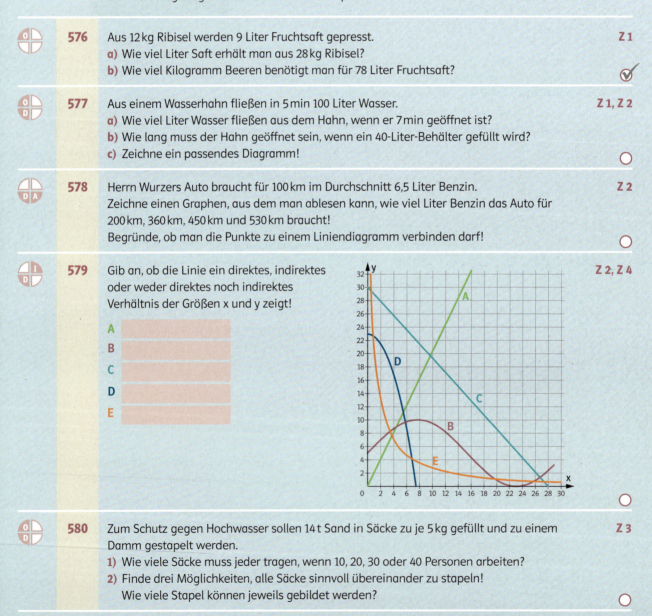

580 Zum Schutz gegen Hochwasser sollen 14 t Sand in Säcke zu je 5 kg gefüllt und zu einem Damm gestapelt werden. — Z 3
1) Wie viele Säcke muss jeder tragen, wenn 10, 20, 30 oder 40 Personen arbeiten?
2) Finde drei Möglichkeiten, alle Säcke sinnvoll übereinander zu stapeln!
Wie viele Stapel können jeweils gebildet werden?

Wissensstraße E

581 Eine Person kommt mit einem Vorrat 60 Tage aus.   Z 3, Z 4
1) Lege eine Tabelle an, aus der man entnehmen kann, wie lange 2, 3, 4, 5, 6, 10, 12 Personen mit dem gleichen Vorrat auskommen!
2) Zeichne für die Ergebnisse der Aufgabe 1) ein Punktdiagramm mit geeigneten Einheiten!

582 Ein Radfahrer, der mit 12 km/h unterwegs ist, braucht für eine bestimmte Strecke $2\frac{1}{2}$ h.   Z 3, Z 5
a) Wie lange braucht ein Wanderer für dieselbe Strecke, wenn er mit rund 6 km/h unterwegs ist?
b) Wie lange braucht ein Fußgänger für dieselbe Strecke, wenn er mit rund 4 km/h unterwegs ist?
c) Wie lang ist die Strecke?

583 Paul benötigte im 60-Meter-Lauf 9,2 s, Max 8,3 s und Karl 9,9 s.   Z 5
Wie groß sind ihre durchschnittlichen Geschwindigkeiten 1) in m/s, 2) in km/h?

584 Ein Intercity-Zug braucht bei einer mittleren Geschwindigkeit von 65 km/h für die Strecke Zell am See (Salzburg) – Villach (Kärnten) etwa $2\frac{1}{2}$ h.   Z 5, Z 6
a) Ein Auto fährt eine halbe Stunde später mit einer durchschnittlichen Geschwindigkeit von 85 km/h ebenso von Zell am See nach Villach. Wer ist früher am Ziel?
b) Stelle die beiden Fahrten in einem gemeinsamen Zeit-Weg-Diagramm dar!

585 a) Juliana ist mit dem Fahrrad unterwegs. Beantworte mit Hilfe des Graphen rechts die folgenden Fragen!   Z 6
1) Mit welcher durchschnittlichen Geschwindigkeit ist sie unterwegs?
2) Wie lange braucht sie für 21 km?
3) Wie weit kommt sie in 2,5 Stunden?
b) Karo fährt mit dem Motorrad eine Stunde später mit durchschnittlich 35 km/h hinterher.
1) Zeichne den dazu passenden Strahl in die Graphik ein!
2) Nach wie viel Minuten Fahrzeit hat Karo ihre Freundin Juliana eingeholt?

586 a) Begründe, dass diese graphische Darstellung kein indirekt proportionales Verhältnis der Größen „Anzahl von Personen" und „Stunden" zeigt!   Z 6
b) Verändere einen Punkt in der graphischen Darstellung so, dass ein indirektes Verhältnis entsteht und ergänze einen weiteren Punkt!
c) Finde eine passenden Text zum dargestellten Graphen!

F Statistik – verschiedene Darstellungen

Video 9s8gh3

Statistik – verschiedene Darstellungen

Darstellung der „Geburt Christi", vom Meister des Wiener Schottenaltars um 1470

Die amtliche Statistik

Lukas schreibt zur Geburt von Jesus im Neuen Testament: „In jenen Tagen erließ Kaiser Augustus den Befehl, alle Bewohner des Reiches in Steuerlisten einzutragen." Volkszählungen gehören zu den ältesten Anwendungen der Statistik. So wurden im römischen Reich bereits seit dem 6. Jahrhundert vor Chr. alle 5 Jahre Bevölkerungserhebungen durchgeführt. Aber viel früher schon wurde von Regierungen verschiedener Länder sozusagen „amtliche Statistik" für den eigenen Bedarf betrieben. So belegt der Fund von Tonscherben von 3800 vor Chr. eine Volkszählung im alten Babylon. Volkszählungen erfolgten immer für ganz bestimmte Zwecke zB für die Errichtung großer Bauwerke, aber auch generell als Basis für die Steuereinhebung.
Nachweisbar sind Volkszählungen und Vermögenserhebungen in Ägypten und in China in den Jahren 3000 bis 2000 vor Chr.

Statistik – eine „politische Arithmetik"

Im Mittelalter gab es kaum systematisch durchgeführte statistische Erhebungen. Erst wieder im 18. Jahrhundert wurden Volkszählungen durchgeführt. Die Ergebnisse solcher Erhebungen wurden jedoch geheim gehalten, insbesondere gegenüber konkurrierenden Staaten. Lange war die Statistik eine Angelegenheit des Staates, eine Form „politischer Arithmetik".
Dies änderte sich erst mit dem Wandel der Staaten zu Demokratien.
In Österreich sorgt die mittlerweile vom Staat unabhängige Statistik Austria dafür, dass uns allen die erhobenen Daten zu den Themen Gesellschaft, Politik, Wirtschaft und Medien zur Verfügung stehen.

Auf www.statistik.at – der Homepage der Statistik Austria – kannst du dir Statistiken über verschiedene Themen ansehen. Finde heraus, wie viele Schülerinnen, Schüler und Studierende es momentan in Österreich gibt!

F

Die Bevölkerungsstatistik

Die Bevölkerungsstatistik wird auch Demographie (griech.: „demos" – Volk, „graphein" – schreiben) genannt. Sie beschäftigt sich mit der Entwicklung der Bevölkerung und deren Struktur. Themen sind zB die alters- und zahlenmäßige Gliederung und die geographische Verteilung der Bevölkerung sowie umweltbedingte und soziale Faktoren, die für Veränderungen verantwortlich sind. Johann Peter Süßmilch (1707–1767) gilt als der Wegbereiter der Bevölkerungsstatistik in Deutschland. Er beschäftigte sich mit dem Bevölkerungswachstum und meinte, dass dieses zu einem Stillstand kommen müsse, da die Bevölkerungsgröße von der zur Verfügung stehenden Nahrung abhängig ist. Solche Faktoren sind auch heute noch Thema der modernen Demographie.

Johann Peter Süßmilch (1707–1767)

Worum geht es in diesem Abschnitt?

- absolute, relative und prozentuelle Häufigkeiten
- arithmetisches Mittel, Median und Modalwert
- weitere Möglichkeiten der graphischen Darstellung von Daten in Prozentstreifen, Kreisdiagrammen und Liniendiagrammen
- Interpretieren und Beurteilen von graphischen Darstellungen
- Aufzeigen von Manipulationsmöglichkeiten in Diagrammen und von Daten

F1 Statistik – verschiedene Darstellungen

1 Häufigkeiten

interaktive
Vorübung
bi98cf

AH S. 40

In einer Sportsendung werden fünf besonders schöne Tore des vergangenen Monats gezeigt. Die Zuseherinnen und Zuseher werden eingeladen, das „Tor des Monats" zu wählen. Jeder Telefonanruf und jede SMS werden gezählt und das Ergebnis wird während der Sendung bekannt gegeben.
Die Tabelle zeigt, wie sich die 2516 Stimmen auf die einzelnen Fußballer aufteilen.

Torschütze	Absolute Häufigkeit	Relative Häufigkeit	Prozentuelle Häufigkeit
Roland	424	424 : 2516 ≈ 0,169	≈ 16,9 %
Andy	214	214 : 2516 ≈ 0,085	≈ 8,5 %
Roman	76	76 : ≈ 0,030	≈ %
René	1182	: 2516 ≈ 0,470	≈ %
Martin	620	620 : 2516 ≈	≈ %
Gesamt	2516	≈ 1,000	≈ %

Die Tabelle zeigt, dass das Tor von René die meisten Stimmen erhalten und somit die Wahl zum schönsten Tor gewonnen hat. Die Anzahl der Stimmen wird **absolute Häufigkeit** genannt. In der 1. Klasse bezeichneten wir diese kurz mit Häufigkeit.
In der Tabelle ist aber auch **der Anteil der jeweiligen Stimmen an der Gesamtzahl** angegeben. Dieses Verhältnis nennt man **relative Häufigkeit**. Die relative Häufigkeit wird immer durch eine Zahl von **0 bis 1** angegeben. **Die Summe aller relativen Häufigkeiten ist 1.**

Die **relative Häufigkeit** kann man auch in Prozent angeben. Das nennt man **prozentuelle Häufigkeit**. Sie wird durch einen Wert von **0 % bis 100 %** angegeben. **Die Summe aller prozentuellen Häufigkeiten ist 100 %.**

Hinweis Aus **Rundungsgründen** kann die Summe der relativen Häufigkeiten manchmal nur ungefähr 1 bzw. die Summe der prozentuellen Häufigkeiten nur ungefähr 100 % sein.

Absolute, relative und prozentuelle Häufigkeit

Die **absolute Häufigkeit** gibt an, wie oft bestimmte Werte in einer Stichprobe vorkommen.
Die **relative Häufigkeit** bestimmt den relativen Anteil, den dieser Wert an der Gesamtheit aller Werte hat.   **relative Häufigkeit = absolute Häufigkeit : Gesamtzahl**

Die **prozentuelle Häufigkeit** gibt die **relative Häufigkeit** in **Prozentschreibweise** an.
prozentuelle Häufigkeit = relative Häufigkeit · 100 %

587
a) Erhebe die Lieblingsbeschäftigung (Lesen, Fernsehen, Sportarten,…) in deiner Klasse!
b) Welche Sportart betreiben die Schülerinnen und Schüler deiner Klasse am liebsten? Berechne die relativen und prozentuellen Häufigkeiten aller Werte und trage sie in eine Tabelle ein!

Häufigkeiten F1

588 Eine Münze wird 100-mal geworfen. Das Ergebnis kann entweder Kopf (K) oder Zahl (Z) lauten. Die Ergebnisse sind in der Liste zeilenweise eingetragen:
K K K Z K Z K K Z Z K Z Z Z K Z Z K Z K Z K K Z Z K Z Z Z K K Z K K Z Z Z Z K Z K K K K Z Z Z K K K
K K Z K Z Z Z Z K K Z K Z K K Z Z K K K K Z Z Z K Z Z Z K Z Z Z K Z K Z K Z Z K Z Z K Z K Z Z Z K Z Z Z
1) Ermittle die absoluten und relativen Häufigkeiten für Kopf und Zahl nach 10, 50 und 100 Würfen!
2) Welche Häufigkeiten erwartest du, wenn die Münze 1000-mal geworfen wird?

589 Christoph und Ilona haben beide unterschiedlich oft gewürfelt.

Augenzahl	1	2	3	4	5	6
Christoph	||||		|||| ||	||||	||	|||| ||||	|||
Ilona	|||	||||	|||	||||	||	||||

a) Erstelle eine Häufigkeitstabelle!
b) Welche Augenzahl wurde von Christoph bzw. Ilona **1)** am häufigsten, **2)** am seltensten geworfen?
c) Christoph behauptet, dass er die Augenzahl 3 öfter gewürfelt hat als Ilona. Hat er Recht? Begründe mit Hilfe des **Sprachbausteins**!

> **Sprachbaustein**
>
> Die absolute/relative Häufigkeit für ___ ist größer/kleiner als für ___.
>
> Die Zahl ___ wurde absolut gesehen häufiger/seltener geworfen als ___.
>
> Relativ gesehen kommt die Zahl ___ häufiger/seltener vor als ___.

590 a) Wie müsste die Häufigkeitstabelle von Aufgabe 589 aussehen, damit eine Augenzahl die prozentuelle Häufigkeit von 100 % hat!
b) In welchen Fällen ist die relative Häufigkeit **1)** gleich Null, **2)** gleich 1?

591 Würfle mit einem Spielwürfel 12-mal, 36-mal, 60-mal, 120-mal, 180-mal!
1) Notiere jeweils in einer Tabelle, wie oft du jede Augenzahl gewürfelt hast!
2) Berechne jeweils die relativen Häufigkeiten der geworfenen Augenzahlen!
3) Schreibe für jede Augenzahl die relativen Häufigkeiten bei 12, 36, 60, 120 und 180 Würfen in einer Tabelle auf! Kannst du einen Trend erkennen? Wenn ja, beschreibe diesen mit eigenen Worten!

592 Kreuze die richtigen Aussagen an!
○ **A** Für die relative Häufigkeit eines Wertes ist die Gesamtzahl aller Werte unwichtig.
○ **B** Für die absolute Häufigkeit eines Wertes ist die Gesamtzahl aller Werte unwichtig.
○ **C** Die relative Häufigkeit kann nur Werte zwischen 0 und 10 annehmen.
○ **D** Die absolute Häufigkeit kann immer nur Werte zwischen 0 und 100 annehmen.
○ **E** Die prozentuelle Häufigkeit kann man mit Hilfe der relativen Häufigkeit berechnen.

593 1) Erstelle eine Häufigkeitstabelle zu den gewürfelten Augenzahlen im Bild!
2) Welche Augenzahl hat die höchste bzw. niedrigste prozentuelle Häufigkeit?

F2 Statistik – verschiedene Darstellungen

2 Mittelwerte

interaktive
Vorübung
5zy82z

AH S. 41

Arithmetisches Mittel

Fünf Freunde vergleichen ihr Taschengeld für den mehrtägigen Ausflug. Drei Kinder haben je 50 Euro, ein Kind hat 40 Euro und ein Kind hat 100 Euro von zu Hause bekommen.
Insgesamt sind das _____ Euro.
Durchschnittlich hat jedes der Kinder _____ Euro Taschengeld mitbekommen.

Das **arithmetische Mittel** ist in diesem Fall nicht sehr aussagekräftig. Immerhin bekommen vier Kinder weniger als das berechnete Mittel und nur das Taschengeld eines Kindes liegt darüber. Um sich von so genannten „**Ausreißern**", die sich stark vom Großteil der restlichen Werte unterscheiden, nicht in die Irre führen zu lassen, gibt es in der Statistik noch weitere Mittelwerte.

Median

Die Taschengelder ergeben **der Größe nach geordnet**:
40, 50, 50, 50, 100

Der Wert, der in der geordneten Liste genau in der **Mitte** liegt, heißt **Median** oder auch **Zentralwert**. Du siehst, dass er **nicht gleich dem arithmetischen Mittel** sein muss.
Die wichtigste Eigenschaft des Medians ist, dass **genau gleich viele Werte kleiner** oder gleich dem Median sind (links davon liegen) **wie größer** oder gleich (rechts davon liegen).

Bei einer **ungeraden Anzahl von Werten** entspricht der **Median** genau dem **mittleren Wert einer geordneten Liste**.
Bei einer **geraden Anzahl von Werten** ist der Median **das arithmetische Mittel der beiden mittleren Zahlen** der geordneten Liste. ZB die Liste 40, 50, 50, 51, 70, 100 hat den Median (50 + 51) : 2 = 50,5.

Modus

Der dritte Mittelwert ist der **Modus** (manchmal auch „**Modalwert**" genannt). Das ist der Wert, der in einer Zahlenreihe **am häufigsten** auftritt. In der Liste der Beträge von Taschengeld tritt 50 am häufigsten auf, nämlich _____ mal. 50 ist daher hier sowohl der Median als auch der Modus. Wenn **alle Daten verschieden** sind, ist es nicht sinnvoll, von einem Modalwert zu sprechen.
Eine Liste kann auch mehrere Modalwerte haben. ZB die Liste 5, 10, 10, 11, 11, 17 hat die Modalwerte 10 und 11, da beide zweimal und somit am häufigsten vorkommen.

> **Median und Modus**
>
> Den **Median** bestimmt man, indem man die **Daten** zuerst der **Größe nach ordnet**.
> Bei einer **ungeraden Anzahl von Werten** ist der **Wert in der Mitte** dieser geordneten Zahlenreihe der **Median**.
> Bei einer **geraden Anzahl von Werten** ist der **Median** das **arithmetische Mittel der beiden Zahlen**, die **in der Mitte** liegen.
> Den **häufigsten Wert** einer Zahlenreihe nennt man **Modus (Modalwert)**. Es kann auch mehrere Modalwerte geben.

Mittelwerte F2

594 Gib für die geordnete Liste **1)** arithmetisches Mittel, **2)** Median und **3)** Modus an!

> **Beispiel**
> 10, 12, 12, 14, 17, 79
> **1)** 10 + 12 + 12 + 14 + 17 + 79 = 144   **2)** in der Mitte stehen: 12, 14   **3)** **12** kommt zweimal und
>   144 : 6 = **24**   (12 + 14) : 2 = **13**   damit am häufigsten vor.

a) 8, 9, 9, 12, 15 **b)** 11, 11, 12, 14, 14, 17 **c)** 5, 8, 14, 16, 16, 16, 58 **d)** 3, 3, 4, 5, 5, 5, 6, 6

595 Viki hat sich die Punkte ihrer letzten vier Mathematik-Schularbeiten notiert: 37, 43, 39, 42
1) Ermittle das arithmetische Mittel und den Median!
2) Bei der fünften Schularbeit hatte sie große Schwierigkeiten und erreicht daher nur 22 Punkte. Ändert sich das arithmetische Mittel oder der Median stärker, wenn man den Wert zu der oberen Datenreihe dazu nimmt? Überlege zuerst, bevor du rechnest!

596 Verbinde jede Datenreihe mit dem zugehörigen Modus!

	Datenreihe
A	34, 34, 52, 37, 52, 72, 43, 27, 52, 39
B	67, 24, 48, 24, 68, 32, 67, 24, 32, 34
C	56, 34, 34, 73, 65, 73, 56, 34, 73, 73
D	45, 53, 23, 12, 90, 43, 33, 22, 23, 9

	Modus
1	34
2	23
3	52
4	73
5	24
6	56

597 Berechne **1)** das arithmetische Mittel und ermittle **2)** den Median der **a)** Datenreihe A, **b)** Datenreihe B, **c)** Datenreihe C, **d)** Datenreihe D aus Aufgabe 596!

598 Cornelius stoppt zwei Wochen lang die Zeit, die er für seinen Schulweg braucht. Normalerweise fährt er mit dem Rad zur Schule.

Tag	Mo	Di	Mi	Do	Fr	Mo	Di	Mi	Do	Fr
Zeit in Minuten	13	11	4	13	14	12	15	11	27	13

1) Berechne, wie lange er durchschnittlich in der ersten Woche bzw. in der zweiten Woche braucht!
2) Ermittle jeweils den Median für beide Wochen!
3) Vergleiche die Ergebnisse aus 1) und 2)!
4) Gib mögliche Ursachen für die „Ausreißer" 4 min und 27 min an!

599 Eine Reihe von vier Zahlen hat den Mittelwert (arithmetisches Mittel) 9.
a) Schreibe zwei mögliche Reihen von Zahlen auf!
b) Kyra hat schon drei Zahlen für diese Reihe aufgeschrieben: 4; 6; 9; Ergänze die fehlende Zahl und beschreibe deinen Lösungsweg!

600 Vitus behauptet: Die Summe von vier Zahlen, deren arithmetisches Mittel 8 ist, beträgt immer 32. Hat Vitus Recht? Begründe!

F3 Statistik – verschiedene Darstellungen

3 Darstellen von Daten

interaktive Vorübung 73t3eu

AH S. 42

Kreisdiagramm und Prozentstreifen

400 Schülerinnen und Schüler wurden befragt, welches Soziale Netzwerk sie am liebsten benutzen. Das Ergebnis wird im Diagramm und in der Tabelle unterhalb dargestellt.

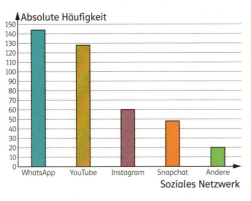

Soziales Netzwerk	Absolute Häufigkeit	Relative Häufigkeit	Prozentuelle Häufigkeit
WhatsApp		0,36	36 %
YouTube	128	0,32	32 %
Instagram	60	0,15	15 %
Snapchat	48		12 %
Andere			
Insgesamt		1	100 %

Du kennst bereits verschiedene Diagrammarten wie zB **Säulen- und Balkendiagramm**, **Strecken-diagramme** und **Piktogramme**.

Die prozentuelle Häufigkeit kann man besonders übersichtlich mit einem **Kreisdiagramm** oder einem **Prozentstreifen** darstellen. Für eine Darstellung im **Kreisdiagramm** müssen die **prozentuellen Häufig-keiten in Grad** umgerechnet werden (100 % ≙ 360°, 1 % ≙ 3,6°).

Beim **Prozentstreifen** werden die **prozentuellen Häufigkeiten in Längen** umgerechnet. Meistens verwendet man zB 100 % ≙ 10 cm, 1 % ≙ 1 mm.

Soziales Netzwerk	Prozentuelle Häufigkeit	Grad im Kreisdiagramm	Längen im Prozentstreifen
WhatsApp	36 %	36 · 3,6° = 129,6°	36 mm
YouTube	32 %	32 · 3,6° = 115,2°	32 mm
Instagram	15 %	15 · 3,6° = 54°	15 mm
Snapchat	12 %	12 · 3,6° = 43,2°	12 mm
Andere	5 %	5 · 3,6° = 18°	5 mm
Insgesamt	100,00 %	360,00°	100 mm

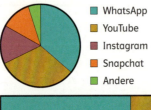

Anschließend zeichnet man die Zentriwinkel im Kreis bzw. die Längen im Prozentstreifen ein.

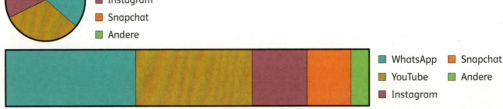

Darstellen von Daten F3

Liniendiagramm

Zum Verdeutlichen der Veränderung von Größen verbindet man die oberen Endpunkte eines Streckendiagramms zu einem **Liniendiagramm**. Die folgende Tabelle enthält die langjährigen Mittelwerte der Temperaturen von Wien und London und das Liniendiagramm stellt den jährlichen Verlauf dieser Monatsmittel dar:

Monat	I	II	III	IV	V	VI
Wien	2,2	4,1	9,2	12,6	14,9	19,8
London	4,2	4,4	6,6	9,3	12,4	15,8
Monat	VII	VIII	IX	X	XI	XII
Wien	21,1	19,0	16,9	12,2	8,1	3,9
London	17,6	17,2	14,8	10,8	7,2	5,2

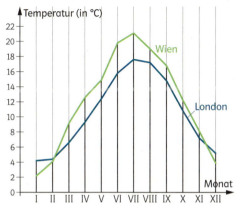

Darstellen von Daten

Um Informationen leichter zu erfassen, werden sie **graphisch dargestellt**. Dazu eignen sich neben **Streifendiagrammen**, **Streckendiagrammen** und **Piktogrammen** auch **Kreisdiagramme** und **Prozentstreifen**. Dafür müssen bei den beiden letzteren die **prozentuellen Häufigkeiten in Grad** bzw. **Millimeter** umgerechnet werden.

$1\% \triangleq 3,6°$ bzw. wenn $100\% \triangleq 10\,cm$, dann gilt $1\% \triangleq 1\,mm$

Will man **Veränderungen von Größen** deutlich sichtbar machen, verwendet man das **Liniendiagramm**.

 601 Berechne die mittlere Jahrestemperatur für Wien und London (siehe oben) und zeichne sie in Form zweier farbig passenden, waagrechten Linien in die Graphik ein!

 602 **Weichselernte in Österreich** (Quelle: Statistik Austria)
Welche Aussage kann man aus dem folgenden Kreisdiagramm herauslesen? Kreuze die beiden richtigen an!
- ○ A Zirka die Hälfte aller in Österreich geernteten Weichseln kommt aus der Steiermark.
- ○ B In Wien werden viele Weichseln geerntet.
- ○ C In Niederösterreich und im Burgenland werden in etwa gleich viele Weichseln geerntet.
- ○ D In Kärnten werden keine Weichseln geerntet.
- ○ E In Oberösterreich werden weniger Weichseln geerntet als in Kärnten.

603 Im Jahr 2014 wurden in Österreich 123 t Weichseln geerntet. In der Graphik von Aufgabe 602 sind die Erntemengen in den jeweiligen Bundesländern dargestellt.
1) Miss die jeweiligen Zentriwinkel und gib die Prozentsätze der einzelnen Bundesländer an!
2) Ermittle daraus die ungefähren Erntemengen in den einzelnen Bundesländern!
3) Stelle die Ergebnisse aus 2) in einem Säulendiagramm dar!

145

F3 Statistik – verschiedene Darstellungen

604 Ein Kaufhaus veranstaltet zum 25-jährigen Jubiläum ein Glücksradspiel. Dabei kann man Einkaufsgutscheine gewinnen. Jeder Besucher und jede Besucherin darf einmal am Glücksrad drehen. Die Gewinnfelder auf der Scheibe sind unterschiedlich groß (siehe „Anteil am Glücksrad" in der Tabelle).

Gutschein	1 €	10 €	50 €	100 €	200 €	500 €
Anteil am Glücksrad	30 %	25 %	20 %	12 %	8 %	5 %

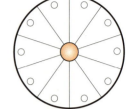

Zeichne in der Figur rechts ungefähr die Größen der Gewinnfelder ein!

605 Marlene hat in ihrer Schulstufe eine Umfrage zu Haustieren gemacht. Sie berichtet ihrer Klasse: „ 30 % haben einen Hund, 50 % eine Katze, je 15 % Fische bzw. Vögel, 10 % Hamster und 5 % Kaninchen. Ich habe euch das Ergebnis in einem Kreisdiagramm dargestellt."

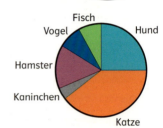

1) Eine Mitschülerin behauptet, dass etwas mit den Prozentangaben und dem Diagramm nicht stimmen kann. Woran hat sie das erkannt?
2) Warum kann man zu den Daten von Marlenes Umfrage kein Kreisdiagramm zeichnen?

606 In zwei Klassen wird die Anzahl der Geschwister der Schülerinnen und Schüler erhoben.

Anzahl der Geschwister	0	1	2	3	>3
Klasse 1	5	8	4	1	2
Klasse 2	3	12	6	4	0

1) Berechne die zugehörigen relativen Häufigkeiten in beiden Klassen!
2) Gib den Modus für die Anzahl der Geschwister der beiden Klassen an!
3) Erstelle jeweils für jede Klasse einen Prozentstreifen!

607 In den Diagrammen sind jeweils die Werte für die Klasse 1 von Aufgabe 606 dargestellt.
1) Um welche Art von Diagrammen handelt es sich jeweils? Benenne sie!
2) Welches Diagramm gibt diese Daten deiner Meinung nach am besten wieder? Warum?
3) Welches Diagramm ist zur Darstellung dieser Daten ungeeignet? Begründe!

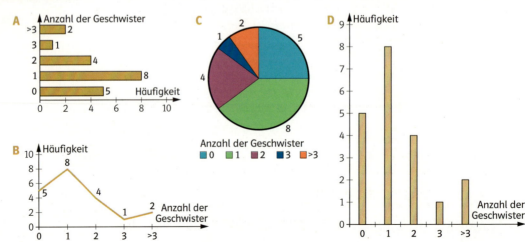

Darstellen von Daten F3

608 Die Brüder Louis und Leon liegen mit Fieber im Bett. Ihre Mutter misst alle zwei Stunden ihre Temperatur. Zeichne jeweils ein passendes Liniendiagramm in ein Koordinatensystem!

Uhrzeit	8:00	10:00	12:00	14:00	16:00	18:00	20:00	22:00	24:00
Temperatur von Louis in °C	38,2	38,4	38,5	38,6	38,8	39,4	39,0	38,8	38,4
Temperatur von Leon in °C	37,9	38,3	38,5	38,7	39,1	38,7	38,5	38,2	38,0

609 Die folgende Tabelle zeigt die Zunahme des Energieverbrauches und die dadurch verursachte Freisetzung von Kohlendioxid (CO_2) von 1980 bis 2010 in Österreich. (Quelle: Statistik Austria)

Jahr	Energieverbrauch	Freisetzung von CO_2
1980	991 000 TJ	53 060 000 t
1990	1 052 000 TJ	55 200 000 t
2000	1 221 000 TJ	66 100 000 t
2010	1 458 000 TJ	89 600 000 t

Bemerkung: TJ = Terajoule = 1 Billion Joule (eine sehr große Energieeinheit)

1) Runde diese Daten auf einen sinnvollen Stellenwert und stelle sie in zwei Streckendiagrammen mit geeignet gewählten Maßeinheiten nebeneinander dar!
2) Verbinde jeweils zu einem Liniendiagramm!
3) Beschreibe den Verlauf des Liniendiagramms!

Treibhauseffekt

Beim Verbrennen fossiler Brennstoffe wie zB Kohle, Erdöl oder Erdgas entsteht Kohlendioxid (CO_2). Dieses Gas gelangt in die Atmosphäre und ist, wie viele Experten und Expertinnen meinen, maßgeblich am so genannten Treibhauseffekt beteiligt, weil es die Wärmeabstrahlung der Erde wie ein Glashaus hemmt. Es lässt die Strahlung der Sonne zwar herein, unterbindet aber die Abgabe der Wärme an das Weltall. Seit der industriellen Revolution im 18./19. Jahrhundert (Erfindung der Dampfmaschine) ist eine überdurchschnittlich starke Erwärmung der Erdatmosphäre festzustellen.

610 Im Balkendiagramm ist die Flächenausdehnung des arktischen Meereises in den Sommermonaten von 1920 bis 2010 dargestellt.
1) Lies die Flächeninhalte auf 100 000 km² genau ab und übertrage diese Werte in eine Tabelle!
2) Nimm die Ausdehnung von 1920 mit 100 % an! Welchem Prozentsatz entspricht der Wert des angegebenen Jahres?
   a) 1960   b) 2000   c) 2010

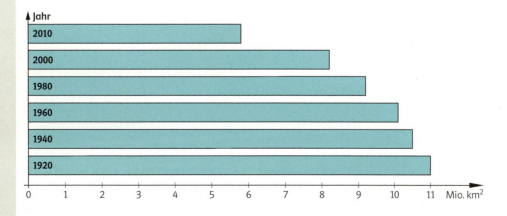

F3 Statistik – verschiedene Darstellungen

611 Klimadiagramm von Rom (Italien)

Im Klimadiagramm rechts sind die Monatsmittel der Temperaturen zu einem roten Liniendiagramm verbunden worden, die mittleren monatlichen Niederschlagsmengen sind als blaues Säulendiagramm dargestellt.

1) Erstelle eine Tabelle mit den jeweiligen Daten der Monate!
2) Überlege, wann aus deiner Sicht der beste Zeitpunkt für eine Reise nach Rom ist! Begründe deine Wahl!
3) Finde zwei weitere Fragestellungen zum Klimadiagramm und beantworte sie!

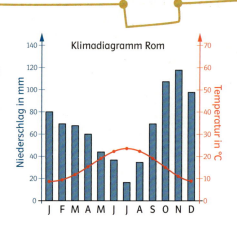

612 In der folgenden Tabelle sind verschiedene Datensätze angegeben. Ergänze, mit welchem Diagramm (Balken-, Säulen-, Strecken-, Kreisdiagramm, Piktogramm, Prozentstreifen, Liniendiagramm) man sie am besten darstellen kann! Du kannst auch mehrere Diagramme eintragen!

Datensätze	Diagramm
Klassensprecherwahl: 10 Stimmen für Andi, 5 für Caroline, 7 für Romi und 3 für Tobias.	
Wahl zum Bundespräsidenten, Ergebnis in %	
Fieberkurve	
Noten der ersten Mathematikschularbeit in der 2A-Klasse	
Niederschlagsmenge im Jahresverlauf	

613 Kreuze die drei richtigen Aussagen an!
- A Aus einem Kreisdiagramm kann man immer die absoluten Häufigkeiten ablesen.
- B Für das Zeichnen eines Prozentstreifens verwendet man die prozentuellen Häufigkeiten.
- C 3,6° im Kreisdiagramm entsprechen 1% der prozentuellen Häufigkeiten.
- D Für das Kreisdiagramm müssen die relativen Häufigkeiten in absolute Häufigkeiten umgerechnet werden.
- E Um eine Veränderung von Größen darzustellen, kann man ein Liniendiagramm verwenden.

Sprachbaustein

Wie in der Graphik ersichtlich…
Der Graphik ist zu entnehmen…
Aus der Darstellung ergibt sich…
Das Diagramm zeigt, dass…

614 Berechne, wie viel Minuten Robert den jeweiligen Beschäftigungen im Laufe eines Tages nachgeht und beschreibe einen möglichen Tagesablauf in Worten! Der **Sprachbaustein** gibt dafür Satzanfänge vor.

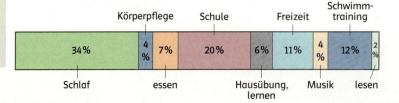

4 Interpretieren und Manipulieren von Daten in graphischen Darstellungen

interaktive
Vorübung
5xk768

AH S. 44

Susanne und Thomas haben ein Jahr lang notiert, wie viel Euro sie gespart haben. Zu Jahresende fertigen sie eine dazugehörige Graphik an, um ihre Sparfortschritte besser vergleichen zu können:

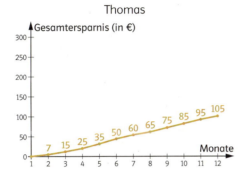
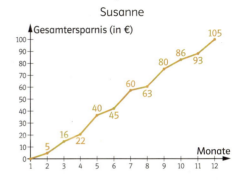

Susanne freut sich. „Schau Thomas, ich habe mehr gespart als du! Meine Kurve ist viel steiler!" Thomas ist jedoch sicher, dass er der fleißigere Sparer war. Wer hat Recht? Begründe!

Beurteilung graphischer Darstellungen

Graphische Darstellungen muss man **genau betrachten**. Besonderes Augenmerk ist auf die **Beschriftung der Achsen** zu legen. Die Art der Darstellung ist **kritisch zu beurteilen**, erst dann kann man **Folgerungen ziehen**.

Beide Darstellungen sind korrekt. Dennoch wirkt es, als hätte Susanne mehr gespart als Thomas. Das liegt daran, dass auf den senkrechten Achsen die „Einheiten" bzw. „Maßstäbe" nicht gleich sind. Der Abstand von 0 bis 100 ist bei Susanne viel größer als bei Thomas.

Es gibt verschiedene Möglichkeiten, Diagramme zu erstellen. Dabei wird versucht, entweder **ohne Verlust der Korrektheit** der Daten diese durch eine Darstellung zu **verdeutlichen** oder aber dem Leser/der Leserin bewusst einen **falschen Eindruck** zu **vermitteln**.

 615 a) Vergleiche die Ersparnisse von Thomas und Susanne, indem du sie in einem Liniendiagramm mit zwei Farben darstellst!
b) Vergleiche die Ersparnisse nach 12 Monaten von Thomas und Susanne in einem Säulendiagramm!

 616

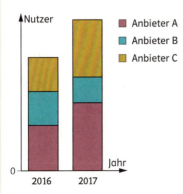

Die linke Darstellung zeigt die Anzahl der Leser von Online-Zeitungsabonnements.
Welche Aussagen passen zu dieser Darstellung?
- A 2017 gibt es mehr Nutzer von Online-Zeitungsabos als 2016.
- B Beim Anbieten von Online-Zeitungsabos kann man nur Leser gewinnen.
- C Mehr als die Hälfte der Nutzer haben 2017 ein Abo von Anbieter A.
- D Anbieter B kann als einziger nicht vom Zuwachs profitieren.
- E Der prozentuelle Anteil von Anbieter B ist von 2016 auf 2017 gewachsen.

F4 Statistik – verschiedene Darstellungen

Stauchen bzw. Dehnen von Ordinatenachsen, Verkürzen der Ordinatenachse

617 Beatrice ist eine leidenschaftliche Kämpferin für Maßnahmen gegen den Klimawandel. Felix hingegen hält von der Aufregung darüber nicht viel. Die beiden versuchen ihre Standpunkte mit Hilfe der mittleren Jahrestemperatur von Salzburg von 1890 bis 2016 zu untermauern. Sie präsentieren folgende Liniendiagramme (Beatrice links und Felix rechts), die beide richtig sind:

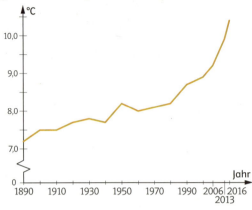
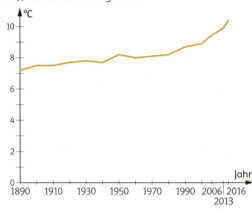

Beschreibe in eigenen Worten, wodurch sich die beiden Graphiken unterscheiden!

618 Verwende die Daten von Aufgabe 609 von S. 147! Stelle **a)** die Freisetzung des CO_2, **b)** den Energieverbrauch so dar, dass die Erhöhung **1)** hoch, **2)** gering wirkt!

619 Verwende die Daten von Aufgabe 610 von S. 147!
1) Welche Möglichkeiten hätte es gegeben, das Schmelzen des arktischen Meeres drastischer darzustellen?
2) Erstelle einen passenden Graphen zu 1)!

Eindimensionale, zweidimensionale, dreidimensionale Darstellung

620 Eine Firma hat sich in der letzten Zeit vor allem auf die Herstellung von Waschmaschinen konzentriert. Sie konnte dadurch die Verkaufszahlen beachtlich steigern. Um diesen Trend fortzusetzen, wird ein Informationsblatt entworfen. In diesem soll nicht nur über die Vorzüge der Waschmaschinen, sondern auch über den Anstieg der Verkaufszahlen informiert werden. Drei Vorschläge für die Gestaltung der Information liegen vor:

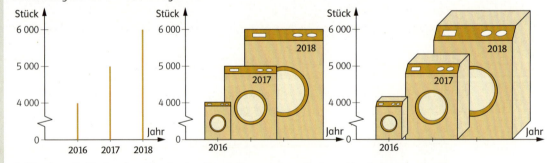

1) Werden die Verkaufszahlen in den Darstellungen jeweils korrekt wiedergegeben?
2) Man entscheidet sich für den Vorschlag rechts.
   Wodurch wird der Eindruck der positiven Entwicklung der Verkaufszahlen in diesem Diagramm verstärkt?

Interpretieren und Manipulieren von Daten in graphischen Darstellungen F4

621 **Hervorheben bzw. Unterdrücken von Daten**

1) Die drei Diagramme zeigen jeweils den durchschnittlichen Wasserverbrauch pro Person und Tag in verschiedenen Ländern Europas im Jahr 2014 (Quelle: Statista).
Beschreibe, wodurch sie sich unterscheiden!

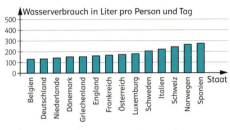
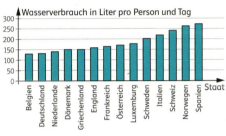

2) „Spanien ist Wasserverschwender Nr. 1 in Europa!"
Welche Graphik wird eine Journalistin oder ein Journalist auswählen, um diese Aussage zu unterstreichen? Begründe!

3) Erstelle zwei Graphiken, in einer wird Österreich als sparsames Land, in der anderen als Verschwender gezeigt!
Hinweis Wähle nur zwei passende andere Länder für das Diagramm aus, um den gewünschten Eindruck zu erwecken.

622 **Unterschiedliche Wahl der 100%-Marke bei Preisanstiegen**

Im Jahr 1974 kostete 1 Liter Milch durchschnittlich 0,38 € (in Euro umgerechnet). Im Jahr 2015 kostete er 1,19 €. Man kann nun sagen: Die Milch war im Jahr 2015 rund dreimal so teuer wie im Jahr 1974 (Figur rechts oben). Man kann aber auch sagen, dass sie im Jahr 1974 rund ein Drittel so viel kostete wie im Jahr 2015 (Figur darunter). Berechne die genauen Werte!

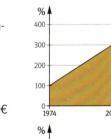
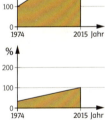

a) 1) Setze den Milchpreis von 0,38 € im Jahr 1974 als 100%.
0,38 € … 100%
1,19 € … x %
1,19 € =

2) Setze den Milchpreis von 1,19 € im Jahr 2015 als 100%.
1,19 € … 100%
0,38 € … x %
0,38 € =

b) Erkläre in eigenen Worten, wodurch sich die beiden Darstellungen unterscheiden!

c) Welche Rechenweise und Darstellung wird man wählen, wenn man die Teuerung eines Grundnahrungsmittels anprangern möchte? Begründe!

Hinweis Um solche Mehrdeutigkeiten zu vermeiden, wird bei so genannten Preisindices amtlich festgelegt, in welchem Jahr die 100%-Marke zu setzen ist. Im Zweifelsfall sollte man die 100%-Marke beim früheren Zeitpunkt setzen.

F4 Statistik – verschiedene Darstellungen

Vermischte Aufgaben

623 In der Graphik ist die Höhe des Kindergeldes in den Jahren 2014, 2016 und 2018 dargestellt.

1) Beschreibe, wie durch die Graphik ein verfälschtes Bild von der Höhe des Kindergeldes entsteht!
2) Überlege, wer Interesse haben könnte, die Daten in dieser Art darzustellen!
3) Stelle die Werte in einem geeigneten Diagramm dar!

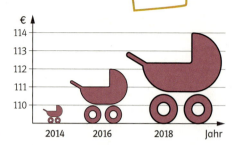

624 Das Diagramm rechts zeigt das Ergebnis einer Umfrage zum Thema Nachhilfe.
Drei Politiker wollen die Umfrage gemäß ihrer Meinung nutzen und fertigen eigene Diagramme an.

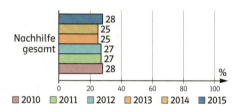

Politiker 1: Aussage: **Politiker 2:** Aussage: **Politiker 3:** Aussage:

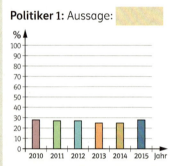 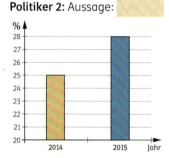 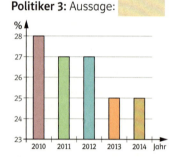

1) Welche der folgenden Aussagen stammt von welchem Politiker (A, B, C)? Ordne zu!

   A Der Bedarf an Nachhilfe ist im letzten Jahr drastisch gestiegen. Der Unterricht muss verbessert werden.

   B Immer weniger Schülerinnen und Schüler nehmen Nachhilfe in Anspruch. Unsere Maßnahmen zur Verbesserung des Unterrichts waren erfolgreich.

   C Der Bedarf an Nachhilfe ist in den letzten Jahren annähernd gleichgeblieben.

2) Beschreibe, wie die einzelnen Politiker die Diagramme manipuliert haben, damit sie zu ihren Aussagen passen!

625 Das Durchschnittseinkommen liegt in Spanien um rund 50 % über dem in Rumänien (Stand: 2016, Quelle: Worldbank).

1) Gibt die nebenstehende Figur diese Aussage korrekt wieder? Welcher Eindruck entsteht durch die Graphik? Achte nicht nur auf die Höhe, sondern auch auf die Breite und das „Volumen" der Geldsäcke!
2) Ersetze die Figur durch ein Streckendiagramm mit den Höhen, die der Figur entsprechen!
3) Ersetze die Figur durch ein Säulendiagramm! Zeichne das Rechteck für Rumänien mit 1 cm Breite und das für Spanien mit $1\frac{1}{2}$ cm Breite!
4) Geben die Diagramme aus **2)** und **3)** die tatsächlichen Verhältnisse eher wieder? Welches ähnelt der Darstellung mit den Geldsäcken?

Üben und Sichern

626 Anton möchte unbedingt abnehmen. Er will innerhalb von 10 Wochen sein Körpergewicht von 81 kg auf 72 kg reduzieren.

a) 1) Wie viel Prozent seines Körpergewichts möchte er abnehmen?
2) Angenommen, Anton erreicht sein Ziel, wiegt aber ein halbes Jahr später wieder so viel wie ursprünglich. Wie viel Prozent an Körpergewicht hat er dann wieder zugelegt?
3) Falls Anton es auf 74 kg schaffen würde, um wie viel Prozent hätte er dann sein Zielgewicht verfehlt?

b)

Woche	0	1	2	3	4	5	6	7	8	9	10
Gewicht in kg	81,0	80,2	80,0	78,3	77,5	75,9	75,2	74,8	73,5	72,6	71,4

Hier sind die tatsächlichen Daten seines Gewichtsverlaufs.
Erstelle ein Diagramm, in dem du den Abnehm-Eindruck nicht manipulierst!

c) Das Diät-Programm, mit dem Anton abgenommen hat, will Werbung mit seinem Erfolg machen. Erstelle ein geeignetes Diagramm!

627 96 Schülerinnen und Schüler haben sich für ein freies Wahlfach entschieden. In der Schülerzeitung wird davon berichtet. Darin steht, dass Fußball am beliebtesten ist, Sportklettern halb so beliebt ist, Basketball und Orchester gleich oft gewählt wurden und auch Bühnenspiel zu den häufiger gewählten Wahlfächern zählt. Ergänze die Tabelle!

	Wahlfach	Zentriwinkel	Relative Häufigkeiten	Anzahl der Nennungen
	Basketball			

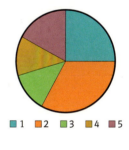

628 Schaue dir die Darstellung einer Umfrage mit 200 Kindern genau an! Ermittle die absoluten Häufigkeiten der einzelnen Freizeitbeschäftigungen und kreuze dann die drei richtigen Aussagen an!

○ **A** 42 Kinder treiben in ihrer Freizeit gerne Sport.
○ **B** Fernsehen ist am beliebtesten.
○ **C** Fernsehen geben etwa dreimal so viele Kinder als Freizeitbeschäftigung an wie Lesen.
○ **D** Computerspielen ist doppelt so beliebt wie Freunde treffen.
○ **E** 30 Kinder lesen am liebsten.

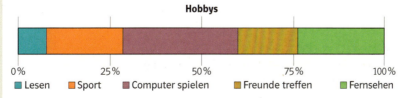

F Statistik – verschiedene Darstellungen

629 René hat in einem Prozentstreifen dargestellt, welchen Anteil seines Taschengeldes er im Juli wofür ausgegeben hat.

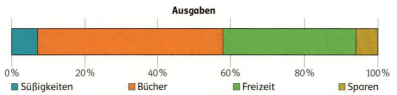

1) Lies ab, wie viel Prozent seines Taschengeldes René jeweils wofür ausgegeben hat!
2) René bekommt 20 € Taschengeld im Monat.
   Berechne, wie viel Euro er für Süßigkeiten, Bücher, Freizeit und Sparen verwendet hat!
3) Im August hat er 1,90 € für ein Eis, 5,80 € für ein Taschenbuch und vier Mal den Eintritt ins Freibad für je 2,65 € bezahlt. Den Rest hat er gespart. Zeichne einen passenden Prozentstreifen dazu!
4) René hat sich vorgenommen, die Prozentstreifen jeden Monat zu machen, um seine Ausgaben gut vergleichen zu können. Eignen sich dafür auch andere Diagramme?

630 Benny und Celine sollen als Hausübung ein Liniendiagramm in Excel darstellen. Benny stellt die Tore der Bundesliga, Celine die von ihr gemessenen Temperaturen während eines Tages dar.
1) Eignen sich die gewählten Beispiele für diese Art der Darstellung? Begründe deine Meinung!
2) Stelle die Werte in einer Häufigkeitstabelle dar und berechne das arithmetische Mittel!

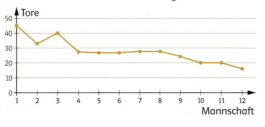

631 a) Ein Straßenbahnfahrschein für Wien kostete im Jahre 1982 für eine Fahrt umgerechnet 0,76 €. Im Jahr 2016 kostete er 2,20 €.
1) Berechne den Preisunterschied in Prozent auf zweifache Weise:
   Nimm zuerst den ersten Wert als 100 % an und danach den zweiten Wert als 100 %!
2) Stelle den Preisunterschied in zwei verschiedenen Diagrammen dar!

b) 1) Eine Zeitung schreibt: „Kaum Teuerung bei Straßenbahnfahrscheinen in den letzten sieben Jahren!" und zeigt dazu die nebenstehende Graphik. Berechne den tatsächlichen Preisunterschied in Prozent, wenn 2009 der Fahrschein 1,80 € kostete und 2016 der Fahrpreis 2,20 € betrug!
2) Zeichne ein Diagramm, das den Preisanstieg extrem darstellt!

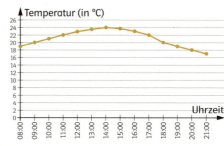

632 Anna hat sich während des Sommers einige Daten notiert.
1) Gib für die Liste arithmetisches Mittel, Median und Modus an!
2) Vergleiche die drei Mittelwerte! Wie sinnvoll sind sie jeweils im angegebenen Kontext?
   a) Ausgaben für Lebensmittel im Juni: 12,50 €; 21,10 €; 45,40 €; 11,00 €
   b) Gartenarbeit im Juli: 3h, 10h, 3h, 1h, 2h, 1h, 2h, 3h
   c) Marillenernte im August: 15 kg; 27 kg; 18 kg; 4 kg; 15 kg

Üben und Sichern F

633 In 100 g Müsli sind 10,9 g Eiweiß, 60,8 g Kohlenhydrate, 7,6 g Fett, 8,0 g Ballaststoffe enthalten. Die sonstigen Inhaltsstoffe sind zB Vitamine.
a) Stelle die Zusammensetzung des Müslis in einem Prozentstreifen dar!
b) In 100 g Müsli sind 0,0025 g des Vitamins B1 enthalten. Die empfohlene Tagesdosis dieses Vitamins beträgt 0,0013 g.
Welcher Prozentsatz der empfohlenen Tagesdosis wird ungefähr durch 50 g Müsli gedeckt?

634 Mariella ist wegen einer schweren Grippe im Krankenhaus. Dort wird alle zwei Stunden ihre Temperatur gemessen. Dabei ergeben sich folgende Werte:

Uhrzeit	6:00	8:00	10:00	12:00	14:00	16:00	18:00	20:00
Temperatur in °C	38,2	38,7	39,3	39,5	39,3	39,8	39,8	39,1

Der Krankenpfleger trägt die Temperaturen in ihr Patientenblatt ein und verbindet die Punkte.

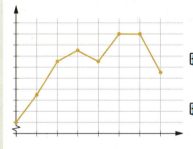

a) Ergänze die fehlenden Beschriftungen!
b) Ist es hier sinnvoll, einen der drei Mittelwerte anzugeben? Begründe!
c) Die Ärztin möchte die Temperatur für 13 Uhr und für 19 Uhr erfahren. Was würdest du der Ärztin anhand dieses Diagramms antworten? Sind die Antworten eindeutig?
d) Zeichne eine andere Verbindungslinie der Punkte in das Diagramm ein, die aber einen ganz anderen Verlauf zeigt! Formuliere in einem Satz, worin das grundsätzliche Problem liegt, wenn man einzelne Messdaten verbindet!

635 Bei der ersten Mathematikschularbeit im Semester wurde das folgende Ergebnis erzielt:

Noten	Sehr gut	Gut	Befriedigend	Genügend	Nicht genügend
Häufigkeit	4	5	11	4	3

1) Berechne die relativen Häufigkeiten der einzelnen Noten und stelle das Ergebnis in einem geeigneten Diagramm dar!
2) Bei der nächsten Schularbeit waren einige Kinder krank. Das Ergebnis lautete:

Noten	Sehr gut	Gut	Befriedigend	Genügend	Nicht genügend
Häufigkeit	3	4	7	3	3

Ist die Schularbeit besser oder schlechter ausgefallen? Begründe mit Hilfe der relativen Häufigkeiten der einzelnen Noten!

636 Lara würfelt 150 Mal. 43 Mal kommt die Augenzahl 2. Drei Schulfreunde werden bei einem Wettbewerb über die relative Häufigkeit dieser Würfe gefragt und müssen schnell antworten. Welche Antwort kommt dem tatsächlichen Wert am nächsten?
○ **A** Axel 0,25   ○ **B** Stefan 0,28   ○ **C** Marcel 0,33

637 Das Addieren von 1 bis 10 führt zum gleichen Ergebnis, wie das Multiplizieren des arithmetischen Mittels der Liste 1, 2, 3, …, 10 mit 10. Prüfe nach und erkläre mit eigenen Worten!

F Statistik – verschiedene Darstellungen

638 Über einen Zeitungsartikel ist Wasser verschüttet worden.
Kannst du die Lücken füllen, wo Information verloren gegangen ist?

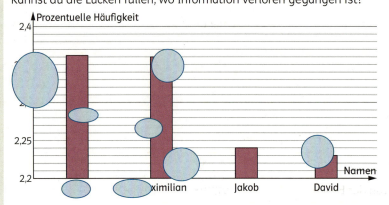

Lukas häufigster Vorname bei Buben

Lukas ist mit einer prozentuellen Häufigkeit von 2,362 % der häufigste Vorname bei Buben, die im Jahr 2014 geboren wurden. Das sind insgesamt 812 Neugeborene mit diesem Namen. Sehr dicht dahinter liegt Ma⬭.

David ist mit ⬭ % der vierthäufigste Name. Das Säulendiagramm stellt den Unterschied zwischen den prozentuellen Häufigkeiten der Vornamen Lukas und D⬭ aber auch viel größer dar, als er in Wirklichkeit ist.

In absoluten Zahlen heißt das: Von den 34 368 männlichen Neugeborenen heißen gerade einmal ⬭ mehr Lukas als David.

639 Lies den Artikel und beantworte die Fragen dazu! (Quelle: Unstatistik48, RWI – Leibniz-Institut für Wirtschaftsforschung)

Wursthysterie

Die Weltgesundheitsorganisation WHO warnt, dass pro 50 g täglichen Konsums von verarbeitetem Fleisch (wie etwa Wurst) sich das Darmkrebsrisiko um 18 % erhöht. Wurst wird damit in die gleiche Kategorie der krebserregenden Stoffe wie Asbest oder Zigaretten eingestuft […]

Was bedeuten diese 18 %? Heißt das, dass von je 100 Menschen, die 50 g Wurst täglich zu sich nehmen, 18 mehr an Darmkrebs erkranken? Nein! Denn bei dieser Angabe handelt es sich um ein relatives Risiko. Um die Meldung der WHO richtig einordnen zu können, benötigt man jedoch das absolute Risiko an Darmkrebs zu erkranken, welches bei ungefähr 5 % liegt (daran zu sterben: zwischen 2,5 und 3 %). Im Klartext bedeutet „18 % mehr" also, dass sich das absolute Risiko von etwa 5 % auf 6 % erhöht. Das hört sich schon etwas weniger dramatisch an.

a) In der Schülerzeitung soll über das Thema Wursthysterie berichtet werden. Wenn man annimmt, dass in Österreich 8 800 000 Menschen leben, welche zwei Aussagen wären richtig?
- A In Österreich sterben jährlich 1,584 Millionen Menschen an Wurst.
- B Wenn in Österreich zu viel Wurst gegessen wird, könnten jährlich ca. 88 000 Menschen mehr an Darmkrebs erkranken.
- C Ein sehr hoher und regelmäßiger Konsum von Wurst erhöht das Risiko an Darmkrebs zu erkranken.
- D Mehr als 50 Gramm Wurst täglich zu essen, erhöht das Risiko an Darmkrebs zu sterben.
- E 18 % mehr Menschen in Österreich erkranken an Darmkrebs wegen Wurst.

b) Recherchiere im Internet zum Thema „Wursthysterie"! Finde andere Lebensmittel, die auf Grund von Zeitungsartikeln im Verdacht stehen, Krankheiten zu verursachen (zB Gurkenhysterie)!

Üben und Sichern F

640 Die Bundespräsidentenwahl 2016 in Österreich brachte im ersten Wahldurchgang folgendes Ergebnis (Quelle: BM.I, Angabe in Prozent, auf Zehntel gerundet):

Name	Stimmenanzahl	Prozentueller Anteil an den gültig abgegebenen Stimmen
Dr. Irmgard Griss	810 641	18,9 %
Ing. Norbert Hofer	1 499 971	35,1 %
Rudolf Hundstorfer	482 790	11,3 %
Dr. Andreas Khol	475 767	11,1 %
Ing. Richard Lugner	96 783	2,3 %
Dr. Alexander Van der Bellen	913 218	21,3 %

Der Bundespräsident gilt als gewählt, wenn er die absolute Mehrheit, also mehr als 50 % der gültig abgegebenen Stimmen erhält. Ist das nicht der Fall, kommen die beiden Kandidatinnen und Kandidaten mit den meisten Stimmen in die Stichwahl.
1) Warum ist ein Kreisdiagramm zur Darstellung der Präsidentenwahl einem Säulendiagramm vorzuziehen?
2) Erstelle ein Kreisdiagramm!

641 Das rechts dargestellte Säulendiagramm zeigt das Ergebnis der Nationalratswahl 2017 in Österreich, Stand: Ende Oktober. (Quelle: BM.I, Angabe in Prozent, auf Hundertstel gerundet)
a) Erstelle einen passenden Prozentstreifen dazu!
b) Erstelle ein passendes Kreisdiagramm dazu!

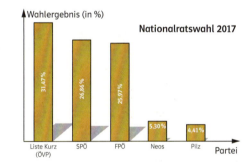

642 Lisi befragt die Kinder ihres Chores, wie viel Stunden sie pro Woche zusätzlich Musik machen. Sie erhält folgende Antworten: 0 h; 2 h; 1 h; 1,5 h; 1,5 h; 1,5 h; 2 h; 2 h; 2,5 h; 7 h; 3 h; 2 h; 0 h; 4 h; 5 h
1) Berechne das arithmetische Mittel, Modus und den Median!
2) Veranschauliche die Daten in einem Säulendiagramm und kennzeichne dort Modus, Median und arithmetisches Mittel!

Zusammenfassung

AH S. 46

In der Statistik sind beim Erheben von Daten deren Häufigkeiten wichtig. Man unterscheidet **absolute**, **relative** und **prozentuelle** Häufigkeiten.
    relative Häufigkeit = absolute Häufigkeit : Gesamtzahl
    prozentuelle Häufigkeit = relative Häufigkeit · 100 %

Es gibt neben dem arithmetischen Mittel auch noch den **Median** (der mittlere Wert einer Zahlenreihe) bzw. den **Modus/Modalwert** (der häufigste Wert einer Zahlenreihe).
Zur Darstellung der Daten eignen sich neben den schon bekannten Diagrammarten auch das **Kreisdiagramm** (1 % ≙ 3,6°) und der **Prozentstreifen** (zB 100 % ≙ 10 cm, 1 % ≙ 1 mm).
Graphische Darstellungen muss man **genau betrachten** und **kritisch beurteilen**.
Keinesfalls sollte man **vorschnelle Folgerungen ziehen**.

F Wissensstraße

Wissensstraße

Lernziele: Ich kann ...

Z 1: absolute, relative und prozentuelle Häufigkeiten berechnen.
Z 2: das arithmetische Mittel, den Median und den Modus ermitteln.
Z 3: Kreisdiagramme und Prozentstreifen erstellen.
Z 4: Daten aus Kreisdiagrammen und Prozentstreifen ablesen.
Z 5: Liniendiagramme erstellen und interpretieren.
Z 6: Diagramme kritisch betrachten und Manipulationen in Diagrammen erkennen.

643 Ermittle den Modus, den Median und das arithmetische Mittel für jede der drei Listen! **Z 2**
1) 5, 7, 8, 7, 10, 10, 7, 6
2) 5, 7, 8, 7, 10, 10, 7, 6, 48
3) 5, 7, 8, 7, 10, 10, 7, 6, 48, 14, 10

644 Die Notenergebnisse der letzten Schularbeit in der 2D-Klasse lauten: **Z 1, Z 2, Z 3**
5 Sehr gut, 6 Gut, 7 Befriedigend, 4 Genügend, 2 Nicht genügend.
1) Berechne die relativen Häufigkeiten der einzelnen Noten!
2) Stelle die prozentuellen Häufigkeiten in einem Prozentkreis dar!
3) Ermittle den Modus!

645 Marie muss für ein Schulprojekt die Fahrzeuge zählen, die an ihrer Schule vorbeifahren. **Z 1, Z 4**
Sie fertigt mit den Daten einen passenden Prozentstreifen an. Insgesamt hat sie
150 Fahrzeuge gezählt.

Berechne die absoluten Häufigkeiten der einzelnen Fahrzeuge!

646 Die meisten Kinder mögen Süßigkeiten. Eine Umfrage unter 100 Kindern ergibt: **Z 3**
48 Kinder essen sehr häufig,
32 Kinder essen häufig,
10 Kinder essen manchmal,
6 Kinder essen selten,
4 Kinder essen nie Süßigkeiten.
Fertige dazu einen Prozentstreifen an!

647 Die Schülerinnen und Schüler der 2. Klassen wurden gefragt: „Würdest du gerne einen **Z 4**
Tiger streicheln?" Ergänze die Häufigkeit der Antworten!

Klasse	Ja	Nein
2A		15
2B		8
2C		12

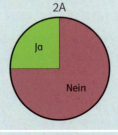
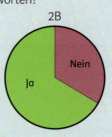
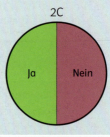

648 Twitternutzung in Österreich (Quelle Statista)   Z 5

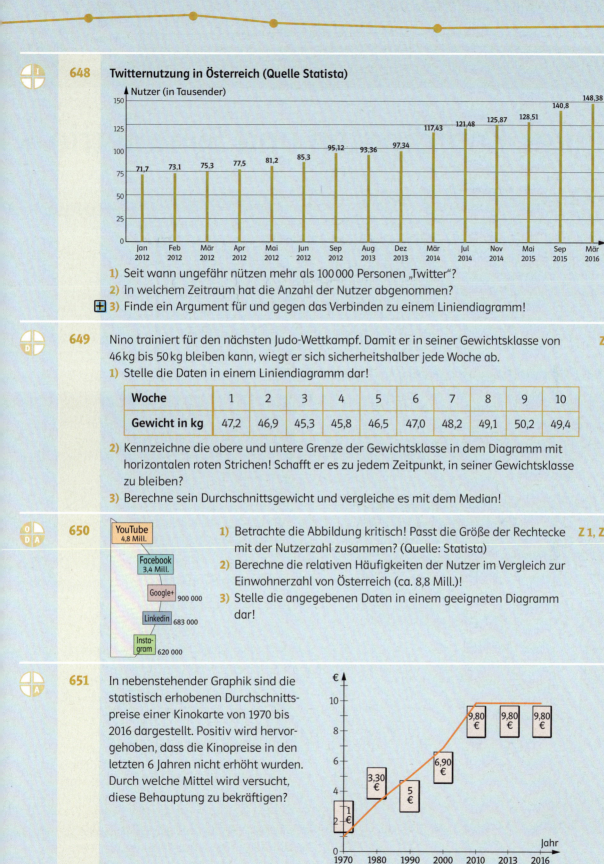

1) Seit wann ungefähr nützen mehr als 100 000 Personen „Twitter"?
2) In welchem Zeitraum hat die Anzahl der Nutzer abgenommen?
3) Finde ein Argument für und gegen das Verbinden zu einem Liniendiagramm!

649 Nino trainiert für den nächsten Judo-Wettkampf. Damit er in seiner Gewichtsklasse von 46 kg bis 50 kg bleiben kann, wiegt er sich sicherheitshalber jede Woche ab.   Z 2, Z 5

1) Stelle die Daten in einem Liniendiagramm dar!

Woche	1	2	3	4	5	6	7	8	9	10
Gewicht in kg	47,2	46,9	45,3	45,8	46,5	47,0	48,2	49,1	50,2	49,4

2) Kennzeichne die obere und untere Grenze der Gewichtsklasse in dem Diagramm mit horizontalen roten Strichen! Schafft er es zu jedem Zeitpunkt, in seiner Gewichtsklasse zu bleiben?
3) Berechne sein Durchschnittsgewicht und vergleiche es mit dem Median!

650
YouTube 4,8 Mill.
Facebook 3,4 Mill.
Google+ 900 000
Linkedin 683 000
Instagram 620 000

1) Betrachte die Abbildung kritisch! Passt die Größe der Rechtecke mit der Nutzerzahl zusammen? (Quelle: Statista)   Z 1, Z 3, Z 6
2) Berechne die relativen Häufigkeiten der Nutzer im Vergleich zur Einwohnerzahl von Österreich (ca. 8,8 Mill.)!
3) Stelle die angegebenen Daten in einem geeigneten Diagramm dar!

651 In nebenstehender Graphik sind die statistisch erhobenen Durchschnittspreise einer Kinokarte von 1970 bis 2016 dargestellt. Positiv wird hervorgehoben, dass die Kinopreise in den letzten 6 Jahren nicht erhöht wurden. Durch welche Mittel wird versucht, diese Behauptung zu bekräftigen?   Z 6

G Winkel, Koordinaten und Symmetrie

Video g836it

Winkel, Koordinaten und Symmetrie

Der Obelisk

Eines der beeindruckendsten und zugleich ältesten geometrischen Gebilde, das Menschen ersonnen haben, ist der Obelisk. Ein Obelisk hat meist eine quadratische Grundfläche und vier extrem langgezogene, nach oben hin schmäler werdende Vierecke als Seitenflächen. An seinem oberen Ende ist der Obelisk mit einer kleinen Pyramide abgeschlossen. Der höchste Obelisk zur Zeit der ägyptischen Hochkultur wurde in der Zeit um 1460 vor Chr. errichtet. Er hat eine Höhe von 32 m und steht noch heute im Amuntempel in der Nähe von Luxor. Obelisken symbolisierten für die Ägypter die steingewordenen Strahlen der Sonne. Sie waren ein Zeichen für den Sonnengott Amun.

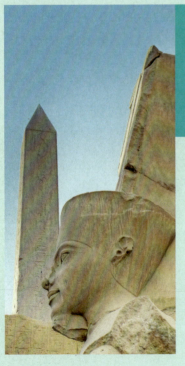

Obelisk im Tempel des Sonnengottes Amun (Karnak bei Luxor, Ägypten)

Das Washington Monument war nur bis 1889 das höchste Gebäude der Welt. Es wurde von dem heutigen Wahrzeichen von Paris abgelöst. Wie heißt dieses? Wo ist das höchste Gebäude heute zu finden?

Obelisken in der ganzen Welt

Im alten Ägypten waren Obelisken auch ein Symbol für die Macht der Herrscherinnen und Herrscher – eine Macht, die bis in den Himmel reicht. Darum bemühten sich die späteren Weltreiche, ebenfalls Obelisken aufzustellen. Einige dieser Obelisken wurden aus Ägypten abtransportiert und in den Metropolen der Welt wieder errichtet, etwa in Rom, Istanbul, in Paris, London und in New York. Andere wurden neu gebaut, so auch der riesige Obelisk in Washington, das so genannte Washington Monument. Es wurde 1884 errichtet und war damals mit seinen 169 m Höhe das höchste Bauwerk der Welt.

G

Die „Schattenspiele" des Obelisken

Für die Ägypter waren Obelisken aber viel mehr als religiöse Symbole. Ein Obelisk erlaubte es ihnen, anhand seines Schattens den Lauf der Sonne zu verfolgen. Der Schatten der Spitze des Obelisken wandert (auf der Nordhalbkugel der Erde) jeden Tag von Westen über Norden nach Osten. Zu Mittag, wenn der Schatten am kürzesten ist, hat die Sonne ihren Höchststand und steht genau im Süden. Damit war es möglich, die Richtung nach Norden auf dem Boden zu markieren. Die Ägypter verfolgten den Verlauf des Schattens an allen Tagen eines Jahres. Dabei stellten sie fest, dass in den Wintermonaten der Schatten weitaus länger ist als in den Sommermonaten. Sie gravierten den Verlauf des Schattens der Obeliskenspitze stündlich in den Boden. So schufen sie mit Hilfe des Obelisken eine Tagesuhr. Wiederholten sie diesen Vorgang ein Jahr lang, hatten sie eine Jahresuhr erstellt.

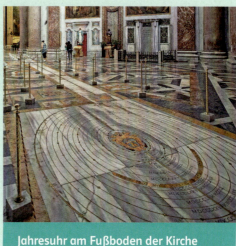

Jahresuhr am Fußboden der Kirche Santa Maria degli Angeli, Rom.

Von der Zeitmessung zur Winkelmessung

Die Ägypter maßen auch, unter welchem Winkel die Sonnenstrahlen den Erdboden trafen. So fanden die ägyptischen Himmelsbeobachter heraus, dass sich die Sonne während eines Jahres auf der Himmelskugel scheinbar auf und ab bewegt und dass aus diesem Grund die verschiedenen Jahreszeiten entstehen. Die Zeitmessung war es also, die die frühen Kulturen veranlasste, Winkel zu messen.

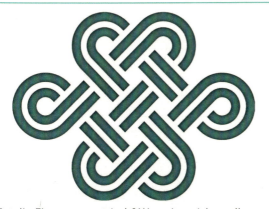

Ist die Figur symmetrisch? Wenn ja, zeichne alle Symmetrieachsen ein!

Worum geht es in diesem Abschnitt?

- Bezeichnungen bei Winkeln und Winkelmaße
- Parallelwinkel
- Einführung des Koordinatensystems
- Eigenschaften symmetrischer Figuren
- Strecken- und Winkelsymmetrale

G1 Winkel, Koordinaten und Symmetrie

1 Winkel

interaktive Vorübung
9th72k

AH S. 47

1.1 Bezeichnungen und Winkelmaße

Michaela und Dunja reden über die Größe des Winkels, den die beiden Zeiger der Uhr in der Aula ihrer Schule miteinander einschließen. Dabei erinnern sie sich, dass die Zeiger eigentlich zwei Winkel einschließen. Zeichne die beiden Winkel mit Hilfe von Winkelbogen ein, beschrifte sie und schätze ihre Größe!

Um sechs Uhr sind die beiden Winkel gleich groß. Wie oft am Tag ist das der Fall? Zeichne für einen weiteren derartigen Fall die passende Zeigereinstellung ein und gib die Uhrzeit ungefähr an!

Bezeichnungen

Die zwei **Strahlen a** und **b** in der nebenstehenden Figur schließen einen Winkel ein.
Diese Strahlen heißen **Schenkel** des Winkels.
Ihr Schnittpunkt **S** ist der **Scheitel** des Winkels.

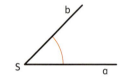

Winkel werden üblicherweise mit **griechischen Kleinbuchstaben** bezeichnet:

∢ ab und ∢ ba	∢ BAC und ∢ CAB
Die Strahlen a und b schließen die beiden Winkel α = ∢ **ab** und β = ∢ **ba** ein.	Man kann einen Winkel auch mit **drei Punkten** bezeichnen. Hier wird α mit ∢ **BAC** bezeichnet und der Winkel β wird mit ∢ **CAB** bezeichnet. Wichtig: Der Scheitel steht in der Mitte und die Reihenfolge der Buchstaben bestimmt, welcher Winkel gemeint ist.

Hinweis Die Winkel werden gegen den Uhrzeigersinn bezeichnet. Dies ist vor allem in GeoGebra entscheidend, dort kann durch die Reihenfolge der Schenkel bzw. Punkte zwischen den beiden Winkeln unterschieden werden.

Winkel G1

Einheiten der Winkelmessung, Winkelmaße

Um die Größen von Winkeln miteinander vergleichen zu können, muss man sie messen. Man geht dabei vom rechten Winkel aus: Als Einheit der Winkelmessung verwendet man $\frac{1}{90}$ des rechten Winkel. Man nennt diese Einheit **1 Winkelgrad (1°)**.

In der Astronomie, bei der Landvermessung und für die Navigation ist die Einteilung in Winkelgrad zu grob, man unterteilt daher die Winkelgrade in kleinere Einheiten:

Winkelminuten: 1 Winkelgrad = 60 Winkelminuten   **1° = 60′**
Winkelsekunden: 1 Winkelminute = 60 Winkelsekunden   **1′ = 60″**

Hinweis Wenn Verwechslungen zB mit der Temperaturskala Grad Celsius (°C) oder mit der Zeitmessung ausgeschlossen sind, kann man „Winkelgrad, Winkelminuten und Winkelsekunden" kurz mit „Grad, Minuten und Sekunden" bezeichnen.

Für GPS-Navigation werden diese genauen Angaben benötigt. Das „Kernkraftwerk" Zwentendorf in Niederösterreich findest du, wenn du in Google Maps 48°21′16″ 15°53′05″ in die Suchleiste eingibst. Bei diesen beiden Angaben handelt es sich um die Breiten- und Längengrade.

Koordinaten 48°21′16″N 15°53′5″O

Welches österreichische Wahrzeichen verbirgt sich hinter den Angaben 47°16′07″ 11°23′36″?

Einheit der Winkelmessung

1 Grad = $\frac{1}{90}$ des rechten Winkels. Der **rechte Winkel** hat daher **90°**.
1 Grad = 60 Minuten = 60 · 60 Sekunden = 3 600 Sekunden   **1° = 60′ = 3 600″**

Winkelarten

Spitzer Winkel
0 < α < 90°

Rechter Winkel
α = 90°

Stumpfer Winkel
90° < α < 180°

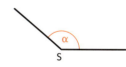

Gestreckter Winkel
α = 180°

Erhabener Winkel
180° < α < 360°

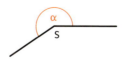

Voller Winkel
α = 360°

652 Skizziere folgende Winkel und beschrifte sie vollständig!
a) ω = 25°   c) ∢ cd = 40°   e) ∢ kl = 120°   g) ∢ DCE = 60°   i) ∢ CDE = 260°
b) μ = 130°   d) ∢ xy = 80°   f) δ = 220°   h) ∢ XYZ = 150°   j) ∢ NHO = 110°

653 Skizziere für jede Winkelart einen Winkel und verwende alle drei Möglichkeiten, die Winkel zu bezeichnen!

G1 Winkel, Koordinaten und Symmetrie

654 Zeichne die Winkelbogen und Winkelnamen ein!

a)    b)   c)    d)

α = 85° *spitzer*   β = 135° *stumpf*   γ = 270° *erhaben*   δ = 171° *stumpf*

655 Ordne zu!

656 Gib die Winkel α, β und γ im nebenstehenden Dreieck mit Hilfe der drei Punkte P, Q und R an!

α =
β =
γ =

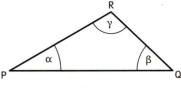

657 Gib die unten dargestellten Winkel ε und ω mit Hilfe ihrer (Winkel-)Strahlen an!

   ε = ∢ ts   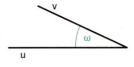 ω = ∢ uv

658
1) Gib die Winkelart an!
2) Schätze die Größe des Winkels und schreibe deine Schätzung auf!
3) Überprüfe deine Schätzung durch Messen des Winkels!
   Zeichne gegebenenfalls die Winkelschenkel etwas länger!

a) 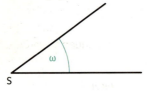   c)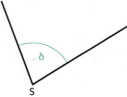

b) 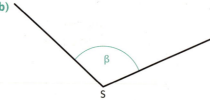   d)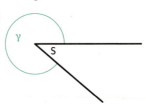

659 Skizziere die Winkel zuerst ohne Winkelmesser!
Überprüfe deine Schätzung durch Messen und konstruiere den Winkel anschließend!

a) 10°, 100°, 200°, 300°   b) 19°, 109°, 209°, 309°   c) 25°, 125°, 225°, 325°   d) 38°, 134°, 232°, 333°

Winkel G1

660 Kreuze die beiden richtigen Aussagen an!
- A 1 Grad hat 60 Minuten bzw. 120 Sekunden.
- B Bei 270° handelt es sich um die Größe eines erhabenen Winkels.
- C Ein gestreckter Winkel hat 90°.
- D Vier rechte Winkel bilden zusammen einen erhabenen Winkel.
- E Der Winkel ∢ ADE hat denselben Scheitel wie der Winkel ∢ EDA.

661 Windrose

Die nebenstehend abgebildete Windrose zeigt eine sehr feine Einteilung der Himmelsrichtungen.
Gib die Größe des Winkels (gemessen im Uhrzeigersinn) an!
a) zwischen Norden und den restlichen Haupthimmelsrichtungen
b) zwischen Norden und den Nebenhimmelsrichtungen NO, SO, SW, NW
c) zwischen Norden und den Nebenhimmelsrichtungen NNO, ONO, OSO, SSO, SSW

Hinweis Für NNO sprich „Nord-Nord-Ost"!

662
1) Zeichne im gegebenen Maßstab!
2) Entnimm deiner Konstruktion die Größe von α!
a) Maßstab 1:100
b) Maßstab 1:500

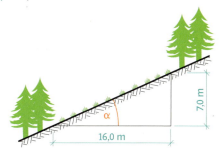

Neigungswinkel eines Hanges

Böschungswinkel eines Dammes

663 Wie schief ist der „Schiefe Turm" von Pisa?

Der Glockenturm (**Campanile**) des **Doms von Pisa** (Toskana, Italien) hat sich bereits kurz nach seiner Errichtung im 12. Jahrhundert seitlich geneigt. Er wurde nun durch Sanierungen so verändert, dass er bei 58 m Höhe um 4 m „überhängt".

Fertige im Maßstab 1:500 eine vereinfachte Zeichnung des heutigen Überhanges an (ähnlich der Darstellung rechts)!
Entnimm deiner Zeichnung den Winkel, den der Turm mit der Lotrechten einschließt, und gib ihn an!

G1 Winkel, Koordinaten und Symmetrie

Rechnen mit Winkelmaßen

Beispiel

Grad in Minuten umrechnen	Minuten mehrnamig schreiben
Wie viel Minuten sind 23,3°?	Schreibe 276' mehrnamig!
23,3° · 60	276' : 60' = 4 → Grad
139 8,0'	36' → Minuten
23,3° sind **1398 Minuten**.	276' sind **4° 36'**.

664 Rechne in Minuten um!
a) 2° b) 10° c) 100° d) $42\frac{1}{2}°$ e) $79\frac{1}{10}°$ f) $12\frac{1}{4}°$

665 Gib in Minuten an!
a) 3° 10' c) 9° 06' e) 3,9° g) 0,2° i) 0,6° k) 80° 59'
b) 5° 26' d) 2,6° f) 4,7° h) 0,3° j) 15° 12' l) 120° 12'

Tipp
$0{,}1° = \frac{1}{10}° = \frac{60'}{10} = 6'$

666 Schreibe mehrnamig!
a) α = 100' c) γ = 250' e) ε = 700' g) α = 1000' i) β = 2300'
b) β = 235' d) δ = 347' f) μ = 873' h) φ = 1568' j) ω = 2567'

667 Berechne auf zwei Arten und gib das Ergebnis mehrnamig an!

Beispiel

12° 51' + 37° 14' =	4° 11' − 1° 35' =
Man kann Additionen bzw. Subtraktionen von Winkelmaßen auf 2 Arten durchführen: 1. Art: Minuten und Grad zuerst getrennt addieren bzw. subtrahieren 2. Art: Zuerst Grad in Minuten umrechnen und dann addieren bzw. subtrahieren	
1. Art: Minuten: 51' + 14' = 65' = 1° 5' Grad: 12° + 37° = 49° 49° + 1° 05' = **50° 5'**	2. Art: 4° 11' = 240' + 11' = 254' 1° 35' = 95' 4° 11' − 1° 35' = 254' − 95' = 159' 159' = **2° 39'**

a) 6° 49' + 18° 11' b) 16° 24' − 9° 15' c) 35° 21' − 8° 36' d) 3° 38' + 10° 8' + 20° 12'

Hinweis zu c) für die 1. Art rechne mit 35° 21' = 34° 81'

Beispiel

13° 27' · 17 =	34° 20' : 5 =
13° · 17 27' · 17	34° : 5 = 6° 240' + 20' = 260'
91 189	4° Rest 260' : 5 = 52'
221° 459' = 7° 39'	4° = 240'
Lösung: 13° 27' · 17 = 221° + 7° 39' = **228° 39'**	Lösung: 34° 20' : 5 = **6° 52'**

668 Berechne!
a) 9° 08' · 10 = b) 21° 43' · 16 = c) 32° 07' · 25 = d) 41° 41' · 30 = e) 160° 17' · 2 =

669 a) 36° : 8 = b) 79° 20' : 4 = c) 53° : 3 = d) 119° 20' : 4 = e) 138° : 9 =

G1 Winkel

1.2 Parallelwinkel

Robert betrachtet das Gittertor im Bild links und die darin eingezeichneten Winkel.

Dabei fällt ihm auf, dass die **Schenkel** eines jeden Winkels **parallel** zu den **Schenkeln** aller anderen Winkel sind.

Miss α, β, γ und δ und setze das richtige Zeichen <, >, = ein!

α ____ γ   β ____ δ

Misst man alle Winkel, so bemerkt man, dass alle weiß bzw. auch alle orange eingezeichneten Winkel jeweils gleich groß sind. Außerdem ergeben je ein weißer und ein oranger Winkel zusammen einen gestreckten Winkel. Ihre Summe ist demnach 180°.

Parallelwinkel

Winkel, deren **Schenkel paarweise parallel** sind, nennt man **Parallelwinkel**.
Zwei Parallelwinkel sind entweder **gleich groß** oder sie **ergänzen einander auf 180°**.

Neben- und Scheitelwinkel

α und β heißen **Nebenwinkel**. Sie ergänzen einander auf 180°.

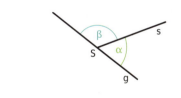

α und γ heißen **Scheitelwinkel**. Ebenso sind β und δ Scheitelwinkel. Sie sind jeweils gleich groß.

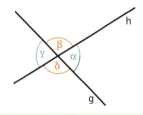

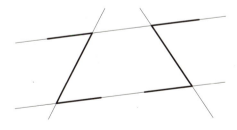

Tipp

Die nebenstehende Graphik zeigt, wie du Parallelwinkel leicht erkennen kannst (**Z oder spiegelverkehrtes Z** einzeichnen!). Zeichne gleich große Winkel mit gleicher Farbe ein!

670 Wie groß sind die Parallelwinkel zu β?
a) β = 25°   b) β = 107°   c) β = 12° 45'   d) β = 75,7°   e) β = 82 $\frac{1}{2}°$ f) β = x°

671 a) Begründe, dass Nebenwinkel einander auf 180° ergänzen!
b) Begründe, dass Scheitelwinkel gleich groß sind!

G1 Winkel, Koordinaten und Symmetrie

672 Auf dem Foto rechts ist der Holzzaun einer Pferdeweide abgebildet.
Beschreibe, wo auf dem Foto Parallelwinkel auftreten!

673 Markiere in der Figur auftretende Parallelwinkel mit „Z" oder „S" und trage anschließend die Größen der Winkel ein!

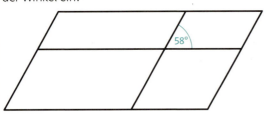

674 Kennzeichne in der Figur rechts die zu α = 62° gleich großen Parallelwinkel mit grüner Farbe!
Kennzeichne weiters jene Parallelwinkel zu ß = 94° mit blauer Farbe, die ß auf 180° ergänzen!

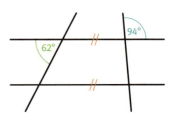

675 Welche eingezeichneten Winkel sind gleich groß, welche ergänzen einander auf 180°?
Verbinde jeweils mit der passenden Antwort!

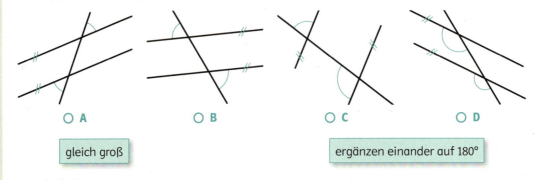

○ A   ○ B   ○ C   ○ D

gleich groß   ergänzen einander auf 180°

676 Kreuze die beiden Gradangaben an, die ein Parallelwinkel zu α = 35° haben kann!
○ A 55°   ○ B 35°   ○ C 90°   ○ D 145°   ○ E 180°

677 Zeichne den gegebenen Winkel α! Konstruiere zwei gleich große Parallelwinkel zu α und zwei Parallelwinkel, die α auf 180° ergänzen!
a) α = 50°   b) α = 75°   c) α = 100°   d) α = 125°   e) α = 150°   f) α = 90°

678 Suche Parallelwinkel und markiere sie mit einem „Z"!

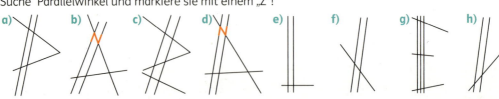

2 Koordinaten

interaktive Vorübung
6km3w2

AH S. 48

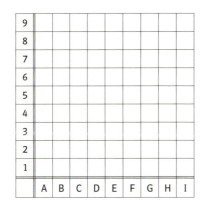

Tom und Martina spielen „Schiffe versenken". Dabei platzieren beide verschieden große Schiffe auf ihrem Spielfeld und versuchen, jeweils die Schiffe des Gegners zu treffen.

Platziere folgende Schiffe durch eine Skizze im Raster auf den angegebenen Feldern!

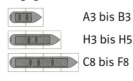

A3 bis B3
H3 bis H5
C8 bis F8

Koordinatensystem

Auch in der Geometrie ist es oft notwendig, die Lage von Punkten oder Figuren auf dem Zeichenblatt festzulegen.

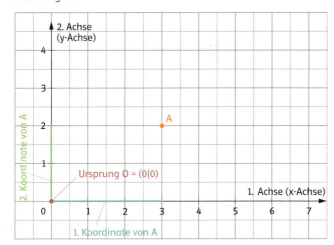

Hier wird der Punkt A durch das Zahlenpaar (3|2) eindeutig festgelegt.

A = (3|2)

1. Koordinate (x-Koordinate)
2. Koordinate (y-Koordinate)

Bemerkung: coordinare (lat.): ordnen

Dabei ist die Reihenfolge der Koordinatenangaben unbedingt einzuhalten! Zeichne zum Vergleich auch den Punkt B = (2|3) in das Diagramm ein!

Hinweis Man kann Punkte auch ohne „="-Zeichen angeben, also A (3|2) statt A = (3|2).

Koordinatensystem

Der Punkt **O = (0|0)** heißt **Ursprung** des Koordinatensystems. Die beiden vom Ursprung ausgehenden Koordinatenachsen sind Zahlenstrahlen, die aufeinander normal stehen.
Die waagrechte Koordinatenachse wird meist **1. Achse** oder **x-Achse**, die senkrechte **2. Achse** oder **y-Achse** genannt.

 679 Trage die Punkte in ein Koordinatensystem ein und verbinde sie so, dass ein Blockbuchstabe entsteht!
a) A = (1|0), B = (2|2,5), C = (3|5), D = (4|2,5), E = (5|0)   b) A = (0|1), B = (0|6), C = (2,5|1), D = (2,5|6)

 680 Gib Punkte im Koordinatensystem an, die man so verbinden kann, dass ein Blockbuchstabe entsteht! Gib so mindestens zwei Blockbuchstaben an und zeichne sie anschließend!

G 2 Winkel, Koordinaten und Symmetrie

681 Das Bild von welchem Tier entsteht, wenn du die Punkte A bis K in einem Koordinatensystem der Reihe nach verbindest? A = (1|1), B = (3|2), C = (5|1), D = (7|1), E = (8|2), F = (9|3), G = (7|5), H = (5|5), I = (4|4), J = (3|3), K = (1|4)

682 Gib die Koordinaten der eingezeichneten Eckpunkte an!

a)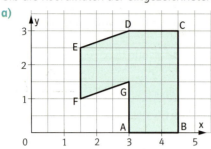

b)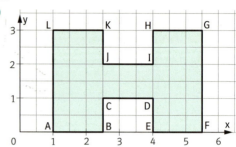

683 Zeichne das Quadrat ABCD! Welche Koordinaten hat der vierte Eckpunkt?
a) A = (1|1), B = (7|1), C = (7|7)
b) A = (2,4|3,1), B = (6,1|3,1), C = (6,1|6,8)
c) A = (5|1), B = (8|5), C = (4|8)
d) A = (1|2,5), B = (4|0,5), C = (6|3,5)

684 Zeichne das Rechteck ABCD! Welche Koordinaten hat der vierte Eckpunkt?
a) A = (2|1), B = (7|1), C = (7|5)
b) A = (2,4|1,2), C = (8,7|7,3), D = (2,4|7,3)
c) A = (5|2), B = (10|7), C = (6|11)
d) A = (3,7|1,1), B = (5|2,7), C = (3,4|4)

685 Die Gerade g verläuft durch die Punkte P und Q, die Gerade h durch die Punkte R und S.
a) g [P = (3|0), Q = (5|4)]; h [R = (3|3), S = (6|0)]
b) g [P = (6,5|0), Q = (2|3)]; h [R = (5,3|5), S = (0|2,2)]
1) Gib die Koordinaten des Schnittpunktes X der beiden Geraden an!
2) Wie groß ist der spitze Winkel α, den die beiden Geraden einschließen?

686 Wie groß ist der Winkel α?
a) Die Punkte K = (0|3), L = (8|0) und M = (6|8) legen den Winkel α = ∢ MLK fest.
b) Die Punkte A = (0|0), B = (2,5|1,5) und C = (1,5|6) legen den Winkel α = ∢ BAC fest.

687 Kreuze die beiden richtigen Aussagen an!
○ A (4|5) und (5|4) stellen denselben Punkt dar.
○ B Die Punkte (3|5) und (3|9) haben dieselbe x-Koordinate.
○ C Die x-Achse ist länger als die y-Achse.
○ D x- und y-Achse schneiden einander im Ursprung.
○ E 1. und 2. Achse stehen im spitzen Winkel aufeinander.

688 **Bemerkenswertes bei Koordinaten**
Verwende den **Sprachbaustein**!
a) Erkläre mit eigenen Worten, warum alle Punkte mit der gleichen x-Koordinate auf einer Geraden liegen!
b) Welche x-Koordinate haben alle Punkte der 2. Achse?
c) Welche y-Koordinate haben alle Punkte der 1. Achse?

Sprachbaustein

Punkte liegen „übereinander"/„nebeneinander", wenn…
Stimmen bei Punkten die x-Koordinaten überein, so…
Ist die x-Koordinate eines Punktes/aller Punkte…
Liegt ein Punkt auf der ersten/zweiten Achse, so…
Alle Punkte auf der ersten/zweiten Achse haben gemeinsam, dass…

Symmetrie G3

3 Symmetrie

3.1 Symmetrische Figuren und Symmetrieachsen

interaktive Vorübung
x7w2gj

AH S. 49

Viele Verkehrsschilder in Österreich sind symmetrisch. Vervollständige das Verkehrszeichen!

Dieses Verkehrsschild heißt Andreaskreuz und warnt vor einem Bahnübergang. Es befindet sich bei Bahnübergängen ohne Schranken.

Wenn man einen Spiegel auf die blaue Linie stellt, kann man auch das ganze Andreaskreuz sehen. Man nennt diese Linie **Symmetrieachse** oder **Spiegelachse**. Symmetrieachsen werden als **strichpunktierte Linien** gezeichnet.

Figuren können auch mehrere Symmetrieachsen haben:

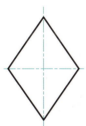 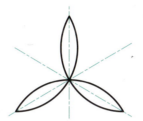 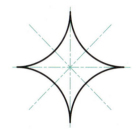

Symmetrische Figuren

Figuren, die durch eine gerade Linie so in zwei Teile geteilt werden können, dass sie beim Falten längs dieser Linie **deckungsgleich** übereinander liegen, heißen **(achsen-)symmetrische Figuren**. Die gerade Linie heißt **Symmetrieachse** oder **Spiegelachse**.

689 1) Welche der Brettspiele (ignoriere die Spielfiguren) sind symmetrisch? Wie viele Symmetrieachsen haben die Felder?

2) Ändert sich die Anzahl der Symmetrieachsen, wenn man die Farben am Spielbrett nicht beachtet?

690 1) Welche Spielfelder sind symmetrisch?

 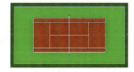  

2) Begründe, warum viele Spiele auf symmetrischen Feldern gespielt werden!

G 3 Winkel, Koordinaten und Symmetrie

691 Schneekristalle haben sehr unterschiedliche Formen. Sie bilden oft herrliche Sterne oder andere „sechseckige" Figuren.
1) Wie viele Symmetrieachsen haben die unten dargestellten Schneeflocken jeweils?
2) Erfinde selbst die Gestalt einer Schneeflocke und zeichne sie in dein Heft!

692 1) Zeichne in den unten abgebildeten Schildern die Symmetrieachsen ein!
2) Welche Bedeutung haben die Zeichen?

693 Schreibe jene Blockbuchstaben des Alphabets auf, die Symmetrieachsen haben!

694 Zeichne drei Figuren, die jeweils genau eine Symmetrieachse haben!

695 Zeichne drei geometrische Figuren, die mehr als eine Symmetrieachse besitzen!

696 Wie viele Symmetrieachsen hat ein Kreis? Überlege anhand einer Skizze!

Tipp
Verwende nur Buchstaben, die eine waagrechte Symmetrieachse haben!

697 Finde a) ein Wort, b) einen Satz mit einer waagrechten Symmetrieachse!

698 In der Kathedrale von Chartres in der Nähe von Paris (→ Foto rechts) gibt es am Fußboden ein „Labyrinth". Dieses hat einen Durchmesser von fast 13 m und ist in der Abbildung links unten vereinfacht dargestellt.

In früheren Jahren rutschten Pilger auf Knien vom Eingang des Labyrinths bis in sein Zentrum.
1) Ist das Labyrinth symmetrisch? Begründe deine Antwort!
2) Versuche selbst, den Weg vom Eingang zum Zentrum des Labyrinths mit Bleistift nachzuziehen!

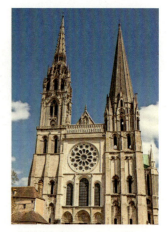

699 Markiere die Punkte in einem Koordinatensystem und verbinde sie zu einem Vier- bzw. Vieleck! Zeichne alle Symmetrieachsen ein!
a) A = (0|0), B = (3|0), C = (3|3), D = (0|3)
b) A = (1|1), B = (2|1), C = (2|3), D = (1|3)
c) A = (2|1), B = (3|1), C = (4|2), D = (3|3), E = (2|3), F = (1|2)
d) A = (10|4), B = (16|4), C = (18|8), D = (13|12), E = (8|8)

Symmetrie G 3

3.2 Symmetrieeigenschaften

Lena gefällt ihr Bild beim Malen mit Wasserfarben nicht und sie will es wegwerfen. Sie faltet das Bild in der Mitte zusammen und bemerkt, kurz bevor es im Mistkübel landet, dass sich im Inneren ein wunderschönes neues Bild ergeben hat. Das neue Bild ist **symmetrisch** bezüglich der Faltlinie. Die Faltlinie ist die _____ der Figur.

Konstruktion: Symmetrisch liegende Punkte zeichnen

1. Zeichne auf ein leeres Blatt Papier eine Gerade g als Symmetrieachse und auf einer Seite von g zB ein Dreieck mit den Eckpunkten ABC!
2. Falte das Blatt entlang der Symmetrieachse g!
3. Stich anschließend in den Punkten A, B und C mit dem Zirkel durch beide Blätter und entfalte das Blatt wieder!
4. Verbinde die neu entstandenen, symmetrischen Punkte und benenne sie mit A_1, B_1 und C_1!

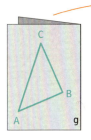 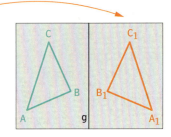 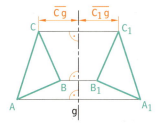

Schau dir nun die Strecke CC_1 an! Es gilt sowohl $\overline{Cg} = \overline{C_1g}$ wie auch $CC_1 \perp g$.

Derselbe Zusammenhang gilt auch für die Strecken AA_1 und BB_1.

> **Symmetrisch liegende Punkte**
>
> **Zwei Punkte**, die bezüglich einer Geraden g **symmetrisch liegen**, haben **denselben Abstand** von g. Die **Verbindungsstrecke** dieser Punkte steht **normal** auf g.

Spiegelung

Weil sich das Dreieck $A_1B_1C_1$ zu ABC wie ein Spiegelbild verhält, heißt der Vorgang, bei dem das Dreieck $A_1B_1C_1$ entsteht, auch **Spiegelung**. Die Symmetrieachse kann daher auch Spiegelachse genannt werden.
Dabei ändert sich der Umlaufsinn der Eckpunkte einer Figur. A, B und C sind gegen den Uhrzeigersinn beschriftet und A_1, B_1 und C_1 sind im Uhrzeigersinn beschriftet.

Fixpunkte einer Spiegelung

Liegt ein Punkt P auf der Symmetrieachse, dann fällt sein symmetrisch liegender Punkt P_1 mit ihm zusammen. Man schreibt: $P = P_1$.
Man nennt einen solchen Punkt **Fixpunkt** der Spiegelung. Alle Punkte der Spiegelachse sind Fixpunkte.

G 3 Winkel, Koordinaten und Symmetrie

700 Vervollständige die Abbildung zu einer symmetrischen Figur!

a) 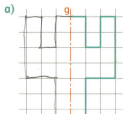   b) 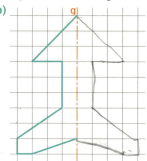   c)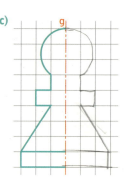

Tipp

Spiegle zuerst die Eckpunkte, um diese anschließend zu verbinden!

701 Spiegle die gegebenen Punkte an der Geraden g! Gib die Koordinaten der gespiegelten Punkte an!

Beispiel

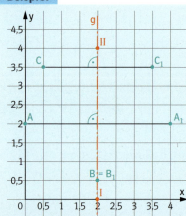

$A = (0|2)$, $B = (2|0,5)$, $C = (0,5|3,5)$; $g[I = (2|0), II = (2|4)]$

Zeichne die Punkte A, B, C und die Gerade g ein!
(Für g zeichne I und II ein und verlängere die Verbindungsstrecke über die beiden Punkte hinaus!)

Zeichne durch die Punkte A und C jeweils eine Normale zu g!

Übertrage auf diesen Normalen die Streckenlängen $\overline{Ag}$ sowie $\overline{Cg}$ auf die andere Seite der Symmetrieachse! Man sieht, dass B ein Fixpunkt ist, da B ein Punkt auf g ist.

$A_1 = (4|2)$, $B = B_1 = (2|0,5)$, $C_1 = (3,5|3,5)$

a) $A = (2|8)$, $B = (6|0)$; $g[I = (0|5), II = (7|5)]$
b) $C = (1|6)$, $D = (6|4)$, $E = (3|1)$; $g[I = (3|0), II = (3|7)]$
c) $F = (2|3)$, $G = (5|4)$, $H = (6|1)$; $g[I = (8|0), II = (8|3)]$
d) $A = (4|3)$, $B = (8|2)$; $g[I = (0|8), II = (3|8)]$
e) $X = (0|0)$, $Y = (0|5)$, $Z = (5|0)$; $g[I = (6|1), II = (6|3)]$
f) $V = (2|1)$, $W = (5|3)$; $g[I = (1|4), II = (6|4)]$

702 Spiegle die Strecke AB an der Geraden g!
a) $AB [A = (3|7), B = (1|1)]$; $g[I = (5|0), II = (5|8)]$
b) $AB [A = (5|5), B = (7|7)]$; $g[I = (8|0), II = (0|8)]$

703 Spiegle das Dreieck ABC an der Geraden g und gib die Koordinaten der gespiegelten Punkte an!
a) $A = (0|1)$, $B = (4|5)$, $C = (2|8)$; $g[I = (4|0), II = (4|9)]$
b) $A = (3|8)$, $B = (7|4)$, $C = (8|8)$; $g[I = (0|7), II = (9|7)]$

Symmetrie G 3

704 Spiegle das Viereck ABCD an der Geraden g! Gib die Koordinaten der gespiegelten Punkte an!
  a) $A = (3|1)$, $B = (6|1)$, $C = (6|4)$, $D = (3|6)$; $g[I = (0|5), II = (7|5)]$
  b) $A = (1|5)$, $B = (7|5)$, $C = (7|8)$, $D = (1|8)$; $g[I = (0|4), II = (8|4)]$
  c) $A = (5|5)$, $B = (7|8)$, $C = (4|10)$, $D = (2|7)$; $g[I = (0|5), II = (8|5)]$

705 Wenn die Symmetrieachse „schräg" zu den Koordinatenachsen steht, muss man besonders aufpassen!
  1) Welches der Bilder stellt die gewünschte Spiegelung von A und B bezüglich g dar? Begründe deine Entscheidung!
  2) Gib in der richtig dargestellten Figur die Koordinaten der gespiegelten Punkte näherungsweise an!

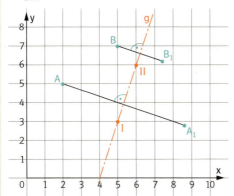
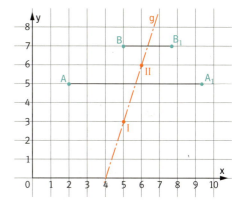

706 Spiegle das Dreieck ABC an der Spiegelachse g! Gib die Koordinaten der gespiegelten Punkte an! Vergleiche mit Aufgabe 705!
  a) $A = (3|1)$, $B = (6|1)$, $C = (6|4)$; $g[I = (1|2), II = (5|6)]$
  b) $A = (1|5)$, $B = (7|5)$, $C = (7|8)$; $g[I = (4|8), II = (6|3)]$
  c) $A = (5|5)$, $B = (7|8)$, $C = (4|10)$; $g[I = (7|1), II = (6|7)]$

707 Die nebenstehende Figur zeigt, wie man einen Punkt P an einer Geraden g spiegeln kann, indem man nur mit dem Zirkel arbeitet.
  1) Erkläre, wie hier vorgegangen wurde!
  2) Zeichne im Heft eine Gerade h und einen beliebigen Punkt Q, der nicht auf h liegt! Konstruiere nur mit dem Zirkel den an h gespiegelten Punkt Q_1!

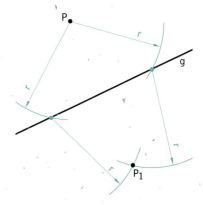

708 Der Punkt $H = (4|3)$ ist der Halbierungspunkt der Seite AB und $J = (8|7)$ der der Seite CD eines Quadrats ABCD. Konstruiere das Quadrat und gib die Koordinaten seiner Eckpunkte an!

709 Konstruiere das Rechteck ABCD mit $a = 5\,cm$ und $b = 3\,cm$!
  a) Spiegle das Rechteck an der Geraden g, die zu AC parallel ist und durch D geht!
  b) Spiegle das Rechteck an der Geraden g, die zu AC parallel ist und durch E geht! Der Punkt E liegt dabei auf der Verlängerung der Seite AB und ist 2 cm von B entfernt.
  c) Spiegle das Rechteck an der Geraden g, die durch den Eckpunkt B geht und zu AF parallel ist! Dabei ist F der Halbierungspunkt der Seite CD.
  d) Spiegle das Rechteck an der Geraden g, die normal zu AC verläuft und durch C geht!

G 3 Winkel, Koordinaten und Symmetrie

3.3 Streckensymmetrale

Martina zeichnet eine Gerade g und einen Punkt A, der nicht auf g liegt. Sie spiegelt A an g und bezeichnet diesen Punkt mit B. Die Strecke AB steht normal auf g und wird von ihr in zwei gleich lange Teile geteilt.
Weil die Strecke AB symmetrisch bezüglich g liegt, wird die Gerade g **Streckensymmetrale von AB** genannt. Man schreibt s_{AB}.
Bemerkung: In Deutschland wird die Streckensymmetrale auch „Mittelsenkrechte" genannt. Auch in Computerprogrammen ist diese Bezeichnung üblich. Kannst du erklären, warum dieser Name auch sehr gut passt?

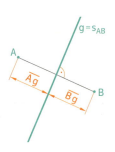

Punkte auf der Streckensymmetrale

Im folgenden Bild sind zwei Punkte A und B sowie deren Streckensymmetrale g gezeichnet. Miss die Längen folgender Strecken ab!

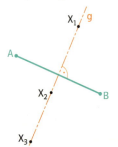

$\overline{AX_1} = $ $\overline{BX_1} = $

$\overline{AX_2} = $ $\overline{BX_2} = $

$\overline{AX_3} = $ $\overline{BX_3} = $

Was fällt dir auf?

Man stellt fest: Jeder Punkt der Streckensymmetrale $g = s_{AB}$ ist von den beiden Punkten A und B gleich weit entfernt! Nur Punkte, die auf der Streckensymmetrale von A und B liegen, haben diese Eigenschaft!

Hinweis Abmessen ist zwar kein Beweis für diese Eigenschaft, dieser wird aber im Kapitel über Dreiecke nachgeholt.

Streckensymmetrale

Die **Strecke** AB und die **Streckensymmetrale** s_{AB} stehen **normal** aufeinander. Auf der Streckensymmetrale liegen alle Punkte, die von A und B **gleich weit entfernt** sind.

Konstruktionsanleitung der Streckensymmetrale mit dem Zirkel

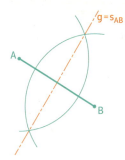

1. Zeichne um A und B jeweils einen Kreisbogen vom selben Radius! Die beiden Kreisbogen sollen einander schneiden.
2. Verbinde die beiden Schnittpunkte strichpunktiert!

Tipp

Um ein möglichst genaues Ergebnis zu erzielen, wähle als Radius circa $\frac{3}{4}$ von $\overline{AB}$.

710 Zeichne die Strecke, die durch die Koordinaten ihrer Endpunkte gegeben ist!
Konstruiere ihre Streckensymmetrale! Gib die Koordinaten des Halbierungspunktes H an!

a) A = (2|2), B = (5|7)
b) C = (1|6), D = (5|1)
c) K = (3|1,5), L = (6|4,3)
d) M = (1,4|6,3), N = (7,2|0,3)
e) X = (7|0), Y = (8|6)
f) U = (0|4), V = (4|0)

Symmetrie G3

711 Konstruiere die Streckensymmetrale s_{PQ} der Strecke PQ mit P = (8|2), Q = (3|6)!

712 Zeichne eine Strecke mit gegebener Länge und konstruiere ihre Streckensymmetrale!
a) $\overline{AB}$ = 42 mm b) $\overline{CD}$ = 73 mm c) $\overline{EF}$ = 37 mm d) $\overline{GH}$ = 9 mm

713 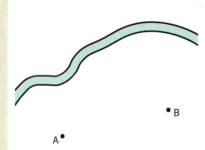 Die Gemeinden A und B beschließen, am Fluss ein Schwimmbad zu bauen. Dieses soll so angelegt werden, dass die Bewohner der beiden Orte gleich weit zu gehen haben. An welcher Stelle des Flusses ist dies der Fall?

Bemerkung: In der Praxis muss der Standort im Hinblick auf Umweltfaktoren, Besitzverhältnisse und vieles mehr überdacht werden.

714 Zeichne die Symmetrieachsen der symmetrisch liegenden Figuren, indem du die Streckensymmetrale von symmetrisch liegenden Eckpunkten konstruierst!
a)  b)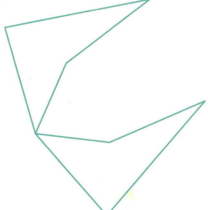

715 Zeichne die Punkte A = (1|1), B = (6|3) und C = (2|5)!
1) Konstruiere die Streckensymmetralen s_{AB} und s_{AC} und ermittle ihren Schnittpunkt S!
2) Miss den Abstand von S zu A, B und C. Was fällt dir auf?
3) Zeichne schließlich einen Kreis mit dem Mittelpunkt S, der durch A verläuft! Was fällt dir auf? Versuche, diese Gegebenheit zu begründen!

716 Teile die Strecke AB mit Hilfe von Streckensymmetralen 1) in zwei gleich lange Teile, 2) in vier gleich lange Teile, 3) in acht gleich lange Teile!

Tipp
Wende den Konstruktionsvorgang einer Streckensymmetrale mehrmals an!

a) $\overline{AB}$ = 73 mm b) $\overline{AB}$ = 95 mm c) $\overline{AB}$ = 107 mm d) $\overline{AB}$ = 89 mm e) $\overline{AB}$ = 125 mm

717 1) Konstruiere in der Figur rechts die beiden Streckensymmetralen s_{DE} und s_{EF}! Was fällt dir auf?
2) Nimm noch einen weiteren beliebigen Punkt G auf dem Kreis an und schau, ob deine Vermutung auch für s_{FG} gilt!

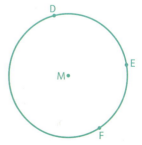

718 Begründe, warum einander die Streckensymmetralen aller Sehnen eines Kreises im Kreismittelpunkt schneiden!

177

G3 Winkel, Koordinaten und Symmetrie

3.4 Winkelsymmetrale

Halil zeichnet auf ein Blatt Papier einen Winkel α und schneidet ihn wie im Bild zu sehen aus. Dann faltet er das Papier so, dass die Winkelschenkel genau übereinander liegen.

Er stellt fest, dass die Winkelschenkel a und b symmetrisch zu dieser Faltkante liegen. Man nennt diese Linie daher **Winkelsymmetrale w_α** des Winkels α.

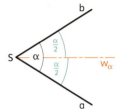

In Deutschland wird die Winkelsymmetrale auch „Winkelhalbierende" genannt. Kannst du erklären, warum dieser Name auch passt?

Punkte auf der Winkelsymmetrale

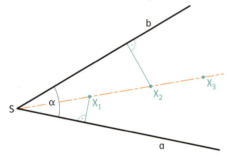

Im Bild siehst du den Winkel α und seine Winkelsymmetrale. Miss die Normalabstände der Punkte X_1, X_2 und X_3 von a bzw. b ab und notiere sie:

$\overline{X_1a} =$ $\overline{X_1b} =$

$\overline{X_2a} =$ $\overline{X_2b} =$

$\overline{X_3a} =$ $\overline{X_3b} =$

Jeder Punkt der Winkelsymmetrale w_α ist von beiden Winkelschenkeln a und b gleich weit entfernt. Andere Punkte mit dieser Eigenschaft gibt es nicht!

Hinweis Auch diese Eigenschaft wird im Kapitel über Dreiecke allgemein bewiesen!

Winkelsymmetrale

Der **Winkel α** wird von der **Winkelsymmetrale w_α halbiert**. Auf der Winkelsymmetrale liegen alle Punkte des Winkelfeldes, die **von den Winkelschenkeln** a und b **gleich weit entfernt** sind.

Konstruktion der Winkelsymmetrale mit dem Zirkel

1. Zeichne um S einen beliebigen **Kreisbogen**, der beide Winkelschenkel a und b schneidet!
2. Zeichne um die beiden Schnittpunkte A und B je einen **Kreisbogen** vom selben Radius r!
3. Die **Winkelsymmetrale w_α** verläuft durch den Scheitel des Winkels und durch den Schnittpunkt X der beiden Kreisbogen.

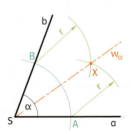

719 Der Punkt S = (1|3) ist Scheitel eines Winkels α. Sein Schenkel a verläuft durch den Punkt A = (3|0), sein Schenkel b durch B = (5|6).
1) Zeichne den Winkel α und gib seine Größe an!
2) Konstruiere die Winkelsymmetrale w_α!

Symmetrie G 3

720 Der Punkt S = (2|1) ist Scheitel des Winkels α = ∢ ab. Sein Schenkel a verläuft durch den Punkt A = (7|0), der Schenkel b durch B = (5|6).
1) Zeichne den Winkel α und gib seine Größe an!
2) Konstruiere die Winkelsymmetrale $w_α$!
3) Konstruiere die Streckensymmetrale s_{CD} mit C = (1|5) und D = (4|7)!
4) Gib die Koordinaten des Schnittpunkts von $w_α$ und s_{CD} an!

721 Welcher Strahl ist die Winkelsymmetrale von α? Überprüfe mit dem Zirkel und kreuze an!

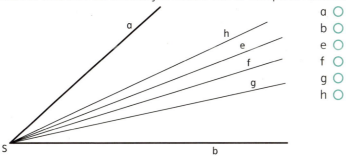

a ○
b ○
e ○
f ○
g ○
h ○

722 1) Halbiere den gegebenen Winkel! 2) Teile den gegebenen Winkel in vier gleiche Teile!
a) α = 57°   b) α = 85°   c) α = 143°   d) α = 167°   ⊞ e) α = 207°   ⊞ f) α = 319°

723 Gibt es Rechtecke, in denen die Winkelsymmetralen der Rechteckswinkel mit der jeweiligen Diagonale des Rechtecks übereinstimmen? Wenn ja, zeichne ein solches Rechteck!

724 Zeichne drei Geraden g, h und l etwa so in dein Heft, wie es die nebenstehende Abbildung verkleinert zeigt und beschrifte die Winkel ω und ε!
1) Konstruiere die Winkelsymmetralen von ε und ω!
2) Bezeichne ihren Schnittpunkt mit S und gib seinen Normalabstand von g, h und l an!
3) Begründe, wieso diese drei Abstände gleich groß sind!

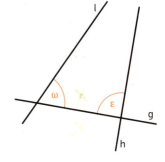

725 Zwischen den Straßen a und b befindet sich ein Wald mit einer Lichtung, auf der ein Forsthaus errichtet werden soll. An welchen Stellen kann das Forsthaus errichtet werden, wenn die Zufahrtsstraßen von a und b möglichst kurz, aber gleich lang sein sollen?

G 3 Winkel, Koordinaten und Symmetrie

⊞ 3.5 Winkel mit Zirkel und Lineal konstruieren

Manche Winkel kann man ohne Winkelmesser konstruieren. Dabei verwendet man die Eigenschaft der Winkelsymmetrale, dass sie einen Winkel halbiert.

Welche Winkel können ausgehend von 180° so erzeugt werden? Fülle die Lücken und beschreibe den Vorgang mit eigenen Worten!

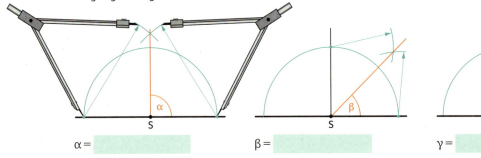
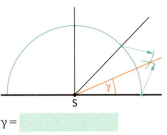

α = _____   β = _____   γ = _____

Man kann nur mit Zirkel und Lineal auch einen Winkel mit 60° konstruieren (Ein Beweis dazu folgt beim gleichseitigen Dreieck auf S. 209). Den Radius r kannst du beliebig wählen:

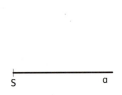 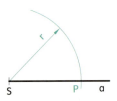 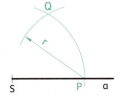 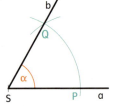

Ausgehend von 60° können weitere Winkel ohne Winkelmesser konstruiert werden:

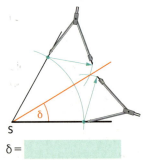 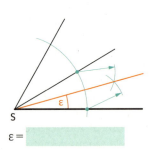

δ = _____   ε = _____

726 Konstruiere durch (mehrmaliges) Halbieren bzw. Addieren geeigneter Winkel!
a) 90°   c) 22,5°   e) 30°   g) 150°   i) 135°
b) 45°   d) 60°   f) 15°   h) 120°   j) 105°

727 1) Konstruiere ohne den Winkelmesser deines Geodreiecks den angegebenen Winkel!
2) Ergänze die Winkelsymmetrale!
a) 75°   c) 210°   e) 165°
b) 225°   d) 45°

Tipp

Addieren von Winkeln
Konstruiere zuerst 90° (bzw. 60°)! Berechne, wie viel Grad noch fehlen und verwende dann den Scheitel und einen Schenkel, um einen Winkel der noch fehlenden Größe zu konstruieren, also zu „addieren"!
zB 105° = 90° + 15° oder
75° = 60° + 15°

Üben und Sichern

728 Skizziere einen Winkel, der ungefähr **1)** 30°, **2)** 45°, **3)** 135°, **4)** 210°, **5)** 300° hat! Überprüfe deine Schätzungen durch Messen!

729 Zeichne zunächst den gegebenen Winkel! Erweitere diesen dann zu einem passenden Bild!
    a) Hang mit Neigungswinkel α = 15°
    b) Skipiste mit Neigungswinkel α = 20°
    c) Damm mit Böschungswinkel α = 50°
    d) Feuerwehrleiter mit Neigungswinkel α = 75°

730 Markiere bei diesem Baugerüst weitere Parallelwinkel!

731 Berechne das Ergebnis!
    a) 24° 13′ + 32° 27′ =
    b) 135° 46′ + 29° 38′ =
    c) 35° 49′ + 58° 21′ + 92° 06′ =   e) 67° 52′ − 53° 18′ =   g) 360° − 96° 10′ − 106° 54′ =
    d) 192° 38′ + 76° 47′ − 59° 57′ =   f) 96° 13′ − 52° 27′ =   h) 180° − (73° 53′ + 10° 45′) =

732
    a) 11° 50′ · 5 =   c) 3460° 30′ : 10 =   e) 11° 52′ : 4 =   g) 116° 45′ · 3 =
    b) 41° 10′ : 2 =   d) 60° 12′ · 8 =   f) 101° 04′ · 13 =   h) 580° 15′ : 15 =

733 Gegeben ist der Winkel α = 7° 18′. Kreuze den Winkel an, der halb so groß wie α ist!
    ○ **A** 3,59°   ○ **B** 4,4°   ○ **C** 3° 14′   ○ **D** 3° 39′   ○ **E** 2° 89

734 Der Punkt S = (1|2) ist der Scheitel eines Winkels α. Der Schenkel a verläuft durch A = (5|0), der Schenkel b durch B = (4|5). Miss die Größe des Winkels α!

735 Spiegle die Gerade h an der Geraden g und gib die Koordinaten des Fixpunktes der Spiegelung an!
    a) h [A = (1|8), B = (6|6)]; g [I = (0|5), II = (7|5)]   b) h [C = (1|8), D = (8|2)]; g [I = (0|4), II = (9|6)]

    Hinweis Spiegle zwei beliebige Punkte der Geraden und verbinde sie anschließend!

736 Konstruiere ein Quadrat ABCD mit der Seitenlänge a = 5 cm!
    a) Spiegle das Quadrat an der Geraden g, die zu AC parallel ist und durch B geht!
    b) Spiegle das Quadrat an der Geraden g, die zu AC parallel ist und durch E geht!
       Der Punkt E liegt dabei auf der Verlängerung der Seite AB und ist 2 cm von B entfernt.
    c) Spiegle das Quadrat an der Geraden g, die durch den Eckpunkt D geht und zu AF parallel ist!
       Dabei ist F der Halbierungspunkt der Seite CD.

737 Rechne in (Winkel-)Minuten um!
    a) 90°   b) 330°   c) $22\frac{1}{4}°$ d) 17° 48′   e) 2,6°   f) 12,9°

738 Der Winkel α hat eine Größe von 37° 12′. Der Winkel β ist dreimal so groß wie α.
Der Winkel γ beträgt ein Sechstel von α.
Wie groß ist der Winkel δ, der mit α, β und γ gemeinsam einen vollen Winkel ergibt?

G Winkel, Koordinaten und Symmetrie

739 Kreuze die beiden richtigen Aussagen an!
- A Auf der Streckensymmetrale s_{AB} liegen jene Punkte, die von A und B gleich weit entfernt sind.
- B Auf der Winkelsymmetrale w_{ab} des Winkels ⊲ ab liegen jene Punkte, die vom Scheitel S des Winkels gleich weit entfernt sind.
- C Parallelwinkel sind immer gleich groß.
- D Die Strecke AB steht normal zur Streckensymmetrale s_{AB}.
- E Zwei parallele Geraden schließen den Parallelwinkel ein.

740 Konstruiere ohne Winkelmesser mit Hilfe von Winkelsymmetralen!
a) $\alpha = 30°$ b) $\beta = 15°$ c) $\gamma = 75°$

741 Der Punkt S = (2|3) ist Scheitel des Winkels α = ⊲ ab.
Der Schenkel a verläuft durch den Punkt A = (8|1), der Schenkel b durch B = (4|7).
1) Zeichne den Winkel α und gib seine Größe an!
2) Konstruiere die Winkelsymmetrale w_α!
3) Konstruiere die Streckensymmetrale s_{PQ} der Strecke PQ mit P = (9|1), Q = (4|5)!
4) Gib die Koordinaten des Schnittpunktes X von w_α mit s_{PQ} an!
5) Beschreibe in Worten, welche besondere Eigenschaft der Punkt X hat!

742 Zeichne ein Rechteck mit den gegebenen Seitenlängen!
Konstruiere die Winkelsymmetralen der vier Winkel des Rechtecks!
Welche Figur begrenzen die Winkelsymmetralen im Inneren des Rechtecks?
a) a = 45 mm, b = 36 mm   c) a = 67 mm, b = 48 mm   e) a = 43 mm, b = 59 mm
b) a = b = 20 mm   d) a = 55 mm, b = 15 mm   f) a = 12 mm, b = 35 mm

743 Die Summe der Winkel 34° 27′ und 67° 55′ ist so groß wie das Vierfache des Winkels α.
Wie groß ist dieser Winkel α?

Zusammenfassung

AH S. 51

Winkel werden in **Grad**, **Minuten** und **Sekunden** gemessen. 1° = 60′; 1′ = 60″; 1° = 3 600″
Winkel, deren Schenkel **paarweise parallel** sind, nennt man **Parallelwinkel**.
Parallelwinkel sind entweder **gleich groß** oder sie **ergänzen** einander **auf 180°**.
Figuren, die durch eine gerade Linie so in zwei Teile geteilt werden können, dass sie beim Falten längs dieser Linie **deckungsgleich** übereinander liegen, heißen **(achsen-)symmetrische Figuren**.
Die gerade Linie heißt **Symmetrieachse** oder **Spiegelachse**.
Symmetrische Figuren können **eine** oder auch **mehrere Symmetrieachsen** haben.
Zwei Punkte, die **symmetrisch** bezüglich einer Geraden g **liegen**, haben von der Geraden g (der Symmetrieachse) **denselben Abstand**.
Ihre **Verbindungsstrecke** steht **normal** zur Symmetrieachse.
Die Streckensymmetrale s_{AB} halbiert die Strecke AB und steht auf AB **normal**.
Die **Streckensymmetrale s_{AB}** besteht aus genau jenen Punkten der Zeichenebene, die von den Endpunkten der Strecke AB **gleich weit** entfernt sind: $\overline{XA} = \overline{XB}$
Die Winkelsymmetrale w_α halbiert den Winkel α.
Die **Winkelsymmetrale w_α** besteht aus genau jenen Punkten, die von den Schenkeln des Winkels α **gleich weit** entfernt sind: $\overline{Xa} = \overline{Xb}$

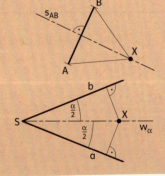

Wissensstraße

Lernziele: Ich kann …

Z 1: Winkel mit ihren Schenkeln sowie mit drei Punkten benennen und deren Größe angeben.
Z 2: mit Winkelmaßen rechnen.
Z 3: Parallelwinkel erkennen und ihre Größe vergleichen.
Z 4: das Spiegelbild einer Figur erzeugen.
Z 5: Strecken- und Winkelsymmetralen konstruieren.

744 Verwende die unten dargestellten Winkel α und β!   Z 1, Z 5
1) Schreibe die Winkel mit Hilfe der Punkte bzw. Schenkel auf!
2) Schätze, wie groß die Winkel α und β sind, und schreibe deine Schätzung auf!
3) Miss die Größe der Winkel α und β, zeichne sie in dein Heft und konstruiere jeweils die Winkelsymmetrale!

745 Berechne und schreibe das Ergebnis in Grad und Minuten auf!   Z 2
a) $57°\,48' + 19°\,37' =$ b) $123°\,45' - 56°\,56' =$ c) $27°\,19' \cdot 4 =$ d) $94°\,21' : 9 =$

746 Verwende die nebenstehende Zeichnung und trage richtig ein!   Z 3
Winkel, die gleich groß sind wie
- α: ____
- (180° − α): ____

Kreuze an: ○ α   ○ β   ○ γ   ○ ε   ○ ω ist Parallelwinkel zu δ.

747
1) Zeichne das Rechteck ABCD, von dem die Eckpunkte $A = (0|1)$, $B = (4|1)$ und $D = (0|4)$ gegeben sind!   Z 4, Z 5
2) Welche Koordinaten hat der Eckpunkt C?
3) Spiegle das Rechteck an der Geraden g [I = (8|0), II = (0|8)]!
4) Welche Koordinaten haben die Eckpunkte des gespiegelten Rechtecks $A_1 B_1 C_1 D_1$?
5) Konstruiere die Streckensymmetralen der Diagonalen BD und $B_1 D_1$! Welche Koordinaten hat ihr Schnittpunkt S?

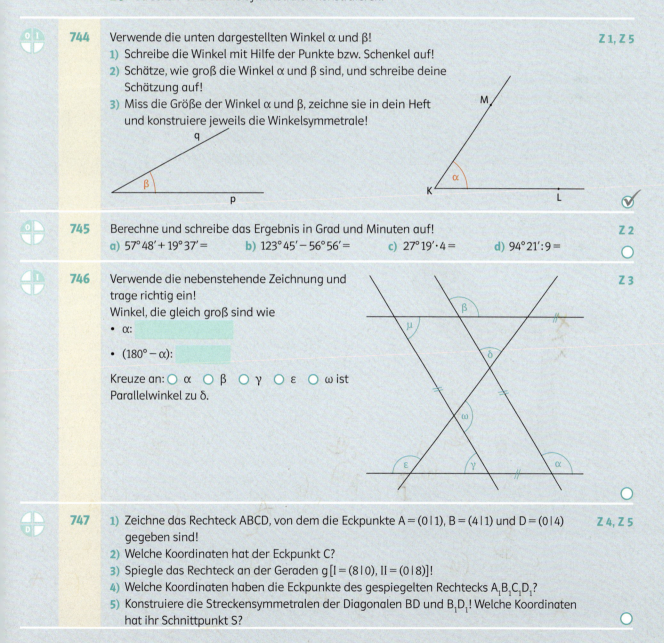

H Dreiecke

Video
k228wr

Dreiecke

Vermessung eines Königreiches

Im Jahr 1818 gab der König von Hannover dem Göttinger Professor für Astronomie und Mathematik Carl Friedrich Gauß den Auftrag, sein Königreich genau zu vermessen. Die Herrscher Europas hatten sich nämlich nach dem Wiener Kongress im Jahre 1815 darauf geeinigt, möglichst genaue Karten ihres Herrschaftsgebietes zu erstellen. Die erste Arbeit, die Gauß in Angriff nahm, war die Erfindung des Heliotrops. Der Heliotrop fängt das Sonnenlicht ein, lenkt es mit Hilfe von Spiegeln um und macht es über weite Strecken hinweg sichtbar.

Der Theodolit aus der Zeit von Gauß

Der von Gauß erfundene Heliotrop

Wie muss ein Spiegel gehalten werden, damit der Winkel zwischen Sonnenstrahl und reflektiertem Strahl 90° beträgt? Wie muss man den Spiegel halten, damit der Strahl in sich reflektiert wird?

Mit Heliotrop und Theodolit zu millimetergenauen Abmessungen

Ein zweites Gerät, mit dem er den vom Heliotrop umgelenkten Sonnenstrahl genau anvisierte, war der schon lange verwendete Theodolit. Der Theodolit ermöglicht es, Horizontal- und Vertikalwinkel zu messen. Das Messfernrohr hat ein Strichkreuz, mit dem zunächst der eine Zielpunkt genau anvisiert wird. Durch Drehen bzw. Kippen des Fernrohres wird dann der andere Zielpunkt angepeilt und auf einem Teilkreis die Winkel zwischen den beiden Zielpunkten gemessen. Zusammen mit dem Heliotrop sollten damit millimetergenaue Abmessungen von Längen ermöglicht werden. Nahe Göttingen war ein Vermessungspunkt der geographischen Länge schon früher als „nördliches Meridianzeichen" fest im Erdboden verankert worden. Die Entfernung dieses Vermessungspunktes von seiner Sternwarte hatte Gauß bereits bei früheren Messungen mit allerhöchster Präzision bestimmt.

Mühevoller Einsatz des Heliotrops

Ein Gehilfe wurde mit dem Heliotrop auf die Bergspitze des Hohen Hagen geschickt. Nahe seiner Sternwarte wurde eine Standlinie festgelegt und Gauß visierte mit dem Theodolit von den Endpunkten dieser Linie das Spiegelbild des Sonnenlichtes auf dem Hohen Hagen an. So konnte er alle wichtigen Winkel für seine weiteren Berechnungen am Teilkreis des Theodoliten ablesen. Mit der Bergspitze des Hohen Hagen, dem nördlichen Meridianzeichen und mit seiner Sternwarte hatte Gauß die Eckpunkte eines Dreiecks für seine Vermessung gewonnen. Die gemessenen Winkel und die bekannte Entfernung von der Sternwarte zum nördlichen Meridianzeichen ermöglichten es ihm zB die Entfernung der Bergspitze zu seiner Sternwarte genau zu berechnen. Du wirst in der Oberstufe lernen, wie das geht.

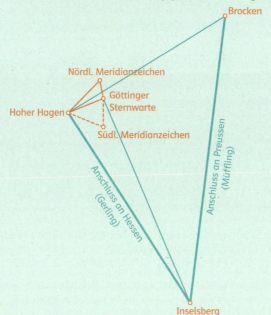

Um sicher zu gehen, dass die Daten genau stimmten, führte er ähnliche Messungen der Abstände zwischen anderen Bergspitzen durch. Besonders aber war sein Augenmerk auf das Dreieck Hoher Hagen – Inselsberg – Brocken gerichtet.

Er bemühte sich dabei, die Winkel zwischen den einzelnen Dreiecksseiten auf hundertstel Grad genau zu messen. Schließlich addierte er die drei Innenwinkel dieses Dreiecks. Die Winkelsumme betrug 180°. Nun war Gauß zufrieden. Denn schon Jahrhunderte zuvor hatten Geometer entdeckt, dass die Winkelsumme jedes ebenen Dreiecks 180° ist.

Worum geht es in diesem Abschnitt?

- Winkelsumme im Dreieck
- Bezeichnungen und Konstruktion von Dreiecken
- Arten von Dreiecken und ihre Eigenschaften
- Satz von Thales
- Flächeninhalt rechtwinkliger Dreiecke

H1 Dreiecke

1 Grundbegriffe und Bezeichnungen

interaktive
Vorübung
qm32ue

AH S. 52

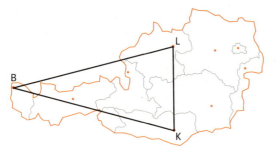

Romana hat auf einer Österreichkarte die „Luftlinien" zwischen den Städten Bregenz (B), Klagenfurt (K) und Linz (L) eingezeichnet. Diese drei Strecken bilden das Dreieck BKL.

Wenn Romana die Längen der Strecken kennt, kann sie mit Hilfe des angegebenen Maßstabs die Entfernungen der drei Städte in Wirklichkeit berechnen.

Sie misst die drei Strecken ab: $\overline{BK}$ = ⎯⎯⎯ , $\overline{KL}$ = ⎯⎯⎯ , $\overline{BL}$ = ⎯⎯⎯

Dreieck

Ein Dreieck ABC besitzt drei Eckpunkte, drei Seiten und drei Winkel.
- Die Bezeichnung der **Eckpunkte A, B und C** erfolgt **gegen den Uhrzeigersinn**.
- Die **Seite a** liegt dem **Eckpunkt A** gegenüber, die Seite b dem Eckpunkt B und ebenso die Seite c dem Eckpunkt C.
- Der **Winkel α** liegt beim **Eckpunkt A**, β bei B und γ bei C. Man schreibt auch α = ∢ BAC = ∢ cb.

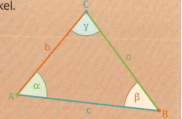

Bemerkung: Mit a, b, c werden sowohl die Seiten selbst als auch die Längen der Seiten bezeichnet. Mit α ist sowohl der Winkel selbst als auch seine Größe in Grad gemeint.

Hinweis Wie man am Beispiel Bregenz-Klagenfurt-Linz sieht, kann man Dreiecke auch mit anderen Buchstaben bezeichnen, zB BKL, XYZ, AKH oder ORF. Wir verwenden hier hauptsächlich ABC, damit man in Aufgaben nicht jedes Mal erklären muss, wo sich welche Seite, welcher Winkel oder Eckpunkt befindet!

748 Ergänze die fehlende Beschriftung des Dreiecks ABC (Eckpunkte, Seiten, Winkel)!

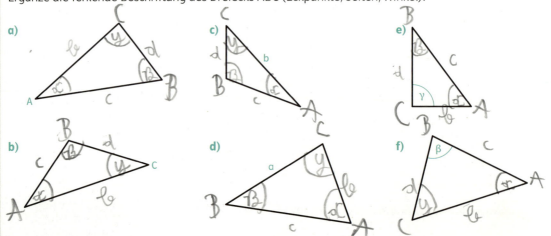

2 Einteilung der Dreiecke

interaktive Vorübung
d57ep7

AH S. 52

Aleksander bemerkt, dass man im Alltag oft Dreiecke mit besonderen Eigenschaften finden kann. Betrachte den Kleiderbügel und miss die drei Winkel ab!

Was fällt dir auf?

Nach ihren Besonderheiten teilen wir die Dreiecke ein:

Einteilung der Dreiecke nach den Seitenlängen

Gleichseitiges Dreieck	Gleichschenkliges Dreieck	(Allgemeines) Dreieck
Alle drei Seiten sind **gleich lang**.	**Zwei Seiten** (= Schenkel) sind **gleich lang**. Die dritte Seite heißt Basis.	Die drei Seiten können **verschieden lang** sein.

Bemerkung: Jedes gleichseitige Dreieck ist auch ein gleichschenkliges, so wie jedes Quadrat auch ein Rechteck ist. Je weiter rechts in der Bildleiste, desto weniger „verlangen" wir von den Dreiecken, desto weniger besondere Eigenschaften haben sie.

Einteilung der Dreiecke nach den Winkeln

Spitzwinkliges Dreieck	Stumpfwinkliges Dreieck	Rechtwinkliges Dreieck
Alle drei Winkel sind **spitz**.	Ein Winkel ist **stumpf**.	Ein Winkel ist ein **rechter**.

749 **Dreiecke mit mehreren Besonderheiten**
Das Geodreieck ist sowohl rechtwinklig als auch gleichschenklig.
a) Gibt es Dreiecke, die sowohl gleichschenklig als auch stumpfwinklig sind?
b) Gibt es Dreiecke, die sowohl gleichseitig als auch rechtwinklig sind?
Überprüfe deine Annahmen durch Skizzen!

H 2 Dreiecke

750 Schreibe die Buchstaben des jeweiligen Dreiecks zu den Eigenschaften! Dreiecke können auch mehrere Eigenschaften besitzen!

spitzwinklig: BEG
stumpfwinklig: CD
rechtwinklig: AF

gleichseitig: E
gleichschenklig: CF
allgemein: BDG

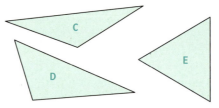

751 a) Die folgende Beschreibung kann nur zu einem der fünf Dreiecke passen. Kreuze an!
Das Dreieck ABC hat bei C einen rechten Winkel. Die Seite AC ist länger als die Seite BC.
M ist Halbierungspunkt der Seite AB und N ist Halbierungspunkt der Seite BC.
Das Dreieck AMN ist stumpfwinklig.

○ A   ○ B   ○ C   ○ D   ○ E

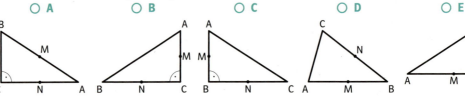

b) Beschreibe die anderen Dreiecke eindeutig!

752 Kreuze die beiden richtigen Aussagen zum Thema Dreiecke an!
○ A Ein stumpfwinkliges Dreieck hat mindestens zwei stumpfe Winkel.
○ B Bei einem spitzwinkligen Dreieck kann maximal ein Winkel stumpf sein.
○ C Jedes spitzwinklige Dreieck ist auch ein gleichschenkliges Dreieck.
✗ D Jedes gleichseitige Dreieck ist auch ein gleichschenkliges Dreieck.
✗ E Jedes Dreieck hat drei Seiten, drei Winkel und drei Eckpunkte.

753 Konstruiere zwei gleichschenklige Dreiecke! Eines soll spitzwinklig, das andere stumpfwinklig sein!

Tipp
Zeichne eine Strecke AB und ihre Streckensymmetrale! Anschließend wähle für C geeignete Punkte auf der Streckensymmetrale!

754 Konstruiere drei verschieden große gleichseitige Dreiecke mit Zirkel und Lineal! Die nebenstehende Abbildung hilft dir dabei!

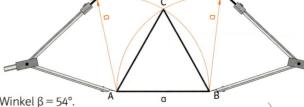

755 Gegeben ist die Seite $c = 3$ cm und der Winkel $\beta = 54°$.
1) Wie lang muss die Seite a sein, damit das Dreieck ABC rechtwinklig ist? (2 Lösungen)
2) Setze Zahlen so ein, dass der Satz stimmt!

„a muss kürzer als _____ cm und länger als _____ cm sein, damit das Dreieck ABC ein spitzwinkliges ist."

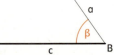

3 Winkel im Dreieck

interaktive Vorübung
sg5ww6

AH S. 53

Helene hat gehört, dass die Winkelsumme in jedem Dreieck 180° sein soll. Nun will sie überprüfen, ob das stimmen kann.

Dafür schneidet sie aus einem Blatt Papier ein Dreieck aus und reißt es in drei Teile.	Anschließend legt sie die drei Teile so zusammen, dass die Eckpunkte zusammenstoßen.
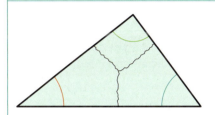	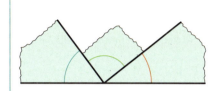

Helenes Vermutung, dass die Winkel zusammen einen gestreckten Winkel ergeben, wird hier bestätigt, aber bewiesen ist sie damit noch nicht! Versuche dasselbe Experiment mit möglichst verschieden aussehenden Papierdreiecken!

Beweis für die Winkelsumme im Dreieck

Ein Beweis kann so aussehen:
1. Zeichne ein Dreieck ABC und ziehe eine Parallele zu c durch den Punkt C!
2. Es ergeben sich zwei Parallelwinkel, einer zu α und einer zu β. Betrachte die zugehörigen „Z"!
3. Gemeinsam mit γ ergeben sie einen gestreckten Winkel.

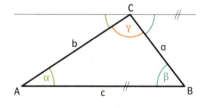

Winkelsumme im Dreieck

In jedem **Dreieck** ist die **Summe der drei Innenwinkel 180°.**

Folgerungen aus dieser Gesetzmäßigkeit:
1. In einem Dreieck kann **höchstens ein stumpfer Winkel** auftreten.
2. In einem Dreieck kann **höchstens ein rechter Winkel** auftreten.
3. Sind in einem Dreieck alle Winkel gleich groß, dann hat **jeder Winkel 60°**.

Außenwinkel des Dreiecks

Zeichne ein beliebiges Dreieck ABC und verlängere die drei Seiten wie in der nebenstehenden Figur!
$α_1$, $β_1$ und $γ_1$ heißen **Außenwinkel** des Dreiecks.
Man sieht: $α + α_1 = 180°$ (gestreckter Winkel)
Du weißt: $α + β + γ = 180°$

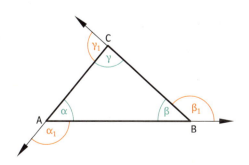

Daraus folgt, dass $α_1 = β + γ$ sein muss! Formuliere die entsprechende Beziehung für $β_1$ und $γ_1$!

$β_1 =$

$γ_1 =$

H 3 Dreiecke

Wie sieht man, dass die Summe der Außenwinkel 360° beträgt?

Stell dir vor, der Marienkäfer spaziert um ein Dreieck herum. An jeder Ecke dreht er sich um einen Außenwinkel nach links. Nach drei Drehungen schaut er wieder in die gleiche Richtung wie am Anfang, er hat sich also einmal um die eigene Achse, also um 360° gedreht!
In Aufgabe 769 sollst du einen Beweis durch Rechnung führen.

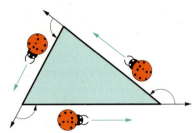

Außenwinkel des Dreiecks

Jeder **Außenwinkel** des Dreiecks ist genau so groß wie die **Summe** der beiden **nicht anliegenden Innenwinkel**. Die **Summe** der drei **Außenwinkel** beträgt **360°**.

756 Von einem Dreieck kennt man $\alpha = 77°$ und $\beta = 66°$.
Kreuze die richtige Größe von γ an!
- A 55°
- B 44°
- C 217°
- ⊠ D 37°
- E 143°

757 Begründe die drei Folgerungen auf S. 189 unter dem Merksatz mit Hilfe des **Sprachbausteins**!

Sprachbaustein

Ein stumpfer Winkel hat mehr als ___ Grad. Zwei stumpfe Winkel haben demnach mehr als ___ Grad.

Ein rechter Winkel hat ___ Grad. Zwei rechte Winkel haben also ___ Grad.

Da die Winkelsumme im Dreieck ___ Grad ist, müssen drei gleich große Winkel ___ Grad haben.

758 Von einem Dreieck kennt man $\alpha = 47°$ und $\beta = 70°$. Kreuze die beiden zutreffenden Antworten an!
- A Das Dreieck ist rechtwinklig.
- B Das Dreieck ist stumpfwinklig.
- ⊠ C Das Dreieck ist spitzwinklig.
- D Die Winkelsumme beträgt 117°.
- ⊠ E Das Dreieck kann nicht gleichseitig sein.

759 Zeichne drei allgemeine Dreiecke ABC, bei denen die Seiten jeweils verschieden lang sind. Gib die Größe der drei Winkel an und überprüfe, dass die Summe ungefähr 180° ergibt! Warum ist diese nicht ganz genau 180°?

760 Von einem Dreieck kennt man zwei Winkel.
Berechne die Größe des dritten Winkels und führe die Probe durch!
a) $\alpha = 80°$, $\beta = 40°$
b) $\beta = 107°$, $\gamma = 37°$
c) $\alpha = 57\frac{1}{2}°$, $\gamma = 94\frac{1}{4}°$

761 Berechne die Größe des dritten Winkels eines rechtwinkligen Dreiecks ABC mit $\gamma = 90°$!
a) $\alpha = 64°$
b) $\beta = 49°$
c) $\alpha = 34°$
d) $\beta = 74\frac{1}{2}°$
e) $\alpha = 45\frac{1}{4}°$

762 Setze in die Lücken für ① den Begriff und für ② die Winkelgröße so ein, dass ein richtiger Satz gebildet wird!
Alle ① eines Dreiecks ergeben zusammen ② .

①	②
Innenwinkel	90°
Außenwinkel	140°
rechte Winkel	360°

Winkel im Dreieck H3

763 Georg soll den Schnittwinkel der beiden Geraden g und h abmessen, allerdings ist das Papier zu kurz. Ermittle den Schnittwinkel mit Hilfe der Winkelsumme im Dreieck!

764 Begründe, wieso in jedem rechtwinkligen Dreieck die Summe der beiden spitzen Winkel 90° beträgt!

765 Berechne die fehlenden Innen- und Außenwinkel! Trage diese Größen in die Figur ein!

a)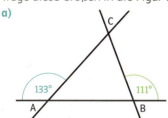

b)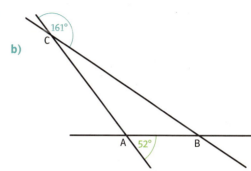

766 Wie groß ist der eingezeichnete Winkel ε?

a)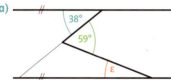

b)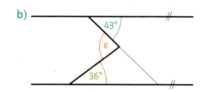

767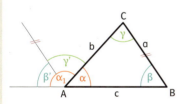

Jeder Außenwinkel des Dreiecks ist gleich groß wie die Summe der beiden nicht anliegenden Innenwinkel.

1) Gib mit Hilfe der nebenstehenden Zeichnung den entsprechenden Beweis für den Außenwinkel α_1 an! Schreibe eine Begründung in eigenen Worten!
2) Zeichne ein beliebiges Dreieck ABC und führe einen ähnlichen Beweis für den Außenwinkel β_1!

768 Verwende die nebenstehende Abbildung und führe den Beweis, dass die Winkelsumme in jedem Dreieck 180° beträgt, folgendermaßen:
1. Verlängere die Seite c über A hinaus!
2. Ziehe durch A die Parallele zur Seite a!
3. Verwende die eingezeichneten Winkel β' und γ' und schreibe die für den Beweis notwendigen Begründungen in Stichworten auf!

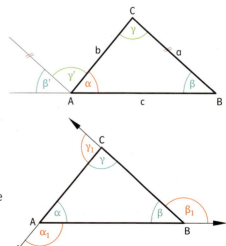

769 Beweise, dass die Summe der Außenwinkel im Dreieck 360° beträgt, indem du die Winkel α_1, β_1, γ_1 durch α, β, γ ausdrückst und verwendest, dass die Innenwinkelsumme 180° ergibt!

Hinweis $\alpha_1 = 180° - \alpha$

H 4 Dreiecke

4 Dreieckskonstruktionen

interaktive Vorübung
ev5y6n

AH S. 54

Im Textilen Werkunterricht wird eine Patchwork-Decke aus gleich großen Dreiecken genäht. Dafür müssen Gerald und Monika die Dreiecke von der Vorlage abmessen, um sie auf den neuen Stoff zu übertragen.

Welche „Bestimmungsstücke" (Seiten, Winkel) der Dreiecke müssen sie auf jeden Fall messen, damit die Dreiecke dieselbe Form und Größe haben wie die der Vorlage?

Gerald behauptet: „Wir müssen nur die drei Winkel messen!"
Monika entgegnet: „Nein, wir müssen auch mindestens eine Seite messen, mit den drei Winkeln alleine funktioniert es nicht!"

Wer hat Recht?

Die beiden Zeichnungen der zwei unterschiedlichen Dreiecke helfen dir bei der Antwort. Vergleiche dazu die Winkelgrößen und Seitenlängen!

Mathematisch gesehen kann man die Frage so stellen: „Welche **Angaben** braucht man von einem Dreieck, um es eindeutig (bis auf seine Lage in der Zeichenebene) konstruieren zu können?"
Wir unterteilen die Möglichkeiten in drei Fälle.

4.1 Drei Seiten sind gegeben

Gegeben: a, b, c   **Gesucht:** △ ABC

1. Skizze

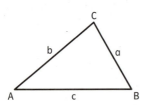

2.

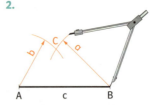

3.

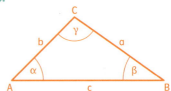

1. Fertige eine Skizze an und beschrifte das Dreieck!
2. Beginne zB mit der Seite c!
   Ziehe dann um A mit dem Zirkel einen Kreisbogen mit dem Radius b und um B einen Kreisbogen mit dem Radius a! Der Schnittpunkt der beiden Kreisbogen ist der Punkt C.
3. Verbinde die Punkte und beschrifte das Dreieck!

Hinweis Gleichgültig, wo du im Heft diese Konstruktion durchführst, die entstehenden Dreiecke haben immer dieselbe Form und Größe. Sie heißen **deckungsgleich** oder **kongruent**.

Dreieckskonstruktionen H 4

Dreiecksungleichung

Falls die beiden Kreisbogen bei der Konstruktion einander nicht schneiden, dann ist aus diesen Angaben kein Dreieck konstruierbar.

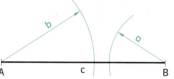

Denkt man sich die drei Seiten eines Dreiecks als Wegstrecken, so erkennt man leicht, dass die geradlinige Verbindung von A nach B immer kürzer sein muss als der Umweg über C. In jedem Dreieck gelten daher die **Dreiecksungleichungen**:

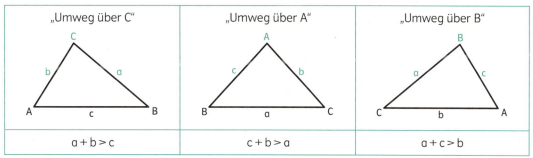

„Umweg über C"	„Umweg über A"	„Umweg über B"
$a + b > c$	$c + b > a$	$a + c > b$

Seiten-Seiten-Seiten-Satz (SSS-Satz)

Zwei Dreiecke sind **kongruent** (deckungsgleich), wenn sie in **drei Seitenlängen** übereinstimmen. Wenn **drei Seiten** gegeben sind, ist das Dreieck also **eindeutig konstruierbar**, sofern die Dreiecksungleichungen erfüllt sind.

Bemerkung: Dieser Satz wird auch Kongruenzsatz genannt. Er garantiert die eindeutige Konstruierbarkeit eines Dreiecks.

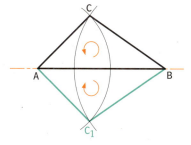

Hinweis Wenn die beiden Kreisbogen bei der Konstruktion einander schneiden, tun sie das im Allgemeinen zwei Mal! Es ergeben sich also zwei Eckpunkte C und C_1 (siehe Graphik rechts). Die beiden Dreiecke ABC und ABC_1 sind deckungsgleich (kongruent), bei einem ist die Beschriftung im Uhrzeigersinn, bei dem anderen dagegen.
In der Folge beschränken wir uns bei allen Konstruktionen auf jenes Dreieck, das die Beschriftung gegen den Uhrzeigersinn hat.

Konstruktion aus der Angabe der drei Winkel

Gerald hat die drei Winkel des Dreiecks gemessen: α = 45°, β = 75°, γ = 60° und das Dreieck links gezeichnet. Monika möchte Gerald zeigen, dass seine Behauptung oben falsch ist und zeichnet ein Dreieck mit den gleichen Winkeln.
Die beiden Bilder zeigen, dass Monika Recht hatte.

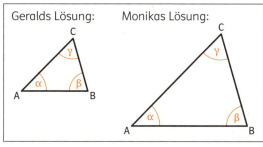

Mit der Angabe der drei Winkel kann man ein Dreieck **nicht eindeutig konstruieren**! Dazu ist zumindest eine Seitenlänge notwendig!

H 4 Dreiecke

> **Tipp**
> Wenn du ein Dreieck zeichnen möchtest, fertige immer eine Skizze an! Beschrifte sie vollständig (Seiten, Winkel, Punkte) und markiere die gegebenen Größen farblich!

770 Konstruiere auf einem Blatt Papier dreimal ein Dreieck ABC mit a = 84 mm, b = 59 mm und c = 67 mm! Beginne jeweils mit einer anderen Seite! Achte auf die Beschriftung und den Umlaufsinn! Schneide dann die Dreiecke aus und überprüfe die Kongruenz!

771 Konstruiere das Dreieck ABC aus den drei gegebenen Seitenlängen!
a) a = 59 mm
   b = 38 mm
   c = 67 mm
b) a = 38 mm
   b = 62 mm
   c = 57 mm
c) a = 60 mm
   b = 60 mm
   c = 60 mm
d) a = 85 mm
   b = 85 mm
   c = 52 mm

772 Bei den folgenden Angaben für die Konstruktion eines Dreiecks sind zwei sinnvoll. Kreuze sie an, begründe deine Auswahl und zeichne die Dreiecke!
- A a = 7 cm, b = 15 cm, c = 6 cm
- B a = 15 cm, b = 10 cm, c = 8 cm
- C a = 55 mm, b = 66 mm, c = 77 mm
- D a = 46 mm, b = 129 mm, c = 53 mm
- E a = 12 mm, b = 19 mm, c = 39 mm

773 Das Dreieck ABC hat ganzzahlige Seitenlängen (in Millimeter gemessen): a = 34 mm und b = 52 mm. Wie lange muss c mindestens sein, damit γ > 90° ist?

> **Tipp**
> Zeichne zuerst das Dreieck mit einem rechten Winkel! Überlege dann wie sich c verändert, wenn γ größer wird!

774 Romana stellt mit Hilfe einer Österreichkarte folgende Entfernungen (Luftlinien) fest:
Linz – Klagenfurt 190 km, Linz – Bregenz 360 km, Bregenz – Klagenfurt 370 km.
Zeichne das Dreieck Bregenz – Klagenfurt – Linz im Maßstab 1 : 5 000 000 in dein Heft!

775 1) Kurt misst auf einer Landkarte die Luftlinien zwischen den drei Städten Innsbruck, München und Zürich ab. Er kommt zu folgenden Ergebnissen:
München – Zürich 325 km, Zürich – Innsbruck 160 km, München – Innsbruck 123 km.
Ist das möglich oder hat Kurt sich geirrt? Begründe deine Antwort!
2) Miss in deinem Atlas nach und fertige eine maßstabgetreue Zeichnung an!

776 Ein Grundstück hat die Form eines Dreiecks mit den gegebenen Seitenlängen. Zeichne das Grundstück im Maßstab 1 : 2 000 und berechne seinen Umfang!
a) a = 140 m, b = 120 m, c = 180 m
b) a = 132 m, b = 204 m, c = 118 m

777 Von einem Dreieck ABC kennst du die Längen a = 7 cm und b = 3,5 cm. Kreuze diejenigen Längen an, die c sicher nicht annehmen kann und begründe deine Auswahl!
- A 4,5 cm
- B 11 cm
- C 7 cm
- D 3,1 cm
- E 9,1 cm

778 Zwei Dreiecke sind durch ihre Winkel gegeben.
Dreieck 1: α = 50°, β = 70°, γ = 60°; Dreieck 2: α = 90°, β = 50°, γ = 70°
1) In eine der Angaben hat sich ein Fehler eingeschlichen. In welche? Begründe!
2) Zeichne dann für die geeignete Angabe zwei verschieden große mögliche Lösungen!

Dreieckskonstruktionen H4

4.2 Eine Seite und zwei Winkel sind gegeben

Gegeben: c, α, β **Gesucht:** △ ABC

1. Skizze

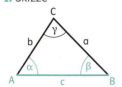
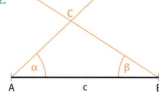
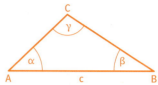

1. Fertige eine Skizze an und beschrifte sie!
2. Beginne deine Zeichnung mit der Seite c! Zeichne dann die Winkel α und β! Der Schnittpunkt der Winkelschenkel ist der Punkt C.
3. Zeichne und beschrifte das Dreieck ABC!

> **Winkel-Seiten-Winkel-Satz (WSW-Satz)**
>
> Zwei Dreiecke sind kongruent, wenn sie in **einer Seitenlänge** sowie in den **beiden** dieser Seite **anliegenden Winkeln** übereinstimmen.
> Mit diesen Angaben ist ein Dreieck eindeutig konstruierbar.

Hinweis Wenn zwei Winkel gegeben sind, kann man sich den dritten immer ausrechnen (Winkelsumme)! Eine eindeutige Konstruktion ist also auch möglich, wenn einer der gegebenen Winkel der gegebenen Seite nicht anliegt.

779 Konstruiere das Dreieck ABC, von dem eine Seite und ihre anliegenden Winkel gegeben sind!

a) c = 61 mm	b) a = 70 mm	c) b = 65 mm	d) c = 47 mm
α = 39°	β = 35°	α = 25°	α = 75°
β = 63°	γ = 30°	γ = 48°	β = 75°

780 Konstruiere das Dreieck ABC, von dem eine Seite und zwei beliebige Winkel gegeben sind!

a) c = 52 mm	b) b = 40 mm	c) a = 37 mm	d) a = 75 mm
α = 45°	β = 28°	α = 22°	α = 64°
γ = 60°	γ = 113°	β = 113°	γ = 85°

Anleitung zu a): Den zweiten anliegenden Winkel kannst du berechnen. Du kannst aber auch anders vorgehen (→ Figur rechts).
1. Zeichne die gegebene Seite c und den anliegenden Winkel α!
2. Nimm auf dem zweiten Winkelschenkel von α einen beliebigen Hilfspunkt P an und zeichne mit P als Scheitel den gegebenen Winkel γ!
3. Durch Parallelverschieben durch den Punkt B erhältst du den dritten Eckpunkt C des Dreiecks.

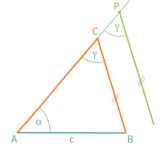

781 Ein Grundstück hat die Form eines Dreiecks PQR mit den gegebenen Maßen.
Zeichne das Grundstück im Maßstab 1 : 500!
Miss die Längen der Seiten und gib den Umfang des Grundstücks in Wirklichkeit an!
a) $\overline{PQ}$ = 55 m, ∢ QPR = 30°, ∢ RQP = 45°
b) $\overline{PR}$ = 20 m, ∢ QPR = 110°, ∢ PRQ = 50°

H 4 Dreiecke

4.3 Zwei Seiten und ein Winkel sind gegeben

Der Winkel ist von den Seiten eingeschlossen.
Gegeben: b, c, α **Gesucht:** △ ABC

1. Skizze

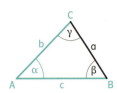

2.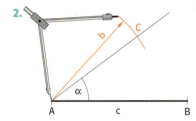

3.

1. Fertige eine Skizze an und beschrifte sie!
2. Beginne zB mit der Seite c! Zeichne den Winkel α = ∢ cb! Trage die Länge der Seite b auf dem zweiten Schenkel von α ab! Du erhältst den Punkt C.
3. Zeichne und beschrifte das Dreieck ABC!

> **Seiten-Winkel-Seiten-Satz (SWS-Satz)**
>
> Zwei Dreiecke sind **kongruent**, wenn sie in den Längen **zweier Seiten** und in der Größe des von ihnen **eingeschlossenen Winkels** übereinstimmen.
> Mit diesen Angaben ist ein Dreieck **eindeutig konstruierbar**.

Der Winkel ist nicht von den Seiten eingeschlossen.
Gegeben: a, c, α; (a ≥ c) **Gesucht:** △ ABC

1. Skizze

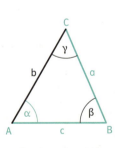

2.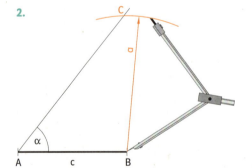

3.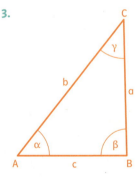

1. Fertige eine Skizze an und beschrifte sie!
2. Beginne mit der Seite c! Zeichne den Winkel α = ∢ cb und ziehe um B einen Kreisbogen mit dem Radius a! Du erhältst C!
3. Zeichne und beschrifte das Dreieck ABC!

> **Seiten-Seiten-Winkel-Satz (SsW-Satz)**
>
> Zwei Dreiecke sind **kongruent**, wenn sie in **zwei Seitenlängen** und in der Größe jenes **Winkels** übereinstimmen, der der **längeren Seite gegenüberliegt** (deshalb ist das zweite s in SsW klein geschrieben).
> Mit diesen Angaben ist ein Dreieck **eindeutig konstruierbar**.

Dreieckskonstruktionen H 4

Sonderfall: Dreiecksangaben, die nicht eindeutig konstruierbar sind.
Wenn ein Dreieck durch **zwei Seitenlängen** und den **Winkel** gegeben ist, der der **kürzeren Seite gegenüberliegt**, kann es passieren, dass es **zwei Lösungen**, **eine** oder gar **keine Lösung** für die Konstruktionsaufgabe gibt. Ein „sSW-Satz" gilt also **nicht**.

> **Hinweis** SSS-Satz, SWS-Satz, SsW-Satz und WSW-Satz werden Kongruenzsätze genannt.

782 Zeichne ein Dreieck ABC mit $a = 30\,mm$, $c = 36\,mm$, $\alpha = 50°$! Der Winkel α liegt der kürzeren Seite gegenüber. Wenn du in gleicher Weise wie im Beispiel auf S. 196 unten konstruierst, wirst du feststellen, dass der Kreisbogen um B mit dem Radius a die Seite b zweimal in den Schnittpunkten C und C_1 schneidet (→ nebenstehende Figur).
Überzeuge dich, dass beide Dreiecke ABC und ABC_1 die Angabe erfüllen. Die Konstruktionsaufgabe hat also zwei Lösungen!

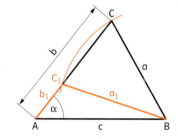

783 Konstruiere das Dreieck ABC, von dem zwei Seitenlängen und der eingeschlossene Winkel gegeben sind!

a) $a = 65\,mm$
   $b = 43\,mm$
   $\gamma = 57°$

b) $b = 70\,mm$
   $c = 51\,mm$
   $\alpha = 33°$

c) $a = 40\,mm$
   $c = 73\,mm$
   $\beta = 45°$

d) $a = 57\,mm$
   $b = 57\,mm$
   $\gamma = 98°$

784 Konstruiere das Dreieck ABC, von dem zwei Seitenlängen und jener Winkel gegeben sind, der der längeren Seite gegenüberliegt!

a) $a = 63\,mm$
   $b = 43\,mm$
   $\alpha = 81°$

b) $a = 52\,mm$
   $c = 57\,mm$
   $\gamma = 56°$

c) $a = 31\,mm$
   $b = 63\,mm$
   $\beta = 45°$

d) $b = 56\,mm$
   $c = 80\,mm$
   $\gamma = 102°$

785 Konstruiere beide Lösungen des Dreiecks ABC, von dem zwei Seitenlängen und jener Winkel gegeben sind, der der kürzeren Seite gegenüberliegt!

a) $a = 47\,mm$
   $b = 58\,mm$
   $\alpha = 45°$

b) $a = 83\,mm$
   $b = 37\,mm$
   $\beta = 21°$

c) $a = 70\,mm$
   $c = 53\,mm$
   $\gamma = 45°$

d) $b = 39\,mm$
   $c = 70\,mm$
   $\beta = 30°$

786
1) Entscheide zunächst mit Hilfe einer Skizze, welcher Kongruenzsatz zur Anwendung kommt, bzw. ob es zwei richtige Lösungen geben kann!
2) Konstruiere dann das Dreieck!

Angaben	SSS	WSW	SsW	SWS	sSW*	kein △
a) $b = 5\,cm$, $c = 7\,cm$, $\beta = 36°$	○ A	○ B	○ C	○ D	○ E	○ F
b) $a = 35\,mm$, $c = 57\,mm$, $\beta = 124°$	○ A	○ B	○ C	○ D	○ E	○ F
c) $b = 3,4\,cm$, $c = 6,5\,cm$, $\gamma = 40°$	○ A	○ B	○ C	○ D	○ E	○ F
d) $a = 9\,cm$, $b = 8\,cm$, $\beta = 56°$	○ A	○ B	○ C	○ D	○ E	○ F
e) $a = 7\,cm$, $b = 3\,cm$, $c = 3,5\,cm$	○ A	○ B	○ C	○ D	○ E	○ F
f) $c = 3,8\,cm$, $\alpha = 32°$, $\gamma = 80°$	○ A	○ B	○ C	○ D	○ E	○ F

* nicht eindeutig, verschiedene Lösungen möglich

H 4 Dreiecke

Vermessungsaufgaben

787 Um die Entfernung zu einem Punkt P am anderen Ufer eines Flusses zu ermitteln, wurde eine Standlinie AB angelegt. In den Endpunkten dieser Standlinie wurden die Winkel zwischen den Sehstrahlen zum Punkt P und der Standlinie gemessen.
Zeichne im Maßstab 1:2000! Um wie viel Meter ist die Strecke BP in Wirklichkeit länger als die Strecke AP?
a) $\overline{AB} = 164\,m$, ∢ BAP = α = 71°, ∢ PBA = β = 54°
b) $\overline{AB} = 152\,m$, ∢ BAP = α = 62°, ∢ PBA = β = 46°

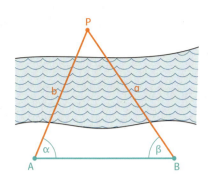

788 Für einen Tunnel von A nach C (siehe Figur) wurde gemessen: a = 134 m, c = 218 m, β = 37°
Zeichne im Maßstab 1:2000 und berechne die Länge b = $\overline{AC}$ des Tunnels in Wirklichkeit!

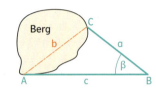

789 Zwei Geländepunkte A und B sind durch einen Wald getrennt. Von einem dritten Punkt C aus misst man $\overline{BC}$ = 144 m, $\overline{AC}$ = 190 m, γ = 81° (→Figur rechts).
a) Fertige eine Zeichnung im Maßstab 1:2000 an und entnimm daraus die Entfernung $\overline{AB}$ in Wirklichkeit!
b) 1) Schätze, um wie viel Meter die aus der Zeichnung ermittelte Entfernung $\overline{AB}$ in Wirklichkeit falsch wäre, wenn man sich beim Zeichnen von γ um 1° irrt!
2) Überprüfe deine Schätzung durch Zeichnen und Messen!

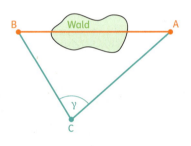

790 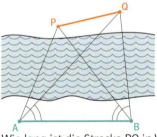 Um die Entfernung zweier Punkte P und Q am anderen Ufer eines Flusses zu ermitteln, wurde eine Standlinie AB angelegt.
In deren Endpunkten wurden die Winkel zwischen den Sehstrahlen zu P und Q und der Standlinie festgestellt. Zeichne im Maßstab 1:5000!
Wie lang ist die Strecke PQ in Wirklichkeit?
a) $\overline{AB}$ = 450 m, ∢ BAP = 67°, ∢ BAQ = 46°, ∢ PBA = 51°, ∢ QBA = 84°
b) $\overline{AB}$ = 550 m, ∢ BAP = 78°, ∢ BAQ = 54°, ∢ PBA = 45°, ∢ QBA = 88°

Vermessungsaufgaben

Landvermessung ist wichtig, wenn es zB um Grundgrenzen oder Straßen- bzw. Tunnelbau geht. Oft sind Punkte im Gelände dabei nicht direkt erreichbar. In solchen Fällen kann deren Abstand mit geometrischen Berechnungen ermittelt werden.

791 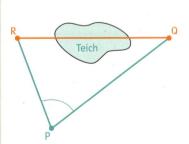 Geländevermessung (→ linke Figur):
$\overline{PQ}$ = 41 m, $\overline{PR}$ = 26 m, ∢ QPR = 75°
Zeichne einen Plan im Maßstab 1:500 und entnimm daraus die Entfernung $\overline{RQ}$ in Wirklichkeit!

5 Besondere Eigenschaften des Dreiecks

interaktive
Vorübung
x8r5qt

AH S. 58

Wo ist der Mittelpunkt eines Dreiecks?
Bei Figuren wie Kreis oder Quadrat ist völlig klar, wo der Mittelpunkt M ist. Zeichne in das nebenstehende Quadrat den Mittelpunkt ein!

Welche Eigenschaften hat der Mittelpunkt dieses Quadrats? Kreuze an!
○ von allen Ecken gleich weit entfernt
○ von allen Seiten gleich weit entfernt
○ Schnittpunkt der Diagonalen

Aber bei einem Dreieck ist das gar nicht so einfach! Zuerst müssen wir definieren, was man unter „Mittelpunkt" verstehen will. Welche Eigenschaften hat er? Ein Dreieck hat ja zB keine Diagonalen.

Wir werden sehen: Auch im Dreieck gibt es „Mittelpunkte", die die oben genannten Eigenschaften erfüllen, aber im Allgemeinen nicht alle auf einmal!

5.1 Umkreismittelpunkt

Erste Eigenschaft: Gibt es einen Punkt, der von allen Eckpunkten gleich weit entfernt ist?

Auf Seite 176 hast du schon gelernt:
- Alle Punkte, die von den Eckpunkten A und B gleich weit entfernt sind, liegen auf der Streckensymmetrale s_{AB}.
- Alle Punkte, die von den Eckpunkten A und C gleich weit entfernt sind, liegen auf der Streckensymmetrale s_{AC}.

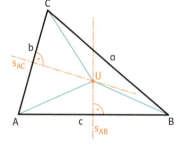

Ein Punkt, der von A, B, und C gleich weit entfernt liegt, muss also auf s_{AB} und s_{AC} gleichzeitig liegen. → Es kann **nur** der **Schnittpunkt U der beiden Streckensymmetralen** sein!
Für U gilt nun: $\overline{UA} = \overline{UB}$ und $\overline{UA} = \overline{UC}$, daher ist auch $\overline{UC} = \overline{UB}$.
Deshalb muss U auch auf der dritten Streckensymmetrale von B und C liegen (Begründungen dafür wirst du mit Aufgaben 717 und 857 geben).

Weil der Punkt U von allen drei Eckpunkten gleich weit entfernt ist, kann man mit ihm als Mittelpunkt einen Kreis durch die Punkte A, B und C zeichnen. Dieser Kreis heißt **Umkreis** des Dreiecks und der Punkt heißt daher **Umkreismittelpunkt U** (→ rechte Figur). Sein Abstand von den Eckpunkten des Dreiecks ist der **Umkreisradius r**.

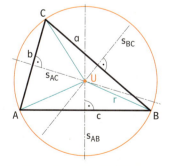

Umkreismittelpunkt des Dreiecks

In jedem **Dreieck** schneiden einander die **drei Streckensymmetralen** der Dreiecksseiten in genau **einem Punkt**, dem **Umkreismittelpunkt**.
Dieser ist von den drei **Eckpunkten gleich weit entfernt**.

H 5 Dreiecke

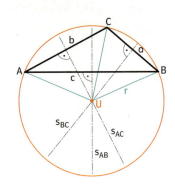

Für manche Dreiecke liegt der Umkreismittelpunkt U außerhalb des Dreiecks, sodass er in diesen Fällen schlecht als **Mittelpunkt des Dreiecks** genommen werden kann (→ linke Figur).
Wir werden also noch nach weiteren „Mittelpunkten" des Dreiecks suchen müssen.

792 Zeichne zwei beliebige spitzwinklige und zwei beliebige stumpfwinklige Dreiecke!
1) Konstruiere jeweils den Umkreismittelpunkt. Was fällt dir auf?
2) Was bedeutet dies für rechtwinklige Dreiecke? Überprüfe deine Vermutung anhand eines rechtwinkligen Dreiecks!

793 Konstruiere das Dreieck ABC und seinen Umkreis! Gib auch den Umkreisradius an!
a) a = 11,0 cm, b = 8,6 cm, c = 10,0 cm
b) a = 13,8 cm, b = 8,8 cm, c = 10,0 cm
c) b = 8,6 cm, c = 13,4 cm, α = 71°
d) a = 7,8 cm, β = 32°, γ = 64°

794 Drei Dörfer P, Q und R liegen in einem ebenen Gelände: $\overline{PQ}$ = 9 km, $\overline{QR}$ = 7 km, ∢ RQP = 75°
1) Fertige eine Zeichnung im Maßstab 1 : 100 000 an!
2) Konstruiere jenen Punkt, an dem ein gemeinsames Lagerhaus errichtet werden müsste, wenn es gleich weit von den drei Dörfern entfernt sein soll!
3) Gib diese Entfernung in Wirklichkeit an!

795 1) Konstruiere das dreieckige Grundstück ABC mit a = 150 m, b = 96 m, α = 66° im Maßstab 1 : 2 000!
2) Miss die Länge der Seite c und berechne den Umfang des Grundstücks in Wirklichkeit!
3) Konstruiere jenen Punkt, der von den Ecken des Grundstücks gleich weit entfernt ist! Wie groß ist diese Entfernung in Wirklichkeit?

796 1) Zeichne das durch die Koordinaten der Eckpunkte gegebene Dreieck!
2) Konstruiere den Umkreismittelpunkt U und gib seine Koordinaten an!
3) Zeichne den Umkreis und gib den Umkreisradius an!
a) A = (0|0), B = (7|2), C = (4|8)
b) A = (1|2), B = (6|1), C = (8|5)
c) A = (3|1), B = (7|6), C = (1|8)
d) A = (0|4), B = (6|3), C = (10|7)

797 Lilly beginnt einen Kreis zu zeichnen und bricht bei einem Teil der Kreislinie ab. Leider findet sie den Mittelpunkt des Kreises nicht mehr.
1) Versuche den Mittelpunkt zu finden und den Kreis zu vervollständigen!
2) Gib eine Methode an, um den Mittelpunkt zu konstruieren und erkläre den Zusammenhang mit dem Umkreis eines Dreiecks!

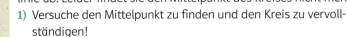

Besondere Eigenschaften des Dreiecks H 5

5.2 Inkreismittelpunkt

Zweite Eigenschaft: Gibt es einen Punkt, der von allen Seiten gleich weit entfernt ist?

Auf Seite 178 hast du schon gelernt:
- Alle Punkte, die von den Seiten b und c gleich weit entfernt sind, liegen auf der Winkelsymmetrale w_α.
- Alle Punkte, die von den Seiten a und c gleich weit entfernt sind, liegen auf der Winkelsymmetrale w_β.

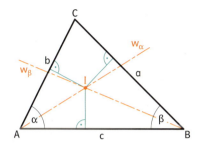

Ein Punkt, der von a, b und c gleich weit entfernt liegt, muss also auf w_α und w_β gleichzeitig liegen.
→ Es kann **nur** der **Schnittpunkt I der beiden Winkelsymmetralen** sein!
Für I gilt nun: $\overline{Ia} = \overline{Ic}$ und $\overline{Ib} = \overline{Ic}$, daher ist auch $\overline{Ia} = \overline{Ib}$.
Deshalb ist klar, dass I auch auf der dritten Winkelsymmetrale w_γ von a und b liegen muss (Begründungen dafür wirst du mit Aufgabe 856 geben).

Weil dieser Punkt von allen drei Seiten a, b und c gleich weit entfernt ist, kann man mit ihm als Mittelpunkt einen Kreis zeichnen, der die drei Seiten jeweils in einem Punkt berührt. Dieser Kreis heißt **Inkreis** des Dreiecks und der Punkt heißt **Inkreismittelpunkt I**.

> **Inkreismittelpunkt des Dreiecks**
>
> In jedem **Dreieck** schneiden einander die **drei Winkelsymmetralen** in genau **einem Punkt**, dem **Inkreismittelpunkt**.
> Dieser Punkt ist von den drei **Seiten gleich weit entfernt**.

Bevor man den Inkreis einzeichnet, konstruiert man die Normalen durch I auf die drei Seiten. So erhält man die Berührpunkte des Inkreises. Der Abstand des Punktes I von diesen Berührpunkten ist der **Inkreisradius ϱ** (sprich „rho").

Mit dem **Umkreismittelpunkt** und dem **Inkreismittelpunkt** haben wir schon zwei mögliche Mittelpunkte bei Dreiecken gefunden!

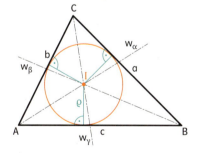

 798 Zeichne zwei beliebige spitzwinklige und zwei beliebige stumpfwinklige Dreiecke!
Konstruiere jeweils den Inkreismittelpunkt!
Ermittle die Berührpunkte und zeichne mit ihrer Hilfe den Inkreis!

 799 Konstruiere das Dreieck ABC und seinen Inkreismittelpunkt! Ermittle die Berührpunkte und zeichne den Inkreis! Wie groß ist der Inkreisradius ϱ?

a)	b)	c)	d)
a = 55 mm	b = 70 mm	a = 98 mm	a = 58 mm
b = 72 mm	α = 57°	c = 67 mm	b = 85 mm
c = 76 mm	γ = 73°	α = 106°	β = 71°

H 5 Dreiecke

800 Von einem dreieckigen Blumenbeet PQR sind die Seitenlängen bekannt.
Zeichne das Blumenbeet im gegebenen Maßstab und konstruiere jenen Punkt, der von den Rändern des Blumenbeetes gleich weit entfernt ist!
Wie groß ist diese Entfernung in Wirklichkeit?
a) $\overline{PQ} = \overline{PR} = 6{,}70$ m, $\overline{QR} = 10{,}30$ m; Maßstab 1 : 100
b) $\overline{PQ} = \overline{QR} = 22{,}80$ m, $\overline{PR} = 14{,}60$ m; Maßstab 1 : 200

801 Auf einem dreieckigen Platz PQR soll eine Uhr aufgestellt werden.
Zeichne den Platz im gegebenen Maßstab und konstruiere jene Stelle, die von den drei Seiten des Platzes gleich weit entfernt ist!
Wie groß ist diese Entfernung in Wirklichkeit?
a) $\overline{PQ} = 84$ m, $\overline{QR} = 96$ m, $\overline{RP} = 120$ m; Maßstab 1 : 1000
b) $\overline{PQ} = 280$ m, $\overline{QR} = 160$ m, $\overline{RP} = 240$ m; Maßstab 1 : 2000

802 Das Giebeldreieck eines Hauses soll einen Taubenschlag erhalten, der von allen drei Seiten des Giebeldreiecks gleich weit entfernt ist.
Zeichne das Giebeldreieck ABC im gegebenen Maßstab und konstruiere jene Stelle, die von den drei Seiten gleich weit entfernt ist!
Wie groß ist diese Entfernung in Wirklichkeit?
a) $\overline{AB} = 12{,}40$ m, $\overline{AC} = \overline{BC} = 9{,}60$ m; Maßstab 1 : 100
b) $\overline{AB} = 6{,}45$ m, $\overline{AC} = \overline{BC} = 4{,}10$ m; Maßstab 1 : 50

803
1) Zeichne das durch die Koordinaten der Eckpunkte gegebene Dreieck!
2) Konstruiere den Inkreismittelpunkt und gib seine Koordinaten an!
3) Zeichne den Inkreis und gib seinen Radius an!
a) A = (0|2), B = (8|1), C = (3|7)
b) A = (3|1), B = (7|8), C = (2|8)
c) A = (1|1), B = (6|0), C = (9|7)
d) A = (0|3), B = (9|1), C = (5|8)

804
1) Zeichne das durch die Koordinaten der Eckpunkte gegebene Dreieck!
2) Konstruiere zunächst jenen Punkt, der von den drei Seiten gleich weit entfernt ist. Wie lauten seine Koordinaten?
3) Konstruiere dann jenen Punkt, der von den drei Eckpunkten gleich weit entfernt ist! Wie lauten seine Koordinaten?
a) A = (1|3), B = (9|0), C = (5|9)
b) A = (0|2), B = (10|6), C = (3|7)

805 Aus den Holzdreiecken eines alten und bemalten Fußbodens (→ Foto rechts) sollen möglichst große, runde Scheiben ausgeschnitten werden. Gib an, wie man die kreisförmigen Scheiben am besten zuschneidet und zeichne in einem Dreieck die Schnittlinie ungefähr ein!

5.3 Schwerpunkt

Schwerlinien

Beim Quadrat ist der Mittelpunkt M auch deswegen ein guter Mittelpunkt, weil er **Schnittpunkt der Diagonalen** ist. Ein Dreieck hat zwar keine Diagonalen, aber wir können die Eckpunkte mit den gegenüberliegenden Seitenmitten verbinden. Wir stellen fest, dass sich die Linien wieder in einem Punkt schneiden. Dadurch erhalten wir wieder einen möglichen Mittelpunkt, den Schnittpunkt der drei Verbindungslinien.

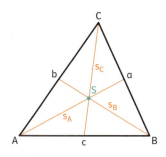

Diese Verbindungslinien s_A, s_B und s_C werden **Schwerlinien** genannt, weil das Dreieck im Gleichgewicht bleibt, wenn man es entlang dieser Linien unterstützt.

Schwerpunkt

Der Schnittpunkt S der Schwerlinien ist der so genannte **Schwerpunkt** des Dreiecks, weil das Dreieck im Gleichgewicht bleibt, wenn man es an diesem Punkt unterstützt.

Schwerlinien

Schwerpunkt

> **Schwerpunkt im Dreieck**
>
> Unter einer **Schwerlinie** eines Dreiecks versteht man die Verbindungslinie eines **Eckpunkts** mit dem **Halbierungspunkt** der gegenüberliegenden Dreiecksseite.
> In jedem Dreieck schneiden einander die drei **Schwerlinien** in **genau einem Punkt**, dem **Schwerpunkt**.

Hinweis Eine Begründung dafür wirst du in der dritten Klasse kennenlernen.

806 Konstruiere das gegebene Dreieck ABC im Maßstab 1:1000!
Zeichne die Schwerlinien s_A, s_B und s_C und bezeichne den Schwerpunkt mit S!

a) $a = 71\,m$
   $b = 45\,m$
   $c = 65\,m$

b) $b = 83\,m$
   $c = 68\,m$
   $\alpha = 27°$

c) $a = 90\,m$
   $\alpha = 130°$
   $\beta = 25°$

d) $a = 47\,m$
   $b = 58\,m$
   $\gamma = 67°$

807 Zeichne das Dreieck ABC und seine Schwerlinien s_A, s_B und s_C!
Gib die Koordinaten des Schwerpunkts S an!

a) A = (2|1), B = (7|0), C = (6|8)
b) A = (0|1), B = (7|1), C = (5|6)
c) A = (1|0), B = (5|2), C = (8|6)
d) A = (2|3), B = (4|8), C = (2|7)
e) A = (1|2), B = (7|0), C = (5|6)
f) A = (3|2), B = (6|2), C = (3|6)

H 5 Dreiecke

5.4 Höhenschnittpunkt

Höhen eines Dreiecks

Die Eltern von Lukas haben vor einigen Jahren ihre Wohnung renoviert und dabei das Foto links gemacht. Lukas fragt sich nun, wie hoch die abgebildete Leiter war. Lukas weiß, dass er dazu nicht einfach die Länge der Leiterschenkel abmessen darf. Welche Länge ist mit Höhe der Leiter gemeint?

Lukas misst die Höhe mit ca. 5,5 cm ab. Das Bild ist im Maßstab 1:50 dargestellt und damit ist die Höhe der Leiter in Wirklichkeit: _____

Die kürzeste Verbindung der oberen Dreiecksspitze zur Grundlinie ist die **Höhe des Dreiecks**. Ihre Länge entspricht dem Normalabstand des Punktes C von der Seite c und man nennt sie **Höhe auf die Seite c (h_c)**.

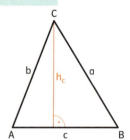

Der (Normal-)Abstand des Punktes A von der Seite a heißt Höhe auf a (h_a), der Abstand des Punktes B von der Seite b heißt Höhe auf b (h_b). Mit dem Wort „Höhe" ist sowohl die jeweilige Strecke als auch deren Länge gemeint.

Höhenschnittpunkt

Zeichnet man in einem Dreieck alle drei Höhen h_a, h_b und h_c ein, so erhält man einen weiteren „Kandidaten" für den Mittelpunkt des Dreiecks. Die drei **„Höhengeraden"** schneiden einander wieder nämlich in einem gemeinsamen Punkt, dem **Höhenschnittpunkt H**.

Hinweis In der Aufgabe 813 wird dies begründet.

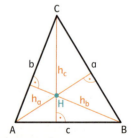

> **Höhenschnittpunkt im Dreieck**
>
> Die **Normale** durch den Eckpunkt eines Dreiecks auf die **gegenüberliegende Dreiecksseite** heißt **Höhengerade**, der **Normalabstand** des Eckpunktes von der Seite heißt **Höhe**.
> In jedem Dreieck schneiden einander die **drei Höhengeraden** in **genau einem Punkt**, dem **Höhenschnittpunkt**.

Im links unten abgebildeten stumpfwinkligen Dreieck ABC schneidet die durch C gehende Normale auf die Seite c zwar nicht die Seite c, aber die Verlängerung der Seite c über B hinaus. Die Höhe h_c und ihre Höhengerade liegen außerhalb des Dreiecks.

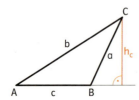

Auch **stumpfwinklige Dreiecke** haben einen **Höhenschnittpunkt**. Er liegt **außerhalb** des Dreiecks (→ Figur rechts).

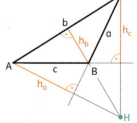

Besondere Eigenschaften des Dreiecks — H.5

808 Konstruiere das Dreieck ABC! Zeichne die angegebene Höhe ein und miss sie!
a) a = 85 mm, b = 70 mm, c = 95 mm; h_a
b) a = 68 mm, b = 122 mm, c = 74 mm; h_a
c) c = 97 mm, α = 40°, β = 63°; h_b
d) b = 76 mm, c = 61 mm, α = 110°; h_b

809 Konstruiere das Dreieck ABC!
Zeichne die Höhen h_a, h_b und h_c und den Höhenschnittpunkt H ein! Miss die drei Höhen!
a) a = 95 mm, b = 80 mm, c = 85 mm
b) a = 138 mm, b = 72 mm, c = 94 mm
c) c = 75 mm, α = 70°, β = 35°
d) a = 60 mm, c = 56 mm, β = 130°

810 Zeichne das dreieckige Grundstück ABC im gegebenen Maßstab!
Wie weit sind die Eckpunkte von der jeweils gegenüberliegenden Grenzlinie des Grundstücks in Wirklichkeit entfernt?
a) a = 120 m, b = 90 m, c = 130 m; Maßstab 1 : 1000
b) c = 206 m, α = 72°, β = 44°; Maßstab 1 : 2000

811 Zeichne das durch die Koordinaten der Eckpunkte gegebene Dreieck ABC!
Zeichne die Höhen h_a, h_b und h_c ein und gib die Koordinaten des Höhenschnittpunktes H an!
a) A = (1|1), B = (7|2), C = (5|8)
b) A = (1|1), B = (9|0), C = (5|4)
c) A = (2|1), B = (7|4), C = (4|4)

812 Von einem Dreieck ABC kennt man zwei Seitenlängen und die Höhe h_c.
1) Konstruiere das Dreieck! Es gibt zwei Lösungen. Begründe!
2) Gib für beide Lösungen den Umfang und die Längen der beiden anderen Höhen an!
a) a = 8 cm, c = 12 cm, h_c = 6 cm
b) b = 56 mm, c = 102 mm, h_c = 50 mm
Anleitung: Beginne mit der Seite c und zeichne dann eine Parallele zu dieser Seite im Abstand h_c!

813 Warum treffen einander die drei Höhen eines Dreiecks ABC in einem Punkt?
Dieser Beweis soll das klären:
1) Zeichne ein beliebiges Dreieck ABC!
2) Konstruiere das parallele **Umdreieck** des Dreiecks ABC! Beschreibe mit eigenen Worten anhand der drei Skizzen, wie das Umdreieck entsteht!

 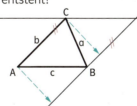 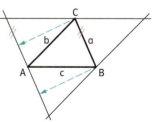

3) Anhand der auftretenden Parallelogramme sieht man, dass die „neuen" parallelen Seiten jeweils ▢ so lang wie die „alten" sind.

4)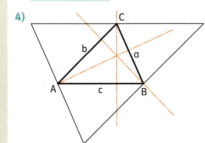

Konstruiere dann den Umkreismittelpunkt des „neuen" Dreiecks (des parallelen Umdreiecks von ABC). Die dafür benötigten Streckensymmetralen treffen einander in einem Punkt, was wir schon auf Seite 199 gezeigt haben. Die Streckensymmetralen sind aber gleichzeitig die Höhengeraden des „alten" Dreiecks ABC! Also treffen einander die Höhen genauso in einem Punkt, dem Höhenschnittpunkt.

H 5 Dreiecke

5.5 Zusammenfassung: Mittelpunkte im Dreieck

Wir haben nun vier „Kandidaten" für den Mittelpunkt eines Dreiecks gefunden und alle vier sind gleichberechtigte Mittelpunkte. Jeder und jede kann sich einen „**Lieblingsmittelpunkt**" aussuchen. Eines haben sie alle gemeinsam: Die drei Konstruktionslinien jedes Punktes treffen einander jeweils in einem Punkt – das ist nicht selbstverständlich bei drei Linien, das ist sehr bemerkenswert und etwas Besonderes! Deshalb werden U, I, H und S oft als „merkwürdige Punkte im Dreieck" bezeichnet.

Eulersche Gerade

Der **Höhenschnittpunkt H**, der **Umkreismittelpunkt U** und der **Schwerpunkt S** liegen bei jedem Dreieck auf einer gemeinsamen Geraden **e**, der Inkreismittelpunkt I im Allgemeinen nicht!

Diese Gerade wird zu Ehren des bedeutenden Schweizer Mathematikers Leonhard Euler (1707–1783) die **eulersche Gerade** genannt.

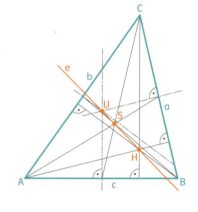

814 Konstruiere das Dreieck ABC aus $a = 55\,mm$, $b = 105\,mm$ und $c = 100\,mm$! Zeichne die Streckensymmetrale s_{AB}, die Winkelsymmetrale w_γ, die Schwerlinie s_c und die Höhe h_c des Dreiecks! Überzeuge dich, dass man vier verschiedene Linien erhält!

815 Konstruiere im gegebenen Dreieck ABC die merkwürdigen Punkte H, U und S! Zeichne auch die eulersche Gerade ein!
a) $a = 85\,mm$, $b = 110\,mm$, $c = 120\,mm$
b) $a = 50\,mm$, $b = 90\,mm$, $c = 110\,mm$
c) $c = 108\,mm$, $\alpha = 76°$, $\beta = 48°$
d) $a = 130\,mm$, $b = 74\,mm$, $\alpha = 66°$

816 Konstruiere im gegebenen Dreieck ABC die eulersche Gerade! Zeige, dass der Inkreismittelpunkt nicht auf der eulerschen Geraden liegt!

Tipp
Merke dir das Wort „HUS" im Zusammenhang mit der eulerschen Geraden!

a) $a = 86\,mm$, $b = 124\,mm$, $c = 112\,mm$
b) $a = 70\,mm$, $b = 130\,mm$, $c = 90\,mm$
c) $a = 120\,mm$, $c = 90\,mm$, $\alpha = 110°$
d) $a = 104\,mm$, $b = 68\,mm$, $\gamma = 90°$

817 Konstruiere die merkwürdigen Punkte H, U, S und I und gib ihre Koordinaten an! Zeichne auch die eulersche Gerade ein!
a) $A = (1|1)$, $B = (8|2)$, $C = (4|9)$
b) $A = (1|0)$, $B = (7|3)$, $C = (5|8)$
c) $A = (0|2)$, $B = (8|6)$, $C = (3|6)$

818 Welcher der blauen Punkte ist der Inkreismittelpunkt des Dreiecks?

Überlege ohne zu konstruieren!

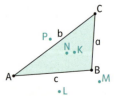

6 Besondere Dreiecke

interaktive Vorübung
qx4264

AH S. 60

6.1 Gleichschenkliges Dreieck

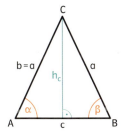

Die beiden gleich langen Seiten eines gleichschenkligen Dreiecks heißen **Schenkel** des Dreiecks. Die dritte Seite ist die **Basis**.

Die Höhe h_c teilt das Dreieck in zwei deckungsgleiche Teildreiecke. Daher ist das Dreieck ABC **symmetrisch** bezüglich der Höhe h_c.

Weiters sind die **Basiswinkel** α und β gleich groß.

Die Bilder rechts zeigen das österreichische Parlament von außen und einen der Tagungsräume im Inneren. Suche gleichschenklige Dreiecke und zeichne sie ein!

> **Gleichschenkliges Dreieck**
> Die beiden **Schenkel** sind **gleich lang**, die beiden **Basiswinkel gleich groß**.
> Jedes **gleichschenklige Dreieck** hat eine **Symmetrieachse**.

Für die Konstruktion eines Dreiecks benötigt man im Allgemeinen drei Bestimmungsstücke. Für das Konstruieren eines gleichschenkligen Dreiecks allerdings nur zwei, da die Angabe „gleichschenklig" schon ein Bestimmungsstück enthält.

Besondere Punkte
Wie oben zu lesen, ist die Höhe auf c auch eine Symmetrieachse des Dreiecks.
Welche Rolle spielt die Gerade, auf der h_c liegt, noch?

Ergänze folgende Wörter: Schwerlinie, Winkelsymmetrale, Streckensymmetrale

h_c ist die _____ (s_{AB}) der Seite c,

_____ ($w_γ$) des Winkels γ,

_____ (s_c).

Für die Lage der merkwürdigen Punkte H, U, S und I folgt: Im gleichschenkligen Dreieck liegen die merkwürdigen Punkte H, U, S und I auf der Symmetrieachse des Dreiecks. Sie ist also die eulersche Gerade.

819 Zeichne das gegebene Dreieck ABC auf ein Blatt Papier und konstruiere die Symmetrieachse, also die Streckensymmetrale der Basis!
a) a = b = 8 cm, c = 6,5 cm
b) a = 8,5 cm, b = c = 5 cm
c) c = 9 cm, α = β = 40°
d) b = 76 mm, α = γ = 52°

H 6 Dreiecke

820 Zeichne das gleichschenklige Dreieck ABC im Koordinatensystem!
Konstruiere die merkwürdigen Punkte H, I, U und S und gib ihre Koordinaten an!
a) A = (2|0), B = (8|0), C = (5|7)   c) A = (3|8), B = (3|0), C = (10|4)
b) A = (0|4), B = (8|4), C = (4|7)   d) A = (7|0), B = (7|10), C = (3|5)

821 Konstruiere das gleichschenklige Dreieck ABC (a = b) aus den gegebenen Bestimmungsstücken! Beginne mit einer Skizze und ermittle die merkwürdigen Punkte H, U, S und I!
a) c = 63 mm, γ = 52°   c) a = 47 mm, γ = 100°
b) a = 44 mm, β = 38°   d) c = 46 mm, α = 66°

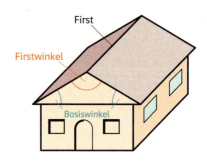

822 Berechne den Firstwinkel des Hauses, wenn ein Basiswinkel
a) 34°, b) 75°, c) 45° hat!

Hinweis Verwende die Skizze rechts, um herauszufinden, was der Firstwinkel ist!

823 1) Zeichne das gleichschenklige Dreieck ABC in ein Koordinatensystem!
Ordne den merkwürdigen Punkten die passenden Koordinaten zu!
A = (2|8), B = (2|0), C = (10|4)

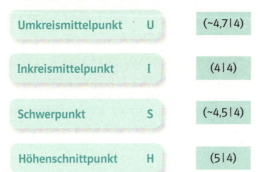

2) Erkläre mit eigenen Worten, warum die merkwürdigen Punkte alle die y-Koordinate 4 haben!

824 Gegeben ist ein Winkel. Kreuze alle Winkelgrößen an, die im Dreieck noch auftreten, wenn es sich um ein gleichschenkliges Dreieck handeln soll!
a) α = 32°
   ○ A 23°   ○ B 32°   ○ C 116°   ○ D 132°   ○ E 180°
b) α = 108°
   ○ A 42°   ○ B 54°   ○ C 108°   ○ D 130°   ○ E 36°

825 Konstruiere das gleichschenklige Dreieck ABC (a = b) im angegebenen Maßstab!
Miss die nicht gegebenen Seitenlängen in deiner Zeichnung ab und berechne den Umfang des Dreiecks in Wirklichkeit!
a) a = 60 m, c = 56 m; Maßstab 1:1 000   c) c = 200 m, β = 48°; Maßstab 1:2 000
b) b = 560 m, α = 56°; Maßstab 1:10 000   d) c = 75 m, γ = 104°; Maßstab 1:500

Besondere Dreiecke H 6

6.2 Gleichseitiges Dreieck

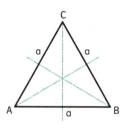

Alle drei Seiten des gleichseitigen Dreiecks sind gleich lang. Man kann somit jede Seite als **Basis** auffassen.

Jede der drei Streckensymmetralen ist daher auch Symmetrieachse des Dreiecks.

Des Weiteren sind die **Winkel** α, β und γ gleich groß. Die Winkelsumme ergibt wie in jedem Dreieck 180°. Wie groß ist demnach jeder Winkel des gleichseitigen Dreiecks? Berechne!

180° : 3 = _____ °

Viele Verkehrsschilder haben die Form eines gleichseitigen Dreiecks. Kennst du ihre Bedeutung? Ergänze darunter!

> **Gleichseitiges Dreieck**
>
> Das **gleichseitige Dreieck** hat drei gleich lange Seiten und drei **Symmetrieachsen**. Alle **drei Innenwinkel** sind **gleich groß**. Ihre Größe beträgt jeweils **60°**.

Konstruktion

Weil alle drei Seiten gleich lang sind, kann man ein gleichseitiges Dreieck mit dem SSS-Satz konstruieren.

> **Hinweis** So entstehen auch konstruierte 60°- Winkel!

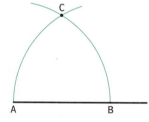

Merkwürdige Punkte

Wegen der dreifachen Symmetrie liegen auf den **Streckensymmetralen** gleichzeitig die **Winkelsymmetralen**, die **Höhen** und die **Schwerlinien** des Dreiecks. Das bedeutet, dass alle merkwürdigen Punkte H, U, S und I in einem Punkt zusammenfallen.

Es gibt daher auch keine eulersche Gerade, weil man für eine Gerade bekanntlich zwei verschiedene Punkte braucht!

826 Zeichne das gleichseitige Dreieck ABC mit der gegebenen Seitenlänge!
a) a = 6 cm   b) a = 5,4 cm   c) a = 7,3 cm   d) a = 9,6 cm

827 Konstruiere das gleichseitige Dreieck ABC, das durch zwei Eckpunkte festgelegt ist, im Koordinatensystem!
Gib die Koordinaten des dritten Eckpunktes an! Beachte den Umlaufsinn!
a) A = (1|2), B = (7|3)   c) B = (6|0), C = (5|6)   e) A = (1|4), C = (7|9)
b) B = (3|1), C = (8|5)   d) B = (1|1), C = (7|1)   f) A = (0|0), C = (0|5)

H 6 Dreiecke

6.3 Rechtwinkliges Dreieck

Manuel hat im Urlaub ein Segelboot gesehen, dessen Segel die Form eines rechtwinkligen Dreiecks hatte.

Zeichne das Symbol für rechte Winkel an der geeigneten Stelle in das große Segel ein!
Gibt es in deiner Umgebung Gegenstände, an denen man rechtwinklige Dreiecke erkennen kann?

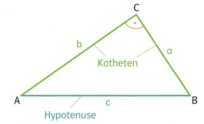

Bezeichnungen
Die beiden Seiten, die den rechten Winkel einschließen, heißen **Katheten**.

Die Seite, die dem rechten Winkel gegenüberliegt, heißt **Hypotenuse**. Sie ist die längste Seite des Dreiecks.

Hinweis Wenn nicht anders gegeben, wählt man die Bezeichnungen des rechtwinkligen Dreiecks so, dass der rechte Winkel beim Eckpunkt C liegt (γ = 90°). Dann sind a und b die Katheten und c die Hypotenuse.

Eigenschaften des rechtwinkligen Dreiecks
In jedem Dreieck beträgt die Summe der drei Winkel 180°. Wenn γ = 90° ist, muss α + β = 90° gelten.
Das heißt: Im rechtwinkligen Dreieck ergänzen einander die Winkel an der Hypotenuse auf 90°.
Zwei Winkel, deren Summe 90° beträgt, nennt man **komplementäre Winkel**.

> **Rechtwinkliges Dreieck**
>
> In jedem **rechtwinkligen Dreieck** sind die beiden **Winkel an der Hypotenuse komplementär**. Das bedeutet, ihre **Summe** beträgt **90°**.

Bemerkung: complementum (lat.)…Ergänzung

Höhenschnittpunkt
Konstruiere die Höhen des rechtwinkligen Dreiecks ABC in der Figur rechts!
Du kannst feststellen, dass die Höhen h_a und h_b mit den Katheten b und a zusammenfallen.

Begründe, warum das so sein muss!

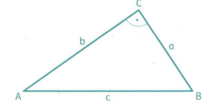

Daraus folgt:
Im **rechtwinkligen Dreieck** liegt der **Höhenschnittpunkt H** immer im **Scheitel des rechten Winkels**.

 828 Begründe, wieso man für die Konstruktion eines rechtwinkligen Dreiecks nur zwei Bestimmungsstücke benötigt! Welche könnten das beispielsweise sein?

 829 Berechne den komplementären Winkel zu α!
    a) α = 68°   **b)** α = 80,5°   **c)** α = 45°   **d)** α = 90°   **e)** α = x°

Besondere Dreiecke H 6

830 Beschrifte die Dreiecke mit k für Kathete und h für Hypotenuse!

  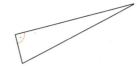

831 Welche Seiten sind die Katheten, welche Seite ist die Hypotenuse?

a) 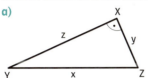   b) 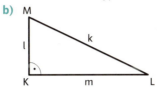   c)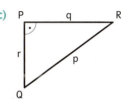

832 Um den Abstand zweier Geländepunkte A und C, die durch einen Fluss getrennt sind, zu vermessen, wurde eine Standlinie BC im ebenen Gelände angelegt (→ Figur rechts).
$BC \perp CA$, $\overline{BC} = 118\,m$, ∢CBA = 37°, ∢ACB = 90°
Wie lang ist die Strecke AC in Wirklichkeit? Zeichne im Maßstab 1:1000!

833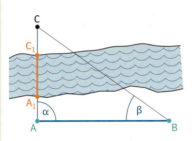

Um die Breite eines Flusses zu vermessen, wurden im ebenen Gelände einige Hilfspunkte angenommen (→ Figur links).
$\overline{AB} = 730\,m$, $\overline{AA_1} = \overline{CC_1} = 20\,m$, β = 41°, α = 90°
Wie breit ist der Fluss an dieser Stelle? Wähle selbst einen geeigneten Maßstab für die Zeichnung!

834 Wie hoch ist die rechts dargestellte Hauswand?
Das Winkelmessgerät ist 12 m von der Hauswand entfernt aufgestellt ($\overline{AB} = 12{,}0\,m$).
Mit diesem Gerät misst man den Höhenwinkel α = 40° zwischen der in Augenhöhe (1,50 m) gedachten Waagrechten und der oberen Kante der Hauswand.

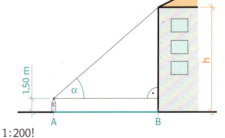

1) Zeichne das durch die waagrechte Kathete und den Winkel α festgelegte rechtwinklige Dreieck im Maßstab 1:200!
2) Entnimm aus dieser Zeichnung die Länge der zweiten (lotrechten) Kathete und berechne ihre Länge in Wirklichkeit!
3) Addiere dann die 1,50 m Augenhöhe, um die Höhe der Hauswand zu erhalten!

835 Wie hoch ist die links dargestellte Hauswand? Zeichne im Maßstab 1:500!
Die Winkelmessungen wurden in 1,50 m Augenhöhe vorgenommen (→ Aufgabe 834).

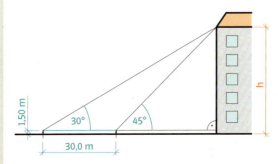

6.4 Satz von Thales

Satz von Thales

Versuch: Zeichne eine beliebige Strecke AB in dein Heft! Lege dann dein Geodreieck wie in der Abbildung durch die Punkte A und B und markiere die Spitze mit einem Punkt P! Wiederhole diesen Vorgang wie in der linken Abbildung gezeigt! Es entsteht die Abbildung rechts.

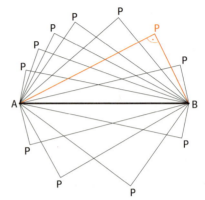

Alle Punkte P liegen auf einem Kreis mit dem Durchmesser AB.

Das kannst du folgendermaßen beweisen:
Ergänze ein rechtwinkliges Dreieck ABC zu einem Rechteck (ABCD) und zeichne dessen Umkreis (Figur rechts)! Jedes Rechteck hat einen Umkreis, dessen Mittelpunkt im Schnittpunkt der Diagonalen liegt. Deshalb muss der Punkt C als Eckpunkt des Rechtecks auf dem Kreis mit Durchmesser AB liegen!

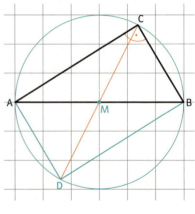

Sind umgekehrt alle Punkte, die auf dem Kreis mit Durchmesser AB liegen, Scheitel eines rechten Winkels? Ist also γ in dem Bild rechts immer ein rechter Winkel? Um das zu zeigen, machen wir folgende Schritte:

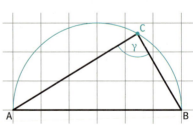

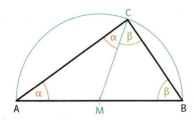

Teile das Dreieck ABC durch die Strecke MC in zwei gleichschenklige Dreiecke (MC ist auch Radius wie MA und MB)!
Man sieht: $\gamma = \alpha + \beta$

Außerdem ist die Winkelsumme im Dreieck: $180° = \alpha + \beta + \gamma$

$$180° = \alpha + \beta + \underbrace{(\alpha + \beta)}_{\gamma} = 2 \cdot \underbrace{(\alpha + \beta)}_{\gamma} \Rightarrow \gamma = 90°$$

Besondere Dreiecke H 6

Dieser Sachverhalt war schon in der Antike bekannt und wird **Satz von Thales** genannt.

Satz von Thales

Konstruiert man einen beliebigen **Kreis** mit dem Durchmesser **AB**, dann gilt:
1. Für jeden **Punkt P auf der Kreislinie** (ausgenommen A und B) ist der **Winkel ∢ APB = 90°**.
2. Wenn für einen **Punkt P** der **Winkel ∢ APB = 90°** ist, dann liegt **P auf der Kreislinie**.

Alle einem Kreis eingeschriebenen Dreiecke, bei denen eine Seite mit dem Durchmesser übereinstimmt, sind **rechtwinklig**.
Der Kreis mit dem Durchmesser AB wird auch „**Thales-Kreis**" genannt.

836 Konstruiere im rechtwinkligen Dreieck ABC (γ = 90°) die merkwürdigen Punkte H, U, I und S und zeichne auch die eulersche Gerade ein!
   a) c = 10 cm, b = 8 cm
   b) a = 120 mm, b = 50 mm
   c) a = 6,8 cm, β = 60°

837 Konstruiere mit Hilfe des Satzes von Thales ein rechtwinkliges Dreieck ABC (γ = 90°)! Ermittle die merkwürdigen Punkte H, U, S und I!
   a) c = 53 mm, b = 43 mm
   b) c = 70 mm, a = 3,5 cm
   c) c = 8,3 cm, b = 28 mm

Thales von Milet

Der Mathematiker, Astronom und Naturphilosoph **Thales** zählt zu den „Sieben Weisen" des antiken Griechenland.
Er lebte um 600 v. Chr. in **Milet**, einem Ort an der Westküste **Kleinasiens**, wo sich damals die **ionischen Griechen** angesiedelt hatten.
Thales beschäftigte sich außer mit der **Geometrie** vor allem mit der Erforschung der **Natur** und der **Astronomie**. Er versuchte unter anderem die jährlichen Nilüberschwemmungen, den Magnetismus und die Erdbeben zu erklären. Mit einfachsten Mitteln (es gab zum Beispiel noch keine Fernrohre) gelang es ihm nur auf Grund seiner Beobachtungen, die Sonnenfinsternis des Jahres 585 v. Chr. vorherzusagen.

838 1) Konstruiere das rechtwinklige Dreieck ABC (γ = 90°) und ermittle den angegebenen merkwürdigen Punkt! Du kannst zum Konstruieren des Dreiecks auch den Satz von Thales verwenden.
   a) c = 68 mm, α = 57° (Höhenschnittpunkt)
   b) c = 78 mm, a = 72 mm (Schwerpunkt)
   c) a = 62 mm, α = 62° (Umkreismittelpunkt)
   d) a = 74 mm, b = 51 mm (Inkreismittelpunkt)
2) Was kannst du über die Lage der merkwürdigen Punkte H und U aussagen?

839 Lies die **Infobox** über Thales von Milet! Recherchiere weitere Informationen zu diesem Gelehrten!

840 Setze für ① und ② die Begriffe so ein, dass ein richtiger Satz entsteht.
Die Endpunkte ① eines Kreises und ein beliebiger weiterer Punkt auf der Kreislinie bilden immer ein ② Dreieck.

①
einer Kreissehne
eines Durchmessers
des Kreisbogens

②
rechtwinkliges
spitzwinkeliges
gleichseitiges

H7 Dreiecke

7 Flächeninhalt des rechtwinkligen Dreiecks

interaktive Vorübung
7q9vm4

AH S. 61

Tobias hat entdeckt, dass man jedes rechtwinklige Dreieck als **halbes Rechteck** auffassen kann.
Da die Hypotenuse des Dreiecks das Rechteck halbiert, muss der **Flächeninhalt des rechtwinkligen Dreiecks** genau **halb so groß** wie der **Flächeninhalt des Rechtecks** sein.
Für das Rechteck gilt: $A = a \cdot b$

Die Seitenlängen des abgebildeten gelb-roten Rechtecks sind 7 cm und 4 cm. Wie groß ist der Flächeninhalt des Rechtecks? _____ cm²

Wie groß ist somit der Flächeninhalt des roten rechtwinkligen Dreiecks? _____ cm²

> **Flächeninhalt des rechtwinkligen Dreiecks**
>
> Ein rechtwinkliges Dreieck mit der Kathetenlängen a und b hat den Flächeninhalt:
> $$A = (a \cdot b) : 2 = \frac{a \cdot b}{2}$$
> **Kurzsprechweise:** Flächeninhalt ist gleich Kathete mal Kathete durch zwei

Bemerkung: Die Kurzsprechweise weist darauf hin, dass diese Formel NUR im rechtwinkligen Dreieck gilt, weil andere Dreiecke keine Katheten haben!

 841 Konstruiere das rechtwinklige Dreieck ABC ($\gamma = 90°$) und berechne seinen Flächeninhalt!
a) $a = 4{,}0\,\text{cm}$, $b = 3{,}5\,\text{cm}$ b) $a = 67\,\text{mm}$, $b = 41\,\text{mm}$ c) $a = 22\,\text{mm}$, $b = 70\,\text{mm}$

 842 Konstruiere das rechtwinklige Dreieck ABC ($\gamma = 90°$) und berechne seinen Flächeninhalt! Entnimm nicht gegebene Längen aus deiner Zeichnung!
a) $c = 7{,}5\,\text{cm}$, $b = 3{,}5\,\text{cm}$ b) $c = 67\,\text{mm}$, $\alpha = 41°$ c) $a = 32\,\text{mm}$, $\beta = 70°$

 843
1) Berechne den Flächeninhalt des dreieckigen Grundstücks! Entnimm die Maße der Zeichnung rechts!
2) Fertige eine Zeichnung im Maßstab 1:1000 an und entnimm daraus den Umfang des Grundstücks!

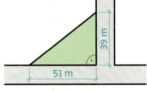

 844 Von einem rechteckigen Grundstück wird ein dreieckiges Teilstück abgetrennt.
a) Wie groß ist der Flächeninhalt des verbleibenden Grundstücks? Entnimm die Maße der Zeichnung rechts!
⊞ b) Welcher Bruchteil der Rechteckfläche bleibt übrig, wenn die Katheten des rechtwinkligen Dreiecks gerade halb so lang sind wie die Rechteckseiten?

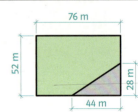

 845 Ein rechtwinkliges Dreieck hat 50 m² Flächeninhalt.
Gib einige ganzzahlige Werte an, die als Kathetenlängen des Dreiecks in Frage kommen!

 846 Ein rechtwinkliges Dreieck hat 33,80 cm² Flächeninhalt und eine 6,5 cm lange Kathete a.
1) Wie lang ist die zweite Kathete b?
2) Miss aus einer Zeichnung die Länge der Hypotenuse!

Flächeninhalt des rechtwinkligen Dreiecks H7

847 Im Dreieck rechts stehen viele Angaben.
1) Finde eine passende Formel für den Flächeninhalt!
2) Berechne den Flächeninhalt (Maße in cm)!
3) Welche Angaben hast du zum Berechnen des Flächeninhalts benötigt? Kreise sie ein!
    a   b   c   α   β   γ

848 Forme die Formel für den Flächeninhalt des rechtwinkligen Dreiecks so um, dass du die gesuchte Größe aus den gegebenen Größen berechnen kannst!
a) Gegeben: A, a; gesucht: b
b) Gegeben: A, b; gesucht: a

849 Ein rechtwinkliges Dreieck hat den gegebenen Flächeninhalt A. Die Länge einer Kathete ist bekannt. Berechne die Länge der zweiten Kathete!
a) $A = 24\,m^2$, $a = 8\,m$
b) $A = 84\,cm^2$, $b = 14\,cm$
c) $A = 108\,mm^2$, $a = 27\,mm$

850 Ein Grundstück hat die Form eines rechtwinkligen Dreiecks mit den Kathetenlängen 48 m und 60 m. Es wird durch ein flächeninhaltsgleiches rechteckiges Grundstück ersetzt. Eine Rechteckseite ist 45 m lang. Wie lang ist die andere?

Tipp
Berechne zuerst den Flächeninhalt des Dreiecks und setze das Ergebnis in die Flächeninhaltsformel für Rechtecke ein!

Flächen, die sich aus rechtwinkligen Dreiecken zusammensetzen

Beispiel

Berechne den Flächeninhalt des Giebeldreiecks!

Anleitung: Denke dir das gleichschenklige Dreieck zusammengesetzt aus zwei kongruenten rechtwinkligen Dreiecken!
$A = \left(\dfrac{a \cdot b}{2}\right) \cdot 2 = a \cdot b$ $4{,}5 \cdot 2{,}8 = 12{,}6$ Ü: $4 \cdot 3 = 12$
Die Giebelfläche hat einen Flächeninhalt von $12{,}6\,m^2$.

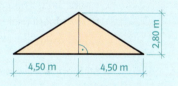

851 Eine Giebelfläche hat die Form eines gleichschenkligen Dreiecks (→ Figur rechts).
1) Berechne den Flächeninhalt des Giebeldreiecks!
2) Wie viele Platten von $6\,dm^2$ Größe braucht man zum Verkleiden der Giebelfläche mindestens?
Rechne etwa ein Drittel der Platten für Überdeckungen und Verschnitt hinzu!

852 Berechne den Flächeninhalt der blauen Figur, indem du rechtwinklige Dreiecke verwendest!
a)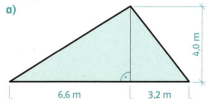
b)
c)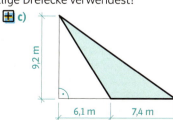

H Dreiecke

Üben und Sichern

engl. AB
29tx9w

853 Kreuze jeweils an, welcher Fall vorliegt! Konstruiere dann das angegebene Dreieck, falls dies möglich ist! Beginne dabei stets mit einer Skizze und markiere die angegebenen Bestimmungsstücke!

		SSS	WSW	SWS	SsW	sSW*	kein △
a)	a = 6 cm, b = 5 cm, α = 50°	○	○	○	○	○	○
b)	c = 8 cm, α = 21°, β = 54°	○	○	○	○	○	○
c)	a = 3 cm, b = 6 cm, c = 4 cm	○	○	○	○	○	○
d)	a = 40 mm, b = 20 mm, c = 70 mm	○	○	○	○	○	○
e)	a = 45 mm, b = 75 mm, γ = 43°	○	○	○	○	○	○
f)	a = 6,2 cm, b = 8,3 cm, β = 40°	○	○	○	○	○	○
g)	b = 34 mm, c = 55 mm, β = 33°	○	○	○	○	○	○

* nicht eindeutig, verschiedene Lösungen möglich

854 1) Kreuze die drei richtigen Aussagen an!   2) Konstruiere anschließend die Dreiecke!
- ○ **A** Das Dreieck mit den Angaben a = 70 mm, b = 50 mm, c = 60 mm ist eindeutig konstruierbar.
- ○ **B** Man kann das Dreieck mit den Angaben a = 3 cm, b = 2 cm, c = 7 cm eindeutig konstruieren.
- ○ **C** Bei einem Dreieck mit den Angaben a = 53 cm, c = 83 cm, γ = 36° kommt der SWS-Satz zur Anwendung.
- ○ **D** Bei einem Dreieck mit den Angaben c = 23 mm, α = 31°, β = 24° kann ich die Konstruktion mit der Seite c beginnen.
- ○ **E** Bei einem Dreieck mit den Angaben a = 53 cm, b = 83 cm, β = 36° kann ich die Konstruktion mit der Seite a beginnen.

855 Fertige von einem Grundstück eine Zeichnung im gegebenen Maßstab an:
Standlinie s = $\overline{AB}$ = 700 m; ∢ BAP = 56°, ∢ PBA = 78°, ∢ BAQ = 35°, ∢ QBA = 117°; Maßstab 1 : 10 000
1) Wie lang ist die Strecke PQ in Wirklichkeit?
2) Wie groß ist der Winkel ∢ APQ?
3) Wie weit ist der Punkt P in Wirklichkeit von der Standlinie s entfernt?

856 Mit welchem der vier Kongruenzsätze für Dreiecke lässt sich folgender Sachverhalt beweisen? Begründe deine Antwort!
a) Jeder Punkt der Winkelsymmetrale w_α ist von den Schenkeln a und b des Winkels α gleich weit entfernt.
b) Jeder Punkt P des Winkelfeldes von α, der von den Schenkeln a und b gleich weit entfernt ist, liegt auf der Winkelsymmetrale w_α.

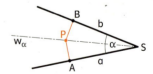

857 Mit welchem der vier Kongruenzsätze für Dreiecke lässt sich folgender Sachverhalt beweisen? Begründe deine Antwort!
a) Jeder Punkt der Streckensymmetrale s_{AB} ist von den Endpunkten A und B der Strecke gleich weit entfernt.
b) Jeder Punkt P, der von A und B gleich weit entfernt ist, liegt auf der Streckensymmetrale s_{AB}.
   Hinweis Zeige, dass die Strecke AB von ihrer Normalen durch P halbiert wird!

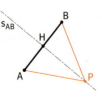

858 Die Standlinie AB wurde in der nebenstehenden Figur auf der 1. Koordinatenachse (x-Achse) mit A = (0 | 0) und B = (3 | 0) angenommen.
Es gilt: 1 cm ≙ 1 km
1) In welchem Maßstab ist gezeichnet worden?
2) Wie lang sind die Strecken AB, AP und BP in Wirklichkeit?
3) Welche Koordinaten hat der Punkt P in der Zeichnung?
4) Wie groß ist sein Normalabstand von der Standlinie AB in Wirklichkeit?

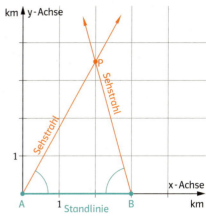

859 Konstruiere die abgebildete Figur! Gib zuvor die Konstruktionsschritte und deren Reihenfolge an!

a) 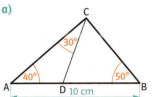   b) 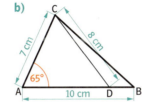   c)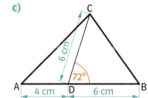

860 Konstruiere das Dreieck ABC im gegebenen Maßstab!
Gib die Länge der dritten Seite und den Umfang des Dreiecks in Wirklichkeit an!
a) a = 6,9 m, c = 9,3 m, γ = 82°; Maßstab 1:100
b) b = 16,8 m, c = 18,6 m, γ = 77°; Maßstab 1:200
c) a = 425 m, b = 250 m, α = 135°; Maßstab 1:5000
d) b = 210 m, c = 170 m, β = 75°; Maßstab 1:2000

Nimm die Standlinie AB mit A = (0 | 0) auf der x-Achse an! (Maßstab 1:10000)

861 a) $\overline{AB}$ = 400 m, ∢ BAP = 60°, ∢ PBA = 90°   b) $\overline{AB}$ = 600 m, ∢ BAP = 75°, ∢ PBA = 45°
1) Welche Koordinaten hat der Punkt P?
2) Wie lang sind die Strecken AP und BP in Wirklichkeit?
3) Wie weit ist der Punkt P in Wirklichkeit von der Standlinie AB entfernt?
4) Wie groß ist der Winkel ∢ APB?

862 a) $\overline{AB}$ = 700 m, ∢ BAP = 80°, ∢ BAQ = 43°, ∢ PBA = 30°, ∢ QBA = 74°
b) $\overline{AB}$ = 500 m, ∢ BAP = 75°, ∢ BAQ = 23°, ∢ PBA = 60°, ∢ QBA = 124°
1) Welche Koordinaten haben die Punkte P und Q?
2) Wie lang ist die Strecke PQ in Wirklichkeit?
3) Wie groß sind die Winkel ∢ QPA und ∢ BQP?
4) Wie weit ist der Punkt P in Wirklichkeit von der Standlinie AB entfernt?

863 Konstruiere das dreieckige Grundstück ABC im gegebenen Maßstab!
Berechne den Umfang des Grundstücks in Wirklichkeit und gib die Größen der beiden weiteren Winkel an!
a) a = 115 m, b = 73 m, γ = 70°; Maßstab 1:1000
b) a = 258 m, b = 128 m, γ = 39°; Maßstab 1:2000
c) b = 244 m, c = 228 m, β = 86°; Maßstab 1:2000
d) b = 620 m, c = 390 m, β = 128°; Maßstab 1:5000

H Dreiecke

864 Das Dreieck ABC ist gleichschenklig-rechtwinklig mit dem rechten Winkel bei C (→ Figur rechts).
Wenn CE eine Streckensymmetrale von AB ist, dann gilt:
○ A $\overline{CE} = \overline{CA}$ ○ B $\overline{CE} = \overline{CB}$ ○ C $\overline{CE} = \overline{AB}$ ○ D $\overline{CE} = \overline{AE}$
Begründe deine Antwort!

865 Ein Grundstück hat die Form eines rechtwinkligen Dreiecks mit der Hypotenusenlänge 25 m und mit einer 20 m langen Kathete.
1) Zeichne das Dreieck im Maßstab 1:500!
2) Miss die Länge der zweiten Kathete in deiner Zeichnung! Wie lang ist sie in Wirklichkeit?
3) Wie groß ist der Flächeninhalt des Grundstücks in Wirklichkeit?
4) Konstruiere jenen Punkt, der von den drei Seiten gleich weit entfernt ist!
5) Miss diese Entfernung in deiner Zeichnung! Wie lang ist sie in Wirklichkeit?

866 Ein Dachgiebel hat die Form eines gleichschenklig-rechtwinkligen Dreiecks mit einer Kathetenlänge von 12 m.
1) Wie groß ist der Flächeninhalt des Dachgiebels in Wirklichkeit?
2) Zeichne das Dreieck im Maßstab 1:200!
3) Miss die Länge der Hypotenuse in deiner Zeichnung! Wie lang ist sie in Wirklichkeit?
4) Miss die Höhe des Dachgiebels in deiner Zeichnung! Wie lang ist sie in Wirklichkeit?

Zusammenfassung

AH S. 63

In jedem **Dreieck** ist **die Summe der Innenwinkel 180°**.

Die **Konstruktion** eines Dreiecks ist **eindeutig** möglich, wenn folgende **Bestimmungsstücke** gegeben sind (die entsprechenden **Kongruenzsätze** sind in Klammern angegeben):

1. die **drei Seitenlängen (SSS-Satz)**,
2. **eine Seitenlänge** und die Größen **zweier Winkel (WSW-Satz)**,
3. **zwei Seitenlängen** und die Größe des **eingeschlossenen Winkels (SWS-Satz)**,
4. **zwei Seitenlängen** und die Größe jenes **Winkels**, der der **längeren Seite gegenüberliegt (SsW-Satz)**.

In jedem **Dreieck** schneiden einander
1. die **drei Streckensymmetralen** im **Umkreismittelpunkt U**,
2. die **drei Winkelsymmetralen** im **Inkreismittelpunkt I**,
3. die **drei Schwerlinien** im **Schwerpunkt S**,
4. die **drei Höhen** (bzw. ihre Verlängerungen) im **Höhenschnittpunkt H**.
H, U und S liegen auf der **eulerschen Geraden**.

Jedes **gleichschenklige** Dreieck hat **eine Symmetrieachse**.
Jedes **gleichseitige** Dreieck hat **drei Symmetrieachsen**.

Im **rechtwinkligen** Dreieck heißen die beiden Seiten, die den **rechten** Winkel **einschließen**, **Katheten**. Die Seite, die dem rechten Winkel **gegenüberliegt**, heißt **Hypotenuse**.
Die **beiden Winkel** an der **Hypotenuse** eines **rechtwinkligen Dreiecks ergänzen einander auf 90°** (**Komplementärwinkel**). Der **Flächeninhalt** eines rechtwinkligen Dreiecks lässt sich mittels $A = \frac{a \cdot b}{2}$ berechnen. Dabei sind a und b die **Kathetenlängen** des Dreiecks.
Satz von Thales: Alle einem Kreis eingeschriebenen Dreiecke, bei denen eine Seite mit dem Durchmesser AB übereinstimmt, sind rechtwinklig. Umgekehrt liegt jeder Punkt P, für den der Winkel ∢APB = 90° ist, auf der Kreislinie.

Wissensstraße

Lernziele: Ich kann ...

- **Z 1:** die Winkelsumme im Dreieck angeben.
- **Z 2:** Dreiecke mit Hilfe von SSS, WSW, SWS, SsW konstruieren bzw. beurteilen, ob Dreiecke (eindeutig) konstruierbar sind.
- **Z 3:** die merkwürdigen Punkte H, U, S und I in einem Dreieck konstruieren.
- **Z 4:** Hypotenuse und Katheten im rechtwinkligen Dreieck erkennen.
- **Z 5:** den Flächeninhalt eines rechtwinkligen Dreiecks sowie zusammengesetzter Figuren berechnen.
- **Z 6:** den Satz des Thales angeben und anwenden.

867
1) Konstruiere das Dreieck ABC mit $a = 6{,}5$ cm, $b = 4{,}9$ cm, $\gamma = 102°$ und seinen Umkreismittelpunkt!
2) Zeichne den Umkreis! Wie groß ist der Umkreisradius?
Z 2, Z 3

868
1) Konstruiere das Dreieck ABC mit $a = 7{,}5$ cm, $b = 6{,}2$ cm, $\alpha = 64°$ und seinen Inkreismittelpunkt!
2) Zeichne den Inkreis! Wie groß ist der Inkreisradius?
Z 2, Z 3

869
1) Zeichne das Dreieck ABC [A = (6|4), B = (8|9), C = (1|8)]!
2) Konstruiere den Schwerpunkt des Dreiecks! Wie lauten seine Koordinaten?
Z 2, Z 3

870
1) Konstruiere das Dreieck ABC mit $a = 72$ mm, $b = 84$ mm, $c = 93$ mm!
2) Zeichne die Höhen h_a, h_b und h_c und gib ihre Längen an!
Z 2, Z 3

871
Von einem dreieckigen Grundstück PQR kennt man $\overline{PQ} = 246$ m, $\overline{RP} = 142$ m, $\sphericalangle QPR = 67°$.
1) Zeichne das Grundstück im Maßstab 1 : 2 000!
2) Wie lang ist der Umfang des Grundstücks in Wirklichkeit?
Z 2

872
1) Konstruiere das gleichschenklige Dreieck ABC (a = b) mit $a = 6{,}6$ cm und $\gamma = 102°$!
2) Wie groß müssen die Winkel α und β sein? Rechne und kontrolliere durch Messen!
3) Konstruiere die merkwürdigen Punkte H und S!
Z 1, Z 2, Z 3

873
1) Konstruiere das rechtwinklige Dreieck ABC ($\gamma = 90°$) mit $c = 8{,}2$ cm und $\beta = 39°$ mit Hilfe des Satzes von Thales!
2) Miss die Längen der Katheten und berechne den Flächeninhalt des Dreiecks!
3) Wie groß muss der Winkel α sein? Rechne und überprüfe durch Messen!
4) Konstruiere Inkreis und Umkreis und gib ihre Radien an!
Z 1, Z 3, Z 5, Z 6

874
1) Beschrifte im blauen Dreieck die Hypothenuse und die Katheten!
2) Zeichne im blauen Dreieck den „Thales-Kreis" ein!
3) Berechne den Flächeninhalt des gesamten Dreiecks, indem du rechtwinklige Dreiecke verwendest!
Z 4, Z 5, Z 6

I Vierecke und Vielecke

Vierecke und Vielecke

Schönheit in der Mathematik

Der Parthenon in Athen passt mit seinem rekonstruierten Giebel fast genau in ein Goldenes Rechteck. Miss nach, ob das stimmt!

Wann ist eine Figur schön? Eine Frage, die mehr die Kunst betrifft als die Mathematik, könnte man meinen. Aber auch in der Mathematik gibt es den Begriff der Schönheit. Vor allem in der Geometrie hat Schönheit sicher mit Symmetrie zu tun. Das Quadrat ist ein schönes Viereck, denn es ist bezüglich seiner Diagonalen spiegelsymmetrisch. Man kann es aber auch an einer Achse spiegeln, die zwei gegenüberliegende Seitenmitten verbindet. Allerdings empfinden viele Menschen jenes „Goldene Rechteck" schöner, dessen Länge um etwa 62% größer ist als die Breite. Dies entspricht in etwa dem berühmten „Goldenen Schnitt". Viele Künstlerinnen und Künstler setzen auch heute noch den „Goldenen Schnitt" ein.

Regelmäßige Vielecke

Das Quadrat wird wegen seiner Eigenschaften auch regelmäßiges Viereck genannt. Ebenso nennt man das gleichseitige Dreieck regelmäßiges Dreieck. Den Griechen gelang es auch, regelmäßige Sechsecke, regelmäßige Achtecke und regelmäßige Zwölfecke nur mit Zirkel und Lineal zu konstruieren. Viele Bauwerke und Gebrauchsgegenstände haben die Form regelmäßiger Sechs- oder Achtecke.

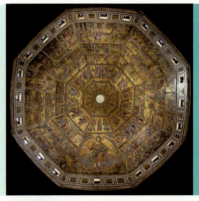

Regelmäßiges Achteck im Baptisterium in Florenz, Italien

Das geheimnisvolle Pentagramm

In der Natur findet man relativ häufig regelmäßige Fünfecke. Eine der glänzendsten Leistungen der antiken Mathematik war es, herauszufinden, wie man mit Zirkel und Lineal ein regelmäßiges Fünfeck konstruieren kann. Geheimnisvoll ist die Figur, die entsteht, wenn man nur die Diagonalen des Fünfecks betrachtet. Dieser fünfeckige Stern heißt Pentagramm und schließt selbst wieder ein regelmäßiges Fünfeck ein. Auch darin kann man die Diagonalen zeichnen. Wieder entsteht ein kleines, nun auf den Kopf gestelltes Pentagramm, das wieder ein regelmäßiges Fünfeck in sich trägt, usw.

I

Der siebeneckige Turm der Kirche Maria am Gestade, Wien

Gauß und das Siebzehneck

Welche regelmäßigen Vielecke man überhaupt mit Zirkel und Lineal konstruieren kann, blieb über zwei Jahrtausende hindurch ein großes Rätsel der Mathematik. Der mathematisch überaus talentierte Carl Friedrich Gauß fand heraus, dass es niemals gelingen wird, das regelmäßige Siebeneck exakt nur mit Zirkel und Lineal zu konstruieren; ebenso das regelmäßige Neuneck, das Elfeck, das Dreizehneck und das Vierzehneck. Trotzdem gibt es in Wien einen siebeneckigen Turm (siehe Bild oben)!

Gauß gelang es aber, mit Zirkel und Lineal das regelmäßige Siebzehneck zu konstruieren. Er führte sogar ausführlich vor, wie man diese schrecklich komplizierte Konstruktion durchzuführen hat. Gauß war von dieser seiner Erkenntnis so begeistert, dass er noch als alter Mann behauptete, dies sei der größte Geniestreich seines Lebens gewesen.

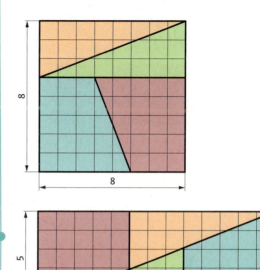

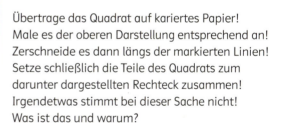

Übertrage das Quadrat auf kariertes Papier! Male es der oberen Darstellung entsprechend an! Zerschneide es dann längs der markierten Linien! Setze schließlich die Teile des Quadrats zum darunter dargestellten Rechteck zusammen! Irgendetwas stimmt bei dieser Sache nicht! Was ist das und warum?

Worum geht es in diesem Abschnitt?

- Arten und Eigenschaften verschiedener Vierecke
- Konstruktion von Vierecken
- Arten und Eigenschaften regelmäßiger Vielecke
- Konstruktion regelmäßiger Vielecke

I1 Vierecke und Vielecke

1 Quadrat und Rechteck

interaktive
Vorübung
qt7d57

AH S. 64

Lilly, Leon und Samuel diskutieren, welche Schokolade von Zotter ihnen besser schmeckt.
Lillys Lieblingsschokolade ist die Mitzi-Blue-Schokolade „weiße Göttin". Samuel mag Krokant lieber. Leon meint nur: „Mir schmeckt jede Schokolade gleich gut! Sie unterscheiden sich sowieso nur durch die Form der Verpackung. Die Mitzi-Blue-Schokolade „weiße Göttin" hat die Form eines _____ und die andere Schokolade die Form eines _____."

Quadrat und Rechteck sind dir bereits aus der Volksschule und der 1. Klasse bekannt.

Quadrat

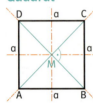

Eigenschaften:
- vier gleich lange Seiten, die normal aufeinander stehen
- gleich lange Diagonalen, die normal aufeinander stehen und einander halbieren
- Inkreis und Umkreis
- vier Symmetrieachsen

Rechteck

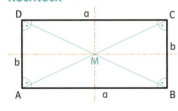

Eigenschaften:
- gegenüberliegende Seiten sind gleich lang und parallel
- vier rechte Winkel
- gleich lange Diagonalen, die einander halbieren
- Umkreis
- zwei Symmetrieachsen

 875 Lilly behauptet: „Die Mitzi-Blue-Schokolade hat nicht nur die Form eines Quadrats, sondern auch die eines Rechtecks!" Stimmt ihre Behauptung? Begründe mit Hilfe der oben aufgezählten Eigenschaften!

 876 Zeichne das Quadrat ABCD und berechne seinen Flächeninhalt!
a) Diagonalenlänge $d = 44$ mm   c) Umkreisradius $r = 40$ mm
b) Diagonalenlänge $d = 76$ mm   d) Umkreisradius $r = 55$ mm
Anleitung: Die Diagonalen teilen das Quadrat ABCD in vier kongruente gleichschenklig-rechtwinklige Dreiecke (→ Figur rechts).

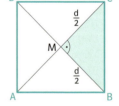

877

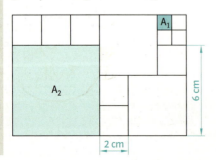

Das links abgebildete Rechteck setzt sich aus lauter Quadraten zusammen.
Wie groß ist der Flächeninhalt **1)** des Quadrats A_1, **2)** des Quadrats A_2, **3)** des gesamten Rechtecks?

2 Raute und Parallelogramm

2.1 Raute (Rhombus)

interaktive
Vorübung
x74xm4

AH S. 64

Samuels Lieblingssportmannschaft hat die Meisterschaft gewonnen. Vor Freude klebt er ein Logo der Mannschaft auf sein Mathematikheft. Dabei fällt ihm auf, dass in der Mitte Vierecke abgebildet sind. Samuel nimmt sein Geodreieck und stellt fest, dass die gegenüberliegenden Seiten der Vierecke parallel sind.

Dann misst er auch noch die Längen der vier Seiten.

Seite 1: ____ mm, Seite 2: ____ mm

Seite 3: ____ mm, Seite 4: ____ mm

So ein besonderes Viereck heißt Raute.

Raute (Rhombus)

Ein Viereck mit **vier gleich langen und je zwei gegenüberliegenden parallelen** Seiten heißt **Raute** oder **Rhombus**.

Eigenschaften

Die Beschriftung der Raute erfolgt wie beim Quadrat (Figur rechts).
Die **Diagonalen e = AC** und **f = BD stehen normal aufeinander** und **halbieren einander**.
Die Raute ABCD ist **bezüglich** ihrer **Diagonalen e und f symmetrisch**.

Da die Diagonalen e und f auf den Symmetrieachsen der Raute liegen, sind sie auch **Winkelsymmetralen**.
Ihr Schnittpunkt M (der **Mittelpunkt der Raute**) hat von allen vier Seiten den **gleichen Abstand**.
Man kann daher einen Kreis um den Mittelpunkt ziehen, der alle vier Seiten berührt. Jede **Raute** besitzt also einen **Inkreis**.

Winkel in der Raute

1. Je zwei **gegenüberliegende Winkel** sind **gleich groß**.
   $\alpha = \gamma$, $\beta = \delta$
2. Je zwei **benachbarte Winkel** ergeben zusammen 180°.
   $\alpha + \beta = 180°$, $\gamma + \delta = 180°$; $\alpha + \delta = 180°$, $\beta + \gamma = 180°$
3. Die **Summe** aller **vier Winkel** beträgt **360°**.
   $\alpha + \beta + \gamma + \delta = 360°$

Eigenschaften der Raute

Jede Raute ist **symmetrisch** bezüglich ihrer beiden **Diagonalen**.
Die **Diagonalen halbieren** einander und stehen **aufeinander normal**.
Jede Raute besitzt einen **Inkreis**. Sein **Mittelpunkt** ist der **Schnittpunkt der Diagonalen**.
Gegenüberliegende Winkel sind **gleich groß**.
Benachbarte Winkel ergeben zusammen **180°**. Die **Winkelsumme** beträgt **360°**.

12 Vierecke und Vielecke

878 Der Winkel α einer Raute ABCD ist gegeben! Gib die Größe des gesuchten Winkels an!
a) α = 75°   b) α = 128°   c) α = 9,7°   d) α = 57,4°   e) α = 146,72°
β =   γ =   δ = $\frac{\beta}{2}$ = $\frac{\gamma}{4}$ =

879 Konstruiere die gegebene Raute ABCD!
Zeichne den Inkreis und gib den Inkreisradius an!
a) a = 57 mm, α = 120°   d) a = 71 mm, f = 48 mm   g) f = 66 mm, β = 133°
b) a = 55 mm, β = 58°   e) e = 94 mm, f = 66 mm   h) e = 106 mm, β = 125°
c) a = 67 mm, e = 118 mm   f) e = 60 mm, α = 75°   i) f = 72 mm, α = 80°

Berechnung des Flächeninhalts

880 Zeichne eine Raute ABCD, deren Diagonalen e und f gegeben sind! Berechne seinen Flächeninhalt!
a) e = 56 mm, f = 68 mm   b) e = 112 mm, f = 42 mm

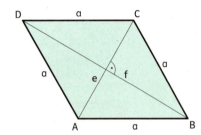

> **Tipp**
> Berechne den Flächeninhalt eines der vier gleich großen, rechtwinkligen Dreiecke!

881 a) Welche Angabe fehlt/Angaben fehlen noch, um eine Raute eindeutig zeichnen zu können? Gibt es jeweils mehrere Möglichkeiten?
1) a = 5,6 cm   2) α = 65°   3) β = 133°   4) a = 4 cm

b) Gibt es ein Viereck, das man nur mit einem Bestimmungsstück konstruieren kann?
Wenn ja, welche Angabe(n) von **a)** können dazu verwendet werden?

882 1) Kreuze in der Tabelle die zutreffenden Eigenschaften von Quadrat und Raute an!

		Raute	Quadrat
A	Je zwei gegenüberliegende Seiten sind parallel	O	O
B	Hat einen Inkreis	O	O
C	Hat einen Umkreis	O	O
D	Symmetrisch bezüglich beider Diagonalen	O	O
E	Hat vier rechte Winkel	O	O
F	Diagonalen halbieren einander	O	O
G	Diagonalen stehen normal aufeinander	O	O
H	Winkelsumme beträgt 360°	O	O
I	Es gibt vier Symmetrieachsen	O	O

Sprachbaustein
- Beim Quadrat handelt es sich um eine Raute, da es wie die Raute ___ hat.
- Bei einem Quadrat kann man ebenso von einer Raute sprechen, weil es ___ hat.
- Raute und Quadrat haben die folgenden Eigenschaften gemeinsam:…
- Da die Raute aber im Allgemeinen keine/n ___ hat, handelt es sich nicht um ein Quadrat.

2) „Ein Quadrat ist eine Sonderform der Raute. Eine Raute ist aber im Allgemeinen kein Quadrat." Begründe diesen Satz mit Hilfe der Tabelle oben bzw. des **Sprachbausteins**!

3) Begründe, ob auch das Rechteck eine Sonderform der Raute ist!

Raute und Parallelogramm I2

2.2 Allgemeines Parallelogramm

Verena und ihre Oma gehen in Hamburg an der Elbe spazieren. Dabei sehen sie ein besonderes Gebäude. Leider haben sie den Reiseführer im Hotel vergessen. Verena findet, dass es wie ein besonderes Viereck aussieht, bei dem die gegenüberliegenden Seiten parallel sind.

Um später nachschauen zu können, um welches Gebäude es sich handelt, fertigt Verena eine Skizze an:

Vervollständige Verenas Skizze!
Im Hotel finden sie heraus, dass das Gebäude „Dockland" heißt und als Bürogebäude genutzt wird.

Parallelogramm

Ein Viereck, bei dem **je zwei gegenüberliegende Seiten parallel und gleich lang sind**, heißt **Parallelogramm**.

Verschiedene Arten von Parallelogrammen

Neben dem (allgemeinen) Parallelogramm gibt es auch **besondere** Parallelogramme.

Raute: vier gleich lange Seiten.
Rechteck: die benachbarten Seiten bilden einen **rechten Winkel**.
Quadrat: **vier gleich lange Seiten** und **vier rechte Winkel**.

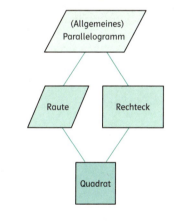

Weitere Eigenschaften des Parallelogramms

Die **Beschriftung** des Parallelogramms erfolgt wie beim **Rechteck** (→ Figur unten).

Jedes Parallelogramm ABCD hat zwei Diagonalen AC = e und BD = f.
Ihren Schnittpunkt bezeichnet man mit M.
Die **Diagonalen halbieren** einander.
Die Begründung dafür sollst du in Aufgabe 885 geben.

Für die Winkel im Parallelogramm gilt derselbe Zusammenhang wie bei der Raute.

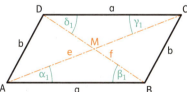

Eigenschaften des Parallelogramms

Parallele Seiten sind jeweils **gleich lang**.
Gegenüberliegende Winkel sind jeweils **gleich groß**.
Zwei **Winkel**, die einer Seite **anliegen**, **ergänzen** einander **auf 180°**.
Die **Winkelsumme** beträgt **360°**.
Die **Diagonalen halbieren** einander.

225

12 Vierecke und Vielecke

883 Die Figur rechts zeigt Wege, die einander kreuzen. Kennzeichne mit Farbstift, wo man in dieser Zeichnung Parallelogramme erkennen kann!

884 Gib Beispiele für Gegenstände oder Figuren an, die an die Form eines Parallelogramms erinnern!

885 Betrachte das Parallelogramm von S. 225! Begründe, dass die Dreiecke ABM und CDM bzw. AMD und BCM kongruent sind!

886 Vervollständige die Beschriftung des Parallelogramms ABCD!

a) 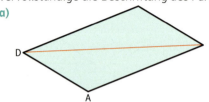   b)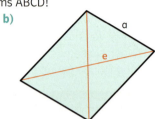

Konstruktion eines Parallelogrammes, von dem a, b und α gegeben sind

	1. Seite a zeichnen 2. Winkel α mit dem Scheitel A zeichnen	3. Länge der Seite b abschlagen und Punkt D beschriften 4. Seite a durch Punkt D und Seite d (b) durch Punkt B parallel verschieben	5. Parallelogramm fertig beschriften
Skizze: 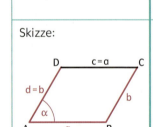		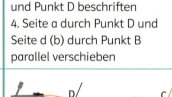	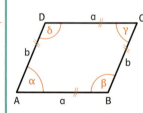
		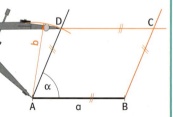	

887 Konstruiere das Parallelogramm ABCD!

a) $a = 55\,mm$, $b = 27\,mm$, $\alpha = 63°$
b) $a = 34\,mm$, $b = 53\,mm$, $\alpha = 140°$
c) $a = 77\,mm$, $b = 46\,mm$, $e = 95\,mm$
d) $a = 74\,mm$, $b = 52\,mm$, $f = 55\,mm$
e) $a = 43\,mm$, $e = 67\,mm$, $\beta = 135°$
f) $a = 38\,mm$, $f = 45\,mm$, $\alpha = 65°$
g) $e = 40\,mm$, $f = 88\,mm$, $\sphericalangle AMD = 66°$
h) $e = 110\,mm$, $f = 60\,mm$, $\sphericalangle AMD = 134°$

Tipp Markiere in der Skizze die gegebenen Bestimmungsstücke in Farbe!

888 Welche Angaben bzw. Bestimmungsstücke sind nötig, um ein allgemeines Parallelogramm eindeutig konstruieren zu können?

Hinweis Überlege, dass es zB genügt, das Dreieck ABC konstruieren zu können!

889 Kreuze die Angaben an, mit denen man ein Parallelogramm eindeutig konstruieren kann!

○ **A** $a = 12\,cm$, $b = 14\,cm$, $\alpha = 240°$
○ **B** $\alpha = 130°$, $\beta = 70°$, $b = 100\,mm$
○ **C** $a = 4{,}5\,cm$, $e = 8{,}5\,cm$, $\beta = 115°$
○ **D** $e = 55\,mm$, $f = 88\,mm$
○ **E** $a = 87\,m$, $b = 48\,mm$, $e = 105\,mm$

Raute und Parallelogramm I2

890 Zeichne vier beliebige (allgemeine) Parallelogramme!
a) Versuche, ob du einen Kreis zeichnen kannst, der durch alle vier Eckpunkte eines Parallelogramms geht! Gibt es einen Umkreis?
b) Überprüfe, ob alle Parallelogramme einen Inkreis besitzen!
c) Wie müsste ein Parallelogramm aussehen, das 1) einen Umkreis, 2) einen Inkreis, 3) einen Umkreis und einen Inkreis besitzt?

891 1) Kreuze jeweils die zutreffenden Eigenschaften an!

	Parallelogramm	Rechteck
Je zwei gegenüberliegenden Seiten sind parallel	○	○
Hat einen Umkreis	○	○
Vier rechte Winkel	○	○
Diagonalen halbieren einander	○	○
Winkelsumme beträgt 360°	○	○
Es gibt zwei Symmetrieachsen	○	○
Parallele Seiten sind jeweils gleich lang	○	○

2) Argumentiere, warum das Rechteck als Parallelogramm bezeichnet werden kann, dies aber umgekehrt im Allgemeinen nicht gilt!

Tipp
Ein Sprachbaustein, der dir helfen kann, ist auf S. 224 zu finden.

Berechnen von Flächeninhalten

Beispiel

Das Parallelogramm ABCD ist in einem Koordinatensystem festgelegt (→ Figur rechts). Berechne seinen Flächeninhalt!
Das Parallelogramm ABCD lässt sich in ein Rechteck und zwei rechtwinklige Dreiecke unterteilen.
$A = A_I + A_{II} + A_{III}$
$\frac{2 \cdot 2}{2} + 1 \cdot 2 + \frac{2 \cdot 2}{2} = 2 + 2 + 2 = 6$
Das Parallelogramm hat einen Flächeninhalt von **6 cm²**.

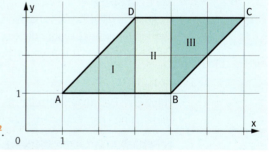

892 1) Zeichne das durch die Koordinaten dreier Eckpunkte festgelegte Parallelogramm ABCD!
2) Gib den vierten Eckpunkt an!
3) Berechne den Flächeninhalt!
a) A = (0|0), B = (5|0), C = (7|6)
b) A = (2|1), B = (6|1), D = (0|5)
c) A = (2|0), C = (7|7), D = (3|7)
d) B = (6|0), C = (4|7), D = (1|7)

Tipp
Um die Koordinaten des nicht gegebenen Eckpunktes zu finden, zähle auf kariertem Papier die Kästchen (K), wobei 1 E = $\overline{01}$ = 2 K!

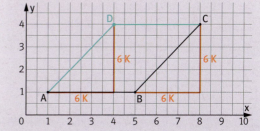

893 Zeichne in einem Koordinatensystem ein selbstgewähltes Parallelogramm und berechne seinen Flächeninhalt!

13 Vierecke und Vielecke

3 Drachen (Deltoid)

interaktive Vorübung
m2vd44

AH S. 66

Andreas will Drachensteigen gehen und dafür selbst einen Drachen bauen. Er weiß, dass viele Drachen die Gestalt eines besonderen Vierecks haben. Hilf Andreas und zähle die wesentlichen Eigenschaften des Vierecks auf, die du im Foto erkennen kannst!

Das Viereck, das den Drachen in dem Foto idealisiert darstellt, heißt auch **Drachen** oder **Deltoid**. Es setzt sich aus **zwei gleichschenkligen Dreiecken** zusammen, die eine gemeinsame Basis haben.

Beschriftung und Symmetrieeigenschaften

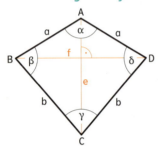

Die Beschriftung beim Drachen beginnt üblicherweise anders als bei den anderen Vierecken (→ Figur links).
Die Diagonale e = AC verbindet die Schnittpunkte der jeweils gleich langen Seiten.
Diese Diagonale e ist die Symmetrieachse des ganzen Drachens und halbiert sowohl die Winkel α und γ als auch die Diagonale f = BD.
Aus der Symmetrie folgt, dass β = δ ist.
e und f stehen aufeinander normal: e ⊥ f

Inkreis

Die Diagonale e ist die Winkelsymmetrale von α und γ. Wegen der Symmetrie des Drachens müssen die **Winkelsymmetralen** von β und δ einander auf der Diagonale e schneiden.
Dieser Schnittpunkt ist demnach von allen vier Seiten des Drachens gleich weit entfernt. Er ist daher **Mittelpunkt des Inkreises** (→ Figur rechts).
Hinweis Der Inkreismittelpunkt des Drachens stimmt im Allgemeinen nicht mit dem Schnittpunkt der Diagonalen überein.

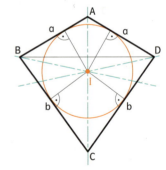

> **Eigenschaften des Drachens**
>
> Der **Drachen** hat **zwei Paar gleich lange Seiten**, die jeweils **nebeneinander** liegen.
> Der **Drachen** besitzt eine Symmetrieachse und einen **Inkreis**. Sein **Mittelpunkt** liegt **auf der Symmetrieachse**.

894 Welche der dargestellten Vierecke sind Drachen? Gib eine Begründung an!

1)   2)    3)   4) 5)

895 Zeichne drei beliebige Drachen! Beginne jeweils mit den Diagonalen!

Drachen (Deltoid) 13

Konstruktion eines Drachens, wenn a, b und e gegeben sind

Skizze	Diagonale e mit dem Geodreieck zeichnen	Seitenlänge a vom Punkt A und Seitenlänge b vom Punkt C nach beiden Seiten abschlagen	Drachen fertigzeichnen und beschriften

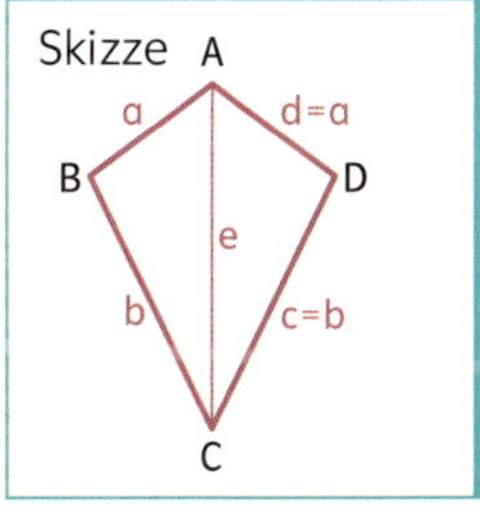

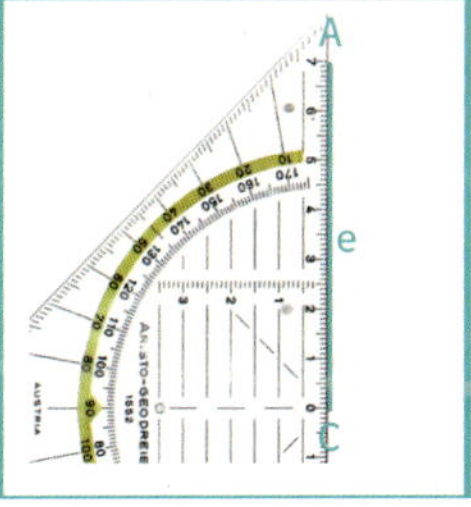

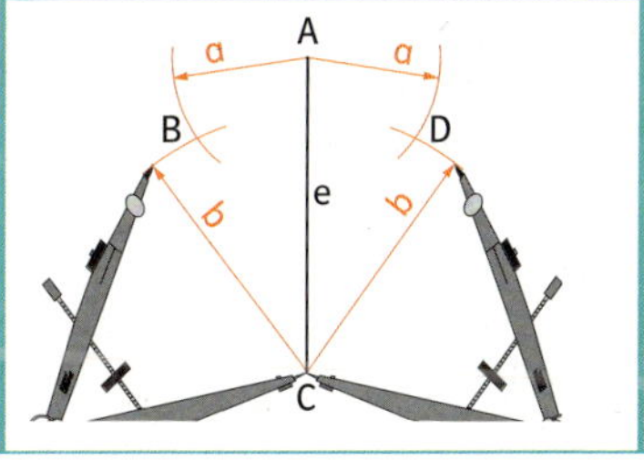

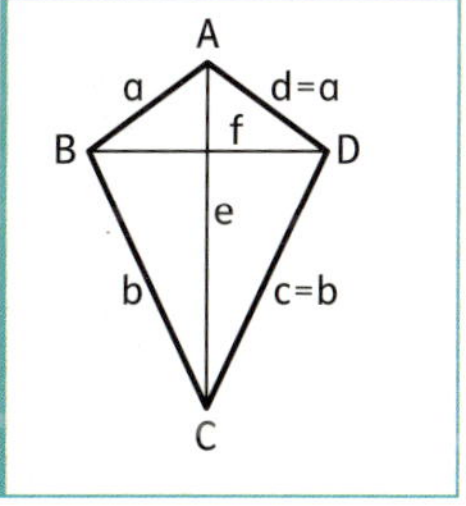

896 Konstruiere den Drachen ABCD aus den gegebenen Bestimmungsstücken! Zeichne dann den Inkreis des Drachens und gib seinen Radius an!
a) a = 4,5 cm, b = 6,0 cm, e = 9,0 cm
b) a = 54 mm, b = 71 mm, γ = 45°
c) a = 71 mm, b = 45 mm, δ = 135°
d) b = 75 mm, e = 90 mm, γ = 49°
e) b = 65 mm, f = 75 mm, δ = 80°
f) b = 84 mm, α = 90°, β = 105°

897 Wie viele Bestimmungsstücke braucht man für die Konstruktion eines Drachens? Begründe deine Antwort!

898 Welche Eigenschaften treffen auf einen Drachen (Deltoid) zu? Kreuze an!
○ A Er hat einen Inkreis.
○ B Er hat einen Umkreis.
○ C Je zwei Seiten sind gleich lang.
○ D e ⊥ f
○ E Es gibt zwei Symmetrieachsen.

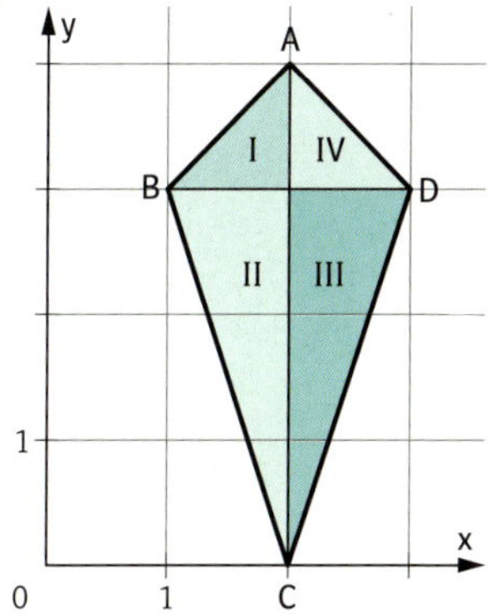

Berechnen von Flächeninhalten

899 Berechne den Flächeninhalt des rechts dargestellten Drachens!
Hinweis Zerlege den Drachen mit Hilfe seiner Diagonalen in vier rechtwinklige Dreiecke!

900 Zeichne den durch seine Eckpunkte gegebenen Drachen ABCD in einem Koordinatensystem!
Gib die Koordinaten des vierten Eckpunktes an und berechne den Flächeninhalt (→ Aufgabe 899)!
a) A = (4|7), B = (0|4), C = (4|0)
b) A = (0|4), C = (9|4), D = (4,5|7)
c) A = (0|5), B = (5|1), C = (7|5)
d) A = (1|4), B = (1|2), C = (5|0)

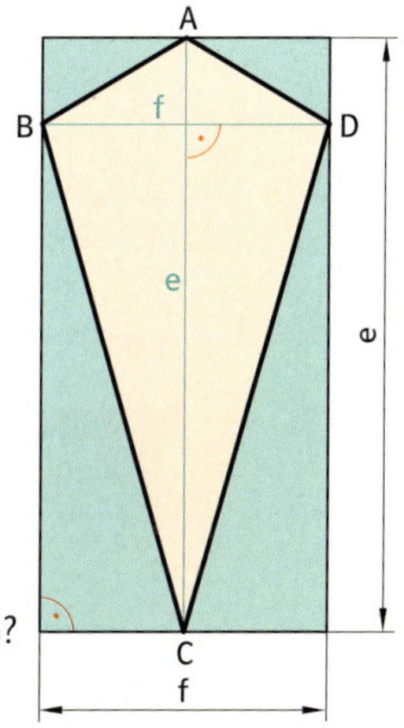

901 1) Konstruiere den gegebenen Drachen ABCD!
2) Berechne den Flächeninhalt des Drachens!

Hinweis Ergänze den Drachen wie in der Figur rechts zu einem Rechteck!

3) Wie hängt der Flächeninhalt des Rechtecks mit dem des Drachens zusammen?
a) e = 10 cm, f = 5 cm, α = 120°
b) a = 4 cm, e = 7 cm, f = 6 cm

Arbeitsblatt Plus
qj29vw
229

4 Trapez

interaktive
Vorübung
9xj936

AH S. 67

4.1 Gleichschenkliges Trapez

Valentins Großeltern waren auf Urlaub in Deutschland. Sie haben viele Fotos gemacht und zeigen sie Valentin. Ihm gefällt das Bild eines Fachwerkhauses in Vellberg besonders gut. Sein Großvater erklärt Valentin, dass die Vierecke mit **zwei parallelen Seiten** und zwei im Allgemeinen nicht parallelen, aber **gleich langen Seiten** gleichschenklige Trapeze heißen. Sie schließen eine Wette darüber ab, wer auf dem Foto mehr gleichschenklige Trapeze erkennen kann. Finde und markiere mindestens vier gleichschenklige Trapeze im Bild!

Die Figur rechts zeigt die Grundform des **gleichschenkligen Trapezes**. Die im Allgemeinen nicht parallelen Seiten des Trapezes nennt man **Schenkel**. In der Abbildung sind die Seiten a = AB und c = CD die so genannten **Parallelseiten**, b = BC und d = AD sind die **gleich langen Schenkel** des Trapezes.
Gleichschenklige Trapeze haben eine Symmetrieachse.

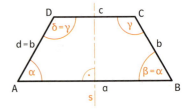

Winkel
Aus der Symmetrie des gleichschenkligen Trapezes folgt neben b = d auch α = β bzw. γ = δ.
Die **Winkel an den Parallelseiten** sind daher jeweils **gleich groß**.
Die **Winkel an den Schenkeln** ergänzen einander auf **180°**.

Diagonalen
Die Diagonale AC wird mit e, die Diagonale BD mit f bezeichnet. Du kannst auf Grund der Symmetrie erkennen: Die **Diagonalen** des **gleichschenkligen Trapezes** sind gleich lang. Ihr Schnittpunkt liegt auf der Symmetrieachse.

Umkreis des gleichschenkligen Trapezes
Die Streckensymmetralen von BC und AD schneiden einander wegen der Symmetrie auf der Symmetrieachse des Trapezes. Die Symmetrieachse ist auch die Streckensymmetrale der beiden Parallelseiten.
Der Schnittpunkt **U** der Streckensymmetralen ist von allen vier Eckpunkten gleich weit entfernt. Er ist der Mittelpunkt des **Umkreises**.

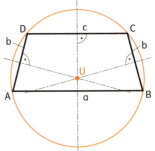

> **Eigenschaften des gleichschenkligen Trapezes**
>
> Die **Winkel an den Parallelseiten** sind jeweils **gleich groß**.
> Jedes **gleichschenklige Trapez** besitzt eine **Symmetrieachse** und einen **Umkreis**. Der **Umkreismittelpunkt** liegt auf der **Symmetrieachse** des Trapezes.
> Die **Diagonalen** des **gleichschenkligen Trapezes** sind **gleich lang**. Sie schneiden einander auf der Symmetrieachse.

Trapez I 4

902 Nebenstehend ist ein Teil eines Hausdaches abgebildet. Dieser Teil hat die Form eines gleichschenkligen Trapezes. Fertige eine Zeichnung im Maßstab 1:100 an!

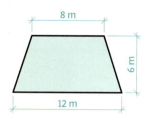

903
1) Konstruiere das gleichschenklige Trapez ABCD aus den gegebenen Bestimmungsstücken!
2) Schreibe Schritt für Schritt auf, wie du das Trapez konstruiert hast! Verwende als Vorlage die Anleitung auf Seite 226!
3) Zeichne den Umkreis und gib den Umkreisradius an!
a) a = 95 mm, b = 48 mm, e = 84 mm
b) b = 47 mm, c = 47 mm, γ = 65°
c) b = 5,5 cm, c = 6,5 cm, γ = 60°
d) b = 5,7 cm, c = 4,5 cm, f = 8,8 cm

904 Konstruiere das gleichschenklige Trapez ABCD aus den gegebenen Bestimmungsstücken!
a) a = 75 mm, α = 63°, h = 34 mm
b) c = 41 mm, γ = 110°, h = 41 mm
c) a = 100 mm, b = 58 mm, f = 90 mm
d) a = 70 mm, b = 30 mm, e = 50 mm

Hinweis zu a), b): Zeichne zuerst die Seite a bzw. c und dann eine Parallele im Abstand h!

905 Welches Viereck ist auch ein gleichschenkliges Trapez? Kreuze an und begründe deine Wahl!
○ A Quadrat   ○ B Rechteck   ○ C Raute   ○ D Parallelogramm

906 Kreuze alle Eigenschaften an, die auf das gleichschenklige Trapez zutreffen.
○ A Es hat zwei parallele Seiten.
○ B Es hat eine Symmetrieachse.
○ C Die Diagonalen halbieren einander.
○ D Es hat einen Umkreis.
○ E Die Schenkel sind gleich lang.

907

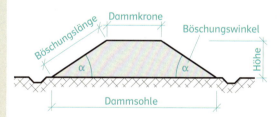

Konstruiere den Querschnitt des Dammes im gegebenen Maßstab! Entnimm die Bedeutung der Bezeichnungen der Figur!
a) Dammkrone 6,0 m, Höhe 4,0 m, Böschungslänge je 8,0 m; Maßstab 1:200
b) Dammkrone 5,80 m, Höhe 8,00 m, Böschungswinkel je 40°; Maßstab 1:200

908 Konstruiere den Querschnitt des Kanals im gegebenen Maßstab! Entnimm die Bedeutungen der Bezeichnungen der Figur!
a) Sohlbreite 3,0 m, Tiefe 3,0 m, Spiegelbreite 5,0 m; Maßstab 1:50
b) Sohlbreite 10,0 m, Tiefe 4,0 m, Spiegelbreite 24,0 m; Maßstab 1:200

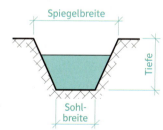

909 Bei welchen Vierecken handelt es sich um ein gleichschenkliges Trapez? Kreuze an und begründe!

○ A    ○ B    ○ C    ○ D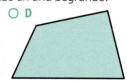

4.2 Allgemeines Trapez

Zuhause entdeckt Valentin, dass auch auf einem Zierkissen Trapeze abgebildet sind.
Allerdings haben nicht alle Trapeze gleich lange Schenkel.
Ein Viereck mit nur **zwei parallelen Seiten** wird **allgemeines Trapez** genannt.
Markiere auf dem Zierkissen fünf gleichschenklige Trapeze in rot und fünf allgemeine (nicht gleichschenklige) Trapeze in blau!

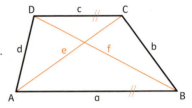

Die Figur rechts zeigt die Grundform eines **allgemeinen Trapezes**.
In der Abbildung sind die Seiten a = AB und c = CD die so genannten Parallelseiten, die Seiten b = BC und d = AD die **Schenkel** des Trapezes.
Die Diagonalen werden wie beim gleichschenkligen Trapez mit e = AC und f = BD bezeichnet.

Winkel

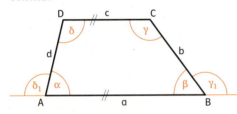

In jedem Trapez ergeben die beiden Winkel, die einem Schenkel anliegen, zusammen 180°.
Es gilt also: α + δ = 180° und β + γ = 180°.
Die Winkelsumme im Trapez beträgt daher 360°.

Eigenschaften des Trapezes

Das **Trapez** ist ein Viereck mit **zwei parallelen Seiten**.
Die beiden **Winkel, die einem Schenkel anliegen**, ergeben zusammen **180°**.
Die **Winkelsumme** im Trapez beträgt **360°**.

 910
1) Beschrifte das abgebildete Trapez ABCD vollständig!
2) Gib die zwei Winkel an, die die Diagonalen miteinander einschließen!

a) 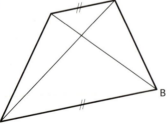   b)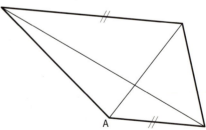

 911 Kreuze die Vierecke an, die auch Trapeze sind!
○ **A** Rechteck   ○ **B** Parallelogramm   ○ **C** Quadrat   ○ **D** Raute   ○ **E** Drache

 912 Welches der Vierecke aus Aufgabe 909 ist ein Trapez, das nicht gleichschenklig ist?

Trapez 14

Konstruktion eines Trapezes, wenn a, c, d und α gegeben sind, AB ∥ CD

Skizze:	Seite a zeichnen	Winkel α mit dem Scheitel A zeichnen und Länge der Seite d abschlagen	Seite a durch Punkt D parallelverschieben, Länge der Seite c abschlagen	Seite b ergänzen und Trapez beschriften

913 Konstruiere das Trapez ABCD aus den gegebenen Bestimmungsstücken!
  a) $a = 105\,mm$, $d = 63\,mm$, $\alpha = 75°$, $\beta = 60°$ c) $a = 112\,mm$, $b = 40\,mm$, $\alpha = 77°$, $\beta = 60°$
  b) $a = 95\,mm$, $f = 162\,mm$, $\alpha = 119°$, $\beta = 55°$

914 Konstruiere das Trapez ABCD, von dem alle vier Seiten gegeben sind!
  a) $a = 136\,mm$, $b = 91\,mm$, $c = 34\,mm$, $d = 65\,mm$
  b) $a = 125\,mm$, $b = 65\,mm$, $c = 44\,mm$, $d = 82\,mm$

Hinweis Zeichne zuerst das Dreieck EBC, das durch Parallelverschieben der Seite AD durch den Punkt C entsteht!

915 Welche zwei Eigenschaften müssen für ein allgemeines Trapez erfüllt sein? Kreuze an!
  ○ A Es ist ein Viereck.
  ○ B Zwei Seiten sind gleich lang.
  ○ C Das Trapez muss zwei rechte Winkel haben.
  ○ D Zwei Seiten sind parallel.
  ○ E Die Diagonalen sind gleich lang.

Berechnen von Flächeninhalten

916 Lies die Koordinaten der Eckpunkte des rechts abgebildeten Trapezes ABCD ab!
Berechne den Flächeninhalt des Trapezes!
Anleitung: Unterteile das Trapez in zwei rechtwinklige Dreiecke und in ein Rechteck! $A = A_I + A_{II} + A_{III}$

917 Zeichne das durch seine Eckpunkte gegebene Trapez ABCD in einem Koordinatensystem! Berechne seinen Flächeninhalt (→ Aufgabe 916)!
  a) $A = (0|0)$, $B = (7|0)$, $C = (4|5)$, $D = (2|5)$ c) $A = (2|0)$, $B = (9|0)$, $C = (9|7)$, $D = (2|5)$
  b) $A = (2|1)$, $B = (8|1)$, $C = (10|6)$, $D = (3|6)$ d) $A = (2|0)$, $B = (7|0)$, $C = (6|7)$, $D = (0|7)$

918 Zeichne das Trapez und berechne seinen Flächeninhalt (Maße in Zentimeter)!

5 Allgemeines Viereck

5.1 Eigenschaften eines allgemeinen Vierecks

interaktive Vorübung
3ba88g

AH S. 68

UFA – Kristallpalast in Dresden

Im Alltag sieht man oft Vierecke, die keinerlei Regelmäßigkeit erkennen lassen, wie zB beim Kristallpalast in Dresden in der Abbildung links.
Solche Vierecke heißen **allgemeine Vierecke.**

Beschrifte das allgemeine Viereck ABCD rechts mit den üblichen Bezeichnungen!

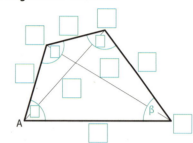

Eigenschaften

Die Diagonale e = AC teilt das Viereck in zwei Dreiecke. Für die Konstruktion des ersten Teildreiecks benötigt man drei Bestimmungsstücke, für die des zweiten Teildreiecks nur mehr zwei. Insgesamt benötigt man daher für die Konstruktion eines allgemeinen Vierecks fünf Bestimmungsstücke.

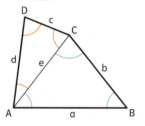

Mit Hilfe der Teildreiecke sieht man: Die **Summe der Innenwinkel** beträgt in **jedem Viereck 360°.**

Die Summe der **Außenwinkel** kannst du durch „**Umrunden**" feststellen. Man stellt sich im Punkt A einen Marienkäfer vor. Dieser wandert nach B. Dort dreht er sich um den Winkel $β_1$ (um den Außenwinkel von β) nach links und marschiert dann weiter in Richtung C usw. Im Punkt A angekommen muss er sich noch um $α_1$ nach links drehen, um wieder in der Ausgangslage anzukommen. Insgesamt hat er sich dadurch um $α_1 + β_1 + γ_1 + δ_1$ gedreht und gleichzeitig auch einmal „im Kreis" (also um 360°).

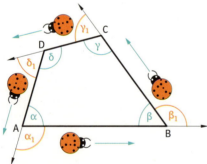

Das heißt: Die **Summe der Außenwinkel** beträgt für jedes **Viereck 360°** (wie schon beim Dreieck).

Winkelsumme im Viereck

Die **Summe der Innenwinkel** beträgt in jedem Viereck **360°.**
Die **Summe der Außenwinkel** beträgt in jedem Viereck ebenso **360°.**

919 Konstruiere das angegebene Viereck ABCD!
a) a = 46 mm, b = 65 mm, c = 87 mm, d = 32 mm, e = 93 mm
b) a = 105 mm, b = 60 mm, d = 70 mm, α = 60°, β = 45°
c) b = 80 mm, c = 47 mm, d = 68 mm, γ = 105°, δ = 120°
d) a = 103 mm, e = 110 mm, f = 93 mm, α = 60°, β = 75°

Tipp
Beginne jede Konstruktion mit einer Skizze und markiere die gegebenen Bestimmungsstücke in Farbe!

Allgemeines Viereck 15

920 Zeichne das Grundstück ABCD im gegebenen Maßstab!
Berechne den Umfang des Grundstücks in Wirklichkeit!

a) Maßstab 1:1000

b) Maßstab 1:500
($\overline{AC}$ = 37,0 m)

c) Maßstab 1:2000
($\overline{AB} - \overline{AD}, \overline{BC} = \overline{CD}$)

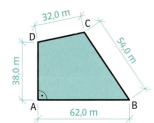
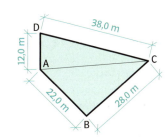
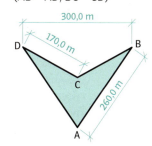

Berechnen von Flächeninhalten

921 Zeichne das durch seine Eckpunkte gegebene Viereck ABCD und berechne seinen Flächeninhalt!

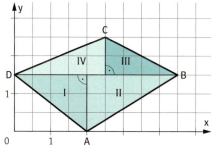

Beispiel

A = (2|0), B = (4,5|1,5), C = (2,5|2,5), D = (0|1,5)

$A = A_I + A_{II} + A_{III} + A_{IV}$

$= \frac{2 \cdot 1,5}{2} + \frac{2,5 \cdot 1,5}{2} + \frac{2 \cdot 1}{2} + \frac{2,5 \cdot 1}{2} =$

$= 1,5 + 1,875 + 1 + 1,25 = 5,625 \approx$ **5,6**

Der Flächeninhalt des Vierecks beträgt **rund 5,6 cm²**.

a) A = (0|4), B = (6|0), C = (7|4), D = (1|5,5)

b) A = (3|0), B = (8|3), C = (6,5|5,5), D = (2|3)

c) A = (2|1), B = (7|3), C = (2|7), D = (1|6)

d) A = (3|2), B = (8|6), C = (5|8), D = (0|6)

922 Ein Grundstück ABCD ist durch die Koordinaten seiner Eckpunkte festgelegt (Einheit: Meter).
Berechne den Flächeninhalt des Grundstücks auf folgende Weise:
Ergänze es durch das Ziehen von Parallelen zu den Koordinatenachsen zu einem Rechteck!
Ziehe dann vom Flächeninhalt des Rechtecks die Flächeninhalte der rechtwinkligen Dreiecke ab, die außerhalb des gegebenen Vierecks ABCD liegen!

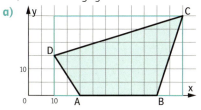
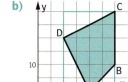
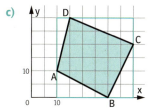

923 1) Zeichne auf jeder der Kreislinien vier beliebige Punkte und verbinde sie zu einem Viereck ABCD!
Hinweis Ein solches Viereck heißt **Sehnenviereck**.

2) Miss die vier Winkel ab und berechne jeweils α + γ und β + δ! Was fällt dir auf?

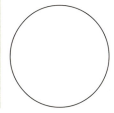
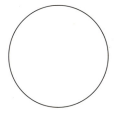
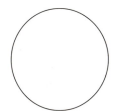

5.2 Übersicht über die Vierecke („Haus der Vierecke")

Die Abbildung zeigt einen **Zusammenhang zwischen den Viereken**.
Besondere Eigenschaften werden in der Regel von oben nach unten „weitervererbt".
Das heißt: Man kann das nachfolgende Viereck immer als Sonderfall des darüber liegenden Vierecks verstehen.
Die Anzahl der **Bestimmungsstücke**, die zum Konstruieren notwendig sind, nimmt von oben nach unten ab und entspricht genau den jeweiligen Stockwerken.

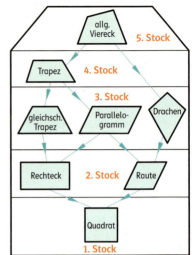

924 Kreuze an, bei welchem Viereck die jeweiligen Eigenschaften immer erfüllt sind!

Eigenschaften	□	▭	◊	▱	⬙	△	⬜	⬜
1) Die Innenwinkelsumme ist 360°.								
2) Diagonalen stehen normal aufeinander.								
3) Zwei Seiten sind zueinander parallel.								
4) Die Seiten stehen aufeinander normal.								
5) Je zwei Seiten sind gleich lang.								
6) Besitzt eine Symmetrieachse.								
7) Je zwei parallele gegenüberliegende Seiten.								
8) Besitzt zwei Symmetrieachsen.								
9) Die Diagonalen sind gleich lang.								
10) Alle vier Seiten sind gleich lang.								
11) Besitzt einen Inkreis.								
12) Besitzt vier Symmetrieachsen.								
13) Besitzt einen Umkreis.								

925 Kreuze an, ob die Aussage wahr oder falsch ist! Begründe deine Antwort!

		falsch	wahr
A	Ein Parallelogramm kann auch ein Drachen sein.	○	○
B	Jede Raute ist auch ein gleichschenkliges Trapez.	○	○
C	Jedes Quadrat ist auch ein Parallelogramm.	○	○
D	Jedes Rechteck ist auch eine Raute.	○	○
E	Gleichschenklige Trapeze sind auch Drachen.	○	○

6 Vielecke

interaktive
Vorübung
ps853e

AH S. 69

6.1 Allgemeines über Vielecke

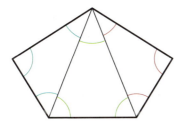

Mila muss bei ihrer Mathematikschularbeit die Winkelsumme der abgebildeten Figur ermitteln. Die Figur hat ▭ Ecken. Es handelt sich also um ein ▭.
Leider hat Mila ihr Geodreieck vergessen, so kann sie die Winkel nicht abmessen. Aber sie wendet einen Trick an. Sie teilt die Figur in drei Dreiecke. Die Winkelsumme in einem Dreieck beträgt ▭°. Drei Dreiecke haben also eine Winkelsumme von ▭° · 3 = ▭°.

Vielecke sind geradlinig begrenzte Figuren mit mindestens drei Ecken.
Je nach Anzahl der Seiten bzw. Eckpunkte spricht man bei Vielecken mit mehr als drei Ecken von Vierecken, Fünfecken, Sechsecken usw.
Zieht man alle von einem Eckpunkt eines Vielecks ausgehende **Diagonalen**, so kann man mit Hilfe der entstehenden **Teildreiecke** die **Winkelsumme** im Vieleck berechnen.

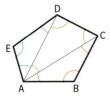 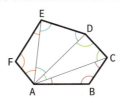 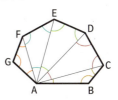

Die **(Innen-)Winkelsumme** im Vieleck entspricht der Gesamtwinkelsumme der einzelnen Teildreiecke (→ Aufgaben 928, 929).

Hinweis Die **Summe der Außenwinkel** beträgt **für jedes Vieleck 360°**.
Du kannst dich durch „Umrunden" davon überzeugen. Vergleiche dazu Seite 234!

Allgemeine und regelmäßige Vielecke

Die oben abgebildeten Vielecke weisen keinerlei besondere Eigenschaften auf.
Solche Vielecke werden **allgemeine Vielecke** oder **unregelmäßige Vielecke** genannt.
Die unten abgebildeten Vielecke dagegen besitzen besondere Eigenschaften.

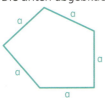 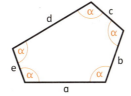 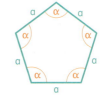

gleich lange Seiten:
gleichseitiges Vieleck

gleich große Winkel:
gleichwinkliges Vieleck

gleich lange Seiten und gleich große Winkel: regelmäßiges Vieleck

> **Vielecke**
>
> Die (Innen-) **Winkelsumme im Vieleck** entspricht der **Gesamtwinkelsumme** der einzelnen **Teildreiecke**.
> Vielecke **ohne besondere Eigenschaften** heißen **allgemeine** oder **unregelmäßige Vielecke**.
> Hat ein Vieleck **gleich lange Seiten** und **gleich große Winkel**, so spricht man von einem **regelmäßigen** Vieleck.

16 Vierecke und Vielecke

926 Mit welchen Vielecken sind die Objekte in den Abbildungen annähernd vergleichbar? Benenne sie!

1)
Echte Zaunwinde

2)
Tintenfisch

3) Zellen eines Moospflänzchens

4) Seestern

5) „Giant's Causeway" in Irland

6) Okra

927
1) Fertige eine Zeichnung der dargestellten Hauswand im gegebenen Maßstab an!
2) Berechne den Flächeninhalt der Wandfläche, indem du das Vieleck in rechtwinklige Dreiecke und in ein Rechteck unterteilst!

a) Maßstab 1 : 100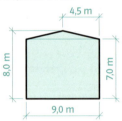

b) Maßstab 1 : 200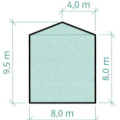

c) Maßstab 1 : 500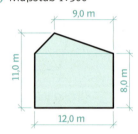

928
1) Zeichne für das angegebene Vieleck eine Skizze mit beliebigen Maßen!
2) Ziehe von einem Eckpunkt aus alle Diagonalen! 3) Vervollständige die Tabelle!

	Beispiel Fünfeck	a) Sechseck	b) Siebeneck	c) Achteck
Anzahl der Diagonalen von einem Eckpunkt aus	2			
Anzahl der dadurch entstehenden Teildreiecke	3			
Winkelsumme im Vieleck	3 · 180° = 540°			

929 Ein so genanntes „n-Eck" ist ein Vieleck mit n Ecken. Dabei ist „n" ein Platzhalter für die Anzahl der Ecken bzw. Seiten.
Verwende die Tabelle aus Aufgabe 928 und gib mit Hilfe der Variable n die Formeln für die
1) Anzahl der Diagonalen, die von einem Eckpunkt eines n-Ecks ausgehen,
2) Anzahl der dadurch entstehenden Teildreiecke und
3) Winkelsumme eines n-Ecks an!
4) Sind deine Formeln auch dann richtig, wenn n = 4 oder n = 3 ist? Überprüfe!

Vielecke 16

6.2 Regelmäßige Vielecke

Mariam entdeckt auf einem Plakat eine besondere Figur. Beim näheren Hinschauen erkennt sie, dass es sich dabei um verschiedene Vielecke handelt. Sie sieht: _____
_____
_____ .

Außerdem stellt sie fest, dass jedes der Vielecke gleichseitig und gleichwinklig ist. Es handelt sich also um _____
_____ .

Ein **regelmäßiges Sechseck** entsteht zB dadurch, dass man an ein gleichseitiges Dreieck ein kongruentes zweites Dreieck anschließt und an dieses ein drittes usw. (→ Figur rechts). Nach insgesamt 6 gleichseitigen Dreiecken ist „die Runde" genau voll, weil 60° · 6 = 360° ist!
Die Eckpunkte des entstandenen regelmäßigen Sechsecks haben alle denselben Abstand vom Punkt M. Sie liegen also auf einem Kreis, dessen Radius r genauso groß ist wie die Sechseckseite a. Dieser Kreis ist der **Umkreis des regelmäßigen Sechsecks**.

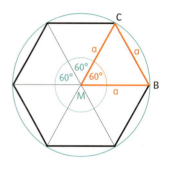

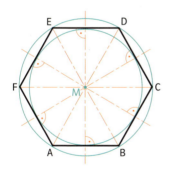

Man kann daher bei der Konstruktion des regelmäßigen Sechsecks mit dem Umkreis beginnen und den Radius (r = a) dann sechsmal abschlagen (→ Beispiel bei Aufgabe 933).

Die Winkel, die in der oberen Figur beim Punkt M eingezeichnet sind, sind **Zentriwinkel**. Alle zusammen ergeben 360°. Daher hat jeder Winkel 60°.
Sie haben ihren Scheitel im **Mittelpunkt** (= Zentrum) des Kreises.

Das regelmäßige Sechseck besitzt neben dem **Umkreis** auch einen **Inkreis** und sechs **Symmetrieachsen** (→ Figur links).

Regelmäßiges Vieleck

Ein **regelmäßiges Vieleck** mit **5 (6, 7, . . . , n) Ecken** besitzt **5 (6, 7, . . . , n) Symmetrieachsen**.
Es besitzt einen **Umkreis** und einen **Inkreis**. Beide haben den **Mittelpunkt M**.

Hinweis Das gilt auch für das regelmäßige Viereck, das Quadrat.

 930 Welche regelmäßigen Vielecke kann man auf dem rechts abgebildeten Fußball erkennen?

 931  Wie groß ist ein Innenwinkel im regelmäßigen Sechseck? Teile dazu das Sechseck mit Hilfe von Diagonalen in Teildreiecke oder zeichne einen Zentriwinkel ein!

I 6 Vierecke und Vielecke

  932 Gib Gegenstände oder Gebäude an, an denen man regelmäßige Sechseckflächen erkennen kann!

  933 Konstruiere ein regelmäßiges Sechseck ABCDEF mit der gegebenen Seitenlänge a!
Zeichne auch den Inkreis des Sechsecks ein!

Beispiel

a = 15 mm

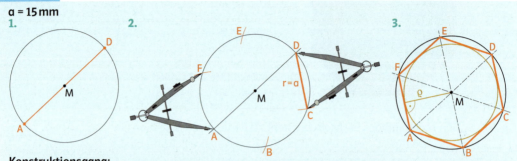

Konstruktionsgang:
1. Zeichne einen Kreis mit r = a = 15 mm und ziehe durch seinen Mittelpunkt M eine beliebige Gerade! Bezeichne die Endpunkte des Durchmessers mit A und D!
2. Schlage von A und D mit dem Zirkel den Kreisradius r jeweils nach links und nach rechts ab! Du erhältst die restlichen Eckpunkte des regelmäßigen Sechsecks.
3. Zeichne das Sechseck ABCDEF! Überprüfe dabei, ob gegenüberliegende Seiten parallel zueinander sind (zB AF ∥ CD)! Der Inkreisradius ist festgelegt durch den (Normal-)Abstand der Seitenmittelpunkte vom Mittelpunkt.

a) a = 30 mm   b) a = 35 mm   c) a = 43 mm   d) a = 47 mm   e) a = 55 mm

  934 Zeichne ein regelmäßiges Sechseck ABCDEF mit beliebiger Seitenlänge!
1) Ziehe die Diagonalen AD, BE und CF! Jede dieser Diagonalen teilt das Sechseck in zwei kongruente Figuren. Welche Figuren sind das?
2) Die Radien MA und MC schneiden einen Teil des Sechsecks heraus.
Welches Viereck wird durch diesen Ausschnitt gebildet?
In wie viele solcher Vierecke kann man das Sechseck teilen?

Regelmäßiges Achteck

  935 Betrachte das regelmäßige Achteck in der Abbildung rechts und kreuze dann die zutreffenden drei Eigenschaften an!
○ **A** Das regelmäßige Achteck lässt sich in acht gleichseitige Dreiecke unterteilen.
○ **B** Das regelmäßige Achteck hat einen Inkreis.
○ **C** Das regelmäßige Achteck hat einen Umkreis.
○ **D** Der Inkreis und der Umkreis haben unterschiedliche Mittelpunkte.
○ **E** Das regelmäßige Achteck hat acht Symmetrieachsen.

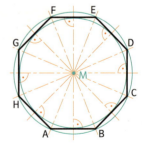

936 In der Figur rechts ist die Konstruktion eines regelmäßigen Achtecks aus einem vorgegebenen Quadrat dargestellt.
1) Beschreibe mit eigenen Worten, wie man dabei vorgeht!
2) Konstruiere ein regelmäßiges Achteck wie in der Figur mit Hilfe eines Quadrats von 6 cm Seitenlänge!

Vielecke I 6

 937 Konstruiere ein regelmäßiges Achteck ABCDEFGH, das einem Kreis vom Radius r eingeschrieben ist! Zeichne auch den Inkreis des Achtecks ein!

Beispiel
r = 15 mm

1. Zeichne einen Kreis mit r = 15 mm und zwei aufeinander normal stehende Durchmesser.
2. Konstruiere die Winkelsymmetralen der beiden Durchmesser.
3. Die Endpunkte der vier gezeichneten Durchmesser sind Eckpunkte eines regelmäßigen Achtecks. Beschrifte die Eckpunkte und ziehe das Achteck mit einem Bleistift nach! Überprüfe dabei, ob gegenüberliegende Seiten parallel zueinander sind (zB AB ∥ EF)! Zeichne den Inkreis vom Mittelpunkt aus ein! (Beachte die Seitenmittelpunkte!)

a) r = 35 mm   b) r = 40 mm   c) r = 45 mm   d) r = 52 mm   e) r = 60 mm

 938 Zeichne ein regelmäßiges Achteck auf ein Blatt Papier und schneide es aus! Ermittle durch Falten die acht Symmetrieachsen!

 939 Zeichne ein regelmäßiges Achteck ABCDEFGH, das einem Kreis von 4 cm Radius eingeschrieben ist!
Zeichne dann jene Durchmesser des Umkreises, die zugleich Diagonalen des Achtecks sind! Du erhältst acht gleichschenklige Teildreiecke.
Wie groß ist der Zentriwinkel an der Spitze eines solchen gleichschenkligen Dreiecks? Wie groß ist ein Basiswinkel?

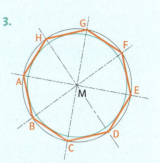

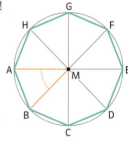

 940 Wie groß ist ein Innenwinkel im regelmäßigen Achteck?
Hinweis Betrachte die acht Teildreiecke des Achtecks in Aufgabe 939! Wie groß ist der Zentriwinkel an der Spitze des Dreiecks? Wie groß sind daher die Winkel an der Basis?

Weitere regelmäßige Vielecke

 941 Zeichne einen Kreis von 4 cm Radius und konstruiere das angegebene regelmäßige Vieleck, das dem Kreis eingeschrieben ist! Berechne dazu zuerst die Größe des Zentriwinkels für die gleichschenkligen Teildreiecke (→ Aufgabe 939)! Reihe dann die Teildreiecke zum Vieleck aneinander!
a) Regelmäßiges Fünfeck   b) Regelmäßiges Neuneck   c) Regelmäßiges Zehneck

 942 Das Foto zeigt das Schloss Sachsenheim erbaut im 14. Jahrhundert in Deutschland. Hier wurde probiert, die Teilgebäude des Schlosses in einem regelmäßigen Zwölfeck anzuordnen.
a) Ist dies gelungen? Findest du die Eckpunkte?
b) Konstruiere ein regelmäßiges Zwölfeck!
Hinweis Zeichne zuerst ein regelmäßiges Sechseck und dann seine Diagonalen und Winkelsymmetralen!

241

I Vierecke und Vielecke

Üben und Sichern

943 Übertrage die Figur rechts mit den angegebenen Maßen in dein Heft und ergänze sie zu dem folgenden Viereck!
a) Drachen
b) gleichschenkeliges Trapez (2 Möglichkeiten)
c) Parallelogramm

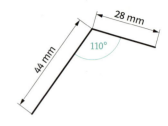

944 Warum kann man das Viereck nicht konstruieren? Begründe!
a) Rechteck: $b = 66\,mm$, $d = 52\,mm$
b) Drachen: $a = 17\,m$, $b = 42\,m$, $e = 65\,m$
c) gleichschenkliges Trapez: $a = 82\,mm$, $b = 31\,mm$, $e = 48\,mm$
d) Parallelogramm: $a = 3{,}7\,cm$, $\alpha = 93°$, $\beta = 101°$

945 Welche besonderen Parallelogramme haben die angegebenen Eigenschaften? Trage die entsprechenden Buchstaben (**A** für Rechteck, **B** für Raute, **C** für Quadrat) ein.
1) Alle vier Seiten sind gleich lang:
2) Alle vier Winkel sind gleich groß:
3) Die Diagonalen sind gleich lang:
4) Die Diagonalen stehen aufeinander normal:
5) Es gibt genau zwei Symmetrieachsen:
6) Es gibt vier Symmetrieachsen:
7) Es gibt einen Umkreis:
8) Es gibt einen Inkreis:

946 Die Bodenfläche des Schwimmbeckens von Familie Gruber setzt sich aus zwei regelmäßigen Vielecken zusammen.
1) Berechne den Flächeninhalt des Bodens (Maßstab: $\overline{01} \triangleq 1\,m$)! Entnimm die Maße der Figur rechts!
2) Zur Sicherheit möchte die Familie einen Zaun entlang des Schwimmbeckenrandes aufstellen. Wie lang wird der Zaun?

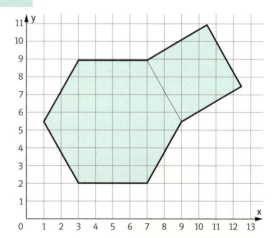

947 Zeichne ein regelmäßiges Sechseck mit 3 cm Seitenlänge! Schließe dann an eine der Seiten ein weiteres Sechseck mit derselben Seitenlänge an! Auf diese Weise entsteht ein Bienenwabenmuster (Foto rechts)!

948 Gib einige Plätze, Grundstücke, Gegenstände usw. in deiner Umgebung an, die „idealisiert gesehen" die Form von Vielecken mit mehr als vier Seiten haben!

949 Die Diagonalen des rechts dargestellten Vierecks stehen aufeinander normal. Trotzdem ist dieses Viereck kein Drachen.
1) Begründe!   2) Zeichne zwei weitere derartige Vierecke!

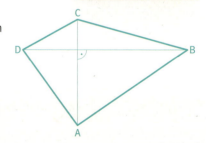

Üben und Sichern I

950
1) Zeichne folgende Figur mit selbstgewählten Maßen!
2) Halbiere jede der vier Seiten und verbinde die Seitenmitten zu einem Viereck! Welches „Mittenviereck" entsteht dabei?
   a) Drachen   b) Raute   c) Parallelogramm   d) Trapez   e) allgemeines Viereck

951 Wie viele Bestimmungsstücke braucht man, um 1) ein Quadrat, 2) ein Rechteck, 3) eine Raute, 4) ein allgemeines Parallelogramm, 5) einen Drachen und 6) ein Trapez zu zeichnen?
Gib für jedes Viereck ein Beispiel für eine mögliche Angabe an!

952 So genannte **Kassettendecken** sind besonders kunstvoll gefertigte Verzierungen an Zimmerdecken. Die Figur links unten zeigt die Skizze der Kassettendecke im Schloss Lapalisse (Frankreich).
1) Welche besonderen Vierecke kannst du in diesem Ausschnitt entdecken?
2) Versuche, das Muster nachzuzeichnen! Gehe dabei von einem regelmäßigen Achteck mit 3 cm Umkreisradius aus (→ rechte Figur)!

953 Wie groß ist ein Innenwinkel im angegebenen regelmäßigen Vieleck?
a) Regelmäßiges Fünfeck   b) Regelmäßiges Neuneck   c) Regelmäßiges Zehneck
Hinweis Berechne zuerst den jeweiligen Zentriwinkel an der Spitze der Teildreiecke (→ Aufgabe 939)!

954 Drei Grundstücke werden verkauft.
Welches hat den größten Flächeninhalt und welches hat den längsten Umfang?

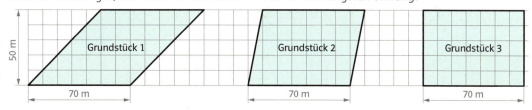

Zusammenfassung

AH S. 70

In **jedem Viereck** beträgt die (Innen-)**Winkelsumme 360°**.
Im **Parallelogramm** sind gegenüberliegende Seiten **parallel und gleich lang**.
Die **Raute** ist ein **Parallelogramm mit vier gleich langen Seiten**.
Der **Drachen** hat **zwei Paar gleich lange Seiten**, die jeweils **nebeneinander** liegen.
Der **Drachen** besitzt eine Symmetrieachse und einen Inkreis. Sein **Mittelpunkt liegt auf der Symmetrieachse**. Das **Trapez** hat **zwei zueinander parallele Seiten**.
Das **gleichschenklige Trapez** hat zusätzlich **zwei gleich lange Schenkel** und eine **Symmetrieachse**.
Im **regelmäßigen Vieleck** sind **alle Seiten gleich lang** und **alle Winkel gleich groß**.
Beim **regelmäßigen Vieleck** haben **Umkreis und Inkreis denselben Mittelpunkt**.
Das **regelmäßige Sechseck** besitzt **sechs Symmetrieachsen**.
Das **regelmäßige Achteck** besitzt **acht Symmetrieachsen**.

Wissensstraße

Lernziele: Ich kann ...

Z 1: besondere Vierecke (Quadrat, Rechteck, Raute, Parallelogramm, Drachen und Trapez) anhand ihrer Eigenschaften erkennen und konstruieren.
Z 2: allgemeine Vierecke erkennen und konstruieren.
Z 3: den Flächeninhalt von Vierecken berechnen.
Z 4: allgemeine Vielecke benennen und die Winkelsumme angeben.
Z 5: regelmäßige Sechsecke und Achtecke an ihren besonderen Eigenschaften erkennen und konstruieren.

955
1) Zeichne ein Rechteck mit a = 5 cm und d = 5,5 cm!   Z 1, Z 3
2) Wie groß ist der Flächeninhalt des Rechtecks?

956
1) Konstruiere die Raute ABCD mit e = 8 cm und f = 15 cm!   Z 1, Z 3
2) Wie lang ist die Seite a?
3) Konstruiere den Inkreis der Raute! Wie groß ist sein Radius?
4) Wie groß ist der Flächeninhalt der Raute?

957
1) Konstruiere das Parallelogramm ABCD!   2) Wie groß sind die Winkel α und β?   Z 1
a) a = 7,2 cm, e = 9,4 cm, ∢ BAC = 21°   b) e = 13 cm, f = 7 cm und ∢ BMC = 70°!

958 Berechne den Flächeninhalt des Parallelogramms ABCD!   Z 3

a) D, C; 24 cm; A, 8 cm, 12 cm, B
b) D, C; 6 m; 24 m; A, 21 m, B
c) D, C; 40 mm; A, 36 mm, 48 mm, B

959
1) Konstruiere einen Drachen ABCD mit b = 104 mm, f = 80 mm und α = 88°!   Z 1
2) Konstruiere den Inkreismittelpunkt I und zeichne den Inkreis! Wie groß ist sein Radius?

960
1) Zeichne das gleichschenklige Trapez ABCD [A = (1|2), B = (8|2), C = (6|7), D]!   Z 1, Z 3
2) Welche Koordinaten muss D haben?
3) Wie groß ist der Flächeninhalt des Trapezes?
4) Konstruiere den Umkreis! Wie groß ist sein Radius?

961
1) Konstruiere ein Viereck mit a = 6,8 cm, d = 9,1 cm, e = 11,4 cm, α = 100° und β = 115°!   Z 2, Z 4
2) Wie groß sind die restlichen Winkel des Vierecks? Kontrolliere deine Messungen mit Hilfe der Winkelsumme für das Viereck!

962 Kreuze jeweils die Vielecke an, auf die die Eigenschaft zutrifft!   Z 1, Z 5
1) Es gibt einen Inkreis.
   - ○ **A** Raute   ○ **B** regelmäßiges Sechseck   ○ **C** Drachen   ○ **D** Rechteck
2) Die Summe der Innenwinkel beträgt 360°.
   - ○ **A** allgemeines Viereck   ○ **B** regelmäßiges Achteck   ○ **C** Quadrat   ○ **D** Rechteck
3) Es gibt mindestens zwei Symmetrieachsen
   - ○ **A** Drachen   ○ **B** Raute   ○ **C** Quadrat   ○ **D** regelmäßiges Sechseck
4) Es gibt einen Umkreis.
   - ○ **A** gleichschenkliges Trapez   ○ **B** regelmäßiges Achteck   ○ **C** Quadrat   ○ **D** Drachen
5) Alle Seiten sind gleich lang.
   - ○ **A** Drachen   ○ **B** Rechteck   ○ **C** Raute   ○ **D** Quadrat

963 Kreuze alle Vierecke an, die als Parallelogramm bezeichnet werden können!   Z 1
○ **A** Trapez   ○ **B** Raute   ○ **C** Drachen   ○ **D** Rechteck   ○ **E** Quadrat

964 Benenne alle Vielecke, die du in der Abbildung erkennen kannst!
Hierbei handelt es sich um ein so genanntes „Archimedisches Parkett".   Z 1, Z 5

965 Zeichne in die Graphik entlang der Linien verschiedene Vielecke ein! Beschrifte sie!   Z 1, Z 4

966
a) Zeichne ein beliebiges Fünfeck und ziehe alle Diagonalen! Wie viele sind es?   Z 5
b) Zeichne ein beliebiges Sechseck und ziehe alle Diagonalen! Wie viele sind es?

967
1) Konstruiere das regelmäßige Sechseck ABCDEF mit der Seitenlänge a = 52 mm!   Z 5
2) Zeichne alle Diagonalen ein! Wie viele sind es?

968
1) Konstruiere das regelmäßige Achteck ABCDEFGH, dessen Umkreisradius r = 6 cm ist!   Z 5
2) Ziehe alle Diagonalen, die vom Eckpunkt A ausgehen! Wie viele sind es?
3) Wie viele Teildreiecke entstehen dadurch? Wie groß ist die Winkelsumme im Achteck?
4) Wie groß ist jeder der acht Innenwinkel im regelmäßigen Achteck?

245

J Prisma

Video 8s26si

Prisma

Flächen, Kanten und Ecken

Der Quader und der Würfel sind gerade, vierseitige Prismen (siehe Seite 248). Die übereinander liegenden Ecken von Grund- und Deckfläche bilden deckungsgleiche Rechtecke bzw. Quadrate, die durch Strecken wie mit Stangen verbunden sind. Umgibt man diese Stangen straff mit einem Mantel, so erhält man die 4 Seitenflächen. Somit besteht die Oberfläche eines Quaders bzw. Würfels aus 6 Flächen. Du weißt auch bereits, dass Quader und Würfel 12 Kanten und 8 Ecken besitzen.

Der eulersche Polyedersatz

Addiert man im Quader oder Würfel die Zahl der Flächen zur Zahl der Ecken und subtrahiert man von dieser Summe die Zahl der Kanten, erhält man:

8 + 6 − 12 = 2
Ecken Flächen Kanten

Nimmt man statt eines Rechtecks ein Dreieck als Grundfläche, erhält man ein dreiseitiges Prisma. Dieses besteht aus
5 Flächen, 9 Kanten und 6 Ecken.
Man erhält wieder 2: 6 + 5 − 9 = 2

Leonhard Euler (1707 – 1783)

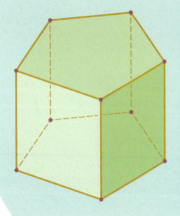

Das fünfseitige Prisma

Zähle die Ecken, Flächen und Kanten! Überprüfe ob der eulersche Polyedersatz gilt!

Man erhält bei der Rechnung „Ecken + Flächen − Kanten" offenbar immer 2 als Ergebnis. Der berühmte Schweizer Mathematiker Leonhard Euler hat als Erster erkannt, dass dieser Zusammenhang zwischen den Anzahlen von Ecken, Flächen und Kanten immer besteht. Daher der Name: eulerscher Polyedersatz. Er bewies ihn nicht nur für Prismen, sondern auch für viele andere von ebenen Flächen begrenzte Körper, so genannte Polyeder.

Das dreiseitige Prisma, ein wichtiger Bauteil in der Optik

Durchsichtige Prismen, vor allem dreiseitige Prismen, sind ein wichtiger Bestandteil vieler optischer Geräte.
Ein Lichtstrahl wird beim Eintritt in und beim Austritt aus dem Prisma jeweils gebrochen. Sonnenlicht wird beim Durchgang durch das Prisma in alle Farben zerlegt, von Rot über Gelb, Grün, Blau bis hin zu Violett. Es entsteht ein Farbspektrum. Der Grund dafür liegt darin, dass dieses Licht in Wirklichkeit aus den verschiedenen Farben mit unterschiedlichen Wellenlängen besteht. Weil nun kurzwelliges, violettes Licht stärker gebrochen wird als rotes Licht, kommt es zu dieser Farbzerlegung. Das ist übrigens auch Ursache für die Farben des Regenbogens.

Farbzerlegung des Lichtes beim Durchgang durch ein dreiseitiges Prisma. Vergleiche die Farbzerlegung des Lichtes von Prisma und Regenbogen! Stimmt die Reihenfolge der Farben überein?

Der Regenbogen, ein wunderschönes Naturereignis

Was sind die Voraussetzungen dafür, dass ein Regenbogen zustande kommt? Wie musst du zur Sonne stehen, um einen Regenbogen zu sehen?

Worum geht es in diesem Abschnitt?

- Eigenschaften und besondere Formen von Prismen
- Erkennen und Konstruieren von Quadernetzen
- Rauminhalt und Oberfläche von Prismen

J1 Prisma

1 Eigenschaften und besondere Formen

interaktive
Vorübung
uj54gs

AH S. 71

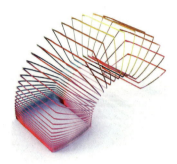

Indira hat zum Geburtstag einen viereckigen „Treppenläufer" bekommen. Man kann den Körper strecken, indem man an den rosa Vierecken zieht.

Sie erkennt, dass man sich diesen Vorgang bei jedem beliebigen **Vieleck** vorstellen kann. Durch „Heben" entsteht jeweils ein Körper, wie es zB bei dem ▢-Eck rechts gezeigt wird. Ein solcher Körper heißt **Prisma** (Mehrzahl: Prismen).

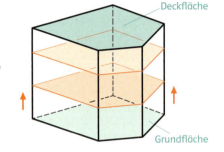
Deckfläche
Grundfläche

Das Prisma steht auf einer **Grundfläche** und wird oben von der **Deckfläche** begrenzt.

Grund- und Deckfläche (blau) des Prismas sind **deckungsgleich**, so wie alle zur Grundfläche parallelen Schnittflächen (orange).

In der Optik werden Prismen aus Glas verwendet. Das abgebildete Glasprisma steht auf
○ seiner Grundfläche.
○ seiner Seitenfläche.

Prisma

Ein **Prisma** ist ein Körper mit einem **Vieleck** als Grundfläche, bei dem alle **zur Grundfläche parallelen Schnittflächen deckungsgleich** zu dieser sind.
Die **Höhe des Prismas** ist der **Abstand** zwischen **Grund- und Deckfläche**. **Alle Seitenkanten** des Prismas sind **parallel und gleich lang.**

Ist die Grundfläche des Prismas ein Dreieck, Viereck, Fünfeck,... so spricht man von einem **dreiseitigen, vierseitigen, fünfseitigen,... Prisma**.
Im Anhang deines Buches findest du ein dreiseitiges Prisma zum Falten!

Gerade und schiefe Prismen
Die **Seitenflächen eines Prismas** stehen entweder **normal** oder **schief zur Grundfläche**.
Dementsprechend spricht man von **geraden Prismen** oder von **schiefen Prismen**.
Benenne die dargestellten Prismen richtig!

 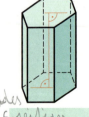 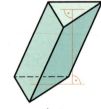 

gerades dreiseitiges Prisma

Eigenschaften und besondere Formen   J1

Beispiele für gerade und schiefe Prismen aus der Architektur:

Postgebäude in Grenchen, Schweiz (links)
KIO Hochhaus in Madrid, Spanien (Mitte)
Bruder-Klaus-Feldkapelle in Mechernich-Wachendorf, Deutschland (rechts)

Besondere Prismen

Ist die Grundfläche G eines **geraden Prismas** eine **regelmäßige Figur**, so spricht man von einem **regelmäßigen Prisma**. Einige Beispiele:

Regelmäßiges dreiseitiges Prisma	Regelmäßiges vierseitiges Prisma	Regelmäßiges sechsseitiges Prisma
G ist ein gleichseitiges Dreieck	G ist ein Quadrat	G ist ein regelmäßiges Sechseck

969 Gib einige Gegenstände oder Gebäude an, die die Form liegender Prismen (wie zB im Bild rechts) haben! Warum spricht man hier von einem „liegenden" Prisma?

970 Verwende die Prismen-Faltmodelle aus dem Anhang!
a) Welche geometrischen Figuren treten als Seitenflächen gerader Prismen auf?
b) Welche geometrischen Figuren treten als Seitenflächen schiefer Prismen auf?

971 Kreuze die beiden Darstellungen an, die Prismen zeigen! Gib die Anzahl ihrer Flächen an!

○ A ⊗ B ○ C ○ D ○ E

 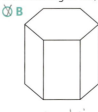   

6 seitig   3 seitig

J2 Prisma

2 Netz und Oberfläche

interaktive Vorübung
py73z2

AH S. 72

Netz des Prismas

Breitet man die Flächen eines Quaders in der Ebene aus, so erhält man das Netz des Quaders. Gleiches gilt für alle Prismen. Zeichne in der rechten Graphik das Netz eines Würfels und male die drei färbigen Flächen auch im Netz in der richtigen Farbe an!

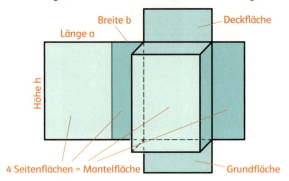

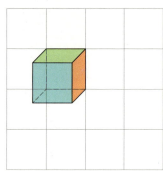

Oberfläche des Prismas

Die **Oberfläche O gerader Prismen** besteht aus der **Grundfläche G**, der **Deckfläche** und den **Seitenflächen** (der **Mantelfläche M**) des Prismas.

Da Grund- und Deckfläche kongruent sind, gilt für die Oberfläche:

> **Oberfläche des Prismas**
>
> Die Oberfläche ist die Summe der Flächeninhalte von Grund-, Deck- und Seitenflächen.
> Die Summe der Seitenflächen wird **Mantelfläche M** genannt.
> Es gilt daher: $O = G \cdot 2 + M$
> Kurzsprechweise: Oberfläche = Doppelte Grundfläche + Mantelfläche

972 Aus wie vielen Flächen bestehen die folgenden Prismen?

	dreiseitiges Prisma	vierseitiges Prisma	fünfseitiges Prisma
Anzahl der Flächen			

973 1) Konstruiere das Netz, 2) berechne die Oberfläche und 3) fertige eine Schrägrissskizze an!
a) Quader: a = 3 cm, b = 2 cm, c = 5 cm   c) Quadratische Platte: Grundkante 5 cm, Höhe 2 cm
b) Würfel: a = 3 cm   d) Würfel a = 25 mm

974 Kreuze diejenigen Abbildungen an, die Würfelnetze darstellen und begründe deine Auswahl!
○ A   ○ B   ○ C   ○ D   ○ E

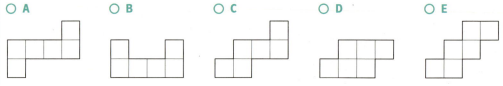

Netz und Oberfläche J2

975 a) Kreuze die drei Figuren an, die Netze eines Quaders sind und begründe deine Auswahl!
b) Mit „G" ist die Grundfläche bezeichnet. Welche Fläche liegt – von dir aus gesehen – links, rechts, oben, vorne, hinten? Kennzeichne die Flächen durch l, r, o, v, h!

○ A 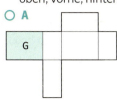   ○ B 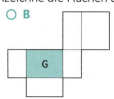   ○ C 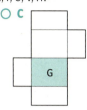   ○ D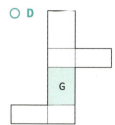

976 Kreuze die beiden Netze eines dreiseitigen Prismas an und begründe deine Auswahl!

○ A 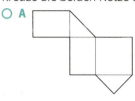   ○ B 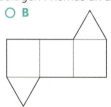   ○ C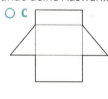

977 Verbinde die Netze mit den zugehörigen Prismen! Zwei Prismen bleiben übrig. Skizziere ihre Netze!

A 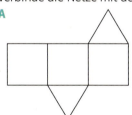   **B** 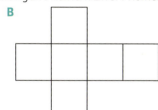   **C**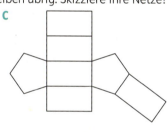

1 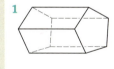   **2** 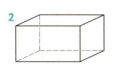   **3** 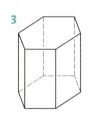   **4**   **5**

978 Einem Würfel aus Papier ist eine Ecke abgeschnitten worden. Kreuze jenes Netz an, das zu diesem Würfel passt!

○ A   ○ B   ○ C   ○ D   ○ E

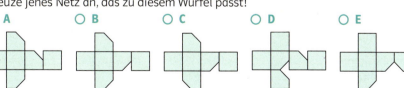

979 Von einem geraden dreiseitigen Prisma sind das Grundflächendreieck und die Körperhöhe gegeben. Konstruiere das Netz und berechne die Mantelfläche des Prismas!
a) Gleichseitiges Dreieck ABC: a = 6 cm; Körperhöhe h = 3 cm
b) Gleichschenkliges Dreieck ABC: a = b = 5 cm, c = 7 cm; Körperhöhe h = 3 cm
c) Rechtwinkliges Dreieck ABC: a = 4 cm, c = 6 cm, γ = 90°; Körperhöhe h = 4 cm

251

J 3 Prisma

3 Rauminhalt (Volumen)

interaktive Vorübung
av29vm

AH S. 73

Der Anhänger in diesem Bild ist 7 m lang und 3 m breit. Das gepresste Stroh ist 2 m hoch aufgestapelt. Wie viel Kubikmeter Stroh transportiert der Traktor?

V = 7 · ☐ · ☐ = ☐

Es sind ☐ m³ Stroh

Schon in der ersten Klasse hast du die Formel für das Volumen eines Quaders gelernt:

V = a · b · h = G · h

(„Volumen = Grundfläche mal Höhe")

Volumen spezieller dreiseitiger Prismen

Wenn man ein rechteckiges Prisma längs einer Diagonale auseinander schneidet, entstehen zwei gleich große dreiseitige Prismen mit rechtwinkligen Dreiecken als Grundfläche (siehe Figur rechts). Das Volumen des blauen Prismas ist gleich dem halben Quadervolumen. (Gleiches gilt für das grüne.)

$V_{blaues\ Prisma} = (a \cdot b \cdot h) : 2 = \underbrace{\frac{a \cdot b}{2}}_{Dreiecksfläche!} \cdot h = G \cdot h$

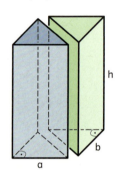

Volumen von Prismen

Ähnliche Überlegungen kann man auch für andere Prismen anstellen. Man zerlegt zB das rechts abgebildete Prisma in einen Quader und ein dreiseitiges Prisma.

$V_{blau} = G_1 \cdot h$
$V_{grün} = G_2 \cdot h$
$\Rightarrow V_{gesamt} = V_{blau} + V_{grün} = G_1 \cdot h + G_2 \cdot h = (G_1 + G_2) \cdot h = \mathbf{G_{gesamt} \cdot h}$

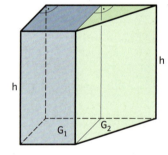

Man sieht, auch bei zusammengesetzten Prismen gilt die gleiche Formel, V = G · h. Hier könnte man also auch zuerst die gesamte Grundfläche berechnen und anschließend mit h multiplizieren.

> **Volumen eines Prismas**
>
> Für das Volumen eines Prismas mit Grundfläche G und Höhe h gilt: **V = G · h**
> Kurzsprechweise: Volumen = Grundfläche mal Höhe

Diese Formel gilt für jedes Prisma, egal welches Vieleck es als Grundfläche hat. Man kann ja jedes Vieleck in Rechtecke und rechtwinklige Dreiecke unterteilen.
Die Formel gilt auch bei schiefen Prismen.

980 Das rechts abgebildete Holzstück mit der Länge h hat als Querschnitt ein gleichschenklig-rechtwinkliges Dreieck mit der Kathetenlänge a. Berechne das Volumen!
a) Länge h = 75 cm, Kathetenlänge a = 25 mm
b) Länge h = 1 m, Kathetenlänge a = 2 cm

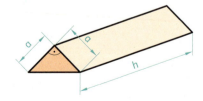

Rauminhalt (Volumen) J3

981 Um das Prismenvolumen berechnen zu können, muss man die Grundfläche (bzw. die Deckfläche) richtig erkennen. Bemale die Grundfläche und die Deckfläche des Körpers! Gibt es immer nur ein richtiges Paar?

a) 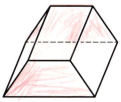　c) 　e)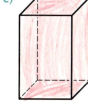

b) 　d) 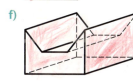　f)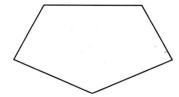

982 Zerlege das Fünfeck in rechtwinklige Dreiecke und ein Rechteck. Erkläre den Zusammenhang mit der Formel $V = G \cdot h$ für das Prismenvolumen!

983 Berechne den Rauminhalt eines geraden Prismas mit der Höhe h, dessen Grundfläche ein rechtwinkliges Dreieck mit den Kathetenlängen a und b ist!
a) $a = 50\,cm$, $b = 80\,cm$, $h = 70\,cm$　　b) $a = 3{,}5\,m$, $b = 6{,}2\,m$, $h = 8\,m$

984 Berechne **1)** den Rauminhalt, **2)** die Oberfläche des Prismas!
a) Quader: $a = 7\,cm$, $b = 4\,cm$, $c = 5\,cm$　　c) Würfel: $a = 6{,}4\,cm$
b) Quader: $a = b = 6{,}5\,dm$, $c = 4{,}3\,dm$　　d) Quader: $a = s\,cm$, $b = t\,cm$, $c = u\,cm$

985 Berechne den Rauminhalt und gib an, was die Abbildung darstellen könnte!

a) 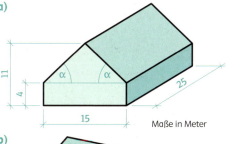　c)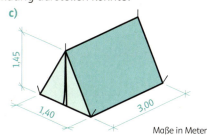

Maße in Meter　　　　　　　　　　　Maße in Meter

b) 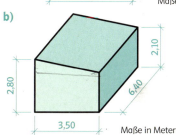　d)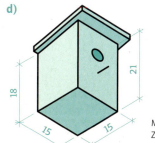

Maße in Meter　　　　　　　　　　　Maße in Zentimeter

Hinweis Markiere zuerst die Grundfläche der Prismen! Unterteile diese dann in Rechtecke und rechtwinklige Dreiecke!

J3 Prisma

> **Beispiel**
>
> Ein dreiseitiges Prisma hat eine Grundfläche von 13 cm² und ein Volumen von 71,5 cm³. Welche Höhe hat das Prisma?
>
> Formel für das Volumen: V = G · h (Multiplikation mit G rückgängig machen) ⇒ h = $\frac{V}{G}$.
>
> Für V und G einsetzen, liefert: h = $\frac{71,5}{13}$ = 5,5 cm.
>
> **Das Prisma hat eine Höhe von 5,5 cm.**

986 Ein fünfseitiges Prisma hat eine Grundfläche von 10,5 cm² und ein Volumen von 33,6 cm³. Welche Höhe hat das Prisma?

987 Ein dreieckiger Betonpfeiler wird gebaut. Er steht auf einer Grundfläche von 0,5 m² und 1 m³ Beton werden benötigt. Welche Höhe hat der Pfeiler?

988 Ein sechseckiges Ölfass fasst 150 Liter Öl. Die Grundfläche ist 25 dm² groß. Wie viele solcher Fässer kann man in einem drei Meter hohen Schiffsbauch übereinander stapeln?

Berechnen der Masse eines Körpers

Man verwendet Massenmaße wie Kilogramm um anzugeben, wie schwer ein Körper ist.
Die Masse hängt aber nicht nur vom **Volumen** des Körpers ab, sondern auch vom Material, aus dem er besteht. Ein Koffer voller Sand ist schwerer als der gleiche Koffer voller Schaumstoff.
Die beiden Materialien haben nämlich eine verschiedene **Dichte**.

Die **Dichte** (ϱ, griech. „rho") ϱ = $\frac{m}{V}$ eines Materials gibt die Masse pro Volumeneinheit an, meist in Kilogramm pro Kubikmeter. Beispiele:

feiner Sand	Schaumstoff	Wasser	Luft (Meeresspiegel)
~1500 kg/m³	~35 kg/m³	1000 kg/m³	~1,2 kg/m³

Masse eines Körpers	Dichte eines Körpers
m = V · ϱ	ϱ = $\frac{m}{V}$
Masse = Volumen mal Dichte	Dichte = Masse pro Volumeneinheit

989 Ein dreieckiger Holzklotz hat die angegebenen Maße.
Wie schwer ist der Klotz, wenn das Holz eine Dichte von ca. 690 kg/m³ hat?

> **Beispiel**
>
> a = 10 cm, b = 4 cm, h = 15 cm
> **Volumen:** V = G · h = $\frac{10 \cdot 4}{2}$ · 15 = 5 · 4 · 15 = 300
> Der Holzklotz hat ein Volumen von 300 cm³.
> Weil die Dichte pro m³ angegeben ist, rechnet man um:
> 300 cm³ = 0,3 dm³ = 0,0003 m³
> **Masse:** m = V · ϱ = 0,0003 · 690 = 0,207
> 0,207 kg = **207 g**
> **Der Holzklotz hat eine Masse von 207 g.**

a) a = 8 cm, b = 6 cm, h = 11 cm
b) a = 10 dm, b = 7 dm, h = 125 mm

Rauminhalt (Volumen) J3

990 Ermittle die Masse des Prismas, wenn es **1)** aus Eisen (ϱ = 7800 kg/m³), **2)** aus Holz (ϱ = 680 kg/m³), **3)** aus Schaumstoff (ϱ = 35 kg/m³) besteht!

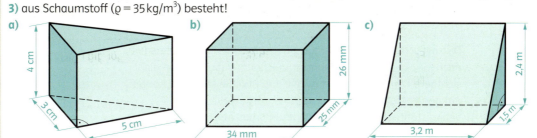

a) b) c)

991 Ein Damm hat als Querschnittfläche ein gleichschenkliges Trapez.
1) Wie groß ist der Flächeninhalt der Querschnittfläche?
2) Wie viel Kubikmeter Erdreich werden für den Damm ungefähr benötigt?
3) Wie groß ist die Masse des nötigen Erdreichs, wenn 1 m³ Erdreich rund 2,35 t hat?

Damm	a)	b)	c)	d)	e)
Dammkrone c	15 m	9,5 m	12,5 m	14,5 m	6,4 m
Dammsohle a	22 m	13,0 m	21,5 m	19,5 m	15,6 m
Dammhöhe h	4 m	7,4 m	4,2 m	3,4 m	3,8 m
Länge des Dammes l	300 m	45,0 m	1 km	240 m	97 m

992 Die Spiegelbreite eines 300 m langen Kanals beträgt 65 m. Er hat eine Sohlbreite von 22 m und ist 18 m tief.
1) Wie groß ist die Querschnittfläche?
2) Wie viel Kubikmeter Wasser fasst der Kanal?
3) Wasser hat eine Dichte ϱ = 1000 kg/m³. Wie viel Tonnen hat demnach die berechnete Wassermenge?

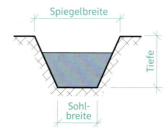

993 1) Wie groß ist der Rauminhalt des abgebildeten Pferdestalles, wenn der quaderförmige Teil 20 m breit, 65 m lang und 6 m hoch und das Giebeldreieck weitere 8 m hoch ist?
2) Wie viel Tonnen Luft enthält der Reitstall, wenn 1 m³ Luft ungefähr 1,2 kg hat?

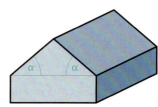

994 Die Standflächen der Betonpfeiler eines Gartentores (→ Figur rechts) sind jeweils 30 cm lange und 20 cm breite Rechtecke. Die zwei kürzeren Seitenkanten des Pfeilers sind 1,30 m, die beiden längeren 1,60 m hoch.
1) Wie groß ist das Volumen eines solchen Pfeilers?
2) Wie groß ist die Gesamtmasse beider Pfeiler, wenn 1 m³ Beton rund 2 t hat?

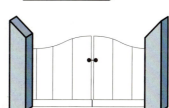

J 4 Prisma

4 Schrägriss regelmäßiger Prismen

interaktive
Vorübung
a6q5in

AH S. 74

Du hast schon gelernt, Schrägrisse rechteckiger gerader Prismen, auch .... genannt, zu zeichnen. Dabei werden nicht sichtbare Kanten strichliert gezeichnet und die schrägen Kanten um den Verzerrungsfaktor v verkürzt dargestellt.
Vervollständige den Schrägriss des Prismas ABCDEFGH!

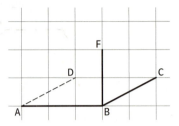

Regelmäßiges dreiseitiges Prisma

Bei regelmäßigen dreiseitigen Prismen ist die Grundfläche ein **gleichseitiges Dreieck**.
Im Schrägriss wird üblicherweise eine Grundkante (hier die Kante AC) in wahrer Länge dargestellt.
Mit dem Verzerrungswinkel α und dem Verkürzungsfaktor v wird nicht eine Seite des Dreiecks verzerrt dargestellt, sondern die Dreieckshöhe h_1, weil diese im rechten Winkel zur Seite b steht!

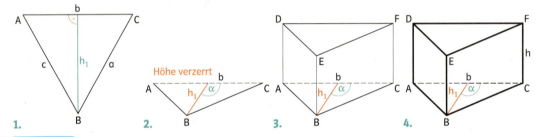

Beispiel

Zeichne den Schrägriss eines geraden Prismas mit einem gleichseitigen Dreieck als Grundfläche! Die Seitenlänge des Dreiecks soll 3 cm und die Körperhöhe h = 1,8 cm betragen. Verwende den Verzerrungsfaktor v = 0,5 und den Verzerrungswinkel α = 135°!

Hilfskonstruktion: 1. Konstruiere ein gleichseitiges Dreieck! (Beginne mit der Seite b!) 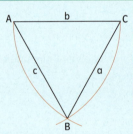	Zeichne die Höhe ein und miss sie ab: $h_1 ≈ 2{,}5$ cm 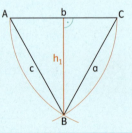
Konstruktion des Prismas: 2. Rechne die verzerrte Höhe aus: 2,5 · 0,5 = 1,25, also ≈ 1,3 cm	Zeichne das verzerrte Dreieck (mit Seite b strichliert)! 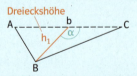
3. „Kopiere" das Dreieck um 1,8 cm nach oben (Punkte D und F suchen und die Seiten parallel verschieben)! 4. Zeichne vertikale Kanten ein!	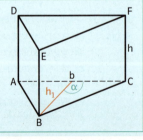

256

Schrägriss regelmäßiger Prismen J 4

Regelmäßiges sechsseitiges Prisma

Bei regelmäßigen sechsseitigen Prismen ist die Grundfläche ein regelmäßiges Sechseck. Hier werden die Grundkanten AB und DE in wahrer Länge dargestellt. Diese Seiten sind zueinander parallel, der Abstand e dieser Seiten wird verzerrt!

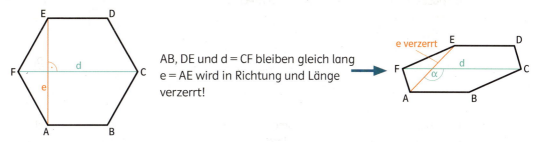

AB, DE und d = CF bleiben gleich lang
e = AE wird in Richtung und Länge verzerrt!

Beispiel

Zeichne den Schrägriss eines regelmäßigen sechsseitigen Prismas mit der Kantenlänge a = 1,5 cm sowie der Körperhöhe h = 1 cm! Verwende den Verzerrungsfaktor v = 0,5 und den Verzerrungswinkel α = 135°!

1. Hilfskonstruktion: a. Zeichne einen Kreis mit Radius 1,5 cm! Zeichne die Diagonale CF waagrecht ein und konstruiere mit derselben Zirkeleinstellung die anderen Eckpunkte! b. Verbinde sie zu einem Sechseck! c. Miss e ab und teile es durch 4 (Begründung bei Schritt 3)! 2,6 : 4 = 0,65 cm	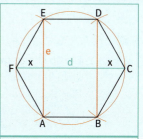
2. Konstruktion des Prismas: Zeichne d = FC und trage von jedem Eckpunkt aus die Länge x ab! Entnimm x aus der Hilfskonstruktion von Schritt **1.**!	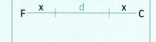
3. Zeichne durch diese Punkte zwei Parallelen im Winkel von α = 135°! Nimm 0,65 cm ($\frac{e}{4}$) in den Zirkel und trage es auf den Parallelen in beide Richtungen ab! (Begründung: wegen v = 0,5 wird e durch 2 dividiert, und von der Diagonale d aus wird in beide Richtungen die Hälfte davon abgetragen; daher Division durch vier).	
4. Verbinde die entstandenen Punkte und beschrifte richtig! „Kopiere" die Grundfläche durch Parallelverschieben um h = 1 cm nach oben!	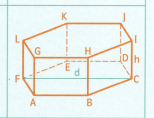

995 Konstruiere den Schrägriss des regelmäßigen dreiseitigen Prismas mit v = 0,5, α = 135°!
a) a = 2,7 cm, Körperhöhe h = 4 cm　　　b) a = 47 mm, Körperhöhe h = 65 mm

996 Konstruiere den Schrägriss des regelmäßigen sechsseitigen Prismas mit v = 0,5 und α = 135°!
a) a = 2,8 cm, Körperhöhe = 3 cm　　　b) a = 36 mm, Körperhöhe = 4 cm

J Prisma

Üben und Sichern

engl. AB
c3aw3j

997 Kreuze die beiden richtigen Aussagen an!
- A Bei einem schiefen Prisma sind alle Seitenkanten parallel.
- B Ein dreiseitiges Prisma hat eine Grundfläche mit drei gleich langen Seiten.
- C Bei einem schiefen Prisma sind Grund- und Deckfläche nicht kongruent.
- D Ein regelmäßiges Prisma hat eine Grundfläche mit gleich langen Seiten.
- E Die Seitenflächen eines dreiseitigen Prismas sind Dreiecke.

998 Welche Figuren sind Prismen? Begründe deine Wahl! Färbe bei diesen die Grund- und die Deckfläche und streiche die anderen durch!

A 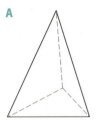 B 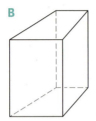 C 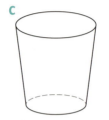 D 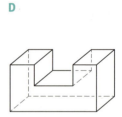 E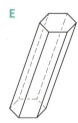

999 Die 40 Kilogramm schwere Karin stellt für ihren kleinen Bruder ein aufblasbares Planschbecken aus Plastik mit nur einem Quadratmeter Grundfläche auf. Sie füllt das Becken mit Wasser bis zu einer Höhe von 25 cm. Nun will sie es in den Schatten ziehen. Wie schwer ist das Becken ungefähr? Kann sie es verschieben? Begründe mit Hilfe des **Sprachbausteins**!

> **Sprachbaustein**
>
> Ein Kubikmeter Wasser wiegt eine Tonne. Demnach wiegen ____ Kubikmeter Wasser ____ Kilogramm.
> Karin kann das Planschbecken wahrscheinlich verschieben/nicht verschieben, da es um ____ schwerer/leichter ist als sie selbst.

1000 Ein gerades quadratisches Prisma mit der Höhe $h = 12\,dm$ hat ein Volumen von $192\,dm^3$.
a) Ermittle die Kantenlänge a der quadratischen Grundfläche!
b) Das Prisma besteht aus Eisen mit der Dichte $\varrho = 7800\,kg/m^3$. Welche Masse hat das Prisma?

Zusammenfassung

AH S. 75

Es gibt **gerade** und **schiefe Prismen**.
Grund- und **Deckfläche** des **Prismas** sind zueinander **parallel** und **deckungsgleich** (**kongruent**).
Die **Seitenkanten** sind **gleich lang** und zueinander **parallel**.

Oberfläche des Prismas: $O = G \cdot 2 + M$
Rauminhalt (Volumen) des Prismas: $V = G \cdot h$

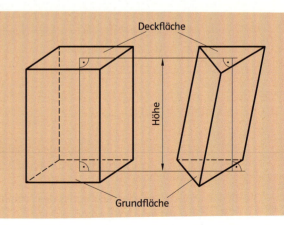

Wissensstraße

Lernziele: Ich kann ...

Z 1: Prismen mit ihren Eigenschaften beschreiben.
Z 2: das Netz eines Prismas zeichnen und dessen Oberfläche berechnen.
Z 3: das Volumen eines Prismas berechnen.
Z 4: die Masse eines Prismas berechnen.

1001 Welche und wie viele Flächen hat ein regelmäßiges fünfseitiges Prisma? — Z 1

1002 Ein regelmäßiges dreiseitiges Prisma hat 4,5 cm lange Grundkanten und ist 6 cm hoch. — Z 1, Z 2
1) Konstruiere das Netz des Prismas!
2) Wie groß ist seine Mantelfläche?
3) Wie viele Ecken, Kanten und Flächen hat das Prisma?

1003 — Z 2
1) Konstruiere das Netz eines regelmäßigen sechsseitigen Prismas mit der Grundkantenlänge a = 2,5 cm und der Höhe h = 4,0 cm!
2) Wie groß ist die Mantelfläche dieses Prismas?

1004 Ein gerades dreiseitiges Prisma ist 6 cm hoch und hat als Grundfläche ein rechtwinkliges Dreieck mit den Kathetenlängen a = 3 cm und b = 4 cm. — Z 2, Z 3
1) Konstruiere das Netz des Prismas!
2) Wie groß ist der Rauminhalt des Prismas?

1005 Ordne jedem Netz **A**, **B** und **C** das richtige Prisma aus **1, 2, 3, 4, 5, 6** zu! — Z 2

1006 Ein regelmäßiges vierseitiges Prisma hat 6 cm lange Grundkanten und einen Rauminhalt von 720 cm³. Wie hoch ist das Prisma? — Z 3

1007 Eine 60 cm lange Sesselleiste hat als Querschnitt ein gleichschenklig-rechtwinkliges Dreieck mit der Kathetenlänge a = b = 5 cm. — Z 3, Z 4
1) Wie groß ist ihr Rauminhalt?
2) Wie schwer ist eine Leiste, wenn das verwendete Eichenholz eine Dichte von 670 kg/m³ hat?

Technologie

Der Einsatz des Computers ist für mathematische Berechnungen bzw. Darstellungen unentbehrlich geworden. In der ersten Klasse haben wir bereits einige Anwendungen von **Tabellenkalkulationen** (TK) und den Einsatz von GeoGebra vorgestellt, mit dessen Hilfe man **geometrische Objekte** darstellen kann. Eine erste Einführung in diese Programme findest du im Buch der ersten Klasse auf S. 268 ff.

Tabellenkalkulation
Es gibt zahlreiche TK, mit denen man gut arbeiten kann. In diesem Buch arbeiten wir oft mit dem Programm **Excel** (Version 2016) der Firma Microsoft. Wenn man **ein** derartiges Programm kennt, kann man auch mit den meisten **anderen TK** (Tabellenkalkulation in GeoGebra, LibreCalc usw.) gut umgehen.

Die Anwendungen der 1. Klasse waren:
- **Grundrechnungsarten**
- **Berechnung des Mittelwerts**
- **Graphische Darstellungen (Säulendiagramm)**

GeoGebra
GeoGebra ist ein **kostenfreies Programm**, das du unter www.geogebra.org herunterladen kannst. Es gibt Versionen für den PC, das Handy oder das Tablet. Diese Art von Programm wird als **dynamische Geometriesoftware** bezeichnet, da man mit Hilfe von GeoGebra nicht nur geometrische Objekte erstellen, sondern auch dynamisch verändern kann. GeoGebra enthält aber nicht nur **Geometrieansichten** (zwei- und dreidimensional), sondern neben einem **CAS** (Computer-Algebra-System; ähnlich wie ein besonderer Taschenrechner) auch eine **TK**.

Auf der Webseite www.geogebra.org findet man unter der Registerkarte *Materialien* viele vorgefertigte Beispiele zu unterschiedlichen Themengebieten.

Die Anwendungen der 1. Klasse waren:
- **Berechnung des Mittelwerts**
- **Konstruktion von Quadrat, Rechteck und Kreis**

Wie in der ersten Klasse werden die Befehle, die du exakt eingeben musst (Syntax), in dieser Farbe dargestellt.
Die *kursive Schrift* zeigt die Eigennamen oder Befehlsnamen an.

Technologie

Tabellenkalkulation mit Excel

Video
m2fu72

Prozentrechnung, Kreisdiagramm

Ein wichtiges Thema der 2. Klasse ist die **Prozentrechnung** und die **Darstellung von Daten in Kreisdiagrammen**. Mit Hilfe von TK kann man rasch Prozentwerte berechnen und ein zugehöriges Kreisdiagramm erstellen. Dazu folgende Aufgabe:

Auf einem Bauernhof leben 23 Hühner, 12 Schweine, 4 Katzen, 1 Hund und 44 Kühe. Berechne die prozentuellen Anteile der jeweiligen Tierart!

	A	B	C
1	**Bauernhof**		
2			
3	Hühner	23	
4	Schweine	12	
5	Katzen	4	
6	Hund	1	
7	Kühe	44	
8			
9			

Schritt ❶ Fülle in einem Arbeitsblatt die Zellen wie in der Abbildung rechts aus! Achte darauf, dass die Texte und Zahlen in zwei verschiedene Zellen eingegeben werden!

Schritt ❷ Berechne die Summe der Tiere, indem du in die Zelle *B8* eingibst: **=Summe(B3:B7)**! Nach Drücken der Enter-Taste erscheint der Wert *84*.

Schritt ❸ Schreibe in die Zelle *C3* den Befehl: **=B3/B8*100** (p = W/G · 100, vgl. S. 87)! Drücke Enter, markiere die Zelle *C3* und gehe mit der Maus auf das rechte untere Eck! Der Mauszeiger verändert sich zu +.
Klicke links und ziehe mit der Maus nach unten bis *C7*! Nun erhältst du alle relativen Anteile in %.

Hinweis Um **B8** zu erhalten, kannst du zweimal das $-Zeichen auf der Tastatur eintippen oder nach dem Klicken auf die Zelle *B8* die *F4-Taste* drücken. Dadurch ändert sich der absolute Bezug in einen relativen Bezug (siehe **Infobox**).

> ℹ **Absolute und relative Bezüge**
>
> Der große Vorteil von TK ist die Unterscheidung in absolute und relative Bezüge. Eine Formel mit einem relativen Bezug (zB **=B4/A4*A5**) verändert sich beim Ausfüllen nach unten, dh. in der nächsten Zeile würde diese Formel **=B5/A5*A6** lauten. Mit Hilfe des „$" (Dollar Zeichen: *Umschalt* + 4) wird ein absoluter Bezug eingegeben. Eine derartige Formel lautet zB **=A5*B4**, die Zelle *B4* verändert sich beim Kopieren nicht. In der nächsten Zeile würde **=A6*B4** stehen. Dies ist bei dieser Aufgabe erforderlich, denn die Menge muss immer mit dem gleichen Preis multipliziert werden.

Erstelle ein passendes Kreisdiagramm!

Schritt ❶ Markiere (mit Hilfe der Maus) nun die Zellen *A3* bis *B7* durch Links-klicken und Ziehen!

Schritt ❷ Gehe auf die Registerkarte *Einfügen*! Im Bereich *Diagramme* siehst du das Symbol – Klicke darauf und wähle den linken 2D-Kreis aus! Das Kreisdiagramm erscheint in deiner Arbeitsmappe.

Schritt ❸ Du kannst nun den *Diagrammtitel* auf zB: „Tiere auf dem Bauernhof" ändern.
Mit der linken Maustaste kannst du einen beliebigen Sektor des Kreisdiagramms markieren. Klicke anschließend mit der rechten Maustaste auf den markierten Sektor und ändere bei *Füllung* die Farbe des Sektors!

Technologie

Deine Arbeitsmappe könnte nun so aussehen:

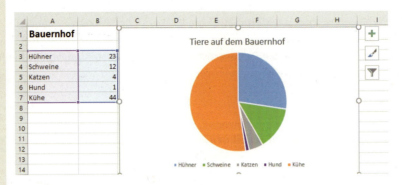

Die Tabellenkalkulation Excel passt automatisch die Farbe der Legende an!

Hinweis Wenn du nur die Zahlen der Spalte B markierst und so das Kreisdiagramm erstellst, kann Excel die Legende nur mit 1., 2., 3. usw. erstellen. Du kannst die Legende und den Diagrammtitel auch jederzeit löschen.

Auftrag 1) In der 2A-Klasse haben von 22 Schülerinnen und Schülern 5 die Lieblingsfarbe Blau, 8 die Lieblingsfarbe Rot, 4 Gelb, 2 Türkis und 3 Orange.
  1) Stelle die Lieblingsfarben der 2A-Klasse in einem Kreisdiagramm dar!
  2) Berechne mit Hilfe der TK die prozentuellen Anteile!

Auftrag 2) Susanne war während der letzten Sommerferien 2 Wochen in Kroatien, 3 Wochen bei ihren Großeltern, 1 Woche Wandern in Tirol und die restlichen 3 Wochen hat sie zu Hause verbracht.
  1) Stelle die Ferienaktivitäten von Susanne in einem Kreisdiagramm dar!
  2) Berechne in einer Spalte die Prozentsätze und in einer weiteren Spalte die entsprechenden Zentriwinkel des Kreisdiagramms (1% ≙ 3,6°)! Vergleiche mit dem Kreisdiagramm der TK!

Direkte Proportionalität

Zusammenhänge, die durch ein **direkt proportionales Verhältnis** beschrieben werden, können mit Hilfe einer TK nicht nur sehr einfach berechnet, sondern auch dargestellt werden.
Zum Beispiel folgende Aufgabe:

Drei gleiche Schulhefte kosten 4,20 Euro. Ermittle den Preis von fünf Heften dieser Art!

Schritt ❶ Fülle die Arbeitsmappe, wie in der Abbildung rechts dargestellt, aus!
  Hinweis Das **Komma** ist in Excel der **Beistrich**. Zusätzliche Nullen hinter dem Komma werden vom Programm weggelassen.

	A	B
1	Schulhefte	
2		
3	Anzahl Hefte	Preis
4	3	4,2
5	5	

Schritt ❷ Schreibe in die Zelle *B5* den Befehl **=B4/A4*A5** (vgl. Seite 122 – Direkte Proportionalität)! In der Zelle *B5* erscheint der Preis für fünf Hefte.

Auftrag 3) Erstelle eine Arbeitsmappe, mit der man die Kosten von 7, 9 und 12 Stiften berechnen kann! Drei Stifte kosten 4,70 €.

Darstellung als Punktdiagramm

Mit Hilfe der TK kann man rasch eine Preistabelle für eine Vielzahl von Werten anlegen und diese graphisch darstellen. Wir bleiben bei obiger Aufgabe:
Ein Schulheft kostet 1,40 €. Mit Hilfe der TK möchten wir den Preis von 2, 3, 14 ... 10 Heften berechnen und in einem Punktdiagramm darstellen.

Schritt ❶ Schreibe in das Feld *A4* die Zahl **1** und in *B4* den zugehörigen Preis **1,40** (ohne Einheit)!

Schritt ❷ Schreibe in das Feld *A5* die Zahl **2**! Markiere die Felder *A4* und *A5* und bewege die Maus auf die rechte untere Ecke, bis sich der Mauszeiger in ein + verwandelt!
Klicke und ziehe nun nach unten, um die Werte bis 10 zu erhalten!

Schritt ❸ Schreibe in das Feld *B5* den Befehl **=A5*B4**! Nach dem Drücken der Enter-Taste erscheint der korrekte Preis.

Schritt ❹ Markiere das Feld *B5*! Bewege die Maus auf die rechte untere Ecke und fülle die Felder darunter aus!

Schritt ❺ Markiere *A3* bis *B13*! Gehe auf *Einfügen* und klicke bei *Diagramme* auf das Symbol. Wähle die Darstellung links oben aus!
Deine Arbeitsmappe sollte jetzt so aussehen:

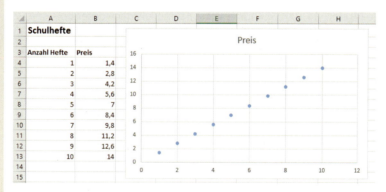

Bei dieser Aufgabe wäre das Verbinden der Punkte nicht sinnvoll. Weißt du, warum?

Die Darstellung lässt sich mit Hilfe der rechten Maustaste einfach anpassen. So können die Achsen, die Farben, die Überschrift oder auch die Gitternetzlinien formatiert werden.

Auftrag 4) Dieter ist mit dem Rad 25 Kilometer in 45 Minuten gefahren.
Angenommen, die durchschnittliche Geschwindigkeit bleibt gleich.
Berechne, wie weit Dieter in 75 Minuten fährt!

Auftrag 5) Vera hilft bei einem Straßenfest mit. Vom letzten Jahr weiß sie, dass die Kinder sehr viel Limonade kaufen. Eine Flasche Limo kostet 2,70 €. Damit Vera nicht bei jeder Bestellung den Preis neu ausrechnen muss, möchte sie eine Tabelle erstellen.
1) Erstelle für Vera eine Tabelle, die den Preis für 1, 2, 3,... 8 Flaschen Limo angibt!
2) Erstelle ein Diagramm, in dem man den Preis für bis zu 8 Flaschen Limos ablesen kann!

Auftrag 6) Amuk bestellt für seine Freunde und sich Rollen für ihre Skateboards. Für 16 Rollen zahlt er 112 €.
1) Erstelle eine Tabelle, die den Preis von 1, 4, 8, 12 und 16 Rollen angibt!
2) Erstelle ein Diagramm, das die Preise von 1) veranschaulicht!

Technologie

Indirekte Proportionalität

Natürlich lassen sich mit Hilfe einer TK auch Aufgaben mit **indirekt proportionalen Verhältnissen** lösen.

**Ein Rechteck hat eine Seitenlänge von a = 10 cm und b = 5 cm.
Berechne die Seitenlänge b**, wenn a = 12 cm und der Flächeninhalt gleich bleibt!

Schritt ❶ Schreibe die Angaben in die Arbeitsmappe wie in der Abbildung rechts!

Schritt ❷ Schreibe in die Zelle *B5* den Befehl **=A4*B4/A5** (siehe S. 124 – indirekte Proportionalität)!

**Berechne die Seitenlänge b für ein Rechteck mit A = 50 cm²,
wenn a = 2, 4, 6, . . . , 50 cm! Stelle die Daten in einem Punktdiagramm dar!**

Schritt ❶ Schreibe in *A4* die Seitenlänge 2 und in *A5* die Seitenlänge 4! Markiere die beiden Felder und fülle die Seitenlängen nach unten (bis 50) aus!

Schritt ❷ Schreibe in *B4* die zugehörige Seitenlänge 25!

Schritt ❸ Füge in die Zelle B5 ein: **=A4*B2/B5**! Kopiere diese Formel bis nach unten!

Schritt ❹ Erstelle ein Punktdiagramm, indem du die Felder markierst, auf die Registerkarte *Einfügen* wechselst und das Punktdiagramm anklickst!

Schritt ❺ (optional) Markiere die Zellen *B4* bis *B28*! Mit Hilfe der Schaltfläche in der Registerkarte *Start* kannst du die Anzahl der Dezimalstellen verringern.

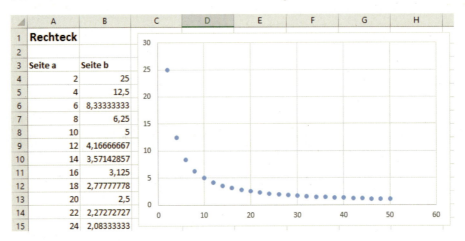

Auftrag 7) Johannas Eltern bekommen einen Swimmingpool im Garten. Dieser muss, damit er dicht ist, mit Folie ausgekleidet werden. Für diese Arbeit brauchen 2 Personen 10,5 Stunden.
  1) Berechne, wie lange 3 Personen für diese Arbeit brauchen!
  2) Gib in einer Tabelle an, wie lange 1, 2, 3, 4, 5, 6, 7, 10 und 12 Personen brauchen!
  3) Erstelle ein Punktdiagramm!

Technologie

Tabellenkalkulation mit GeoGebra

Das freie Programm GeoGebra verfügt ebenfalls über eine Tabellenkalkulation. Diese kann unter dem Menüpunkt *Ansicht – Tabelle* (in GeoGebra 5) oder durch das Klicken auf das Symbol ≡ und dann auf *Ansicht – Tabelle* (in GeoGebra 6) aufgerufen werden.

Alle vorgestellten Berechnungen der TK, also prozentuelle Häufigkeiten, direkte und indirekte Proportionalität können analog in GeoGebra durchgeführt werden. GeoGebra kennt ebenfalls den Unterschied zwischen absoluten und relativen Bezügen. Diese werden, wie bei Excel vorgestellt, eingegeben.

Die graphischen Darstellungen sind in GeoGebra allerdings nicht so einfach möglich.
So kann in GeoGebra zB kein Kreisdiagramm erstellt werden. Für die Erstellung eines Punktdiagramms muss anders vorgegangen werden.

Punktdiagramm

Elisa fährt in den Sommerferien in die USA. Sie erkundigt sich bei der Bank und erfährt, dass 1 Euro momentan 1,15 US-Dollar wert ist.

Erstelle eine Tabelle, aus der man ablesen kann, wie viel 1 €, 2 €, ..., 10 € in Dollar sind!

Schritt ❶ Öffne GeoGebra und anschließend die *Tabellenansicht*! Fülle die Tabelle analog zur Abbildung rechts aus!
  Hinweis In GeoGebra ist das **Komma** ein **Punkt**.

Schritt ❷ Schreibe in das Feld *B5* den Befehl =A5*B4! Markiere das Feld *B5*, gehe mit der Maus auf die untere rechte Ecke (der Mauszeiger verändert sich zu +)! Klicke und ziehe nach unten bis *B13*!

Nun stehen in der Spalte B die entsprechenden Werte für US-Dollar. Um diese graphisch darzustellen, gehen wir folgendermaßen vor:

Schritt ❶ Markiere die Felder *A4* bis *B13*! Klicke mit der rechten Maustaste auf den markierten Bereich! Wähle *Erzeugen – Liste von Punkten*!

In der Grafik-Ansicht erscheinen nun die Punkte. Diese Darstellung ist noch nicht besonders aussagekräftig.

Schritt ❷ (nur GeoGebra 5) Markiere die *Punkte A–J* in der *Algebra-Ansicht* (klicke zuerst auf ⬚, halte die Strg-Taste gedrückt und klicke mit der linken Maustaste auf die Punkte)!
Klicke mit der rechten Maustaste auf den markierten Bereich und wähle *Beschriftung anzeigen* (oder klicke auf die blauen Punkte), um die Beschriftung auszublenden!

Technologie

Schritt 3 Klicke auf die *Grafik-Ansicht*!
Klicke nun mit der *rechten Maustaste* auf den Grafik Bereich und wähle *Grafik…*!
Beim Reiter *x-Achse* (bzw. *y-Achse*) markiere *Nur positive Achse*!
Beim Reiter *Koordinatengitter* markiere *Koordinatengitter anzeigen*!
Schließe das Menü!

Schritt 4 Orientiere das Koordinatensystem entsprechend!
Gehe dazu auf das Symbol ✣ ! Ziehe den Ursprung nach links unten!
Fahre dann mit der Maus über die Achse und verändere die Skalierung durch Klicken und Ziehen!

Schritt 5 Gehe auf die Schaltfläche ABC (GeoGebra5) bzw. ABC Text (GeoGebra 6) – diese verbirgt sich unter der Schaltfläche a=2 ! Klicke in der Nähe der x-Achse und schreibe **Euro**; klicke nahe der y-Achse und schreibe **Dollar**!

Dein Diagramm könnte so aussehen:

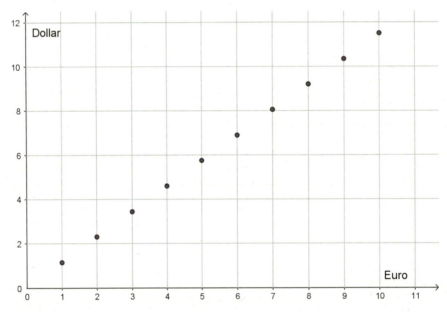

Schritt 6 (optional)
Diese Punkte liegen auf einer Geraden, weil der Zusammenhang Euro – Dollar ein direkt proportionaler Zusammenhang ist. Da Euro (bzw. Dollar) auch in kleineren Einheiten existieren (Euro-Cent, Dollar-Cent), könnte man noch viele weitere Zwischenpunkte einfügen. Somit ist es auch sinnvoll eine **Gerade durch die Punkte legen** (zB durch den Befehl **Verbinde[A, J]**)!

Auftrag 8) Erstelle eine Tabelle und ein Diagramm wie oben für 1 Euro = 70 Rubel! Rubel ist die Währung in Russland.

Auftrag 9) Erstelle ein Diagramm, in dem abzulesen ist, wie viel Forint 100, 200 und 300 Euro entsprechen! Forint ist die Währung in Ungarn. (1 Euro ≙ 304 Forint)

Technologie

Auftrag 10) Mila möchte ihre Verwandtschaft in Japan besuchen. Die Währung von Japan ist Yen und für 1 Euro bekommt man ca. 115 Yen.
1) Erstelle eine Tabelle, aus der Mila sieht, wie viel 10 €, 20 €,..., 100 € in japanischen Yen sind!
2) Erzeuge eine Punktdiagramm!

   Hinweis Denk an die Skalierung der Achsen!

Auftrag 11) Alina hilft am Fußballplatz den Rasen zu mähen. In 10 Minuten schafft Alina mit dem Rasentraktor 185 m².
1) Erstelle ein geeignetes Punktdiagramm für den Zeitraum zwischen 10 Minuten und 250 Minuten!

   Hinweis Verwende relative Bezüge!

2) Welche Zeit muss Alina für den halben Fußballplatz (3 000 m²) einplanen? Lies aus dem Diagramm ab!

Auftrag 12) Lenas Opa ist Imker. In diesem Jahr hat er 52 kg Honig ernten können.
Erstelle eine Tabelle und eine graphische Darstellung, die zeigen, wie viele Gläser Lenas Opa kaufen muss, wenn er 0,25 kg, 0,5 kg, 0,75 kg, 1 kg, 1,25 kg und 1,5 kg Honiggläser verwendet!

Formatieren von Diagrammen

Auch in GeoGebra können Diagramme formatiert werden. Wir verwenden dazu die Darstellung von S. 266.

Schritt ❶ Klicke mit der Maus auf die Schaltfläche ✥! Klicke mit der rechten Maustaste an eine beliebige Stelle in der *Grafikansicht*! Wähle *Eigenschaften*!

Schritt ❷ Klicke auf den Reiter x-Achse! Setze das Häkchen bei der Schaltfläche *Nur positive x-Achse* und schreibe in das Feld bei *Beschriftung* Euro!

Schritt ❸ (optional)
Setze das Häkchen bei *Abstand* und trage den Wert 2 ein! Nun wird die x-Achse in Zweierschritten beschriftet.

Schritt ❹ Klicke auf den Reiter y-Achse! Lasse dir wieder nur die positive y-Achse anzeigen und beschrifte die Achse mit Dollar!

Hinweis Der Vorteil der Achsenbeschriftung mit Hilfe des Menüs ist, dass die Beschriftung beim Verschieben der Achsen an der richtigen Stelle in der *Grafikansicht* bleibt. Bei der Variante mit einem Textfeld ist das nicht der Fall.

Schritt ❺ (optional)
Die Schriftgröße kann jetzt nur in der gesamten Ansicht verändert werden. Klicke dazu in GeoGebra 5 auf *Einstellungen – Schriftgröße* bzw. in GeoGebra 6: Klicke auf die Schaltfläche ☰ (rechts oben), anschließend auf *Einstellungen* und dann auf *Schriftgröße*!

Technologie

Video 538y2h

Geometrie mit Geogebra

Mit GeoGebra kannst du leicht Strecken, Strahlen und Geraden konstruieren, diese schneiden und deren Schnittpunkte anzeigen lassen. Ebenso kannst du Winkel konstruieren.

Mit diesen Werkzeugen lassen sich Dreiecke exakt zeichnen und deren merkwürdige Punkte finden.

Die große Stärke des Programms liegt darin, dass es „**dynamisch**" ist, dh. dass man **Punkte**, **Strecken**, **Strahlen**, **Geraden** sowie alle anderen Objekte, die nicht abhängig sind (unabhängige Punkte werden zB dunkelblau gekennzeichnet), im Nachhinein **verändern** kann. Der Schnittpunkt (nicht dunkelblau) zweier Geraden ist abhängig von den beiden Geraden und wird mitverändert. Alle abhängigen Objekte werden automatisch an Veränderungen angepasst.

Öffne zuerst das Programm GeoGebra und gehe auf *Grafikrechner*.

GeoGebra Mathe Rechner

Grafikrechner

Strecke, Strahl, Gerade

Zeichnen einer Strecke

Schritt ❶ Klicke auf den dritten Button !

Schritt ❷ Wähle die Option  !

Schritt ❸ Klicke zweimal auf das Zeichenblatt und erstelle so Anfangs- und Endpunkt der Strecke!

Hinweis Beide Punkte A und B unterliegen **keiner Abhängigkeit** (dunkelblau) und können **beliebig verschoben** werden (Drücke vor dem Verschieben die *Esc-Taste* oder klicke auf).

Zeichnen einer Strecke mit vorgegebener Länge

Schritt ❶ Klicke auf den dritten Button! !

Schritt ❷ Wähle die Option  aus dem Dropdown-Menü!

Schritt ❸ Klicke auf das *Zeichenblatt*, erstelle den Anfangspunkt (dunkelblau) der Strecke und gib im *Dialogfeld* zB **3.4** ein! (Achtung: Punkt statt Beistrich als Komma!) Der zweite Punkt erscheint (hellblau). So wird eine Strecke der Länge 3,4 erstellt.

Auftrag 13) Konstruiere eine Strecke mit der vorgegebenen Länge!
  a) 2,8   b) 17,32   c) 8,12

Auftrag 14) Zeichne eine Strecke AB mit A = (2 | 0) und B = (2 | 2)!

Hinweis Punkte werden mit Beistrichen zwischen den Koordinaten eingegeben.

Technologie

Video
rn63z7

Zeichnen eines Strahls

Schritt ❶ Klicke auf den Button !

Schritt ❷ Wähle die Option Strahl!

Schritt ❸ Klicke auf das *Zeichenblatt* und erstelle den **Anfangspunkt** sowie einen **weiteren Punkt des Strahls**!

Auftrag 15) Zeichne einen Strahl durch die Punkte A = (4|1) und B = (2|3)!

Zeichnen einer Geraden

Schritt ❶ Klicke auf den Button !

Schritt ❷ Wähle die Option! Gerade!

Schritt ❸ Klicke auf das *Zeichenblatt* und erstelle **zwei Punkte**, die auf der **Geraden liegen**!

Auftrag 16) Zeichne eine Gerade durch die beiden Punkte A = (2|3) und B = (5|9)!

Winkel

Zeichnen eines Winkels mit vorgegebener Größe!

Schritt ❶ Klicke auf den Button und wähle die Option Winkel mit fester Größe!

Schritt ❷ Klicke auf zwei verschiedene Stellen im *Zeichenblatt* und ein *Dialogfenster* öffnet sich!
Achtung: Der **zweite** Punkt ist der **Scheitel** des Winkels!

Technologie

Schritt ❸ Gib die **gewünschte Größe**, zB **55°** ein! Wähle *Gegen den Uhrzeigersinn* aus! Durch *Enter* oder *OK* wird ein dritter Punkt erstellt. Die beiden Punkte, die du schon erstellt hast, bilden einen Schenkel des Winkels, der dritte bildet mit dem zweiten Punkt den anderen Winkelschenkel.

Schritt ❹ Zum **Erstellen der Winkelschenkel** müssen noch zwei Strahlen hinzugefügt werden!

Konstruiere einen Winkel β = 122° mit dem Scheitel A und der gegebenen Strecke AB als Schenkel!

Schritt ❶ Zeichne eine beliebige **Strecke AB**!

Schritt ❷ Klicke auf den Button und wähle die Option ![] **Winkel mit fester Größe** !

Schritt ❸ Klicke zuerst auf *B* und dann auf *A*, damit *A* der **Scheitel** wird. Gib **122°** in das Dialogfenster ein!

Schritt ❹ Vervollständige den Winkel mit zwei Strahlen!

Winkelbezeichnung

Der erste konstruierte Winkel wird automatisch mit α bezeichnet. Um das zu ändern, klicke mit der rechten Maustaste auf das betreffende *Winkelfeld* und klicke auf *Umbenennen*! Im *Dialogfenster* findest du auf der rechten Seite ein **kleines „α"**. Hier findest du alle wichtigen Symbole, die üblicherweise nicht auf der Tastatur zu finden sind!

Auftrag **17)** Konstruiere einen Winkel mit **a)** 13°, **b)** 133°, **c)** 318°! Benenne den Winkel auf δ um!

Auftrag **18)** Zeichne eine beliebige Strecke AB und konstruiere einen Winkel mit 213°, wobei **a)** A, **b)** B der Scheitel ist! Benenne die Winkel mit γ!

Technologie

Video
w9xx7a

Symmetralen

Unter *Einstellungen* → *Sprache* kann man die Option *Deutsch (Österreich)* auswählen. Ansonsten wird die Streckensymmetrale wie in Deutschland als „Mittelsenkrechte" und die Winkelsymmetrale als „Winkelhalbierende" bezeichnet. Bei den folgenden Ausführungen werden die österreichischen Ausdrücke verwendet.

Steckensymmetrale
Konstruiere die Streckensymmetrale einer Strecke AB mit $\overline{AB}$ = 5,3!

Schritt ❶ Konstruiere die **Strecke AB!**

Schritt ❷ Klicke auf den Button und wähle die Option 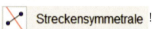 !

Schritt ❸ Klicke auf A und B (Reihenfolge unwichtig)!

Schritt ❹ Da Symmetrieachsen strichpunktiert sein sollten, klicke mit der rechten Maustaste auf die Streckensymmetrale und dann auf *Eigenschaften*!
Unter *Darstellung* kann man die Linienart auf strichpunktiert ändern.

Auftrag 19) Konstruiere eine Strecke AB mit der Länge **a)** 14; **b)** 3,1; **c)** 2,5 sowie deren Streckensymmetrale! Ändere die Darstellung der Symmetrale auf strichpunktiert!

Winkelsymmetrale
Konstruiere die Winkelsymmetrale eines Winkels α = 73°!

Schritt ❶ Konstruiere einen Winkel α = 73°!

Schritt ❷ Klicke auf den Button und wähle die Option  !

Schritt ❸ Klicke auf **alle drei Punkte**, die den Winkel festlegen und achte darauf, dass der **Scheitel als zweites angeklickt** wird!

Schritt ❹ (optional) Ändere die Darstellung der Symmetrale auf strichpunktiert!

Auftrag 20) Konstruiere einen Winkel mit der Größe **a)** 8,5°; **b)** 101°; **c)** 277° sowie dessen Winkelsymmetrale! Ändere die Darstellung der Symmetrale auf strichpunktiert!

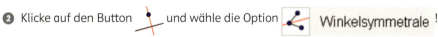

Technologie

Dreiecke

Fall 1: Drei Seiten sind gegeben.
Konstruiere das Dreieck mit den Seitenlängen a = 2,7, b = 5,2 und c = 4,3!

Schritt ❶ Erstelle die **Seite c** (*Strecke mit fester Länge*)! Klicke mit der rechten Maustaste auf die erstellte Strecke und benenne sie mit *Umbenennen* auf **c** um!

Schritt ❷ Statt des Abschlagens der Strecken mit dem Zirkel können **Kreise mit passendem Radius** gezeichnet werden. Klicke auf den *kleinen Pfeil des Buttons* und wähle die Option

   Kreis mit Mittelpunkt und Radius !

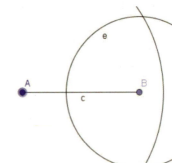

Schritt ❸ Klicke auf den *Punkt A*, der damit als **Mittelpunkt** ausgewählt wird (wie Einstechen mit dem Zirkel)! Gib im *Dialogfenster* **5,2** (= Länge der Seite b) ein. Klicke anschließend auf den *Punkt B* und gib **2,7** (= Länge der Seite a) ein!

Schritt ❹ Die beiden Kreise schneiden einander zwei Mal. Man **wählt jenen Schnittpunkt**, der den **Umlaufsinn des Dreiecks** richtig festlegt. Setze einen Punkt auf den oberen Schnittpunkt der beiden Kreise! Oder verwende das Schneidewerkzeug: Gib in die Eingabezeile **Schneide[e,f]** ein, wobei e und f die Beschriftungen der Kreise sind! Du kannst auch den Button verwenden.

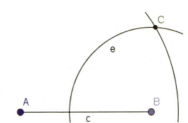

Schritt ❺ **Verbinde** die Punkte **mit Strecken** zu einem Dreieck und benenne die Strecken richtig!

Schritt ❻ (optional)
Klicke mit der rechten Maustaste auf die Kreise und den Button ! Damit blendet man die Kreise aus und übrig bleibt das Dreieck.

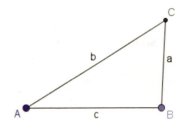

> **Tipp**
>
> Mit der rechten Maustaste und *Eigenschaften* können auch die Farben der Objekte sowie die Größe der Punkte geändert werden! So kannst du dein Dreieck selbst gestalten.

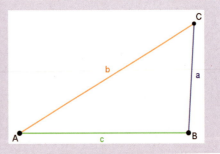

Technologie

Fall 2: Eine Seite und zwei anliegende Winkel sind gegeben

Konstruiere das Dreieck mit den Maßen c = 3,8, α = 47° und β = 22°!

Schritt ❶ Konstruiere die **Seite c** (=Strecke AB)!

Schritt ❷ Konstruiere den **Winkel α** (*Winkel mit fester Größe*), indem du zuerst auf **B** klickst und dann auf **A** (*gegen den Uhrzeigersinn*)! Ergänze den Winkel mit einem Strahl!

Schritt ❸ Konstruiere den **Winkel β** (zuerst auf **A**, dann auf **B**, *Im Uhrzeigersinn*)! Ergänze den Winkel mit einem Strahl!

Schritt ❹ Setze den Punkt C auf den **Schnittpunkt der beiden Strahlen** (oder mit Schneidewerkzeug **Schneide[f,g]**) und verbinde *A* und *C* sowie *B* und *C* jeweils mit einer eigenen Strecke!

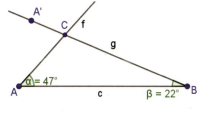

Schritt ❺ Nun kannst du die Strahlen ausblenden (*Rechte Maustaste* und ☑) und die Strecken richtig umbenennen!

Fall 3a: Zwei Seiten und der eingeschlossene Winkel sind gegeben

Konstruiere das Dreieck mit den Maßen a = 4,1, c = 5,3 und β = 125°!

Schritt ❶ Konstruiere die **Seite c**!

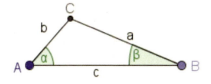

Schritt ❷ Konstruiere den **Winkel β** (*Winkel mit fester Größe*, zuerst auf **A** klicken, dann auf **B** – *Im Uhrzeigersinn*)! Ergänze den Winkel mit einem Strahl!

Schritt ❸ Die Strecke a wird konstruiert, indem man einen *Kreis mit Mittelpunkt* B und Radius **4,1** konstruiert.

Schritt ❹ *Schneide* Strahl und Kreis und verbinde **A** und **C** sowie **B** und **C** jeweils mit einer eigenen Strecke!

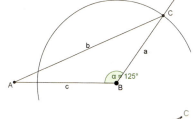

Schritt ❺ Nun kannst du Strahl und Kreis *ausblenden* und die Strecken umbenennen.

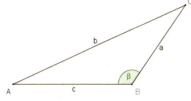

Technologie

Video y2hu57

Fall 3b: Zwei Seiten und der nicht eingeschlossene Winkel sind gegeben

Konstruiere das Dreieck mit den Maßen a = 6,3, c = 7,3 und γ = 81°!

Schritt ❶ Konstruiere die **Seite a** und benenne die Punkte und die Strecke entsprechend!

Schritt ❷ Konstruiere den **Winkel γ** (*Winkel mit fester Größe*, C ist der Scheitel, *Im Uhrzeigersinn*)!
Ergänze den Winkel mit einem Strahl!

Schritt ❸ Konstruiere einen *Kreis mit Mittelpunkt* B und festem Radius c!

Schritt ❹ **Schneide** Strahl und Kreis und benenne den Schnittpunkt in A um!
Verbinde **A** und **C** sowie **A** und **B** jeweils mit einer eigenen Strecke!

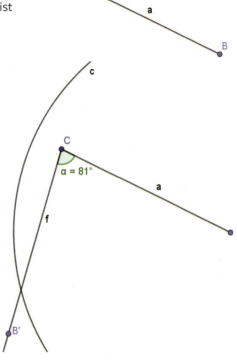

Schritt ❺ Nun kannst du Strahl und Kreis *ausblenden* und die Strecken richtig umbenennen.

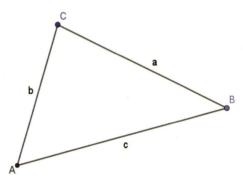

Auftrag 21) Konstruiere ein Dreieck mit den Seitenlängen a = 3,5, b = 7,3 und c = 4,8!

Auftrag 22) Konstruiere ein Dreieck mit den Angaben c = 6,7, α = 34° und β = 65°!

Auftrag 23) Konstruiere ein Dreieck mit a = 14,1, c = 15,3 und β = 145°!

Auftrag 24) Konstruiere ein Dreieck mit den Maßen a = 12,7, c = 22,6 und γ = 79°!

Technologie

Sonderfall (2 Lösungen)

Konstruiere das Dreieck mit den Maßen a = 4,8; b = 5,6 und α = 44° (der gegebene Winkel liegt der kürzeren Seite gegenüber)!

Schritt ① Konstruiere die **Seite b** und benenne die Punkte und die Strecke entsprechend!

Schritt ② Konstruiere den **Winkel α** (**A** ist Scheitel)! Ergänze den Winkel mit einem Strahl!

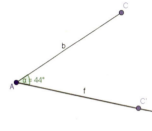

Schritt ③ Konstruiere die **Seite a** mit einem *Kreis mit Mittelpunkt C* und festem Radius!

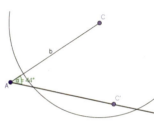

Schritt ④ **Schneide** Kreis und Strahl und benenne die beiden Schnittpunkte **B** und **B'**!
Verbinde **A** und **B**, **A** und **B'** sowie **B** und **C** und **B'** und **C** jeweils mit einer eigenen Strecke!

Schritt ⑤ Nun kannst du Strahl und Kreis ausblenden und die Strecken richtig umbenennen!

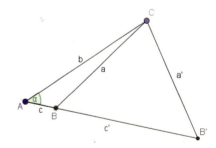

Auftrag 25) Konstruiere beide Lösungen des Dreiecks mit den Maßen a = 9, b = 7 und β = 44°!

Technologie

Die merkwürdigen Punkte des Dreiecks

Für die Konstruktion der merkwürdigen Punkte wird stets dasselbe Dreieck ABC verwendet:

Konstruiere das Dreieck mit den Maßen a = 3,3, b = 5,2 und c = 6,4!

Umkreis U

Konstruiere den Umkreismittelpunkt des Dreiecks ABC als Schnittpunkt der Streckensymmetralen!

Schritt ❶ Konstruiere das Dreieck ABC!

Schritt ❷ Konstruiere alle **Streckensymmetralen** (siehe Seite 271) und stelle sie strichpunktiert dar!

Schritt ❸ Erstelle den Punkt U, indem du zwei Streckensymmetralen schneidest!

Schritt ❹ Wähle ⊙ *Kreis mit Mittelpunkt durch Punkt*, klicke auf U sowie auf einen beliebigen Eckpunkt des Dreiecks, um den Umkreis zu konstruieren!

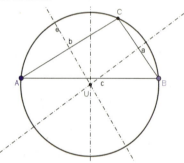

Inkreis I

Konstruiere nun den Inkreismittelpunkt des Dreiecks ABC als Schnittpunkt der Winkelsymmetralen!

Schritt ❶ Konstruiere das Dreieck ABC, blende Hilfslinien aus und beschrifte richtig!

Schritt ❷ Konstruiere alle **Winkelsymmetralen** (siehe Seite 271) und stelle sie strichpunktiert dar!

Schritt ❸ Erstelle einen Punkt I, indem du zwei **Winkelsymmetralen schneidest**!

Schritt ❹ Bevor man den Inkreis zeichnen kann, braucht man noch den **Inkreisradius**.

Klicke dazu auf den kleinen Pfeil des Buttons und wähle die Option

 Senkrechte Gerade !

Klicke dann zuerst auf *I* und dann auf eine der Seiten, zB *a*! Erstelle einen Punkt, wo einander die Senkrechte und *a schneiden* (im Bild ist das der Punkt D)!

Schritt ❺ Wähle ⊙ *Kreis mit Mittelpunkt durch Punkt*, klicke auf *I* sowie auf *D*, um den Inkreis zu konstruieren!

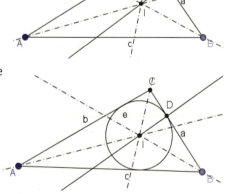

Technologie

Video 3it7rc

Schwerpunkt S

Kunstruiere den Schwerpunkt des Dreiecks ABC als Schnittpunkt der Schwerlinien!

Schritt ❶ Konstruiere das Dreieck!

Schritt ❷ Konstruktion der Schwerlinien:
Finde alle Seitenmitten, indem du die Funktion

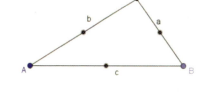 im *Dropdown Menü* des Buttons verwendest! Klicke dann auf *c*, um den Mittelpunkt der Seite *c* zu finden, auf *b*, um den Mittelpunkt der Seite *b* zu finden und auf *a*, um den Mittelpunkt der Seite *a* zu finden!

Schritt ❸ Erstelle drei **Strecken** durch die **Seitenmitten** und die **gegenüberliegenden Eckpunkte**! Schneide zwei der drei Schwerlinien!
Benenne den Schnittpunkt der Schwerlinien, also den Schwerpunkt, mit S!

Höhenschnittpunkt H

Konstruiere nun den Höhenschnittpunkt des Dreiecks ABC als Schnittpunkt der Höhenlinien!

Schritt ❶ Konstruiere das Dreieck!

Schritt ❷ Konstruiere die Höhen mit der Funktion

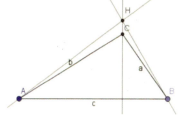 ! Klicke dafür zuerst auf die Seite *c* und dann auf den Punkt *C*! Verfahre analog mit *a* und *A* sowie *b* und *B*!

Schritt ❸ Benenne den Schnittpunkt der drei Höhen, also den Höhenschnittpunkt, mit H!

Auftrag 26) Konstruiere den Umkreismittelpunkt des Dreiecks von Auftrag 21)!

Auftrag 27) Wie groß ist der Inkreisradius des Dreiecks von Auftrag 22)?

Auftrag 28) Konstruiere den Schwerpunkt des Dreiecks von Auftrag 23)?

Auftrag 29) Konstruiere den Höhenschnittpunkt des Dreiecks von Auftrag 24)!

Technologie

Eulersche Gerade

Die **drei merkwürdigen Punkte H, U und S** liegen auf einer Geraden. Mit GeoGebra kann man das gut veranschaulichen. Konstruiere dazu ein Dreieck mit der Seitenlänge c = 4 und einem beliebigen Punkt C, der sich oberhalb dieser Seite befindet. Verbinde AC und BC mit Strecken!

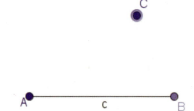

Schritt ❶ Konstruiere den **Höhenschnittpunkt H** und färbe die **Konstruktionslinien blau**!

Schritt ❷ Konstruiere den **Umkreismittelpunkt U** und färbe die **Konstruktionslinien rot**!

Schritt ❸ Konstruiere den **Schwerpunkt S** und färbe die **Konstruktionslinien grün**!

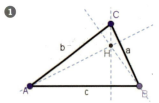 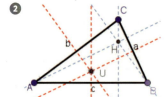 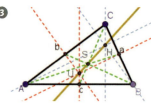

Schritt ❹ Lege eine Gerade durch die Punkte U und S! Du siehst sofort: Der Punkt H liegt ebenso auf dieser Geraden.

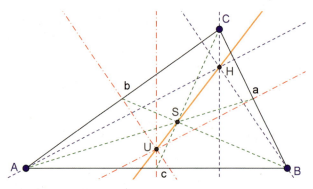

Um zu überprüfen, ob die Punkte auch wirklich richtig konstruiert sind, kann man jetzt den Punkt C verschieben und die drei Punkte H, U und S müssen immer auf einer Geraden (der eulerschen Geraden) liegen!

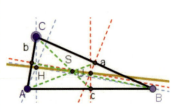 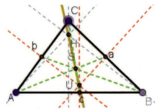 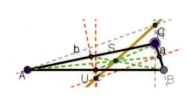

Auftrag 30) Versuche, mit dem soeben konstruierten Dreieck nur durch Verschieben des Punktes C, ein rechtwinkliges, gleichschenkliges oder ein gleichseitiges Dreieck zu formen! Was passiert, wenn A, B und C auf einer Linie liegen?

Technologie

Auftrag 31) Bilde aus drei beliebig platzierten Punkten ein Dreieck und konstruiere H, U, S und I! Zeichne anschließend die eulersche Gerade ein und kontrolliere mittels Bewegen eines Eckpunktes, ob du die Konstruktion richtig gemacht hast!

Auftrag 32) Konstruiere ein rechtwinkliges Dreieck mit den Kathetenlängen 3 cm und 5 cm sowie seinen Höhenschnittpunkt! Was fällt dir auf?

Auftrag 33) Konstruiere ein beliebiges Dreieck sowie H, U, S und I. Finde durch Probieren heraus, welche der vier Punkte auch außerhalb des Dreiecks liegen können bzw. welche nur innerhalb sein können!

Export als Bild

Die *Grafikansicht* kann als Bild weiterverwendet werden.

GeoGebra 5: Gehe auf *Datei – Export*! Nun stehen dir mehrere Möglichkeiten zur Verfügung: Bei *Grafik-Ansicht als Bild* kannst du ein Bild abspeichern; bei *Grafik-Ansicht in Zwischenablage* kannst du das Bild in die Zwischenablage des Computers kopieren und rasch zB in *Word* einfügen.

GeoGebra 6: Gehe auf die Schaltfläche ≡, klicke auf *Datei – Herunterladen als* und wähle *png* aus! Nun kannst du den Dateinamen und den Speicherort eingeben und zB in *Word* das Bild einfügen.

Materialien

Aufgaben aus dem Buch

In der nachfolgenden Tabelle sind die Aufgaben aus dem Buch aufgelistet, bei denen ein Einsatz von Excel oder GeoGebra sinnvoll ist.

Kapitel	Nummern	Kapitel	Nummern
B Bruchzahlen	146, 173	G Winkel, Koordinaten und Symmetrie	652, 710–712, 716, 719, 720, 722, 734, 735, 741, 742, 744
C Prozentrechnung	389, 399 3), 406 3)	H Dreiecke	771, 779, 780, 783–791, 793–796, 799–804, 806, 807, 808–811, 814–817, 819–821, 826, 827, 836–838, 853, 855, 860–863, 865–873
E Proportionalität	507, 510, 511, 524, 526	I Vierecke	879, 887, 892, 893, 896, 900, 903, 904, 913, 917, 919, 921, 933, 937, 941, 955–957, 959–961
F Statistik	603, 608–610, 626, 632, 635, 640, 641, 644		

Lösungen zu den Wissenstraßen

A Teilbarkeit

127 124

128 1) $T_{50} = \{1, 2, 5, 10, 25, 50\}$, $T_{68} = \{1, 2, 4, 17, 34, 68\}$,
2)
3) ggT(50, 68) = 2

129 1) kgV(3, 6, 9) = 18, ggT(3, 6, 9) = 3, kgV(2, 3, 4) = 12, ggT(2, 3, 4) = 1, kgV(5, 10, 20) = 20, ggT(5, 10, 20) = 5, kgV(2, 4, 8) = 8, ggT(2, 4, 8) = 2

130 B, C, F, G, H, I

131 a) durch 2 teilbar, weil die Zahl gerade ist
durch 3 teilbar, weil die Ziffernsumme (= 12) durch 3 teilbar ist
durch 5 teilbar, weil die Einerstelle 0 ist
b) Zahlen, die auf 00 enden, sind durch 25 und durch 100 teilbar.
c) durch 2 teilbar, weil die Zahl gerade ist
durch 3 teilbar, weil die Ziffernsumme (= 15) durch 3 teilbar ist, aber 9 ∤ 15.
nicht durch fünf teilbar, weil die Einerstelle nicht 0 oder 5 ist

132 a) x ist beliebig, y = 0, 2, 4, 6, 8
b) x = 0, 3, 6 oder 9 und y = 0, 3, 6 oder 9
x = 1, 4 oder 7 und y = 2, 5 oder 8
x = 2, 5 oder 8 und y = 1, 4 oder 7
c) x beliebig, y = 0,5

133 A richtig, weil 3 ein Teiler von 6 ist
B falsch, zB 3 | 9, aber 6 ∤ 9

134 a) Die Ziffernsumme ist 27 und damit ein Vielfaches von 9.
b) zB 9 | 4 500 und 9 | 99 ⇒ 9 | (4 500 + 99)
c) zB 9 | 9 → 9 | (9 · 511)

135 A: | B: 650   C: ∤   D: 6

136 1) 53, 59, 61, 67 sind Primzahlen
2) 51, 52, 54, 55, 56, 57, 58, 60, 62, 63, 64, 65, 66, 68, 69

137 ankreuzen: C, D, H, I, J
A falsch: 16 = 2·2·2·2   B falsch: 24 = 2·2·2·3
E falsch: 36 = 2·2·3·3   F falsch: 56 = 2·2·2·7
G falsch: 20 = 2·2·5

138 1) 70 = 2·5·7,   120 = 2·2·2·3·5
2) $T_{70} = \{1, 2, 5, 7, 2·5, 2·7, 5·7, 2·5·7\}$
3) ggT(70, 120) = 10, kgV(70, 120) = 840
4) zB 10

139 ggT(75, 120, 150) = 15   also insgesamt 45 Stück

140 5:54; 6:18; 6:42; 7:06; 7:30; 7:54; 8:18; 8:42; 9:06; 9:30; 9:54; 10:18; 10:42; 11:06; 11:30; 11:54

141 nach 420 Tagen

142 1) nach 90 Metern   2) der 6. bzw. 7. Baum

B Brüche und Bruchzahlen

315 1) $\frac{5}{12}$ 2) grün   3) $\frac{1}{6}$

316 a) 1) 500 m, 2) 750 m, 3) 700 m
b) 1) $\frac{28}{100}$ kg, 2) $\frac{8}{10}$ kg, 3) $1\frac{4}{10}$ kg

317 1) 0,9   2) 1,25   3) 0,05

318 a) $\frac{4}{5}$ b) $\frac{4}{5}$ c) $\frac{7}{9}$ d) $\frac{54}{48}$ e) $2\frac{1}{3}$ f) $\frac{33}{9}$

319 1) $\frac{3}{8} > \frac{4}{12}$, da $\frac{3}{8} = \frac{9}{24}$, $\frac{4}{12} = \frac{8}{24}$; 9 > 8
2) $\frac{14}{15} < \frac{15}{14}$, da gemein. Nenner 14·15 und 14·14 < 15·15
3) 0,6 = $\frac{3}{5}$, da 0,6 = $\frac{6}{10}$

320 a) $\frac{1}{4} < \frac{3}{8} < \frac{7}{8}$
b) $\frac{1}{4} < \frac{5}{12} < \frac{2}{3} < \frac{5}{6}$

321 a) 9 Mädchen, 15 Buben   b) $\frac{1}{4}$ Buben, $\frac{3}{4}$ Mädchen

322 a) an 36 Tage, b) 2 100 Wahlberechtigte, c) 50 Würfe

323 15 : 45 = 1 : 3

324 1) [Abbildung]   2) $\frac{1}{4} + \frac{2}{3} = \frac{3}{12} + \frac{8}{12} = \frac{11}{12}$

325 1) $\frac{27}{32}$ 2) Aluminium: 1,89 kg, Kupfer: 0,28 kg, Zink: 0,07 kg

326 a) $\frac{7}{8} \cdot 8$ hat das größte Ergebnis, weil dabei mit der größten angegebenen Zahl multipliziert wird. Regel: Bleibt ein Faktor gleich, so ist das Produkt jener Rechnung am größten, bei dem der zweite Faktor am größten ist.
b) $\frac{7}{8} : 2$ hat das größte Ergebnis, weil dabei durch die angegebenen Zahl dividiert wird. Regel: Je kleiner der Divisor (bei gleichbleibendem Dividenden), desto größer der Quotient.

327 a) $\frac{3}{8}$ kg = 0,375 kg   b) $\frac{1}{2}$ Liter = 0,5 Liter   c) 6 Liter   d) 6 m²

328 1) $\frac{1}{12}$ 2) $\frac{2}{3}$

329 1) $\frac{7}{10}$ 2) $\frac{3}{50}$ 3) 153 Mio. km²   4) 30,6 Mio. km²

330 $2 : \frac{8}{3} = \frac{3}{4}$

331 B, D
A: falsch; es wird auf der linken Seite mehr hinzugegeben, da $\frac{1}{2} > \frac{1}{4}$.
C: falsch; auf der linken Seite wird mit einer größeren Zahl multipliziert.

C Prozentrechnung

403

	G	W	p%
1)	x	x	
2)		x	x
3)	x	x	
4)	x	x	

404

11%	45%	74%	315%	37,5%	112%
$\frac{11}{100}$	$\frac{9}{20}$	$\frac{37}{50}$	$\frac{63}{20}$	$\frac{3}{8}$	$\frac{28}{25}$
0,11	0,45	0,74	3,15	0,375	1,12

405 a) 60%, 0,6, $\frac{3}{5}$ b) 18%, 0,18, $\frac{9}{50}$

406 a) 1)

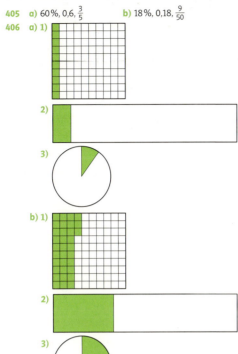

407 In der Tafel sind 80 g Kakaobestandteile.

408 a) Verena hat ca. 26,5% zu wenig bezahlt.
b) Verena hat ca. 47% zu viel bezahlt.

409 rund 6 382 500 Personen

D Gleichungen und Formeln

496 a) C b) D

497 a) p = (33 − 5) : 4 = 7; Probe: 33 = 33
b) y = (2 + 12) : 7 = 2; Probe: 2 = 2
c) m = (16 − 7) · 3 = 27; Probe: 16 = 16
d) p = (0,9 + 1,5) : 0,8 = 3; Probe: 0,9 = 0,9
e) r = (10 − 4) · $\frac{3}{4}$ = 8; Probe: 10 = 10
f) s = $\left(2\frac{3}{4} + \frac{9}{2}\right) \cdot 4$ = 29; Probe: 2,75 = 2,75

498 a) c = 12 + 2 · d + f; f = c − 12 − 2 · d; d = $\frac{c - 12 - f}{2}$
b) 5 · a + 20 = t; a = (t − 20) : 5

499 E1: 7   B2: 36   C3: 384   A4: 6   D5: 48   F6: 96

500 3 · 5,50 + 2 · x = 36,10; x = 9,80 €

E Direkte und indirekte Proportionalität

576 a) Aus 28 kg Ribisel erhält man 21 Liter Saft.
b) Für 78 Liter Fruchtsaft benötigt man 104 kg Beeren.

577 a) Aus dem Hahn fließen 140 Liter Wasser, wenn er 7 min geöffnet ist.
b) Der Hahn muss 2 min geöffnet sein, wenn ein 40-Liter-Behälter gefüllt werden soll.

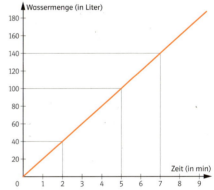

578

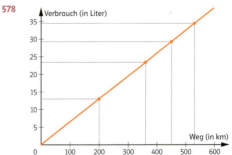

Man darf die Punkte verbinden, da die Angabe des Verbrauchs auch für die anderen Längenangaben sinnvoll ist.

579 A direktes Verhältnis
B kein direktes oder indirektes Verhältnis
C kein direktes oder indirektes Verhältnis
D kein direktes oder indirektes Verhältnis
E indirektes Verhältnis

Lösungen zu den Wissenstraßen

580 1)

Personen	Säcke
10	280
20	140
30	93 bis 94
40	70

2) zB: 10 Sandsackschichten zu je 280 Säcken, 14 Schichten zu je 200 Säcken, 20 Schichten zu je 140 Säcken, 28 Schichten zu je 100 Säcken, 50 Schichten zu je 56 Säcken

581 Das Verhältnis ist indirekt proportional.
Voraussetzung: Jede Person verbraucht täglich gleich viel.

1)

Anzahl der Personen	2	3	4	5	6	10	12
Anzahl der Tage	30	20	15	12	10	6	5

2)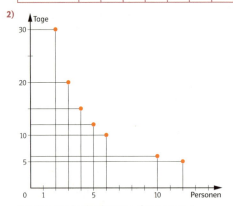
Beachte: Die Punkte liegen auf einer Kurve!

582 a) Ein Wanderer braucht für dieselbe Strecke 5 h.
b) Ein Fußgänger braucht für dieselbe Strecke 7,5 h.
c) Die Strecke ist 30 km lang.

583 1) Paul: 6,5 m/s (6,52…); Max: 7,2 m/s (7,22…); Karl: 6,1 m/s (6,06…)
2) Paul: 23,4 km/h; Max: 25,9 km/h (25,92); Karl: 22,0 km/h (21,96)

584 a) Das Auto ist um rund 5 min früher am Ziel.
b)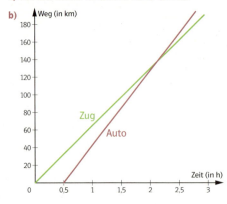

585 a) 1) 12 km/h 2) 105 min 3) 30 km
b) 2) ca. 30 min
1)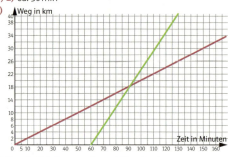
2) Karo holt Juliana nach rund 31 min ein.

586 a) Wenn der Punkt (1|4) auf dem Graph liegt, so muss $\left(6\left|\frac{4}{6}\right.\right)$ ebenso auf dem Graph liegen. Das ist aber nicht der Fall.
b) C verschieben zu (6|~0,7) und zB D = (4|1) einzeichnen
c) zB: Der Graph zeigt, wie lange eine bestimmte Personenanzahl arbeiten muss, um eine Zeitung zu schreiben.

F Statistik – verschiedene Darstellungen

643 1) Modus: 7, Median: 7; arithmetisches Mittel: 7,5
2) Modus: 7, Median: 7; arithmetisches Mittel: 12
3) Modus: 7 und 10; Median: 8; arithmetisches Mittel: 12

644 1) Sehr gut: rund 0,21
Gut: 0,25
Befriedigend: rund 0,29
Genügend: rund 0,17
Nicht genügend: rund 0,08

2)

3) Befriedigend

645 87 Autos, 9 Busse, 30 Motorräder, 24 Fahrräder

646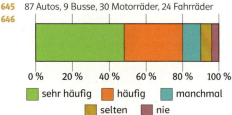

647 2A-Klasse: 5, 2B-Klasse: 16, 2C-Klasse: 12

648 1) ungefähr seit Dez 13/Jän 14 2) Sep 2012–Aug 2013
3) Dafür spricht zB, dass ein Punkt zwischen den Säulen einer sinnvollen Zeit entspricht und es werden nicht plötzlich starke Veränderungen auftreten, denn die Säulen zeigen einen Trend.
Dagegen spricht, dass teilweise große und unterschiedliche Zeiträume zwischen den Säulen liegen.

649 1)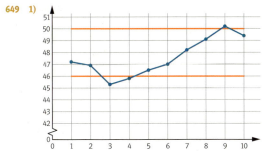

2) nein, schafft er nicht
3) arithm. Mittel: 47,56, Median: 47,1

650 1) nein, die Größe der Flächen spiegelt nicht das richtige Verhältnis wider, zB die Fläche Instagram ist viel zu groß im Vergleich zu Youtube, das ca. viermal mehr Nutzer hat
2) Youtube: 54,5 %, Facebook: 38,6 %, Google+: 10,2 %, LinkedIn: 7,7 %, Instagramm: 7 %
3) zB mit einem Balkendiagramm
Wähle zB für 1 cm ≙ 500 000 Einwohner Österreichs
Höhe der Balken: YouTube: 9,6 cm; Facebook: 6,8 cm
Google+: 1,8 cm; Linkedin: 1,4 cm; Instagram: 1,2 cm

651 Die gleich lang gezeichneten Zeitintervalle (zB von 1970 bis 1980 aber auch von 2010 bis 2013), vermitteln den Eindruck, dass zuletzt längere Zeit hindurch die Preise der Kinokarten gleich geblieben sind.

G Winkel, Koordinaten und Symmetrie

744 1) $\alpha = \sphericalangle LKM$, $\beta = \sphericalangle pq$
3) $\alpha = 55°$, $\beta = 28°$
745 a) 77° 25′   b) 66° 49′   c) 109° 16′   d) 10° 29′
746 • gleich groß wie α: β
• 180° − α: γ, μ
ω ist Parallelwinkel zu δ
747 2) C = (4 | 4),
4) $A_1 = (7|8)$, $B_1 = (7|4)$, $C_1 = (4|4) = C$, $D_1 = (4|8)$
5) S = (3,5 | 4,5)

H Dreiecke

867 1) K: c ≈ 8,9 cm   2) r ≈ 4,6 cm
868 K: c ≈ 7,7 cm; ϱ ≈ 2,0 cm
869 S = (5 | 7)
870 $h_a ≈ 80$ mm, $h_b ≈ 69$ mm, $h_c ≈ 62$ mm
871 K: $\overline{PQ} = 12,3$ cm, $\overline{RP} = 7,1$ cm
1) $\overline{RQ} ≈ 11,6$ cm ≙ 232 m   2) u ≈ 620 m
872 1) K: c ≈ 10,3   2) $\alpha = \beta = 39°$
3) H und S liegen auf der Symmetrieachse des Dreiecks.
873 2) a ≈ 6,4 cm, b ≈ 5,2 cm, A ≈ 16,6 cm²,
3) $\alpha ≈ 51°$,
4) K: U liegt auf c, r ≈ 4,1 cm, ϱ ≈ 1,7 cm
874 1) und 2)

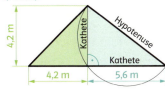

3) A = 20,58 cm²

I Vierecke und Vielecke

955 1) K: b ≈ 2,3 cm   2) A ≈ 11,5 cm²
956 1) K: $\alpha ≈ 124°$ 3) ϱ ≈ 3,5 cm
2) a ≈ 8,5 cm   4) A = 60 cm²
957 a) 1) und 2)

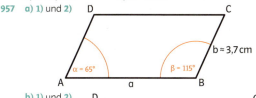

b) 1) und 2)

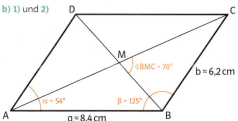

958 a) 480 cm²   b) 630 m²   c) 3360 mm²
959 1) K: a ≈ 5,8 cm, e ≈ 13,7 cm   2) ϱ ≈ 3,4 cm
960 2) D = (3 | 7)   3) 25 cm²   4) K: U = (4,5 | 3,5), r ≈ 3,8 cm
961 1) K: b ≈ 6,7 cm, c ≈ 11,6 cm, 2) $\gamma ≈ 79°$, $\delta ≈ 66°$
962 1) A, B, C
2) A, C, D
3) B, C, D
4) A, B, C
5) C, D
963 1) B, D, E
964

regelm. Sechseck
Quadrat
gls. Dreieck
regelm. 12-Eck

965

1…Quadrat 2…Trapez 3…Rechteck 4…Parallelogr. 5…Sechseck
6…Dreieck

966 a) 5   b) 9
967 1) Anleitung: Zeichne einen Kreis mit r = 52 mm, ziehe einen Durchmesser und schlage von seinen Endpunkten je zwei Kreisbogen mit r = 52 mm ab.
2) 9 Diagonalen
968 1) K: a ≈ 4,6 cm,
2) 5 Diagonalen,
3) 6 Teildreiecke ⇒ Winkelsumme im Achteck = 1080°
4) jeder Innenwinkel = 135°

Lösungen zu den Wissensstraßen

J Prisma

1001 7 Begrenzungsflächen: Grund- und Deckfläche sind kongruente regelmäßige Fünfecke; die 5 Seitenflächen sind kongruente Rechtecke

1002 1) K: Vergleiche mit der Abbildung auf S. 251, Aufgabe 976, Figur B
2) $M = 81\,cm^2$,
3) 6 Ecken, 9 Kanten, 5 Begrenzungsflächen

1003 1) K: Vergleiche mit der Figur C auf S. 259 in Aufgabe 1005
2) $M = 60\,cm^2$

1004 1) K: Vergleiche mit der Abbildung A auf S. 251, Aufgabe 976
2) $V = 36\,cm^3$

1005 A-4
B-5
C-2

1006 $h = 20\,cm$

1007 1) $750\,cm^3$ 2) $502,5\,g$

Typische Aufgaben zu den Standards M8

Im Kompetenzmodell für Mathematik in der Sekundarstufe 1 („Standards M8") wird unterschieden nach Handlungs-, Inhalts- und Komplexitätsbereichen:

Handlungsbereiche:

H1: Darstellen, Modellbilden
H2: Rechnen, Operieren
H3: Interpretieren
H4: Argumentieren, Begründen

Inhaltsbereiche:

I1: Zahlen und Maße
I2: Variable, funktionale Abhängigkeiten
I3: Geometrische Figuren und Körper
I4: Statistische Darstellungen und Kenngrößen

Komplexitätsbereiche:

K1: Einsetzen von Grundkenntnissen und -fertigkeiten
K2: Herstellen von Verbindungen
K3: Einsetzen von Reflexionswissen, Reflektieren

Die Standards gliedern die Mathematikaufgaben in 48 verschiedene Bereiche, die du alle üben solltest. Die Trennung der Inhaltsbereiche ist im Schulbuch klar durch die vier unterschiedlichen Farben erkennbar. Der Kreis neben jeder Aufgabe zeigt die jeweiligen Handlungsbereiche an. Folgende Tabellen geben typische Aufgaben für die 48 Bereiche an

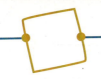

	K1				K2				K3			
	I1	I2	I3	I4	I1	I2	I3	I4	I1	I2	I3	I4
H1 = D	35	410	656	606	47	432	706	603	61	482	708	618
	40	411	680	680	146	444	720	604	290	483	763	621
	67	502	683	611	187	449	789	609	378	484	859	622
	108	526	700	615	212	456	794	610	386	485		625
	151		725	630	250	461	801	631		560		626
			748	642		471	835					634

	K1				K2				K3			
	I1	I2	I3	I4	I1	I2	I3	I4	I1	I2	I3	I4
H2 = O	64	410	652	588	46	434	667	595	174	451	844	626
	68	411	665	593	90	449	668	603	190	452	877	629
	69	424	679	594	155	455	677	632	245	516	901	634
	152	524	710	596	198	459	766	633	280	521		631
	346	526	771	614	290	460	776	635				641
			779	642	335	492	785	641				

	K1				K2				K3			
	I1	I2	I3	I4	I1	I2	I3	I4	I1	I2	I3	I4
H3 = I	54	412	660	589	56	422	752	602	217	513	924	617
	105	502	674	592	172	442	786	612	243	531	945	621
	112	508	687	598	263	506	818	616	291	533	954	624
	143	512	713	605	352	513	840	620	312	543		625
	163	525	750	607	400	522	853	624	314	566		639
	336	554	758	611		568	906	628				
			981				997					

	K1				K2				K3			
	I1	I2	I3	I4	I1	I2	I3	I4	I1	I2	I3	I4
H4 = A	66	480	671	588	42	487	715	607	96	439	755	617
	74	511	718	600	51	501	724	620	259	487	856	621
	119	517	775	605	80	513	769	622	296	518	857	624
	220	564	777	630	164	562	881	623	307		864	630
	340		778	635	244		882	637	380		929	
	391		894		357		944	640			940	
							982				999	

Register

1. Achse 169
1. Koordinate 169
2. Achse 169
2. Koordinate 169
absolute Häufigkeit 140
Achteck, regelmäßiges 241
Addieren von Bruchzahlen
– bei gleichnamigen Brüchen 57
– bei ungleichnamigen Brüchen 57
– von Winkeln 180
allgemeines Parallelogramm 225
– Trapez 232
– Vieleck 237
– Viereck 234
Anteil
–, prozentuell 55
–, relativ 55
Apianus 116
arithmetisches Mittel 142
Arten von Dreiecken 187
– von Winkeln 163
Außenwinkel
– des Dreiecks 189
– des Viereck 234
Balkendiagramm 144
Basis 207, 209
Basiswinkel 207
befreundete Zahlen 21
Bestimmungsstücke 192, 236
Brüche und Bruchzahlen 40 ff
–, Addieren 57
– als Division 44
– als Größen- und Zahlenverhältnis 53
– als Rechenbefehl 51
– als relativer Anteil 55
– als Teil eines Ganzen 51
– auf dem Zahlenstrahl 48
–, Dividieren 66
–, Erweitern 46
–, Größenvergleich 48
–, Kehrwert 68
–, Kürzen 46
–, Multiplizieren 60 ff
–, Ordnen 48
–, Rechnen mit 57
–, Schreibweisen 42
–, Subtrahieren 57
Bruchschreibweise 42
Bruchstrich 42
Bruchteile 42
Bruttomasse 104
Daten
–, Darstellen 144
–, Interpretieren graphischer Darstellungen von 149
–, Manipulieren graphischer Darstellungen von 149
Deckfläche 248
deckungsgleich 192
Deltoid 228
Dezimalschreibweise 45
Dezimalzahlen
–, endliche 44
–, gemischt periodische 44
–, periodische 44
Diagonalen des Drachens 228
– des gleichschenkligen Trapezes 230
– des Parallelogramms 225
– des Quadrats 222
– des Rechtecks 222

– der Raute 223
– des Vielecks 237
Dichte 254
Diophantische Gleichungen 113
direkt proportionale Größen 118
direkte und indirekte Proportionalität 116 ff
Division
– von Bruchzahlen 68
– einer Bruchzahl durch eine natürliche Zahl 66
– einer natürlichen Zahl durch eine Bruchzahl 67
Drachen 228
Dreieck 184 ff
–, besondere Eigenschaften des 199
–, Einteilung de 187
–, gleichschenkliges 187, 207
–, gleichseitiges 187, 209
–, Grundbegriffe 186
–, Höhenschnittpunkt des 204
–, Inkreismittelpunkt des 201
–, Konstruktionen des 192 ff
–, Mittelpunkte des 199, 206
–, rechtwinkliges 187, 210 ff
–, Schwerpunkt des 203
–, spitzwinkliges 187
–, stumpfwinkliges 187
–, Umkreismittelpunkt des 201
–, Winkelsumme 189
Dreieckskonstruktionen 192 ff
Dreiecksungleichung 193
Dreieckszahl 40
Dreisatz 116
echte Teiler 20
Einteilung der Dreiecke 187
endliche Dezimalzahl 45
entgegengesetzte Rechnungsarten 100
Eratosthenes 32
erhabener Winkel 163
Erheben von Daten 183 ff
Erweitern von Brüchen 46
Euklid 24
euklidischer Algorithmus 24
Euler, Leonhard 206, 246
eulersche Gerade 206
eulerscher Polyedersatz 246
Fixpunkte einer Spiegelung 173
Flächeninhalt des rechtwinkligen Dreiecks 214
Formeln 104 ff
Gauß, Carl Friedrich 184, 221
gemeinsamer Nenner 48
gemeinsamer Teiler 22
gemeinsame Vielfache 25
gemischt periodische Dezimalzahl 44
gerades Prisma 248
Geschwindigkeit 106, 127
gestreckter Winkel 163
gleichnamige Brüche 57
gleichschenkliges
– Dreieck 187, 207
– Trapez 230
gleichseitiges
– Dreieck 187, 209
Gleichungen 98 ff
Gleichungen aus Texten 111
Goldbachsche Vermutung 36
Grad, (Winkel-) 163

graphische Darstellungen
– von Prozentangaben 80
– von Daten 144 ff
– von Daten interpretieren und manipulieren 149
griechische Kleinbuchstaben 162
Größenvergleich von Bruchzahlen 53
größter gemeinsamer Teiler (ggT) 22, 34
Grundfläche 248
Grundwert 78
–, Berechnen des 90
Häufigkeit 55, 140
Haus der Vierecke 236
Höhe des Prismas 248
Höhe des Dreiecks 204
Höhengerade 204
Höhenschnittpunkt 204
Hunderterfeld 80
Hypotenuse 210
indirekt proportionale Größen 123
Inkreis des Drachens 228
– des Dreiecks 201
– des Quadrats 222
– des regelmäßigen Achtecks 241
– des regelmäßigen Sechsecks 239
– der Raute 223
Inkreismittelpunkt 201
Inkreisradius 201
Innenwinkel
– des Dreiecks 189
– des Vielecks 237
– des Vierecks 234
Kathete 210
Kehrwert eines Bruches 68
kleinster gemeinsamer Nenner 57
kleinstes gemeinsames Vielfaches (kgV) 25, 34
komplementäre Winkel 210
kongruent 192
Kongruenzsätze 193, 195, 196
Konstruktionen 192 ff
– des regelmäßigen Achtecks 241
– des regelmäßigen Sechsecks 240
– von Winkeln mit Zirkel und Lineal 180
Koordinaten 169
Koordinatenachsen 169
Koordinatensystem 169
Kreisdiagramm 144
Kürzen von Brüchen 46
Liniendiagramm 119, 145
Lösen von Gleichungen 100 ff
– mit einer Rechenoperation 100
– mit zwei Rechenoperationen 108
Mach, Ernst 135
Mantelfläche des Prismas 250
Masse 254
Maßstab 53
Median 142
Mediante 50
Mehrwertsteuer 86
Mengendiagramm 20
Mengenschreibweise 20
merkwürdige Punkte des Dreiecks 206
Mirpzahl 32
Mittelpunkte des Dreiecks 199, 206
Mittelwerte 142
mittlere Geschwindigkeit 127
Modus 142

Multiplikation
- von Bruchzahlen 60
- einer Bruchzahl mit einer natürlichen Zahl 60
-, Vertauschungsgesetz 62
- zweier Bruchzahlen 62
Nebenwinkel 167
Nenner 42
Nettomasse 104
Netze gerader Prismen 250
Obelisk 160 f
Oberfläche des Prismas 250
Ordnen von Bruchzahlen 48
Parallelogramm 223
-, allgemeines 225
Parallelwinkel 167
periodische Dezimalzahl 44
Periodenlänge 44
Polyeder 246
Primfaktorenzerlegung 33
Primzahlen 18, 32
Primzahlzwillinge 32
Prisma 246
-, gerades 248
-, Netz des 250
-, Oberfläche des 250
-, Rauminhalt des 252
-, regelmäßiges 249
-, schiefes 248
-, Schrägriss des 256
Probe bei Gleichungen 101
Produktregel 30
Promille 83
Promillewert 83
-, Berechnen des 83
Promillesatz 83
-, Berechnen des 87
Proportionalität 116 ff
Prozent 55, 76 ff
Prozentwert 78
-, Berechnen des 82
Prozentkreis 80
Prozentrechnung 78 ff
Prozentsatz 78
-, Berechnen des 87
Prozentstreifen 80, 144
prozentuelle Häufigkeit 55, 140
Punktdiagramm 119, 123
Pythagoras von Samos 40
Quader 250
Quadrat 222
Rauminhalt
- des Quaders 252
- gerader Prismen 252
Raute 223
Rechnen
- mit Bruchzahlen 57
- mit Prozenten 82
- mit Winkelmaßen 166
Rechteck 222
rechter Winkel 163
rechtwinkliges Dreieck 187, 210 ff
regelmäßiges
- Achteck 241
- Prisma 249
- Sechseck 239
- Vieleck 237, 239
relative Häufigkeit 140
relativer Anteil 55
reziproker Wert 68

Rhombus 223
Satz von Thales 212
Säulendiagramm 144
Scheitel des Winkels 162
Scheitelwinkel 167
Schenkel
- des gleichschenkligen Dreiecks 187, 207
- des Trapezes 230, 232
- des Winkels 162
schiefes Prisma 248
Schlussrechnung 83 ff, 118
Schnittflächen 248
Schwerlinie 203
Schwerpunkt 203
Sechseck, regelmäßiges 239
Seitenflächen des Prismas 248, 250
Seitenkanten des Prismas 248
Seiten-Seiten-Seiten-Satz (SSS) 193
Seiten-Seiten-Winkel-Satz (SsW) 196
Seiten-Winkel-Seiten-Satz (SWS) 196
Sieb des Eratosthenes 32
Signalwörter für Textaufgaben 111
Spiegelachse 171
Spiegelung 173
spitzer Winkel 163
spitzwinkliges Dreieck 187
Standlinie 198
Statistik 138 ff
Steigung von Straßen und Gleisen 92
Streckendiagramm 144
Streckensymmetrale 176
stumpfer Winkel 163
stumpfwinkliges Dreieck 187
Subtrahieren von Bruchzahlen 57
Summenregel 30
Süßmilch, Johann Peter 139
Symmetrale 176, 178
Symmetrie 171 ff
- des Drachens 228
- des gleichschenkligen Dreiecks 207
- des gleichschenkligen Trapezes 230
- des gleichseitigen Dreiecks 209
- des Quadrats 222
- des Rechtecks 222
- des regelmäßigen Vielecks 239
- der Raute 223
Symmetrieachse 171
Symmetrieeigenschaften 173
symmetrisch liegende Punkte 173
symmetrische Figuren 171
Tara 104
teilbar 20
Teilbarkeit
- durch 2, 5, und 10 27
- durch 3 und 9 27
- durch 100, 4 und 25 27
Teilbarkeit natürlicher Zahlen 20
Teilbarkeitsregeln 27 ff
Teiler 20
-, echte 20
-, unechte 20
teilerfremd 22
Teilermenge 20
Thales von Milet 213
Thales-Kreis 213
Trapez 230
-, allgemeines 232
-, gleichschenkliges 230

umgekehrt proportional 123
Umkehrung von Rechenoperationen 100
Umkreis
- des Dreiecks 199
- des gleichschenkligen Trapezes 230
- des Quadrats 222
- des Rechtecks 222
- des regelmäßigen Achtecks 239
- des regelmäßigen Sechsecks 239
Umkreismittelpunkt 199
Umkreisradius 199
Unbekannte 100
unechter Teiler 20
ungleichnamige Brüche 57
unregelmäßige Vielecke 237
Ursprung des Koordinatensystems 169
Variable 100
Vergleichen von Bruchzahlen 48
Verhältnis
-, direkt proportionales 118
-, indirekt proportionales 123
Verhältnis von Zahlen 53
Vermessungsaufgaben 198
Vielecke 220, 237
-, regelmäßig 237, 239
Vielfache 25
Vielfachenmenge 25
Vierecke 230 ff
-, allgemeine 234
-, Haus der 236
Vieta, Franciscus (Viète) 99
vollkommene Zahlen 21
Volumen des Quaders 252
- gerader Prismen 252
Vorperiode 44
Winkel 160 ff
- mit Zirkel und Lineal konstruieren 180
Winkelarten 163
Winkelfeld 178
Winkelgrad 163
Winkelmaße 162
Winkelmessung
Winkelminute 163
Winkel-Seiten-Winkel-Satz 195
Winkelsekunde 163
Winkelsumme
- im allgemeinen Trapez 232
- im allgemeinen Viereck 234
- im Dreieck 189
- im Parallelogramm 225
- im Vieleck 237
- in der Raute 223
Winkelsymmetrale 178
Winkel-Seiten-Winkel-Satz (WSW) 195
x-Koordinate 169
y-Koordinate 169
Zahlenstrahl 48
Zahlenverhältnisse 53
Zähler 42
Zehent 76
Zeit-Weg-Diagramm 128
Zentriwinkel 80
Ziffernsumme 27
zusammengesetzte Zahlen 18, 33

Bildnachweis

S. 9: Dusan Kostic / Fotolia; **S. 11:** yuriy_ilin / iStockphoto.com; **S. 13:** Henrik Dolle / Thinkstock; **S. 15:** Ben-Schonewille / Thinkstock; **S. 17:** Highwaystarz-Photography / Thinkstock; **S. 18.1:** Grassetto / Thinkstock; **S. 18.2:** Ancient Art and Architecture Collection Ltd. / Bridgeman Images; **S. 19:** Ralwel / Thinkstock; **S. 20:** Volker Wille / Fotolia; **S. 24:** akg-images / picturedesk.com; **S. 25:** James Tillinghast / Thinkstock; **S. 26:** suprun / iStockphoto.com; **S. 27:** Martina Draper / öbv; **S. 30:** Ernst Weingartner / picturedesk.com; **S. 32:** Getty Images / Science Photo Library RF; **S. 34:** Andrey Kiselev / Fotolia; **S. 36:** t2sk5 / Fotolia; **S. 40.1:** Science Source / PhotoResearchers / picturedesk.com; **S. 40.2:** Kitch Bain / Fotolia; **S. 41.1:** tuncaycetin / Thinkstock; **S. 41.2:** akg-images / picturedesk.com; **S. 42.1:** Anna Kucherova / Thinkstock; **S. 42.2:** Suwanmanee99 / Thinkstock; **S. 46:** Martina Draper / öbv; **S. 48:** dolgachov / Thinkstock; **S. 50.1:** leremy / iStockphoto.com; **S. 50.2:** Issaurinko / Thinkstock; **S. 51:** Digitalpress / Fotolia; **S. 52:** Udo Feinweber / Thinkstock; **S. 53:** Christian Müller/ Thinkstock; **S. 54:** Pohl Michael / MEV-Verlag, Germany; **S. 55:** lambada / iStockphoto.com; **S. 56:** oksix / Fotolia; **S. 57:** EPKIN / Thinkstock; **S. 60:** Michael Blann - Digital Vision / Thinkstock; **S. 61:** choness / Thinkstock; **S. 62:** modestil / Fotolia; **S. 64.1:** Sonja Birkelbach / Fotolia; **S. 64.2:** ladi59 / Thinkstock; **S. 65:** Highwaystarz-Photography / Thinkstock; **S. 66:** Stefan Merkle / Fotolia; **S. 67:** frankix / Thinkstock; **S. 68:** SokolovskayaG / Thinkstock; **S. 72:** igorr1 / Thinkstock; **S. 76:** Erich Lessing / picturedesk.com; **S. 77:** seraficus / iStockphoto.com; **S. 78:** Jeantrekkeur / Fotolia; **S. 82:** homydesign / Thinkstock; **S. 87:** Martina Draper / öbv; **S. 90:** Rob Friedman / iStockphoto.com; **S. 92:** batuhanozdel / Thinkstock; **S. 93:** Christian Schuhböck / picturedesk.com; **S. 94:** Nikolaev / Thinkstock; **S. 98:** Claudio Divizia / Shutterstock.com; **S. 99:** Bridgeman Art Library / picturedesk.com; **S. 100:** Martina Draper / öbv; **S. 104.1:** Guido Grochowski / Fotolia; **S. 104.2:** mipan / iStockphoto.com; **S. 105:** Elena Elisseeva / Thinkstock; **S. 106:** snygo - aboutpixel.de; **S. 107:** naturganznah; **S. 108:** Martina Draper / öbv; **S. 111:** Martina Draper / öbv; **S. 112.1:** Himmelssturm / Fotolia; **S. 112.2:** Marius Graf / Fotolia; **S. 116.1:** Universal History Archive / Science Photo Library / picturedesk.com; **S. 116.2:** Science Photo Library / picturedesk.com; **S. 117.1:** Erich Lessing / picturedesk.com; **S. 117.2:** jurisam / iStockphoto.com; **S. 118:** Steve Debenport / iStockphoto.com; **S. 121:** SerrNovik / iStockphoto.com; **S. 123:** imageteam / Fotolia; **S. 126:** photo 5000 / Fotolia; **S. 127:** Jupiterimages / Thinkstock; **S. 132:** GlobalP / Thinkstock; **S. 133.1:** CPaulussen / iStockphoto.com; **S. 133.2:** Lehner / iStockphoto.com; **S. 135:** Christian Kreuziger / picturedesk.com; **S. 138.1:** Erich Lessing / picturedesk.com; **S. 138.2:** Statistik Austria; **S. 139:** akg-images / picturedesk.com; **S. 140:** suratoho / Thinkstock; **S. 141:** Eetum / Thinkstock; **S. 142:** diego_cervo / Thinkstock; **S. 147:** DavidSzabo / Thinkstock; **S. 152.1:** alexsl / iStockphoto.com; **S. 152.2:** alexsl / iStockphoto.com; **S. 155:** ruzanna / Thinkstock; **S. 160.1:** Ablestock.com / Thinkstock; **S. 160.2:** Leamus / Thinkstock; **S. 161.1:** Max Galli / laif / picturedesk.com; **S. 161.2:** popcic / Thinkstock; **S. 162.1:** dudek / Fotolia; **S. 163:** Cava / Wikimedia Commons - CC BY-SA 3.0; **S. 165:** Lucky Dragon / Fotolia; **S. 167:** snygo - aboutpixel.de; **S. 168.1:** Mag. Herbert Groß; **S. 171.1:** Elena Schweitzer / Thinkstock; **S. 171.2:** Brevillier-Urban Schreibwarenfabrik GmbH / Wikimedia Commons - CC BY-SA 2.0; **S. 171.3:** ShowVectorStudio / Thinkstock; **S. 172.1:** Jennifer Borton / iStockphoto.com; **S. 172.2:** MF_vxw / Thinkstock; **S. 172.3:** reeel / Fotolia; **S. 172.4:** jojoo64 / Thinkstock; **S. 172.5:** PictureP / Fotolia; **S. 172.6:** parys / Thinkstock; **S. 173:** Martina Draper / öbv; **S. 178:** Martina Draper / öbv; **S. 181:** pjhpix / iStockphoto.com; **S. 184.1:** akg-images / picturedesk.com; **S. 184.2:** Hajotthu, Infotafel am Haußelberg / Wikimedia Commons - CC BY-SA 3.0; **S. 187.1:** Martina Draper / öbv; **S. 187.2:** Martina Draper / öbv; **S. 192:** DI Herbert Köhler; **S. 202.1:** suriya silsaksom / Thinkstock; **S. 202.2:** supermimicry / iStockphoto.com; **S. 203.1:** Martina Draper / öbv; **S. 203.2:** Martina Draper / öbv; **S. 204:** Anke Thomass - stock.adobe.com / Fotolia; **S. 206:** Photos.com / Thinkstock; **S. 207.1:** mikeinlondon / iStockphoto.com; **S. 207.2:** Spas Tonov / iStockphoto.com; **S. 209:** dejanj01 / Thinkstock; **S. 210:** Lledó / Fotolia; **S. 214:** Martina Draper / öbv; **S. 220.1:** Purestock / Thinkstock; **S. 220.2:** MatthiasKabel / Wikimedia Commons - CC BY-SA 3.0; **S. 220.3:** Whiteway / iStockphoto.com; **S. 221:** Andreas Praefcke / Wikimedia Commons - CC BY 3.0; **S. 222.1:** z o t t e r Schokoladen Manufaktur GmbH; **S. 222.2:** z o t t e r Schokoladen Manufaktur GmbH; **S. 223:** PASHA18 / iStockphoto.com; **S. 225:** Roy Jankowski / Westend61 / picturedesk.com; **S. 228:** Eduard Harkonen / Thinkstock; **S. 230:** azureus70 - stock.adobe.com / Fotolia; **S. 232:** Lora-Sutyagina / iStockphoto.com; **S. 234:** mauritius images / imageBROKER / Thomas Robbin; **S. 238.1:** Johnnieshin / Thinkstock; **S. 238.2:** Alan John Lander Phillips / iStockphoto.com; **S. 238.3:** raclro / iStockphoto.com; **S. 238.4:** Kondratuk / iStockphoto.com; **S. 238.5:** Thomas Demarczyk / iStockphoto.com; **S. 238.6:** Vasiliki Varvaki / iStockphoto.com; **S. 239:** grafikplusfoto / Fotolia; **S. 241:** Aerial video capture / Wikimedia Commons - CC BY-SA 4.0; **S. 242:** Irina Tischenko / iStockphoto.com; **S. 246:** Photos.com / Thinkstock; **S. 247.1:** Bjoern Meyer / iStockphoto.com; **S. 247.2:** Igor Alecsander / Thinkstock; **S. 248.1:** tasssd / 123RF; **S. 248.2:** coddy / Thinkstock; **S. 249.1:** Alfred Fasnacht, Sammlung Grenchen; **S. 249.2:** Hect / iStockphoto.com; **S. 249.3:** Wolkenkratzer / Wikimedia Commons - CC BY-SA 4.0; **S. 252:** Countrypixel - stock.adobe.com / Fotolia; **S. 260:** Jajmo / Thinkstock

Faltnetz eines dreiseitigen Prismas

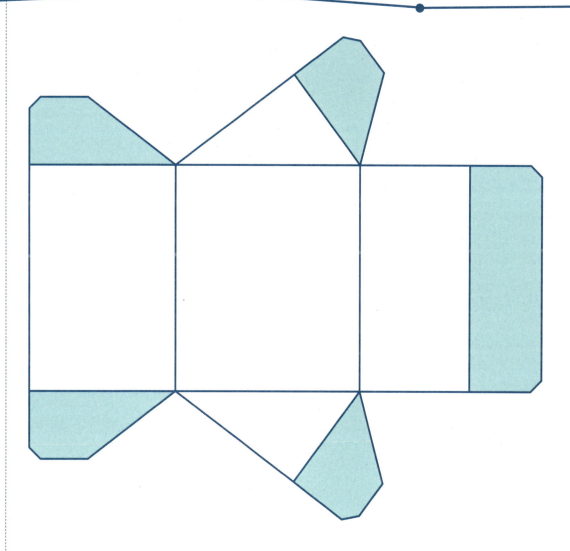

Anleitung für das Herstellen des Faltmodells des dreiseitigen Prismas:
1. Schneide das Faltmodell sorgfältig aus!
2. Ritze mit der Schere längs der Kanten!
3. Biege das Faltnetz längs der Kanten! Entnimm den Faltvorgang aus der untenstehenden Skizze!

Die färbigen Hilfsflächen kommen jeweils nach innen.

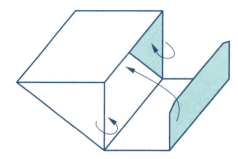

Faltnetz eines dreiseitigen Prismas

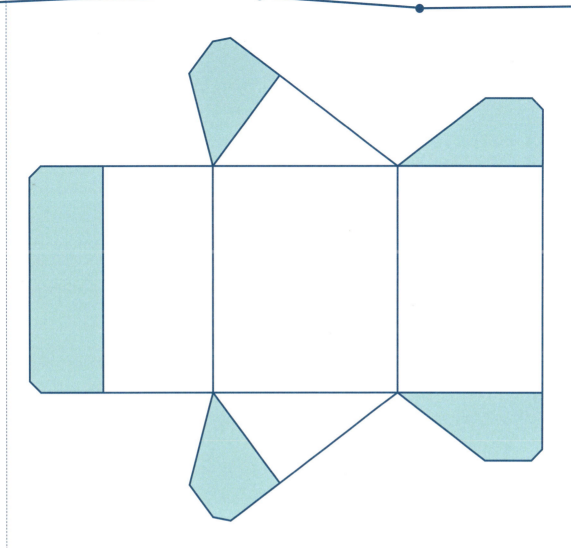

Dieses Modell ergibt zusammen mit dem Faltmodell der vorhergehenden Seite einen Quader. Faltanleitung siehe dort.

Die folgende Figur zeigt dir die zu einem Quader zusammengestellten dreiseitigen Prismen:

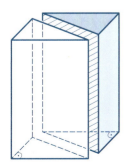